› Becoming an
ARCHITECT

成为设计师丛书

如何成为建筑师

（原著第三版）

（Becoming an ARCHITECT: A Guide to Careers in Design，3e）

[美] 李·W·沃尔德雷普 著

杨安琪 谭杪萌 译

中国建筑工业出版社

著作权合同登记图字：01-2014-4249 号

图书在版编目（CIP）数据

如何成为建筑师：原著第三版 /（美）李·W·沃尔德雷普（Lee W. Waldrep）著；杨安琪，谭杪萌译 .—北京：中国建筑工业出版社，2019.12
（成为设计师丛书）

书名原文：BECOMING AN ARCHITECT：A Guide to Careers in Design，3e

ISBN 978-7-112-24729-5

Ⅰ.①如… Ⅱ.①李…②杨…③谭… Ⅲ.①建筑师—职业教育 Ⅳ.①TU

中国版本图书馆CIP数据核字（2020）第016290号

责任编辑：李成成 董苏华

责任校对：王 烨

成为设计师丛书

如何成为建筑师（原著第三版）

[美] 李·W·沃尔德雷普 著

杨安琪 谭杪萌 译

*

中国建筑工业出版社出版、发行（北京海淀三里河路9号）

各地新华书店、建筑书店经销

北京点击世代文化传媒有限公司制版

北京中科印刷有限公司印刷

*

开本：889 毫米 ×1194 毫米 1/20 印张：18⅓ 字数：684 千字

2020年12月第一版 2020年12月第一次印刷

定价：99.00 元

ISBN 978-7-112-24729-5

（35101）

版权所有 翻印必究

如有印装质量问题，可寄本社图书出版中心退换

（邮政编码 100037）

目　录

第 ❸ 章　建筑师的实践经历 167

第 ❹ 章　建筑师的职业生涯 237

序

"教育不是灌满一桶水，而是点亮一把火炬。"

——爱尔兰诗人、剧作家和散文家威廉·勃特勒·叶芝（William Butler Yeats）

在《如何成为建筑师》（原著第三版）一书中，"建筑师"显然是最为重要的关键词；而其次重要的单词则是"成为"。在这里，我们为什么要将注意力集中于一种"过程"，而不是其最终的结果和目的呢？这是因为努力成为一名建筑师，始终是一种向前拼搏和不断超越的状态，简而言之，这就是"成为"。事情就是这样的。自人类第一次从树上跳下，走出那阴暗潮湿的洞穴，开始修建一种用茅草、木头、泥土和石块所组成的结构体时，为了解决技术工艺、文化上的需要和气候变化等问题，建筑艺术和科学就在这个过程中发展革新。在人生旅途中，无论是那些伴随着我们的设计还是建造技能，都会随时发生变化和改良，以适应现实情况中所面临着的可利用材料、地理位置和气象气候等的变化。这种逐步充实的知识体系，必须由一代人传递给下一代。如此，我们就不会每次都用石块、木头或直接用泥土作为原料，进行那些不折不扣的重复劳动。

建筑艺术和科学处于一种不断"成为"的状态，并在不断向前推进。这个事实，无疑反映了一种巨大的反差或自相矛盾的现象：一眼望去，建筑似乎像一种处于极度静止状态的艺术形式；而近距离并投以感情来进行观察，它就会显示出自身所具有的形体变化的特性。如果你有这种愿望，建筑就会成为一种最具有个性化的，具有启迪作用和独特文化价值的永久符号。事实上，用丘吉尔（Churchill）的话来进行解读，那就是不论是中国的长城和埃及金字塔，还是欧洲的大教堂，这些建筑都足以形成文化以及整个文明体系。

然而，我们并不仅仅是前往新港口的过客。我们自己也处于一种正在"成为"的状态。当我们意识到自己所知甚少时，就会产生一种去探索的渴望，并创造出能应用我们成熟技能的新知识和新途径。每一位艺术家，都被赋予了这种成长的能力。我们可以先想一想贝多芬（Beethoven）的早期乐曲、戈雅（Goya）的画作和路易斯·康（Louis Kahn）的建筑作品，再将之同他们后来或晚期的作品进行比较。一些潜移默化的变化，就发生在他们"成为"的过程中。经常这样磨砺下去，他们就能更加准确地捕捉到那些视觉中的简约之美。当身体在逐渐地变得衰老时，灵魂却会变得更加轻盈，思想也会变得更加深刻。在他们完成的作品中，更多的是那些精雕细琢的线条，而不是与旁枝末节的苦苦纠缠。

尽管建筑是一种在艺术和科学方面加以综合的艺术形式，在这方面，谢天谢地，这是一种荣耀。但抵达"成为"的那些无穷无尽的攀升路径却是孤寂而荒凉的：午夜已经过去很久，我们面前的电脑屏幕还一片空白，并且客户（不是指我们的合作伙伴）在期待着今日晚些时候的汇报。如此的时光——经常发生——这一幕构成了本书的主体部分之一。而针对这些内容，作者并没有给予太多的评论。在《如何成为建筑师》（原著第三版）一书里，作者李·W·沃尔德雷普收集了我们这个专业中一些最为风趣、雄辩的声音。如果将其放置在你的客厅、工作室里，或者你正在穿越一片森林的长途徒步旅行中，本书将回答出你所探询的所有问题。你可能不同意所读过的每句话，但是没关系，将之搁置数月后再重新进行阅读。最后，你将达到一种不同的境界。

当我透过人生旅途的后视镜来进行回顾时，就可以回到我只是那个初出茅庐的建筑系学生的时候。是非功过，任人评说。但是无论自己行走何处，我都知道，那些建筑师们在我们前方。世事改变的速度如此快，种种意外也是那样的变幻多端——但并不是所有的这些结果都是我们喜闻乐见的。唯独不会改变的，是那些建筑同仁们给予的支持、引导和真实审视。而这些建筑师们，同样也身处于相似的"成为"旅途中。所有的男性和女性朋友们，就如同我一样，都会由衷地感谢有这样一本极具价值的书籍，始终相伴。这本书，就是《如何成为建筑师》。

海伦妮·库姆斯·德赖林（Helene Combs Dreiling）

美国建筑师协会资深会员（FAIA）

2014 年美国建筑师协会主席

弗吉尼亚建筑学中心执行董事

前　言

在二年级的时候，我的职业野心是成为一个丑角演员。只是到了后来，我的愿望才转变为成为一名建筑师。我有一个哥哥，他在大学里先是热衷于追随建筑学，后来转行去学习了音乐。九年级的一次草图课，使我第一次正式地接触到这个我曾经考虑过的职业。同时，我在家乡里还有机会结识了几位建筑师。在高中阶段，我曾到一个建筑师的事务所去实习，画草图和做模型。所有的这些经历和感受，都有助于我决意在大学里去学习建筑学专业。

在六年的大学生活中，我获得了密歇根州立大学（Michigan State University）和亚利桑那州立大学（Arizona State University）的建筑学学位，担任过一年全美性的美国建筑学生协会（American Institute of Architecture Students AIAS）的副主席，并且在一家公司里工作了三个月。但之后，我却认定建筑学专业并不是非常适合我。然而，从我在建筑领域从业的经历出发，我发现了这样一个问题：在其他人成为一名建筑师的探索过程中，我想要给予他们一些帮助。于是，写作这本书的想法，在我脑海里已经酝酿了三十多年了。

《如何成为建筑师》（原著第三版）这本书，将有助于你成长和成为建筑师的整个过程。本书目的，旨在为你的职业之路提供大致的提纲：（1）一份美国国家建筑学认证委员会（National Architectural Accrediting Board，NAAB）认定的建筑学专业学位名单；（2）有关实习生发展项目（Intern Development Program，IDP）的经历和经验；（3）建筑师注册考试（Architect Registration Exam，ARE）的部分。在未来，这些将有助于你开创自己的建筑师职业生涯。

本书在第1章"建筑师的定义"中，向人们介绍了一位建筑师的基本职责和工作任务。阅读此章后，你就能够更好判断自己是否适合成为一名建筑师。这章提纲挈领地介绍了建筑师工作中的基本技巧、特征、态度、动机和资质等。最终，给人们提供了建筑师职业的一个简单轮廓。

第2章为"建筑师的教育"，这里概述了要成为一名建筑师所应该受到的教育。本章强调，建筑师的教育是终身的，并不因为接受了某种形式上的学位而结束。这章三部分中的第一部分，聚焦于预先的准备工作——也就是为了能进入建筑教育而预先准备的一些课程和活动。在选择建筑学教育方面，第二部分提供了一些远见卓识，描绘出专业学位计划的三种毕业途径。进一步来说，这部分简要地对一些个体、机构和学院单位的属性进行了叙述，以供选择培养计划时进行考虑。在此章的第三部分中，对典型的建筑课程进行了描述。

实践是成为一位建筑师的必需因素。第3章"建筑师的实践经历"，将集中讨论学生们在校期间和毕业时的实践中所获得的经历。首先，此章讨论了在校期间，学生们可通过兼职、暑期或合作性质的教育机会，来获取经历的种种策略；然后又简要地叙述了，一名职业新手该如何得到经历。这个由首字母缩拼词"A.R.C.H.I.T.E.C.T."所组成的附加部分，能帮助人们去寻找一些能提供有用经历的职位。对实习生发展项目，此章也提供了一些基本概述。这个在注册建筑师监督下记录你的经历的培养计划，几乎在美国所有50个州中都是必须执行的。进而，此章也介绍了建筑师注册考试的要求和程序。

第4章"建筑师的职业生涯"，为人们概述了建筑职业生涯的设计过程，那就是评估、探索、决策制定和规划；同时也简单介绍了得到建筑教育学位后的一些可行的职业生涯道路。这两者皆包括在建筑实践的范围之中，也处于其外或甚至超越了建筑的范畴。

最后是第5章"建筑学专业的未来"，为人们提供了关于建筑职业未来的一些看法和观点。这里，对专业未来相关的词条进行了简要的描述。它们连同那些贯穿整本书的其他词条，集中回答了这样一个问题，那就是"你如何看待建筑专业的未来"。

本书中自始至终出现的来自建筑大学生、职业新人、教育者和从业者的行业简况，是有关个人成长经历和阅历的极好资源。在一些档案资料中，我们重点突出了一名建筑师在私营建筑公司内的传统成长道路；而其他资料，则叙述了一些建筑师能够工作的相关岗位——公司企业、政府机构、教育和研究部门。整本书都遍布着一系列与专业相关的尖锐问题和颇具个性化的回应。

本书有三个附录。

第一个附录，列出了一些资源的补充信息。尤其需要注意其中前五个协会和组织：美国建筑师协会（American Institute of Architects，AIA）、美国建筑学生协会、建筑院校联合会（Association of Collegiate Schools of Architecture，ACSA）、美国国家建筑学认证委员会和国家建筑注册委员会（National Council of Architectural Registration Boards，NCARB）。其中也包括一些与专业有关的团体、组织和其他有用的资源，如一些网站和推荐读物。

第二个附录，罗列了一些能提供美国国家建筑学认证委员会和加拿大建筑学认证委员会（Canadian Architectural Certification Board，CACB-CCCA）认定学位的机构。

第三个附录，列出了本书中这些学生、实习生和专业人物的简介。

你将马上发现，"成为一名建筑师"，是我们所做的一件最令人满意和最有价值的事情。享受"成为"和"成为了"一名建筑师的这一过程吧，因为它将把你引向一条漫长而有意义的职业道路。

李·W·沃尔德雷普博士

致 谢

在完成了自己的博士论文时，我曾一度认为，这次写作经历将是我平生所做中与设计建筑最接近的事情了。对于本书而言，这种陈述依然如此，但从工作量的角度来说，本书已大大超过学位论文的写作过程。我从未设计过一栋住宅建筑或一座摩天大楼，但我仍然热切地希望，在那些未来的建筑师们设计自己的职业生涯时，本书能对他们有所裨益。

首先，我希望向我的父母，卡尔·E·沃尔德雷普（Carl E. Waldrep）和玛莎·L·沃尔德雷普（Marsha L. Waldrep），表达我无限的爱意和感激之情。他们根本看不见我的劳动成果，但灵魂却在一直鼓舞着我。虽然他们在我孩提时代就驾鹤仙逝，但他们至今一直活在我的心里。

其次同样重要的是，我将对我的家人——我的妻子谢丽，我的三胞胎女儿卡西迪、卡莉和昂斯里的支持表示感谢。如果没有她们那种无怨无悔的牺牲精神，让我能够从那些繁杂的家务中解脱出来，我是不可能完成这本书的。在本书封笔的此时此地，我正准备到新的游泳池中去畅游。

我也希望在此，对那些出现在本书中接受访谈的同学、职场新手、教育工作者和建筑师们表达衷心的感谢。他们之中的许多人，都是在我职业生涯中所相识的（详见附录C）。毫无例外，他们皆是自愿地参与此项目。与我一样，他们也都是本书的作者之一。

我们也要将最诚挚的感激之情，传送给美国建筑师协会，马里兰大学建筑规划与遗产保护学院（School of Architecture, Planning, and Preservation at the University of Maryland）建筑系主任，副教授布瑞恩·凯利（Brian P. Kelly）先生；佐治亚理工学院建筑学院（College of Architecture at Georgia Institute of Technology）教务和附加事务副院长，教育学博士米歇尔·莱因哈特（Michelle A. Rinehart）先生；未来派画家戴维·扎克（David Zach）。感谢大家分享他们的见解。另外，还要将感激之情送给我的同事和朋友，美国国家建筑学认证委员会执行董事安德里亚·拉特里奇（Andrea Rutledge）。

我还要将赞美之词献给下列各位：珍妮·卡斯特罗诺沃（Jenny Castronuovo），她协助我为本书的第一版收集了大量的影像；玛格丽特·德里伍（Margaret DeLeeuw）、萧娜·格兰特（Shawna Grant）、埃里森·威尔逊（Allison Wilson）、罗宾·佩恩（Robyn Payne）和迪纳·穆尔（Deana Moore），他们在原稿的写作过程中提出了具有远见卓识的建议；获益于日常生活中的灵感，迈克尔·萨尔茨（Michal Seltzer）制作出了本书的封面设计。同样，我也希望将感激之情表达给我那特殊的朋友，凯瑟琳·H·安东尼（Kathryn H. Anthony）博士。对写作一本书所要承担的挑战，她知之甚清。另外，我还要对美国建筑师协会的一位朋友，格瑞斯·H·金（Grace H. Kim）表示感谢。是她，第一个将我作为此项目的最佳作者，推荐给约翰·威利公司（John Wiley & Sons）。在本书的影像提供方面，她也给予了巨大的帮助。

我还希望对我的编辑凯瑟琳·布戈尼（Kathryn Bourgoine），资深制作编辑南希·辛特龙（Nancy Cintron）表示谢意。在威利公司，二位指导着我完成了本书的所有制作流程。

在最后，我想要感谢所有的建筑学学生和同事们。这些建筑界的同事，与我已有二十多年的职业交往经历。正是你们的存在，才使我有理由如此喜爱我的工作。

第 **1** 章 建筑师的定义

他注视着花岗石。切掉它，将它砌到墙里，他想。他注视着一棵树木。劈开它，并且将它做成椽子。他注视着石块上的一条锈斑，想象着地底下的铁矿石将被熔化，并浮现出那横跨苍天的一条栋梁。这些岩石，他想，是为了我而封存于这里的。它们等待着钻头、炸药以及我的声音；等待着被劈开、撕裂、撞击以及再生；等待着我们用双手去赋予它们新的形状。

艾茵·兰德（Ayn Rand），《源泉》（Fountainhead）[1]

阅读了前面这段艾茵·兰德的《源泉》后，你的想法和感受如何？在这一段落，你会将这些感想联系到小说主角——建筑师霍华德·罗克（Howard Roark）吗？你是否想用周围的物质创造出多种可能性？

你想成为一名建筑师吗？你希望去学习建筑学吗？如果面对以上的任何一个问题，你的回答为"是的"，这本书就是为你而准备的。

建筑师的定义是什么？在《美国传统英语词典》（American Heritage Dictionary of the English Language）[2] 中，为建筑师所下的定义为：

1. 建筑师是设计并监造建筑物和其他结构的工程人员 [är-ki-tekt，n.（MF architecte，fr. L architectus，fr. Gk architekton master builder，fr. Archi- + tekton builder）]。

当然，这个简单的定义只是触及建筑学的表面。"成为"或"成为了"建筑师，具有更加丰富的内涵和意义。

◀ 新闻博物馆（Newseum），华盛顿特区（即华盛顿哥伦比亚特区，Washington，DC）
建筑设计：波尔斯克建筑师有限责任合伙事务所（Polshek Partnership Architects LLP.）
建筑摄影：李·W·沃尔德雷普博士

建筑师是做什么的？

人们需要一个地方来生活、工作、游戏、学习、礼拜、聚会、管理、购物和进食。它们可能是私密的或是公共的、室内或室外空间；可能是一些房间、建筑物和建筑综合体；可能是一些街坊和城镇、郊区和城市等。那些在艺术和科学领域进行了建筑设计职业训练，并被授权对公共卫生、安全和福利进行保护的建筑师们，将人们的这些需要转换成一些概念；然后，再将这些概念发展成一些建筑形象，并由其他人将它们建造出来。

在建筑设计过程中，建筑师要与有设计需求的委托方、使用者以及整体公众进行交流，给予他们帮助；同时也需同实现这些设计需求的建筑工人、承包商、水暖工人、油漆工、木匠和空调机械师们进行沟通。

不论这个项目是一个房间还是一座城市，一座新建筑物的开发还是对一座古老建筑的修复更新，建筑师们都要为它们提供专业服务。这里包括建筑师的观念、见解、设计和技术知识、绘图和规范、实施管理、协调和决策制定的告知。种种有关功能性、审美性、技术性、经济性、人性化、环境性和安全性等各方面的考虑因素，都将融合到一个一致而恰当的解决方案中，以把各种隐患消灭在萌芽阶段。

建筑师们所能够做的，就是作为建筑物的构想者。他们所从事的工作就是设计，也就是给一个新的建筑物提供一些具体的形象，以使它能够被建造起来。从古到今，建筑师的首要任务就是提出拟建建筑物应该是什么，以及应该看起来是什么样子……

建筑师的作用，就是在决定建造房屋的委托人、赞助人，承担建造工作的建筑工人以及工程监理之间形成一种中间媒介。

斯皮罗·科斯托夫（Spiro Kostof）[3]

万神庙（Parthenon），雅典（Athens），希腊（Greece）
建筑摄影：R·林德利凡（R. Lindley Vann）

设计过程

　　但是，一名建筑师是如何进行真正的设计的？设计的开始，往往是伴随着一位有建房需求的委托人，也就是一个项目。为了设计和建造这个项目，建筑师会遵循建筑的设计程序。程序开始时，要有一个草图设计阶段。建筑师首先要从委托人那里获得对建造项目范围的理解和看法。在计划制定下来的同时，建筑师要形成对于项目的初步概念和想法，并且将其呈现给委托人以征得认可和进行修正。另外，建筑师还要对土地区划管理或其他限制进行研究。接下来就是设计的扩初阶段。

　　在设计扩初阶段，最初的概念和想法会进一步进行提炼和细化。除了对项目的机械、电器、管道和结构因素进行详细考量之外，建筑师还要开始确定建筑的材料。在这个阶段，建筑师要正式地将项目提交给委托人，以求得对方的认可。接下来就是施工图设计阶段。

　　在施工图设计阶段，建筑师要制作出项目中被用于建造的施工细部图和设计说明书。这些施工图，要包括为建造施工所必需的所有相关信息。一旦制作完成，这些施工图就要被提供给可能要投标的建筑承包商。在此之后就是投标和洽谈阶段。

在实际建造的准备中，建筑师要预备出投标文件。这些投标文件要包括参与投标的承包商们进行投标准备时所使用的大量文件，其中包含项目预算。一旦来自承包商的标书被接受，建筑师就需要协助委托人进行评估并挑选成功的提案。最后，一纸合同会被授权签署给中标的投标人，并允许其开始进行施工建造。然后就是施工建造阶段。

在施工建造期间，建筑师的职责将依与委托人的合约而有所不同。但在最常见的情况下，建筑师将协助承包商按照施工文件中的规定承建项目。当施工现场出现了问题和争端时，建筑师在这里负责进行解释和排解。根据所出现的问题，建筑师可能会被要求绘制额外的图纸。

因此，一名建筑师必须具备许多才能和技巧，以解决项目从最初构思到后期施工中所遇见的所有问题。在这个行业中，许多建筑公司内皆包含着由建筑师、相关专家和顾问所组成的队伍，来承担所有设计项目。不过对于一些比较小的项目，比如住宅建筑，可能仅需要一位建筑师就能胜任工作了。

为什么选择建筑学？

为什么你的愿望是要成为一名建筑师？当你处于孩提时，你用乐高积木搭建过建筑物吗？鉴于在数学和艺术方面的强烈兴趣和突出技能，是否有辅导员或教师向你推荐过建筑学？或者还有其他理由和原因？如像那些具有抱负的建筑师们一样，皆爱好绘画、创造和设计；有在社区建设上有所作为的意愿；在数学和自然科学上有一些窍门；或与家族成员的专业有一种联系。无论何种理由，你是否适合成为一名建筑师？

为什么建筑学适合你？

如何知道，你是否特别适合从事建筑行业？用业内的建议来说就是，如果你是一个具有创造性和艺术天赋，并且数学和自然科学课成绩非常优秀的人，那么你就可能具备了成为一名有成就的建筑师的必要条件。然而，《建筑学：实践的历程》（Architecture: The Story of Practice）一书的作者达纳·卡夫（Dana Cuff）认为，这些特质是远远不够的：

有两种品质是既不能由老板，也不能由教师灌输出来的。假设没有这两种品质，你就不能成为一位"优秀"的建筑师。这两种品质就是：献身精神和天赋。

达纳·卡夫 [4]

建筑师必须要具备广博的技巧和才能。因此，无论如何你都能在这个行业中寻找到自己的位置。一个成功的建筑学专业学生，可以归因到三种因素：智力、创造力和献身精神；你至少需要这三条中的任意两条。同样，你所受到的教育，也能积累自己的基础知识并开发设计才能。

不幸的是，世上没有一种魔法实验可以测定你是否适合成为一名建筑师。也许，测试你是否需要考虑成为建筑师的最有效的方法，是直接去体验这种职业。去探询和认识一些问题之后会发现，也可能会有许多相关职业领域适合你。

> 从某一方面来说，建筑师必须是一个沉溺于研究一些事物是如何运作和自己如何能够使其运作起来的人。这并不意味着要他去发明或修理机器，而是在时空因素的构造方面去创造一种所期待发生的结果；在另一方面，他必须在美学上具备一种超越常人的感知，以及在制图、绘画和一般视觉艺术方面拥有真才实学。
>
> 尤金·拉斯金（Eugene Raskin）[5]

什么是建筑学?

❯空间的创造。
约翰·W·迈弗斯基（John W. Myefski），美国建筑师协会会员，迈弗斯基建筑师事务所股份有限公司（Myefski Architects，Inc.）负责人。

❯建筑学是一种在环境中创造出空间感的设计和操作。它是科学和艺术的有机融合，表达了在预算、进度表、生命安全和社会责任感等限制之内的程序化和审美需求。
罗伯特·D·鲁比克（Robert D. Roubik），美国建筑师协会会员，LEED 认证专家（LEED AP）[①]，安图诺维奇建筑与规划事务所（Antunovich Associates Architects and Planners）项目建筑师。

❯建筑学存在于复杂外观形式、实现一种意图、对组织材料的细微感知间所寻求的一种和谐与平衡之中。
罗珊娜·B·桑多瓦尔（Rosannah B. Sandoval），美国建筑师协会会员，帕金斯＋威尔事务所（Perkins+Will）资深设计师。

❯建筑师们拥有大量的想法，并且将之转变成一种现实。建筑师们建造城市、建筑物、公园和社区——物质与虚拟之间。他们是梦想家，同时又难以置信的务实。
利·斯金格（Leigh Stringer），LEED 认证专家，美国霍克公司（HOK）资深副总裁。

---

① LEED AP，即 Leadership in Energy and Environmental Design Accredited Professiona 的缩写，可译作"美国绿色建筑认证专家"。但行业内一般都直呼 LEED 认证专家，因此这里保留这一称谓。此称号具体如何认证评判，后文会有详细说明。——译者注

》建筑学是创造性与实用性的完美结合。它通过空间设计为使用者创造了一种居住体验。设计一个具有功能性的、愉悦的和实用的空间，是一件需要精心处理的艺术工作。
埃尔莎·莱福斯特克（Elsa Reifsteck），伊利诺伊大学香槟分校（University of Illinois at Urbana-Champaign）理学学士、建筑学研究生

》建筑学是规划和设计承载人类活动的场所和环境的艺术与科学。
H·艾伦·布兰塞利格曼（H. Alan Brangman），美国建筑师协会会员，特拉华大学（University of Delaware）房产后勤服务部基础设施副主任

》建筑学是在所给予的一系列参数，包括项目中纲领性的设计需求、委托人的预算、建筑法规条例、被使用材料的固有性质等范围内，进行房屋和空间设计的艺术。通过对创造力和实践的应用，伟大的建筑寻找到了解决设计难题的最佳方案。一部分雕刻；一部分环境心理学；一部分建造技术，由许多单独而分离的力量，共同组合成了建筑学这样一个协调的整体。
卡洛琳·G·琼斯（Carolyn G. Jones），美国建筑师协会会员，LEED 认证专家，慕维尼 G2 建筑设计咨询有限公司（Mulvanny G2）主要负责人

》建筑学的发展几乎就像一个设计程序一样，去模拟那些适宜居住的空间和建筑语汇。我们甚至这样可以说，如果不借助分析的方式开展建筑设计，那么建筑学就不再是建筑学。
托马斯·福勒四世（Thomas Fowler IV），美国建筑师协会会员，国家建筑注册管理委员会成员，加利福尼亚州州立理工大学圣路易斯奥比斯波分校（California Polytechnic State University—San LuisObispo）社区跨学科设计工作室（Community Interdisciplinary Design Studio, CIDS），美国建筑院校杰出教授兼主任教授和主任

》建筑是一种塑造人们日常生活的建成环境。
格瑞斯·H·金（Grace H. Kim），美国建筑师协会会员，图式工作坊（Schemata Workshop, Inc）主要负责人

》温斯顿·丘吉尔曾经说过，我们环境中那些实际性的和艺术化的创造，诠释着我们记忆中那些人们曾用石块建造的东西。于是在某种程度上可以说，建筑学就是在创造记忆和场所感。
玛丽·凯瑟琳·兰德罗塔（Mary Katherine Lanzillotta），美国建筑师协会资深会员，哈特曼-考克斯建筑师事务所（Hartman-Cox Architects）合伙人

》建筑学是通过对设计需求的策划、三维外观设计和适当的建造技术应用而进行的建造环境设计。
埃里克·泰勒（Eric Taylor），美国建筑师协会初级会员，泰勒建筑设计与摄影股份有限公司（Taylor Design & Photography, Inc）摄影师

》建筑学是艺术和科学的综合体。它是为应对建造环境内的挑战而产生的一种解决方案。
贝丝·卡林（Beth Kalin），根斯勒建筑设计、规划与咨询公司（Gensler）项目协调人

》建筑空间塑造了我们的生活。
默里·伯纳德（Murrye Bernard），美国建筑师协会初级会员，LEED 认证专家，《Contract 杂志》（Contract Magazine）主编

》建筑涉及了光线、阴影、纹理、韵律、形象和功能。对我们来说，建筑学是一种创造和感染建成环境的实践活动。建筑学的实践是将眼光对准项目，了解难题并且发现解决问题的方法。
肖恩·斯塔德勒（Sean M. Stadler），美国建筑师协会会员，LEED 认证专家，WDG 建筑设计有限责任公司（WDG Architecture, PLLC）设计负责人

》就像它起源的希腊名称所定义的那样，建筑就是艺术和科学的联合。建筑将这二者结合在一起，以获得"形式、功能和设计"的完美统一。
凯茜·丹妮丝·狄克逊（Kathy Denise Dixon），美国建筑师协会会员，美国少数群体建筑师组织成员（National Organization of Minority Architects, NOMA），K·狄克逊建筑设计有限责任公司（K. Dixon Architecture, PLLC）负责人，哥伦比亚特区大学（University of the District of Columbia）副教授

迪士尼音乐厅（Walt Disney Concert Hall），
洛杉矶，加利福尼亚州
建筑设计：弗兰克·盖里（Frank Gehry）
建筑摄影：蒂娜·里姆斯（Tina Reames）

❯用最简单的术语来讲，建筑学是对建造环境的设计。在这些空间中，我们生活、工作、礼拜、集会、休假，或者只是单纯地居住。

杰西卡·L·伦纳德（Jessica L. Leonard），美国建筑师协会初级会员，LEED 建筑设计与结构认证专家（LEED AP BD+C），埃尔斯·圣格罗斯建筑与规划事务所（Ayers Saint Gross Architects and Planners）合伙人

❯对我而言，建筑设计意味着可被设计的任何事物。比如一把椅子、一个计算机应用程序、一套电具、一个网站、一个商标、一些胶片、一栋建筑，或者一座城市等。

威廉·J·卡彭特（William J. Carpenter）博士，美国建筑师协会资深会员，LEED 认证专家，南方州立理工大学（Southern Polytechnic State University）教授，Lightroom 设计工作室总裁

❯建筑是我们生活的舞台。它能够使许多活动在这里发生，并且能够影响这些活动发生的进程。它还能将我们与大自然紧密相连，并揭示出一些我们与自然之间可能被忽视的关系。最不成功的建筑，就是将它仅仅设计为保护我们免受风雨侵袭的结构体；而最成功的建筑，则可以改善我们的生活质量。

埃里森·威尔逊（Allison Wilson），埃尔斯·圣格罗斯建筑与规划事务所，实习建筑师

❯建筑学不仅限于建筑物、内部装修或有盖空间；它有目的地回应一种纲领性的设计需求。在那里，这些设计需求或是完全未被满足，或仅有部分方面得以满足。

坦尼娅·爱丽（Tanya Ally），邦斯特拉 | 黑尔塞恩建筑师事务所（Bonstra | Haresign Architects）建筑设计人员

❯建筑学是一种关于房屋和空间的设计。由设计所创造出来的居住体验，会比房屋或空间这一物质形体本身，更能冲击人们的心灵。

尼科尔·甘吉迪诺（Nicole Gangidino），纽约理工大学（New York Institute of Technology，NYIT），建筑学本科在读

❯建筑学是从混沌到秩序，黑暗到光明，物质空间到精神空间上的转化。

内森·基普尼斯（Nathan Kipnis），美国建筑师协会会员，内森·基普尼斯股份有限公司（Nathan Kipnis Architects Inc.）主要负责人

约翰逊石蜡公司办公大楼（Johnson Wax Building）内景，拉辛，威斯康星州
建筑设计：弗兰克·劳埃德·赖特（Frank Lloyd Wright）
建筑摄影：R·林德利凡

》建造环境的设计是为了使它同日常生活中的人们发生相互作用。
梅甘·S·朱席德（Megan S. Chusid），美国建筑师协会会员，所罗门·R·古根海姆博物馆和基金会（Solomon R. Guggenheim Museum and Foundation）基础设施及办公室服务部经理

》建筑学是为了人类更好地生存，而使用一种艺术和科学的综合方法进行的房屋建造。建筑物被建造成承载人类活动的场所，同时使人民在其中获得美感和归属感。
约旦·巴克纳（Jordan Buckner），伊利诺伊大学香槟分校，建筑学硕士和工商管理硕士研究生

》建筑学是艺术、设计、工程技术在建筑物或城市景观中的凝聚，它同时会受到使用者的欣赏和批评。
凯文·斯尼德（Kevin Sneed），美国建筑师协会会员，国际室内设计协会会员（IIDA），美国少数群体建筑师组织成员，LEED 建筑设计与结构认证专家，OTJ 建筑师事务所有限责任公司（OTJ Architects, LLC），合伙人兼建筑部门资深主管

》建筑应该是一个庇护所；一个用艺术和科学方法设计和构建出来的地方。人们在这里生活、工作和嬉戏游乐。人的存活，真正需要的只是食物和栖身之所。建筑是人类生存的基础支柱。

阿曼达·哈雷尔-塞伊本（Amanda Harrell-Seyburn），美国建筑师协会初级会员，密歇根州立大学城市规划、设计与结构工程学院（School of Planning, Design and Construction, MichiganState University）讲师

》建筑学是一种思想的创造和沟通。对建造环境的设计、处理和建造来说，这是一个兼具创造性和技术性的过程。建筑学意味着在众多专家们的通力合作和相互协调之中，确保建筑物顺利建成。
罗伯特·D·福克斯（Robert D. Fox），美国建筑师协会会员，国际室内设计协会会员，LEED 认证专家，福克斯建筑师事务所（FOX Architects）主要负责人

》建筑学是一种对可居住性空间进行的研究，是人类的相互影响与深思熟虑的设计之间的一种关联。只要有足够理想和适合于居住的设计方案，建筑可以在任何地方，使用任何方法，应用任何材料，在任何地域，在任何气候条件下被创造出来。
安娜·A·基塞尔（Anna Alexandra Kissell），波士顿建筑学院（Boston Architectural College）建筑学硕士候选人，雷布克国际设计股份有限公司（Reebok International Inc）环境设计副经理

》建筑学创造了我们生活、工作、学习和修养身心的环境；它不仅仅是建造一座房屋或设计一件漂亮的雕刻，更要理解使用者的愿望和需要，并且创造出一种令人们喜出望外的环境。建筑学具有一种力量，它能决定我们的生活方式，并有着推动人类社会向前发展的责任。
科迪·博恩舍尔（Cody Bornsheuer），美国建筑师协会初级会员，LEED 建筑设计与结构认证专家，杜伯里建筑设计股份有限公司（Dewberry Architects, Inc）建筑设计师

》建筑学是建造环境中想象力和创造力的一种交集。然而，我并不觉得建筑学必定要被限制在仅仅描述建筑物的范围内；建筑师，也不仅仅是一个被用来描述"建筑物"设计者的术语。
艾希礼·W·克拉克（Ashley W. Clark），美国建筑师协会初级会员，LEED 认证专家，美国兰德设计公司（Land Design）销售经理，市场营销专业服务协会会员①（SMPS）

》在 19 世纪末和 20 世纪初，人们还可能听到将建筑学称之为"艺术之母"的说法。但时至今日，这种归类似乎有一些局限，甚至太偏向于精英主义的观点。建筑学是介于美术学、应用科学、工业技术与工程学和社会科学之间的学科。
建筑学包含了所有尺度下的自然环境的设计，从家居用品和家具到整个城市的规划和景观设计，以及其中任何一个尺度内的事物范畴。因此，建筑学既是一个学科，又是一种专业类别。它活跃于分析问题与有效地、有意义地去综合解决建造环境问题的知识体系之中。
布赖恩·凯利（Brian Kelly），美国建筑师协会会员，马里兰大学建筑学专业副教授兼系主任

》建筑学无处不在，蕴含在一切事物当中。弗兰克·劳埃德·赖特曾经精辟地说道：我知道，建筑学就是生活；或至少是从生活本身中获取的形式。所以，建筑学是真实的生活记录，就像它昨天在这个世界上，今天也在这世界上，或者甚至万世永存。建筑学是一种伟大而具有生命力的创造精神，一代又一代，从古至今，前仆后继地前行、坚持、创作，从人类的本性中来，且随着人类的改变而改变。这才是真正的建筑学。
阿曼达·斯特拉维奇（Amanda Strawitch），集合设计事务所（Design Collective）一级建筑师

》建筑学是包裹着我们生活的一切过程与结果。
凯瑟琳·达尔施塔特（Katherine Darnstadt），美国建筑师协会会员，LEED 建筑设计与结构认证专家，拉滕特设计事务所（Latent Design）创始人兼首席建筑师

》建筑学是通过艺术、科学、商业以及人们的通力合作所建造出来的一座伟大建筑物；是人类为得到一种称心如意的居住状态，而对我们环境所进行的殚思竭虑的塑造。
约瑟夫·梅奥（Joseph Mayo），马赫勒姆建筑事务所（Mahlum）实习建筑师

》建筑学是一种有关艺术、科学、经济、技术和社会的物

质现象；这几方面被熟练地混合在一起，以满足人类对于栖身和舒适度的生活需要。

金伯利·多德尔（Kimberly Dowdell），莱维恩公司（Levien & Company）项目经理和销售部主任

》建筑学是一种能够对人类体验产生影响的建造环境；它改变了人们诠释和利用空间的方式，因而形成了社会交往及其所带来的成就。

丹妮尔·米切尔（Danielle Mitchell），宾夕法尼亚州立大学（Pennsylvania State University）建筑学本科在读

》建筑学的功能是塑造真实的或虚构的环境，它能影响人们的思维、感觉、行动或对周围事物的应答方式。由此而论，建筑学应该能成为一个名词和动词。换而言之，它可以是绘画本身或绘画这一种行为。

建筑学对人体感官有一定的吸引力，它能够安抚或恫吓我们。建筑能够使我们感受到一种宾至如归的感觉和家庭的温暖，或者孤独和冷漠。建筑学可能包含着设计者想象中的个人意愿。但当没有充分考虑某一建筑的特有语境时，建筑设计也可能包含着那些随之而来的客观后果。无论是真实的或虚构的，我们生活、工作和游乐其中的环境都会受到那些环绕着我们的建筑学的直接影响。在本质上，建筑就代表着人性。

香农·克劳斯（Shannon Kraus），美国建筑师协会资深会员，工商管理学硕士，HKS 建筑设计有限公司[1]（HKS Architects）主要负责人兼资深副总裁

》人们可以在最大程度上，将建筑描述为一种有意识地设计出的事物。在一些关于建筑学的解释中，人们认为它与美学有一定关系，但是我认为这两者毫不相干。建筑学将世界与人们那些深刻和深思熟虑的意图相衔接，涉及从分析与经验层面到政治与社会学层面。而建筑学又常常与建造环境相关，这些建造环境可以被认定是经过精心组织的任何事物，包括各种机构、教育甚至写作。

卡伦·索斯·彭斯（Karen Cordes Spence）博士，美国建筑师协会资深会员，LEED 认证专家，杜利大学（Drury University）副教授

可以"居住"的地方被称为空间；"居住"意味着在时空中以物质和形而上的方式存在着。

莎拉·斯坦（Sarah Stein），李·斯托尼克建筑师设计师联合事务所（Lee Scolnick Architects & Design Partnership），建筑设计师

》建筑学是一个文明教化的构架，一个生活的舞台。它是一个场所和空间的结合，人们经常利用这里来进行聚集、庆祝、沉思和自省。然而时至今日，"建筑学"日趋演变成为一个边界模糊的领域。就像全球范围内以空前的速度和规模高度膨胀的城市化区域一样，建筑学的学科也不断地接受挑战，体现出世界城市中种种复杂性和联系性，包括对公共卫生与广阔的自然环境的影响。因此在 21 世纪的建筑环境前景下，人们越来越需要一种多学科和跨文化的设计思维。

安德烈·卡鲁索（Andrew Caruso），美国建筑师协会资深会员，施工图技术专家[2]（CDT），LEED 建筑设计与结构认证专家，根斯勒建筑设计、规划与咨询公司（Gensler），实习生发展和学术推广首席负责人

》对于我们来说，建筑学就像一个拼图玩具，其中包含着很多组件。作为建筑师，你的工作就是将之拼合在一起并相互契合成一个完好的形态。但又不像一个平常的玩具，你不仅仅要将它拼凑起来，还需要从头去创造它们。

麦肯齐·洛卡特（Makenzie Leukart），哥伦比亚大学（Columbia University）建筑学硕士研究生在读

》依我之见，建筑创作就是一个从宏观上解决难题的过程。它转化成了一种批判性思考和解决专业问题的能力。"这种能力是建筑项目教会我们的。同样因为有了这样的专业能力，委托人才如此信赖我们。我们能用专业能力帮他们实现他们的建设目标。"

在建筑项目或难题中，包含着无穷无尽的变量。其中一些是静态的；一些是变化的。一些属性是已知的和普遍的；而另外一些对于调查和体验的人们而言，是前所未有的。这种难题在持续不断地展开，并且没有人能完全控制它。但其中大多难题却是那样地妙趣横生。建筑设计项目的难

① HKS Architects 于 1939 年由哈伍德·K·史密斯先生（Harwood K. Smith）创立，并因此而得名。——译者注

② CDT 是 Construction Documents Technology 的缩写。这是美国一项专门的职业技术考试，通过此项考试之后，就能成为 Construction Documents Technologist，即施工图技术专家。——译者注

巨石阵（Stonehenge），英国
建筑摄影：卡尔·普依（Karl Du Puy）

题根本不会有完全解开的一天，而且建筑师们最终提出的
解决方案的优劣高下也只是仁者见仁，即便人们以相同的
方式经历了这一切。

凯瑟琳·T·普利格莫（Kathryn T. Prigmore），美国建筑
师协会资深会员，亨宁松 & 杜伦 & 理查森建筑工程咨
询股份有限公司（Henningson, Durham and Richardson,
HDR Architecture, Inc）高级项目经理

❱建筑学是一种艺术化的物质形式，它在改变着我们的社
区，并使人们产生一种自豪之感。建筑学所界定的单位，
小至街巷邻里，大到城市、国家和区域。人们对某一具体
国家和区域的识别，都能够通过其拥有的宏伟而非凡的建
筑来进行认知。

詹尼弗·泰勒（Jennifer Taylor），美国建筑学生协会副主席

❱建筑学无处不在。它是我们吃饭、睡觉和生活的地方；
也是我们同周围的环境相互影响的方式，以及这些环境与
世界上其他地区相互作用的方式。"建筑"一词不仅涵盖
物质形态的建筑物本身，同时也由建筑物的内部空间和围
绕它的外部空间而共同构成。建筑艺术是利用物质材料来
定义那些我们看不见的空间。建筑学海纳百川，包罗万象，
包括对事物之间的关系进行分析，且并不仅仅局限在物理
环境中。建筑就是整个世界。

伊丽莎白·温特劳布（Elizabeth Weintraub），纽约理工大
学，建筑学本科在读

过去才是开始

玛丽·凯瑟琳·兰西洛塔，美国建筑师协会资深会员
哈特曼－考克斯建筑师事务所合伙人
华盛顿特区

你为什么要成为一名建筑师？你又是如何成为建筑师的？

❭ 将一种想法变成一幅图画，然后建成一栋我们生活或工作在里面的建筑物，这个过程是多么令人惊心动魄、兴奋不已。当我还是一个孩子的时候，我的父母对原有房屋进行了扩建，然后又建造了一座新的房子。这种通过建造施工所带来的实际体验和生活感受，叫我们激动万分。当时我正值青少年时期，我知道应该寻找一些途径参与到建筑物的建造过程中去。

你为什么决定去那所学校进行你的建筑学学位学习？你获得了什么学位？

❭ 当我正在决定是否从事土木工程或建筑学学习时，弗吉尼亚大学（University of Virginia UVA）在夏洛茨维尔（Charlottesville）为中学生们提供了一个"现场学习"的暑期课程班。我的父母同意让我参加这个课程班，来判断建筑学是否特别适合我。作为课程的一部分，我早晨去参加有关建筑历史的讲座，参观工作的场所；然后下午有一个"工作室"课程。这些体验完全给我带来正面的影响。我知道，我想要到弗吉尼亚大学去得到一个建筑学理学学士学位。

在弗吉尼亚大学学习四年，上了大约十几门建筑历史课程以后，我认为我应该更多地参与到建筑保护工作中去。在研究生阶段，我只申请了建筑学与遗产保护相结合的一些课程。我在宾夕法尼亚大学（University of Pennsylvania）完成了建筑学硕士学位，并且获得了一个

林肯画廊（Lincoln Gallery），美国史密森·唐纳德·W·雷诺兹艺术与肖像画中心（Smithsonian Donald W. Reynolds Center for American Art and Portraiture）。史密森学会（Smithsonian Institution），华盛顿特区
建筑设计：哈特曼－考克斯建筑师事务所
建筑摄影：布莱恩·贝克尔（Bryan Becker）

历史建筑保护专业执业证书。

作为一名建筑师，你所面临的最大挑战是什么？

❭ 时刻提醒自己要将目光集中于重要的局面上，而不要陷入繁琐的细节之中。要做到这些，常常需要我后退几步去审视，并且创造性地思考如何用与众不同的方法来应对挑战。

作为哈特曼－考克斯建筑事务所的一位合伙人，你的首要责任和职责是什么？

》我的最重要责任之一，是持之以恒地、安全可靠地履行好工作。作为一个醉心于遗产保护工作的人，我渴望在这一领域开展更多的工作，但也希望在一些新的机遇中去进行开发和探索。我的其他职责是"调配"。因为我们没有严格的岗位身份，而是去注意观察工作中需要做什么以及什么地方需要。

哈特曼－考克斯建筑事务所有些项目与历史建筑保护、建筑的适当性再利用和复原有关。这些议题与建筑学有多大关系，为什么说它对建筑学来说是重要的？

》哈特曼－考克斯建筑事务所的大多数项目，皆与提供的一种连续性的场所感有关。这种感觉能够通过对现存建筑物的保存，使用一种敏锐而恰当的方式在现存建筑物上进行加建，或者在相邻处建造一座尊重旧建筑环境的新建筑物，并且重新诠释场所感来实现。我们公司确信，能够在一定的场所中建造永久性的建筑物。历史的连续性具有一种文化上的重要意义，因为

美国史密森·唐纳德·W·雷诺兹艺术与肖像画中心。史密森学会，华盛顿特区。
建筑设计：哈特曼－考克斯建筑师事务所
建筑摄影：布莱恩·贝克尔

卢斯基金会美国艺术中心，美国史密森·唐纳德·W·雷诺兹艺术与肖像画中心。史密森学会，华盛顿特区
建筑设计：哈特曼－考克斯建筑师事务所
建筑摄影：布莱恩·贝克尔

有特别的原因可以说明为什么这种特殊的材料要使用在相同的地段，而不是在其他地方；并且在这个过程中，这些项目也给我们上了一堂关于如何应用当地材料和技术的生动的一课。

在商务部专利局旧址（Old Patent Office building），也就是现在的美国史密森·唐纳德·W·雷诺兹艺术与肖像画中心，我们能够见到大量19世纪的工艺技术和建筑史的演化过程，从使用坚硬的石制穹顶的罗伯特·米尔斯（Robert Mills）那拘谨而克制的古典主义风格，到仿卢斯基金会中心（Luce Foundation Center）中见到的阿道夫·克拉斯（Adolph Cluss）那种丰富、复杂而虚张声势的特殊风格。建筑物也能够让我们感受到这个场所的

文化记忆，从士兵在百叶窗上第一次刻下自己姓名的首写字母，到林肯总统的就职舞会。

至今，建筑物也能体现出不可估量的巨大活力。将那些修缮更新再利用后的历史建筑适当地投入当下的使用，也是一种负责任的保护途径。

在1958年，美国联邦服务总局（General Services Administration）考虑要拆除占据了两个城市街区的商务部专利局旧址，并将其变成一个停车场。如果真的这样做，那么废弃建筑材料的数量将是非常巨大的，而这些建筑物的历史也将消失殆尽。

作为一名建筑师，在您的职业生涯中您感到最满意或最不满意的部分是什么？

》最满意的体验是观察那些在建筑物中的人们，看看他们怎样来欣赏这座建筑物，看他们是否正在用我们所期待的方式来体验这座建筑物。当然，当你发现公众对某些方面不满意的时候，这应该是最需要警醒我们的时刻。所有的建筑师都应该去走访他们自己的建筑物，看看什么是可行的什么是行不通的，以便积累他们的经验。

您能够提供学校里有关建筑学学习的一些细节吗？为什么说这些方法对你的专业之路是至关重要的？

》"建筑学在学校"（Architecture in the Schools，AIS），是由华盛顿建筑基金会所开展的一个课程项目。由建筑师和学前班、中小学教师所组成的项目志愿者队伍，应用建筑学和设计的概念来强化交叉课程的学习标准。这个创建于1992年的项目，最初起源于哥伦比亚特区。2002年，该项目扩展到华盛顿都市区的更大范围中。

项目中的学生要（1）学习解决问题的技巧；（2）探索不同的方法来表达自己的想法；（3）通过他们自己设计的课堂项目来调查环境信息；（4）将抽象概念应用于生活中的各种境况；（5）对于问题对象，发展一种跨学科的理解方式；（6）培育公民意识，了解儿童如何影响周遭环境。

自成立以来，已有超过 400 所学校和 100000 名以上的学生们参加到此项目之中。该项目已经扩展到包含教师的专业提升培训领域，让教师们更多地去学习如何将设计和建筑学整合到他们的课程中。此外还包括带领孩子们在华盛顿特区和周边地区进行一系列有关建筑学的徒步旅行。2011 年，伴随着华盛顿特区建筑学中心（District Architecture Center，DAC）的开放，我们开始为对建筑学感兴趣的学前班和中小学生们提供每月一次的星期六课程，其范围从场地设计、制图、建模的基础知识到设计绿色屋顶建筑参观。所有的这些课程，都旨在让学生们去探索建筑学以及建造环境。

打开孩子们的眼界并将之投向他们周遭的世界，促使他们对周围的选择进行慎重的思考。这些经历对我产生了不可估量的影响。同这些孩子们分享我对设计和建筑学理解的机会，迫使我去学习用通俗易懂的方式来讲解建筑学的方法。学生们的问题有助于我思考反省，如何用一种更有人情味的新方式呈现出我的观点。将来，这些学生会成长起来，成为房主或公民咨询委员会的成员。当下一代人必须慎重地思考那些将影响和改变他们社区的设计问题时，我希望他们能够拥有一些可参考框架和依据，来支撑他们的选择。

谁或什么经历对您的职业生涯产生了重大影响？

》在不知不觉之中，我发现自己被那些具有教育主题的项目所吸引。遗产保护项目就是教会人们，哪些建筑物要保护和如何进行保护，保护组织本身的神圣使命是什么，无论被保存建筑的是林肯或杰斐逊的纪念馆，还是经过修缮了的北卡罗来纳大学莫尔黑德天文馆大楼（UNC Morehead Planetarium Building）。"建筑学在学校"计划更多是一种直接的教育。除此之外，此项目还试图鼓励孩子们将视线投向他们自己的世界，并且在他们接受新思想的同时，去仔细思考有关这个世界的种种问题。

在我职业生涯中，对我影响最大的是目前的同事李·贝克尔（Lee Becker）和格雷厄姆·戴维森（Graham Davidson），荣誉退休的同仁乔治·哈特曼（George Hartman）和沃伦·J·考克斯（Warren J. Cox），以及多

柱子荷载试验，厄于斯特小学（Oyster Elementary School）三年级，华盛顿特区。华盛顿建筑基金会，"建筑学在学校"项目建筑摄影：承蒙华盛顿建筑基金会提供

年以来哈特曼–考克斯建筑师事务所团队的所有成员。

当我是一个年幼的儿童时，我的父母就鼓励我通过建造房屋去探索建筑学。然后作为一名学生，当我希望作为职业去从事建筑设计时，父母同样也给予了我支持。通过他们自己的工作，我的父母身体力行地成为参与并回馈社会的行为榜样。

另外，对我产生重大影响的是学校里众多的建筑学

志愿者。他们慷慨地放弃了自己的大量时间，来同华盛顿特区以及周边地区的学龄儿童分享建筑学和建造环境方面的知识，使"建筑学在学校"课程如此卓然有趣。

美国建筑师协会尊敬的罗兰·科普兰·霍恩（Rolaine Copeland Hon）先生，是费城建筑基金会（Foundation for Architecture in Philadelphia）建筑教育项目的主任。他积极鼓励我在华盛顿特区开展"建筑学在学校"项目。

敢为人先

香农·克劳斯，美国建筑师协会资深会员，美国医疗建筑师协会认证专家（ACHA）[1]，工商管理学硕士。
HKS 建筑设计有限公司负责人兼资深副总裁
华盛顿特区

您为什么要成为一名建筑师？您又是如何成为一名建筑师的？

》我成为一名建筑师，仅仅就是因为这是我毕生追求的奋斗目标。这是一个达到的生活目标，一种内心热情的释放方式。也许从四年级的时候开始，我就毫不犹豫地下定了决心。当时我真正感兴趣的唯一课程，就是美术课。我的母亲独具慧眼，具有先见之明，引导我将自己兴趣所在的建筑学作为了职业。

只有通过艺术形式和想象力的发挥，我才能够表达自己。我通过绘制出来的图画、建造的模型，招募到街坊邻里的小家伙们后，一起砌筑堡垒来表达自己

的内心。因此我觉得，成为一名建筑师是一件顺理成章的事情。

最终，我的确成为了一名略有作为的建筑师。当我对建筑学的追求，仅限于通过它能完全地表达自我的时候，我发现，这份令人惊异的职业使我感到最享受的是，要有能力与不同人群进行合作来解决复杂的问题，最终使其他人实现他们自己的梦想。于是，幻想转变成了现实，这确实给予我很大的影响。

从进入南伊利诺伊大学（Southern Illinois University, SIU）校园的第一天，到我作为一名建筑师在得克萨斯州得到从业注册，我在人生旅途中度过了大约十二年：四年的大学生活；担任了一年的美国建筑学生协会副主席；在研究生院学习三年，获得工商管理硕士学位和建筑学硕士学位；在 RTKL 国际建筑设计公司[2]实习四年，并同时完成历时了十八个月的建筑师注册考试。

您为什么会决定去那所学校进行您的建筑学学位学习？您获得了什么学位？

》从伊利诺伊州中部迪凯特（Decatur）的麦克阿瑟高

---

① ACHA is American College of Healthcare Architects 的简称。这是一个具有继续教育功能的学术认证机构。从事医疗建筑实践的建筑师们，可以通过笔试、面试等考试环节，最终拿到医疗建筑师的认证资格。——译者注

②RTKL 国际建筑设计公司（RTKL Associates）的名称来源于其四位创始人的姓氏缩写，即罗杰斯（Rogers）、托利弗（Taliaferro）、科斯特里茨基（Kostritsky）和兰姆（Lamb）。——译者注

阿胡加医疗中心（Ahuja Medical Center），比奇伍德，俄亥俄州
建筑设计：HKS 建筑设计有限公司
建筑摄影：HKS 建筑设计有限公司

中（McArthur High School）毕业后，带着追随建筑学的远大理想和抱负，我自己在南伊利诺伊大学卡本代尔分校（Southern Illinois University at Carbondale）寻找到了一个很小但又是极好的大学课程。我之所以从那里毕业，是因为当时我没有足够的信息来源和经济实力。这所大学开设了一个为期四年的建筑学课程，并且相比起这个地区的大多数其他大学来说，费用较低。它之所以收费较低，是因这里的建筑学专业未得到国家机构的评估认证。这是我事前所不知道的。最终，因祸得福。即使不算是最幸运的，但南伊利诺伊大学是我最明智的决定。

通过在南伊利诺伊大学的学习，我懂得了建筑学艺术。我学会了去思考、制图、绘画、设计草图，以及将那些错综复杂、变幻多端的问题转变成为理性解决方案的方法。虽然南伊利诺伊大学并不以设计专业而闻名，但在教学上，学校重点强调基础设计原理的课程，包括学习如何将建筑物进行协调处理等。开设课程之多，超过了大多数院校所涉猎的内容。在南伊利诺伊大学所接受的教育，为我将来能够成为一名我向往的建筑师，打下了坚实的基础。

对于研究生院，我最终还是选择了伊利诺伊大学香槟分校。我曾担任全美的美国建筑学生协会副主席，是一个继完成大学学业之后在华盛顿特区从事的全日制工

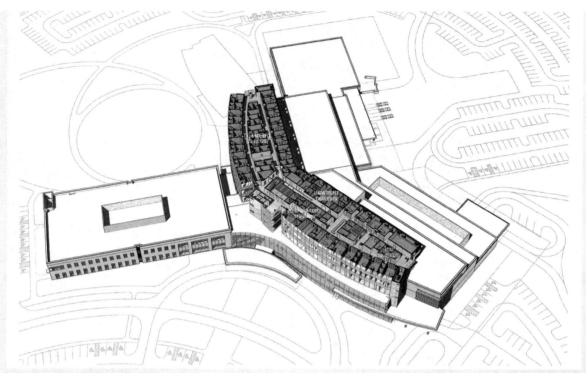

阿胡加医疗中心，比奇伍德，俄亥俄州
建筑设计：HKS 建筑设计有限公司
建筑摄影：香农·克劳斯，美国建筑师学会资深会员，工商管理学硕士

作。在此期间，我开始认识到，在建筑学所提供的异常丰富的不同种类的教育中，唯一最大的空白点是商业部分。于是，我选择去申请一个也能够在商学院学习的大学。就是这样一个决定，最终促使我从伊利诺伊大学的建筑学院和商学院双学位毕业，同时获得了工商管理学硕士和建筑学硕士的优秀毕业生。在这里，工商管理学硕士的学习，使我能够更加全面地考虑建筑经济性的问题，加强了人际交流沟通的技能；而建筑学硕士，则填补了那些我的知识结构中缺乏的有关设计和设计理论的内容。

回想起当初我对学校所做出的选择，我认为，从业经历没有一个适当的引导体系，以协助学生们在建筑学领域选择自己感兴趣的职业方向。我要说的是，在很大程度上，你选择的学校将会对你最终选择的职业类型产生长期的影响。

作为一名建筑师，您所面临的最大挑战是什么？
》我的观点是，这里所谓的挑战是处于一种发展变化之中的。在我的早期职业生涯中，它会是位于以色列耶路撒冷的哈达萨医学中心（Hadassah Medical Center in Jerusalem，Israel）。由于其地理位置固有的社会、政治和自然情况，而给我的设计带来了较大的挑战。然而，现在管理我们全球设计实践的机构和区域事务，对我而言是最为棘手的事。建筑院校的学习并没有培训你如何管理办公事务。随之而来的是顾问指导、绩效考核、项目人员的配置、招聘、营销战略和业务规划等一系列工作。在许多方面，就像是一个专业运动团体里的总经理一样，你需要寻找新的人才并关注能够被指导和训练的现存人才，以便将他们放置在合适的位置，赶上和超越那些竞争者。我所面临的最大挑战，那些是我夜不能寐的事物，即我是否可以确信自己正在所做的所有事情，来保证我的员工们不仅有较大规模项目的设计机会，而且也给他们带来了足够多的项目，使每一个人都能够有事情做。与此同时，我们还营造一种工作室文化。在其中，任何一个个体都能够茁壮成长，并且能从中获取创业和创新的灵感。以前我关注的是通过如何去做来提升一个项目，现在我的职责是关心大约 75 个员工以及他们的家人。

在研究生学习期间，为什么您要获取建筑学硕士和工商管理学硕士两个学位？

❯ 我相信在一般人的概念中，建筑师是一种无所不知、经验丰富的全才。建筑学教育是一种非常综合和广泛的知识体系，它所提供的基础知识可适用于许多职业。然而，商业似乎是其缺失的成分之一。

在美国建筑学生协会担任全美副主席后，我很快地就认识到：建筑学是一种商业，并且还有更多的知识需要我们去学习。于是，我决定重返校园。除了建筑学硕士之外，我还要获取一个工商管理学硕士，以使我的教育生涯更加圆满。当我将这个决定告诉其他人，我发现，如果我要去获取工商管理学硕士，那么做这件事情的时间就是现在。因为我很难保证，在以后的生活中还会出

约翰·邓普西医院附楼（John Dempsey Hospital Addition），哈特福特（Hartford），
康涅狄格州（Connecticut）
建筑设计：HKS 建筑设计有限公司

现这样的机会。

　　我感觉到，工商管理学硕士对我的帮助，不只是提供了一个可以额外利用的工具。除了一些商业技巧之外，工商管理学硕士还给我带来了许多意想不到的益处。在帮助我加强人际沟通技能、解决问题的能力和领导技巧等方面，我所上过的课程显示出其应有的价值。在许多方面，MBA不仅仅关乎于会计或金融领域，而且能够帮助我最大限度整合资源，提高管理水平。

作为一名美国建筑师协会历史上最年轻的副主席，您认为您的最大成就是什么？

❯在美国建筑师协会副主席的任期内，我有幸参与到几件非常有意义的事情中。我感觉，这些事情确实有助于

我们行业的发展。最重要的一件，就是同我们执委会的同事们一道合作，协助美国建筑师协会的会员起草提出了支持"2030挑战竞赛"（2030 Challenge）的相关政策。另一些里程碑意义的事件有创立了国家建筑师注册考试的奖学金，以及建立了循证设计的"国家研究基金"等。作为副主席，我的目标就是要有所作为，做一些能够对协会发展产生积极影响的事情，不论这些事情多么渺小。在做这些事情时，也就是此时此刻，我希望那些像我一样对这个职业抱有炽烈热情的人们会同样被激励，积极参与到我们的工作中来。

作为一位在大公司里相对年轻的建筑师，您的首要责任和职责是什么？

肖尔健康医疗中心（Shore Health Medical Center），伊斯顿（Easton），马里兰州
建筑设计：HKS建筑设计有限公司
建筑摄影：HKS建筑设计有限公司

▶目前，我是由 35 个人所组成的办公室的行政董事，我们公司在大西洋中部和大西洋东海岸区域的地区主管，属下有大约 75 名工作人员。我的责任不仅是开展一些医疗建筑方面的实践，包括通过引进新项目并与委托方进行合作，实施项目等，也包括一些当下的办公室文化管理，领导岗位上的年轻人选拔、人员雇佣、绩效考核和顾问指导等。在两个不同的部门里，作为一名设计主管工作了大约五年之后，我才担任了这个职务。这一个职务的职责包括担任多个项目的高级设计主管，扶植新的项目，同委托方进行合作以实现他们需求，同团队合作，为项目配备足够的工作人员，发现人才和培养新的领导等。

我们的一些新近项目有海岸健康医疗中心、康涅狄格大学约翰·邓普西塔（University of Connecticut John Dempsey Tower）、俄亥俄州克利夫兰（Cleveland）的阿胡加医疗中心、得克萨斯州弗劳尔芒德的花圃医院（Flower Mound Hospital）。在这些项目中，不管我担任什么角色，我的目标都是理解委托方的需求，听从他们的愿望，同他们一起来挑选出那些独具创新的设计方案，以使项目如期并在预算内完成。

作为一名建筑师，在您的职业生涯中您感到最满意的部分是什么？

▶在我的职业生涯中，我最满意之处无疑是能够帮助其他人取得成功。你招聘某些新员工加入项目实践，帮助他们，影响着他们的职业生涯，赋予他们一些勇气和力量，然后目睹着他们在自己的职业生涯中开始腾飞，起锚远航。当知道这些时，你会感到一种由衷的欢欣鼓舞。这些工作实际上已超出了顾问和指导的范畴；但对我来说，这恰恰才是一种领导力的基本体现。对我来说，在来来往往的项目中，支持青年设计师取得成功和在他们的从业发展之路给予投资，是每一个公司的职责所在。不管有无正式的指导和顾问，每一个公司都应该这样做。其次，最让我感到心满意足的，就是看到那些你倾注心血才得以建成的项目。当你正在追求一些自己心爱的东西并对它有所期待时；当这个建筑不仅能够达成你自己的设想，而且整个团队和委托人的梦想也能得以实现时，世界上大概再没有一种情感能堪比这个更让人心神荡漾了。

一位医疗建筑项目设计者的最重要的特质和技能是什么？

▶耐心、沟通能力和知识水准，是一个医疗建筑项目设计者最重要的技能。对任何其他领域的建筑师来说，也同样的重要。作为一名医疗建筑项目的策划师和设计师，我们直接地与项目委托方、医师、护士、特种设备专家、承包商、施工人员、项目经理和商务经理等进行合作。在每一个项目中，针对其中的项目内容，建筑师们都必须具备足够的知识储备，以便能与使用特殊术语的专业人员进行有效沟通和交流。项目中出现的大多难题，都是缺乏沟通而出现的结果。因此，在你洽谈一个新项目或从事设计方案时，耐心地消除误解和不同观点、意见之间的分歧，就成为了化解问题的关键。那些经过反复尝试和不断错误得到的医疗设施相关知识，更多都是在工作中而不是在学校中学到。我们在办公室里必须时刻保持"机敏"，并寻找一切机会去参加会议和持续地旅游考察。

谁对您的职业生涯产生了重大影响？

▶有许多人或事物对我的职业生涯产生过重大影响。但影响最大的，莫过于我的父母和妻子。我曾受益于许多伟大导师的指教，并且也千方百计地从周围的人或事物中去学习一些东西。但是，是父母帮助我成就了自己今天的人生。他们教会我去坚信，我能够做好任何潜心投入的事情。是我的妻子，她帮助我集中自己的注意力、动力满满且平稳地走在职业道路上，并使我谦虚而优雅地生活。无疑我是幸运的，他们在生活上给予了我积极的影响。我知道，如果没有他们，我将不会在今天这个地方。

作为一种职业，您所作出的最有价值的努力是什么？

▶作为建筑师，我迄今为止所作出的最有价值的努力是参与建立了 HKS 设计奖学金（HKS Design Fellowship）。2006 年，为了引导建筑师进入社区参与实践，建立起年轻建筑师与地方政界领袖之间的联系，以解决社区所面临的难题，我首先倡议发起了 HKS 设计奖学金。这是由新兴的建筑师们运作和引领的项目，针对一些社会和社区问题。此外，三天的设计专家会议的干预，也有利于这些问题的解决。最终，这些设计成果都被免费提供给当地领导和有关的社区组织。

这些项目，皆由建筑师直接与委托人接触和交谈而成。这增加了公司新手建筑师的职业经验。同时通过与地方领导亲密合作，展示出一个优秀的设计是如何被应用于解决难题以及构建社区。在最初的两年，HKS 建筑设计有限公司致力于打造达拉斯（Dallas）的项目。自此之后，这一项目扩展到华盛顿特区，底特律（Detroit）、达拉斯和亚特兰大（Atlanta）地区，而且现在还包括来自 20 多个建筑学院的学生。他们每年与专家会议团队中的实习生携手完成来自这五大地区的建设项目。

第二次现代主义思潮

威廉·J·卡彭特博士，
美国建筑师学会资深会员，LEED 认证专家。
建筑与工程管理学院（School of Architecture and Construction Management）教授，南方州立理工大学，玛丽埃塔（Marietta），佐治亚州
Lightroom 设计工作室总裁，迪凯特，佐治亚州（www.lightroom.tv）

您为什么要成为一名建筑师？您又是如何成为建筑师的？

》我在纽约州的马蒂塔克（Mattituck）长大。我成为一名建筑师，是因为受了中学六年级的老师罗伯特·费希尔（RobertFisher）的影响。我是他的第一个去上建筑学院的学生。没有我的老师，我根本就不能做到这些。罗伯特·费希尔为我开设了如生态建筑等课程，他强调一种可持续发展的设计。这些都是发生在此概念风靡于世之前。他用从我们城镇中许多企业那里获得的募捐，为我创立了一个奖学金。在我中学毕业之际，他将这笔钱交付给我。那一年夏季我去探望他时，他将我曾经送给他的所有绘画和书籍，都摆放在他的书房里。如果没有我的恩师，我就不会懂得什么叫建筑学。

然后，我才能够成为两位伟大建筑师的徒弟。第一位是美国建筑师学会资深会员，纽约的诺曼·杰夫（Norman Jaffe）先生。另一位是建筑师学会资深会员，密西西比州的塞缪尔·莫克比（Samuel Mockbee）先生。后来，塞缪尔·莫克比荣获了美国建筑师学会金奖。

您毕业于哪所学校？您为什么决定去那所学校进行您的建筑学学位学习？您获得了什么学位？

》我获得了建筑学学士、建筑学硕士和建筑学博士学位。我是在密西西比州立大学（Mississippi State）完成我的大学学业。因为在"职业发展日"那一天，我问理查德·迈耶（Richard Meier）他想去哪所学校就读。理查德·迈耶告诉我，他刚从一个地方回来，而且在那里发生了许多有趣的事情。17 岁那年，我就从纽约收拾行囊来到这里。理查德·迈耶说的太对了，我在这里能够同罗伯特·福特（Robert Ford）、克里斯托弗·里舍（Christopher Risher）和梅里尔·埃拉姆（Merrill Elam）同窗学习。

因为更偏向于都市化和构造学方面的研究，我选择了在弗吉尼亚理工大学完成研究生学习。在平衡着这两方面的教学计划上，世界上没有一所学校能够做得如此

布林住宅（The Breen Residence），亚特兰大，
佐治亚州
建筑设计：威廉·J·卡彭特，美国建筑师学会
资深会员，博士
建筑摄影：凯文·伯德（Kevin Byrd）

优秀。当然，我是这个学校的校友。扬·霍尔特（Jaan Holt）和格雷戈里·亨特（Gregory Hunt）是非常了不起的教授，他们给我留下了难以磨灭的印象。

至于博士学位，我想去英国攻读。在那里，我幸运地在托马斯·缪尔（Thomas Muir）教授退休前，同他一起进行研究工作。我在英格兰中部大学伯明翰理工学院（University of Central England at Birmingham Polytechnic）研究和学习，这里是英国最古老的学校之一。托马斯·缪尔、艾伦·格林（AlanGreen）和丹尼斯·辛顿（Denys Hinton）使我学会了对欧洲文化的认识与欣赏，教会了我如何在这里生活和在哪里能寻找到最好的酒馆等。我从没见过任何人比他们更加献身于建筑学的教育和学习。

作为一名建筑师，您所面临的最大挑战是什么？

❯ 我所面临的最大的挑战是如何分配我的时间。我有两个非常可爱的女儿，并且希望自己能成为她们的生活中一个不可或缺的角色。我要去给一些非常出色的学生上课，而且还要为一些重要的委托方办理建筑代理事务。对我来说，最大的挑战就是将所有的事情做好。将这些

问题集中处理的方法之一，就是保持一种记日记和杂记的习惯。在这些记录中，我试图保存一些新颖的想法并在许多不同层面上继续深化这些现存想法。

作为一名大学教师，您如何用自己的工作来指导建筑学实践？反之，您如何用自己的建筑学实践来指导教学工作？

❯ 我的学生们不断地启迪我的灵感，帮助我用新的方法去看待事物。我会邀请他们到工作室来看看一些新的项目。不论学生们是在校期间还是离校之后，我都试图融入他们的生活之中。他们就是我教学的原因和目的。我也试图让学生们参与到一些实际项目中去，如处于亚特兰大商业区雷诺兹商业中心（Reynoldstown）的社区服务项目。

作为一名建筑师和教师，您的首要责任和职责是什么？

❯ 我是 Lightroom 设计工作室的总裁，这是一个位于佐治亚州迪凯特的一家建筑设计及新媒体公司。在过去的几

▶ Lightroom 设计工作室,迪凯特,
佐治亚州
建筑设计：威廉·J·卡彭特，美
国建筑师学会资深会员，博士
建筑摄影：Lightroom 设计工作室

▼采光玻璃墙面,迪凯特,佐治亚州
建筑设计：威廉·J·卡彭特，美
国建筑师学会资深会员，博士
建筑摄影：Lightroom 设计工作室

年里，我们在不同的学科专业领域内
赢得了许多奖项，包括作为一个团队
在国际 48 小时电影节获奖，有一部
短片被戛纳（Cannes）电影节接纳；
来自美国建筑师学会和《Print》杂志
的两项优秀设计大奖。我并不认为奖
项能说明什么，但我很欣慰的是这些
奖项来自非常不同的组织，且所有的
奖项都是优秀的设计。

我在毕业论文组从事教学，这是
令人感到非常愉快的经历。我喜欢教
五年级的学生。我也讲授有关现代建
筑的理论课和设计课。作为一名教授，
我的职责主要集中于将学术与专业实
践有机地结合在一起。为了完成这项
目标，我还去美国建筑师学会全美理
事会任职，并承担着区域分会主任的
职务。

您曾完成了著作《现代可持续性住宅的设计：设计专业指南》(Modern Sustainable Residential Design: A Guide for Design Professionals)（威利，2009）。您认为什么是可持续性设计，为什么它对设计专业来说是非常重要的？

》可持续性建筑就是设计一种高效率的建筑物，它自己能够生产能量，并且可以对地球产生尽可能少的损害，如使用可循环利用的建筑技术和材料。正如古罗马建筑师维特鲁威倡导的"实用、坚固、美观"三要素，经济性法则是构成一个伟大设计的基本组成部分。这对建筑设计专业来说，是非常重要的。

大约在两年之前，《居住》(Dwell)杂志的主编同我联系，想要我为他们写第一部书。他们对于作者提供的图片的那种人性化的现代主义处理方式，以及他们房间内弥漫着的那种轻松舒适的气氛，始终给我留下了深刻的印象。作为一种在建筑师和公众界流行的时尚，人们对可持续设计这个词汇早已司空见惯。但是我认为，可持续性是构成建筑学整体所必需的重要部分。我所知道的最优秀的现代化建筑，如由弗兰克·劳埃德·赖特设计的雅各布斯二号住宅(Second Jacobs house)和他的罗森鲍姆之家(Rosenbaum House)，都是可持续性现代建筑的著名实例。今天我所关心的可持续性建筑，是外表看起来比较"现代化"(modern-"ish")的，但不是狭义的"现代主义"(modernist)建筑。两者在风格、成本投入和历史的真实性方面，都是大相径庭的。我相信在不久的将来，可持续性建筑能为我们注入新的动力，无论是在一栋房屋中还是整座城市里。对可持续性概念而言，学生们必须牢记的一项重要原则是，建筑物恰当地再利用是建筑师所能够做的最亟待完成的可持续建筑。

通过设计来增强你的商业价值

罗伯特·D·福克斯，美国建筑师学会会员，国际室内设计协会会员，LEED 认证专家。
福克斯建筑师事务所主要负责人
麦克莱恩(McLean)，弗吉尼亚州；华盛顿特区

您为什么要成为一名建筑师？您又是如何成为建筑师的？

》我的父亲是一位建筑师。当我还是一个小孩时，我是在路易斯·康和罗马尔多·朱尔戈拉(Romaldo Giurgola)的工作室里长大的。也就是在此期间，我对建筑学产生深深的热爱，因为我能够欣赏到设计那触手可及的最初状态。

您为什么要决定去坦普尔大学(Temple University)来进行您的建筑学学位学习？您获得了什么学位？

》我在坦普尔大学获得了建筑学学士学位。因为我的父亲在这里教书，所以我们很早就做出了这个决定。

作为一名建筑师，您所面临的最大挑战是什么？

》设计是一种可以产生极其深远影响的职业。我们能够创造美丽而实用的建筑物和空间，但是我们的委托方的要求总是不止这些。我们的委托人想让他们的办公室变成一个可以操作使用的工具。作为一名商业建筑设计专家，这份职业就要求我超越实用和平庸，创造出能够提升我们的委托人日常生活水平的场所。

440 号第一街（440 First St），华盛顿特区西北部
建筑设计：福克斯建筑事务所

在您的早期职业生涯中，您擅长于室内设计。室内设计与建筑学的区别是什么？

❯相比于建筑学来说，室内设计与使用者的关系更加亲密。由于人们在室内环境中度过他们一天中的大部分时光，于是办公室就需要更加舒适和方便。在室内设计中，我们同委托人进行密切合作，以便从他们身上学到更多的东西，了解他们的特殊需要。同时我们也观察到我们的设计对他们雇员的情绪和生产效率有较大的影响。如今，我们公司对建筑和室内设计都比较擅长。有了这种综合性设计能力之后，我们就可以使用一种"自内向外，然后再自外向内"（inside-out, outside-in）的设计方式。

作为一位公司的主要负责人，您的首要责任和职责是什么？

❯作为一位主要负责人，我的职责包括公司经营管理的所有方面：财政、销售、人力资源、法律、保险、房地产、信息技术、软件和合同等。

更重要的是，我能激发大家的设计能力。我的首要责任是组建一个高度专业化的专家团队。在领导层的倡导下，我们的公司是由许多专业技术专家组成，这使得我们能够在任何项目上都所向披靡。

除此之外，我还负责率先倾听我们设计团队专家和合伙人的意见，然后用一种明确而简洁的方式将之形成公司的指导方针，并在公司内进行沟通、交流和传达。我们还努力挖掘其他人的能力，并在最大程度上发挥和应用这些力量，同时持续不断地在项目中提供我的经验和专业技术。

福克斯建筑事务所擅长于建筑学、室内设计、图形设计、多媒体设计和标识设计。在您的工作中，这些不同的设计学科之间如何相互影响？

❯福克斯建筑事务所保持着多学科的设计实践，理由是为了拓展和衔接多种设计的交流和对话。如果没有使用一种整体方法来处理各个方面的设计，我们就不能获得

▲ 美国微生物学会（American Society for Microbiology），华盛顿特区
建筑设计：福克斯建筑师事务所
建筑摄影：约翰·科尔（John Cole），约翰·科尔摄影工作室

一种突破性的思维和灵感。在一个持续发展的产业中，不同的设计视角，能够让我们的想法长久地保持新鲜活力，同时不断地产生出创造性的新思路。

作为一名建筑师，在您的职业生涯中您感到最满意或最不满意的部分是什么？

▶ 最满意的部分是看到客户们的"认可和理解"。商户们在建筑中实现商业价值的那一瞬间，是多么令人兴奋。我们也非常乐意向其他行业学习，以及寻找不同的商业模式。

我们还承担着我们管理的项目中的金融债务。没有几个建筑师能真正理解他们所做的设计背后的风险。他们仅仅在想设计。虽然设计是令人愉快的，但如果你的设计没有产生适当的利润，你就不能在工作方面得到很好的成长和发展。

在您的职业生涯中，谁或哪段经历对您产生了重大影响？

▶ 首先，我的父亲对我产生了巨大的影响。再者，我持续不断地受到了许多设计开发商们的影响。我同他们一起工作，并且目睹了他们如何去构思、建造和运营一座建筑物，从借款和筹措资金到经营管理、维修保养、销售和租赁等。

▶ 弗吉尼亚州福克斯建筑师事务所的办公室（FOX Offices—Virginia Office），麦克莱恩，弗吉尼亚州
建筑设计：福克斯建筑师事务所
建筑摄影：罗恩·布伦特（Ron Blunt），罗恩·布伦特摄影工作室

一个适合于文雅女性的职业

凯茜·丹妮丝·狄克逊，美国建筑师学会会员，美国少数群体建筑师组织成员。K·狄克逊建筑专业有限责任公司主要负责人
上马尔伯勒（Upper Marlboro），马里兰州。
哥伦比亚特区大学副教授
华盛顿特区

您为什么要成为一名建筑师？您又是如何成为一名建筑师的？

>我成为一名建筑师，是我在童年时所受到的一些影响而导致的结果，不仅仅因为我的父亲是美国陆军工程兵部队的一位建筑师。从某种意义上来说，我认为我继承了父亲成为一名建筑师的意愿。而且除此之外，事实上我拥有创造性的天性、绘画能力、优秀的数学技能，也是我去学习建筑学的原因之一。

▲ 波托马克终端雷达管控中心
（Potomac Consolidated TRACON
PCT），美国联邦航空管理局（Federal
Aviation Administration）， 沃 伦 顿
（Warrenton），弗吉尼亚州
建筑设计：雅各布工程公司（Jacobs
Engineering）
建筑摄影：凯茜·丹妮丝·狄克逊和周
毓岩（Yuyan Zhou）

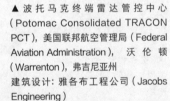

◄ 礼拜教堂集会中心（Assembly
for Worship Church），布兰迪维因
（Brandywine），马里兰州
建筑设计：K·狄克逊建筑设计有限
责任公司和千年设计建筑师事务所
（Millennium Design Architects）

您为什么决定去那所学校进行您的建筑学学习？您获得了什么学位？

▶ 由于霍华德大学（Howard University）是唯一一所给我提供五年奖学金的院校，因此在这所学校进行建筑学学习就是理所应当的选择了。获得了建筑学学士后，我在加利福尼亚大学洛杉矶分校（University of California at Los Angeles UCLA）的城市规划专业继续进行文学硕士学习，主攻居住区与社区发展。

您为什么要攻读一个额外的学位，而且是洛杉矶加利福尼亚大学城市规划专业文学硕士学位？

▶ 我觉得，作为一名建筑师来说，获取一个规划方向的学位能开拓自己的视野。即使是最好的建筑，也必须与周围的环境文脉相适应。从更广泛的范围来说，对场所文脉、社区和公众、外界环境和我们所处社会的理解，是成就一位全方位型建筑师的基本要求。我认为，所有建筑师都应该更多地去学习一些城市规划、规划政策和城市设计等方面的知识，以避免我们进行闭门造车式的建筑设计。

在 2010 年，您如何决定或为什么要决定创办自己的 K·狄克逊建筑设计有限责任公司？

▶ 我决定，从 2010 年开始自己去开业工作，实现一个终生愿望，拥有属于我自己的建筑公司，并且能够驾驭自己的命运。在 2003 年，实际上我就已经创办了一个小型业务实体，那就是后来的 K·狄克逊建筑设计有限责任公司。我就知道总会有一天，我将自己开业做设计。但是这一天什么时候降临，我并没有一个确切的时间表。2010 年，有几个因素聚集到一起，万事俱备，我就真正开始经营自己的事务所。原因之一，就是我有机会在哥伦比亚特区大学城市建筑与社区规划系（Department of Urban Architecture and Community Planning）从事大学水平的教学。在哥伦比亚特区大学夜间上课，使我白天有时间为自己工作。

建筑学的教学与开业设计实践有何不同？

▶ 建筑学教学与开业设计的不同点在于没有客户提出的最后期限。然而，我认为教学与开业设计非常相似。无论是教学还是设计，为了让其他人轻松地理解领会，我们总是需要做一些汇报（如同在专题讲座中）；总是要了解一些最近流行的事件及动态（如在继续教育方面），总是要综合大量的信息（如在设计程序上）。

作为一名建筑师，您所面临的最大挑战是什么？

▶ 作为我个人来说，我所面临的最大挑战是提高自己做好本职工作的信心。我在 29 岁时就得到了从业许可资格，并且拥有两个专业学位，还已经获得了一些其他的相关证书。然而，尽管受过这些教育，也取得了一定的成就，我仍然不能确信自己能够做好决策，独自引领整个设计过程和自己的团队。我记得自己曾同一位同事谈起过关于缺乏自信的事情。这位同仁最近创办了他自己的专业咨询机构。他告诉我，我必须要相信自己，确信自己能够做出决策并能尽最大努力做好必须要做的事情。他认为每个人都会面临这种挑战，他在开创自己的公司时也处理过同样的问题。在我能够游刃有余地领导一个设计团队之前，仍然需要经过许多年的历练，至少现在我已经克服了自己内心的挑战。

作为一名建筑师，在您的职业生涯中您感到最满意或最不满意的部分是什么？

▶ 在所有职业中，也许最能令人心满意足的，是看到了自己的劳动成果。视察、体验和反思已经完成的建筑和整个创作活动中的决策，可以得到其他人所不能体验到的满足。

　　作为一名建筑师，大概最不能令人满意的一个方面，就是要花费很长时间才能看到你的作品落成。其他职业一般都会在短时间内看到工作结果。然而，设计和建造一座建筑物所花费的时间可以是 18 个月或者更长。尤其是对一个年轻的建筑师来说，这是一个挑战。必须等待很长时间，才能见到你曾经的努力转化为现实。

在 2013 ~ 2014 年，您担任了美国少数群体建筑师组织的主席。这是一个什么机构？这段从政经历，对您的职业生涯有何益处？

》创建于 1971 年的美国少数群体建筑师组织，是一个网络化的专业机构。它旨在给在少数群体建筑师提供职业发展帮助。虽然少数群体建筑师的数量在增加，但目前全美仅仅有大约 300 名得到从业许可的非裔美国女性建筑师。对那些在建筑学领域内有所追求的人来说，这是一个严峻的挑战，并且需要大量的咨询和指导。在决定从事建筑学职业之前，我不认识任何一位非裔美国女性建筑师。大学求学期间，我也仅仅遇到过一对非裔美国建筑师夫妇。虽然我依靠自己的努力获得了建筑师许可资格，但是假如能认识一位女性建筑师并且从中获得一些指导，对我的成长也是大有裨益的。所以，我参与了美国少数群体建筑师组织的一些事务，并且热衷于指导那些建筑学领域的青年非裔美国女性建筑师。

在美国少数群体建筑师组织的服务经历，对我的职业发展非常有帮助。因为在这个机构里，存在着一个巨大的、不可思议的社交网络系统。在我自己的职业经历或开业过程中，如果需要有人协助做出一些抉择时，我就可以打开这个系统。在我们公司的成长过程中，美国少数群体建筑师作为一种社交资源网络组织，起到了至关重要的作用。我也因为承担了该机构的领导工作，开阔了视野，增加了交流，获益良多。鉴于自己的领导身份，我最近参加了一个在白宫举办的研讨会，会议主题为科学、技术、工程学和数学，少数群体也包括在内。这是一个我从未有过的机会。

在您的职业生涯中，谁或哪段经历对您产生了重大影响？

》在我决定要成为一名建筑师的这个问题上，是父亲对我产生了较多的影响。我非常喜欢我父亲的性格和爱好。我也非常幸运地遇见了巴里·华盛顿（Barry Washington），他是一名室内装饰设计师。在我早期的职

加林娜·佩洛娃美术馆（Galina Perova Fine Art Gallery），国家港口（National Harbor），马里兰州
建筑设计：K·狄克逊建筑设计有限责任公司

业生涯中，巴里·华盛顿是我仿效的典范。我的第一份工作是美国司法部（U.S. Department of Justice）的一名 CAD 绘图操作员，那时我同华盛顿先生共事于各种不同的设施

管理项目上。在我三年的实习期间，巴里用高标准的专业水平和工作质量来要求我。他对优秀设计作品的那种期盼和追求，始终激励着我在职业生涯中不断前行。

建筑业内的领导工作

卡洛琳·G·琼斯，美国建筑师协会会员，LEED 认证专家
慕维尼 G2 建筑设计咨询有限公司主要负责人
贝尔维尤（Bellevue），华盛顿州（Washington）

您为什么要成为一名建筑师？您又是如何成为一名建筑师的？

➤ 在初中时的一个夏令营上，上一节建筑概论课之后，建筑设计就成为我特别痴迷的爱好之一。我整个夏天都是在我的制图桌前设计建筑平面图和建造泡沫建筑模型度过的。尽管我对建筑学情有独钟，但我从未想过将它作为我未来的职业。我最初是作为国际研究专业的学生进入大学的。在大学一年级的第二学期，我决定尝试着选修建筑概论课程。三周后我就转了专业。顷刻之间，我为自己正在研究的建筑物所倾倒。我不能想象，除了为人类创造生存所需的环境之外，还有什么其他更值得去做的事情。

您为什么决定去那所学校进行您的建筑学学习？您获得了什么学位？

➤ 我在美国圣母大学（University of Notre Dame）进行了五年学习，获得了建筑学学士学位。即使我最初到大学去学习并没有读建筑学的计划。但非常非常幸运的是，我在学校最终选择了建筑学专业。我选择圣母大学，是

因为它提供给学生丰富多彩的艺术类课程、宏大的学校规模、良好的校园氛围和学生生活。身处一个完全适宜于自己的学校，对我来说非常重要。而学校里某些特定课程所带来的学习压力，我则不太给予考虑。

事实证明，这里开设的课程，为今后的建筑学研究和实践提供了非常宽广的学科背景和扎实的专业基础。这是我教育背景中的最重要组成部分，这也促使我成为一名建筑师，并取得了今天的成就。然而我相信，这些教育更多是建立在我在圣母大学的全部求学经历之上，而不仅仅是建筑学的那些具体课程。

什么是零售空间设计？它与建筑设计可能会有一些什么不同？

➤ 零售设计的独特之处，是在传统的建筑设计之外，它更加关注于室内空间的设计，包括商品视觉设计等。整体环境的设计，从建筑物本身到商品货架的最小细节，都是零售空间设计的一个组成部分。

我从未感觉到，室内设计和建筑学是两个单独的、性质显著不同的领域。在零售空间设计中，这两者是不可分离的一个整体。从建筑学的观点来看，零售空间设计需要将建筑的内部和外部空间，形式和功能进行无缝连接。

问题的关键在于，在商业零售空间中，建筑学仅仅充当了一个交易买卖场所的背景天幕。你必须要了解，有多少产品要被陈列在这里，如何摆放最好卖，消费者

人类学—城市旅行者（Anthropologie—Urban Outfitters），温哥华（Vancouver），不列颠哥伦比亚省（British Columbia）
建筑设计：慕维尼 G2 建筑设计咨询公司（MulvannyG2 Architecture）
建筑摄影：拉伊夫·格罗内（Raef Grohne）

与购物空间的相互作用如何，照明的影响，以及通过建造环境、家具、装置和产品的组合营造一种特定氛围的重要性。

作为一位主要负责人，您的首要责任和职责是什么？

❯作为一个超大公司的负责人，相比那些工作在单项工程中的责任人来说，我的责任范围是非常宽泛的。单就一点来说，我管理着一个大客户账户和一个 50 多人的团队，这差不多相当于经营一个小型事务所。我的职责包括同委托人的最初接洽，协调和管理工作流程、工程质量、时间安排和项目预算等。在公司内部，我与大家齐心协力以保持项目队伍与个人能力之间的平衡，我也监督工程的完成情况，同时负责项目组的财金绩效。

目前，由于进入了较高的职位，我要同整个公司的领导制定有关于零售业务的方针策略，开展业务计划，发展与新客户的业务，参与或领导方案创作的专项小组，以及其他更多的业务和公司运转的管理职能。作为一位主管负责人，我也需要亲自管理许多委托人账户。另外，作为负责人所担负的一个重要责任，就是要花费大量时间去处理人事问题，帮助员工建立并达到他们的工作目标，应对一些有问题的局面，以及激发并维系员工的工作热情等。作为监督全美项目的负责人我也负有签署图纸的责任，来维护公司在大多数州、市的营业执照。

作为一名建筑师，您所面临的最大挑战是什么？

❯作为一名建筑师，我所面临的最大挑战是学习一些我应该掌握的技能，其中主要包括有集体协作、经营管理、金融财政和领导能力等，这是学校没有教给我的。学校主要关注的是每一个人的成绩。但在工作岗位上，成功则要依赖于同其他人的合作。很多年以后我才认识到，努力工作和才华出众是远远不够的。如果不会与其他人合作，不尊重别人的投入和贡献，我就永远不会取得成功。

同最初进入建筑领域时的我相比，我现在可能更缺乏自信。实践的时间越长，你知道的就会越多；但是你也会越来越清醒地意识到那些你所不知道的事情。有时候，这种情况是不可避免的。但是你必须记住，在你周围的各种资源和同事中存在着一个神奇而有力的支持系统。这些人成为了你个人和职业"团队"的一个组成部分，能够帮助你取得比曾经依靠自己更多的成绩。

什么是建筑领域的领导力？它为什么那么重要？您如何去发展它？

》建筑领域的领导力意味着很多东西,尤其体现在各种类型的公司内所设置的负责账户的领导、负责实践或运营的领导、负责设计的领导,它并不指的是具体的领导者或领导人。广而言之,我认为领导者应怀有对建筑技艺的激情,包括对于设计和建造方式等。这意味着,领导们要对优秀设计给予鼎力支持,并对促进项目完成的其他顾问和学科给以尊重,同时尊重那些在行业中懂得工艺和操作的技术工人。领导者的工作也涉及你所处的设计生态圈,这里不仅局限于与建筑产业有关的人群,也与你所关注的其他设计目标有关,包括客户是否给予持续的投资等。就整体而言,这里的"支持"包含着一种设计产业上的支持,但是也需要关心你客户的产业或经营情况。

总之,领导者是非常重要的。他们通过建造一种环境,使我们的整个社区变成一个更加美好的地方。在公众和客户的心目中,领导者是建筑行业的擎天之柱。而在公司内部,领导阶层是事业成功的重要保证,尤其是在经济困境的时期。在对下一代建筑师的支持、指导和培育方面,领导层也是至关重要的。

坦诚地说,在一定程度上,并不是每一个人都适合或对当领导感兴趣。尤其是,在业务上过多地承担领导职责,常常意味着你在"建筑设计"上所做的实际工作会减少,那才是我们真正热爱的工作。但是,对那些不打算将来成为公司首席执行官的人来说,仍然有其他途径成为一名领导者。在公司内部,你能够参与一些创新工作或活动,从作为一个办公室的志愿者去努力配合工作,到参加专项小组来保证项目质量。在工作之余,你可以去参加你所感兴趣的其他志愿者团体,那里能够提供许多领导的机会。对于那些想要在公司获取更高层领导位置的人来说,他们可以积极主动地要求承担一些富有挑战性的任务和项目。如前所述,志愿者可以活跃在事务所内外的大小活动中。即使你处在设计岗位,也可以在志愿者工作中寻找到一些能够更多地学习公司业务和运营管理的机会。你要记住,支持和指导周围其他人

取得成功,是一位领导者能够成功的唯一途径。获得从业执照,也可以表明你对你的专业给予了足够的尊重,并为之做出了很多努力。

作为一名建筑师和母亲,您发现自己所面临的最大挑战是什么?

》我确信,就像在几乎任何一种职业中工作的母亲一样,我面临着与她们同样的挑战。在工作与家庭之间保持平衡绝非易事。当然,对建筑行业而言,由于项目的最终期限不时会平添一些压力,因此迫使建筑师们加班工作甚至到深夜。学会在你拥有的时间内更加高效地工作,就是一件非常紧要的事情了。这种高效的工作节奏,或许会令人感觉到有悖于我们在学校里那种设计工作室的工作方式。我相信大多数工作的母亲都会同意我的观点,你时常会很沮丧地感觉到,不论是工作中还是在家里,自己都无法做到百分之百地付出。成为一名母亲后,重新调整对生活和职业的期盼是非常困难的。

我在建筑领域中遇到的真正难题,是没有在领导层上寻找到可以去效仿的榜样妈妈。也许对我们的专业领域,这种情况并不鲜见。但是你很难找到有许多处在更高层职位上的妇女,也能够面对照顾幼儿的难题。在这方面,我发现自己大概是一个例外。后来,我开始认识到,自己需要接受这样一个事实,或许我就能成为这一方面的典范。作为一个公司领导人和一个母亲,我很荣幸自己能够成为其他人的榜样,每天去探索平衡职业和家庭的窍门。我希望,在这方面,我能够帮助和鼓励下一代年轻的设计师们,无论是男人还是妇女,激励他们探寻自己在工作、生活和家庭之间的平衡状态。作为一个更大的愿景,通过鼓励她们寻找一种将家庭和职业合为一体的创造性解决方法,我也希望最终业界能有更多天才女性建筑师保留下来。

您工作中感到最满意或最不满意的部分是什么?

》人们常常提到的"人事问题",是我的工作中最满意又

最不满意的部分。最不满意这方面，是处理办公室政治、员工问题或人事问题。这里包括怎样与公司的其他高层人员保持融洽关系，尤其是那些与自己意见不一致或有不同意图的领导，还包括怎样帮助那些与他人不能够和睦合作和沟通的员工。更具挑战性的是将一些困难的工作交给那些有严重执行力障碍的员工们。最糟糕的结果是，他们可能被解雇，甚至需要其他同事前来"救场"。日月如梭，相比于留住那么多才华独具的建筑师，并能将他们组合起来积极地有创造力地工作来说，我们在项目上所面对的那些专业方面的挑战，似乎就是相当易于掌控的了。

另一方面，人事方面也是我工作中最值得做的一部分。我真诚地喜欢与我的同事们一同共事，并且乐于帮助他们为了自己的职业目标去创作和工作。通过我们的绩效考核流程或是日常那些非正式的训练和指导方式，来促进我周围的设计师成长和学习，这是很有意义的事。作为一名建筑师，目睹自己参与设计的一座建筑物竣工完成，会获得一种最大的成就感。这正如我满足于见到周围的建筑师在事业上取得发展和成功一样。当你面对着自己项目中那么多急需处理的事务时，确实很难花时间给予年轻同事更多发展性的指导和帮助。但是，同那些青年建筑师面对面的沟通交流，却会给你带来很多灵

H&M 店面设计 [即海恩斯 & 莫里斯（Hennes & Mauritz AB）]，奥本（Auburn），华盛顿州
建筑设计：慕维尼 G2 建筑设计咨询公司
建筑摄影：胡安·埃尔南德斯（Juan Hernandez）

诺德斯特姆商业综合体
（Nordstrom‐City Creek），
盐湖城（Salt Lake City），犹
他州（Utah）
建筑设计：凯里森建筑事务所
（Callison）
建筑摄影：克里斯·伊登（Chris Eden）

感和无形的回报。我非常荣幸自己身居领导岗位。在这里，我能够以"指导交流"的方式与年轻建筑师们一同工作。

在您的职业生涯中，谁或哪段经历对您产生了重大影响？

❯到目前为止，对我事业产生影响最大的是我拥有的几位良师益友。这三个人皆各有特色；两位是经理，一位是我的客户。在我年轻的时候，他们就非常支持我的事业发展，并且对我关心备至。因此，我在事业中得到了

快速成长，个人的技能和知识储备也在快速增长。这些机会有力地推动我在公司内部取得成功，让我有机会学习各种类型项目中的新技能。

尽管寻找到一位指路人并不容易，但只要年轻建筑师们能够去做一些事，就会帮助自己寻觅到良师益友。在你的职业道路上，你越多地展现你的兴趣、创新能力、干劲和热情，你就越有可能吸引一位指导者的注意，他能够一路上给予你支持。在你尊重或有兴趣的人中去寻找指导者，不要惧怕向他们寻求一些有益的建议和想法。

行业简况

　　按照美国劳工部（U.S. Department of Labor）劳工统计局（Bureau of Labor Statistics）的数据[6]，在 2010 年，美国有从事建筑实践的建筑师 113700 人，这是能得到有关统计数据的最近的一年。在 2010 年至 2020 年之间，建筑师的就业规模预期将增长 27900 人，为 24%，快于所有职业的平均水平。

　　这种增长大多是由当前的人口发展趋势所决定的。随着人口寿命延长，生育高峰继续消退，人们需要更多的医疗保健设施、医护疗养院和退休社区。因此，也就会需要具有绿色建筑设计知识的建筑师。持续上涨的能源费用和人们对环境问题的更多关注，导致许多新的房屋会被建造成绿色建筑。

　　面对这种职业需求量明显增加的情况，你会选择建筑学吗？回答之前，你可以先思考下列问题。按照美国国家建筑学认证委员会的统计数据，在 2012 至 2013 学年，美国有正在进行建筑学专业学位课程学习的学生 25958 人，比前一年有轻度的下降。在美国国家建筑学认证委员会认可的学位课程统计中，最近一年新注册入学的学生为 7169 人。[7]

　　而且，每年会有 6347 名具有美国国家建筑学认证委员会认可学位的毕业生。如果你假定，在 2010 年至 2020 年，每年皆有如此数量的毕业生，也就是在需求量明显增加的时间范围内，可能就会有 63400 名拥有认证学位的毕业生，去竞争那增加的 27900 个空缺。根据就业预测来进行分析，在 2010 年至 2020 年间，建筑师岗位的竞争将明显进入到一种白热化的阶段。尽管如此，但值得庆幸的是，一名受过建筑学教育的毕业生有可能进入许多职业领域。有关内容请详见第四章节：建筑师的职业生涯。

　　在 2013 年对注册建筑师的调查中，根据国家建筑注册委员会[8]的报告，有 105847 名建筑师生活在 55 个报告辖区内，包括所有的 50 个州、哥伦比亚地区、关岛（Guam）、北马里亚纳群岛（Northern Mariana Islands）、波多黎各（Puerto Rico）和维尔京群岛（Virgin Islands）。相比于前一年的观测，其数量略有增加。

　　尽管美国建筑师协会[9]并不能代表全部专业人员，但会员基本构成了行业的主体人群。因此在这里提及它的报告数据，有一定的参考价值。美国建筑师协会报告显示，该机构有在册会员 81000 人。在建筑师协会的所有成员中，有 74% 的建筑师在建筑设计公司中从事设计工作，2% 在国有企业部门中从事设计，还有 2% 在政府部门中就业，1% 在建设部门就业；而其余的则是在设计类公司、大专院校和社团、承包商或建筑施工公司以及其他工程公司就业。

薪水

　　按照美国劳工部[10]劳工统计局的统计数据，2012 年建筑师的年均工资和薪水收入为 73090 美元。收入最低的 10% 的人年收入低于 44600 美元；收入最高的 10% 的人年收入大于 118230 美元。薪水的高低主要取决于美国国内不同的地区，个人从业经历的多寡，甚至老板的类型。

　　最后，来自 2013 年美国建筑师协会薪酬调查报告[11]的数据显示，建筑师的平均薪资为 76700 美元，比 2011 年的调查略有增加。与 2011 年的调查相比，下列的薪水几乎是相同的：管理部门的负责人，为 133000 美元；资深项目设计师，为 91100 美元；建筑师为 72500 美元；实习生为 45400 美元。这些数据搜集于 2012 年末和 2013 年初，也就是在经济衰退后期。

在拥有相同经历水平的情况下，相比起较小的公司来说，比较大的建筑公司能够提供比较高的薪资。另外，大多数公司皆提供薪资以外的奖金，给予拥有建筑学硕士学位的建筑师以及已经完成建筑师注册考试并且获得执业资格的人员。有 1/3 的公司，对那些在 BIM（Building Information Modeling，即建筑信息模型）方面有丰富经验的员工提供高额薪金。

多样性

什么是多样性，它为什么非常重要？下列这段回答来自凯瑟琳·H·安东尼博士所著的《设计的多样性》（Designing for Diversity）。

多样性是一系列人类特征。它对个体的价值观、机遇，以及工作中的自我意识和对他人的感知都会产生影响。在最基础的概念里，它包括六个核心维度：年龄、种族、性别、脑力或体力、人种和性取向。[12]

在建筑学职业背景下，多样性是非常重要的。多少年来，建筑设计是众所周知的一种男性白种人的职业。随着这个职业不断发展，这个标签可能越来越不合适，因为它不能代表妇女和有色人种个体。这里美国建筑师协会又一次成为最可靠的权威评估机构。

按照美国建筑师协会的数据，在全美的从业者中，有大概 13500 名会员是女性，占 16%；有大概 8000 名会员是少数族裔，占 10%。[13] 美国少数群体建筑师组织统计，在 105000 名建筑师中有低于 2% 的是非裔美国人，不到 2100 人。在各个大学中，这项数据要好得多。按照美国国家建筑学认证委员会的数据，攻读认证专业学位课程的建筑专业女性学生数目为 11456 人，占 42.6%；有色人种学生的数目为 8765 人，占 32.6%。

到 2013 年 9 月为止，在非裔美国建筑师目录中，列出了 1896 名目前得到执业许可的非裔美国建筑师，其中女性 301 人，男性 1595 人。[14] 在辛辛那提大学实践研究中心（Center for the Study of Practice at the University of Cincinnati）的倡导下，此目录作为一种公共服务资料被长期保存，以提高人们对非裔美国建筑师及其地理位置分布的认识。

> 对于一位要想取得成功的建筑师来说，所需要的最重要技能和特质是什么？

❯ 最重要的技巧是倾听。我发现有太多的建筑师不能够很好地去倾听；这需要练习。

威廉·J·卡彭特博士，美国建筑师协会资深会员，LEED 认证专家，南方州立理工大学教授，Lightroom 设计工作室总裁

❯ 领导能力是一位建筑师能够拥有的最重要的技巧。作为客户的代言人和咨询团队的首领，建筑师必须要掌握项目的一般概况，并且对项目提供一种连续性的指导，以确保该项目的成功实施，同时也需在建造期间与客户发展一种长久的关系。一个优秀的领导能够熟练且设身处地地去倾听，勾勒一个愿景，并且使其他人能够行动起来。

格瑞斯·H·金，美国建筑师协会会员，图式工作坊主要负责人

❯ 一位建筑师需要有创造力、设计能力、工艺技巧、管理水平、沟通能力和优秀的领导技巧。对这些技能要烂熟于心。

罗伯特·D·福克斯，美国建筑师协会会员，国际室内设计协会会员，LEED 认证专家，福克斯建筑事务所主要负责人

❯ 语言沟通技能。虽然建筑师常常被人们视为是一种特立独行的人，但实际上完成一个项目需要众人拾薪。你必须要锻炼一种能够通过电子邮箱、电话和面对面来进行准确无误的自我表达的能力。

默里·伯纳德，美国建筑师协会初级会员，LEED 认证专家，《Contract》杂志主编

❯ 最重要的技能是经过反复沟通后，用创意和构想去解决问题的一种能力。建筑师必须具备一种能勾勒出客户愿景的想象力，一种能够清晰表达客户愿景，使之容易被理解的语言交流技能，和一种能够使愿景变为现实的解决复杂变量的能力。基础数学、自然科学和艺术与之相关，但这些仅仅是支持想象力、沟通和问题解决的工具。

香农·克劳斯，美国建筑师协会资深会员，工商管理硕士，HKS 建筑设计有限公司主要负责人兼资深副总裁

❯ 建筑师是一种能够游走在左脑和右脑交汇处的人。他们能够将创造性的灵感和现实技术转换成物质世界。一位成功的建筑师能够平衡这种能力，以满足个体和社会的设计需求。

阿曼达·哈雷尔-塞伊本，美国建筑师协会初级会员，密歇根州立大学城市规划、设计与结构工程学院讲师

❯ 要想成功，你就必须能够适应你所处的环境。你必须是一个优秀的传达者，而且更重要的是做一个耐心的倾听者。你必须愿意承担风险，并且用与众不同的方式来看待事物。

H·艾伦·布兰塞利格曼，美国建筑师协会会员，特拉华大学房产后勤服务部基础设施副主任

❯ 最重要的是创造性、分析能力和语言沟通技能。建筑师必须能够去构思、绘图、建造和有效地表达他们的思想，同时也要寻找到能够解决设计推进阻碍的方法。

安娜·A·基塞尔，波士顿建筑学院，建筑学硕士研究生在读，雷布克国际设计股份有限公司，环境设计副经理

❯ 从对设计过程的耐心到对设计的鉴赏力，是一种意义深远的连续过程。其中如果没有留意他人的作品，你将很难娴熟地表达任何层面的重要观点。

罗珊娜·B·桑多瓦尔，美国建筑师协会会员，帕金斯 + 威尔事务所资深设计师

❯ 最重要的技能是耐心地、心甘情愿地去倾听。用良好的个人技巧来接待客户。最后并且最重要的是，要有一定的设计能力。

约翰·W·迈弗斯基，美国建筑师协会会员，迈弗斯基建筑事务股份有限公司主要负责人

❯ 建筑师需要敏于观察、倾听、反应、发明、创造和行动，才能完成优秀的设计。一位建筑师要设计一个解决问题的方案，首先必须对这个问题进行充分了解和分析。没有这

宇航员博物馆（Cosmonaut Museum），莫斯科（Moscow），俄罗斯
建筑摄影：泰德·谢尔顿（Ted Shelton），美国建筑师协会会员

力。（3）灵活性。（4）一种分析性的思维。（5）对宏观和微观两种事物的注意力。（6）谦虚。（7）绘制图表。

托马斯·福勒四世，美国建筑师协会会员，国家建筑注册委员会成员，加利福尼亚州立理工大学圣路易斯奥比斯波分校社区跨学科设计工作室，美国建筑学院校杰出教授兼主任

❯建筑师必须要具备观察能力、绘图和语言沟通技能，以及那种坚忍不拔的毅力和百折不挠的精神。

玛丽·凯瑟琳·兰德罗塔，美国建筑师协会资深会员，哈特曼-考克斯建筑师事务所合伙人

❯对于一位想要取得成功的建筑师来说，最重要的是语言、写作和绘图的沟通技能。既然有许多竞争者参与到一座建筑物的设计和建造过程中去，那么完全彻底地进行交流和沟通，并将你的想法传达给其他人，就是一种急需要掌握的技能了。

罗伯特·D·鲁比克，美国建筑师协会会员，LEED 认证专家，安图诺维奇建筑与规划事务所项目建筑师

❯接受必要而严格的教育和训练是至关重要的。建筑师的初期教育完成后，他的战略性思维、战略性规划和高效思维的运转能力，需要不断地进行调整打磨。

梅甘·S·朱席德，美国建筑师协会会员，所罗门·R·古根海姆博物馆和基金会，基础设施及办公室服务部经理

❯所有的建筑师必须能够借助多种媒介来进行很好的交流和沟通。其他重要技能包括有交谈、写作、批判性思维和解决问题的能力。同样，一个成功项目的衡量标准不仅仅限于其审美和功能方面的需求，对金融商业财务的了解也是非常重要的。我个人在任何项目上所要达到的目的，皆是去学习一些有关商业市场的知识。这些知识储备能够使自己增加创造力和设计生产能力。

凯瑟琳·T·普利格莫，美国建筑师协会资深会员，亨宁松＆杜伦＆理查森建筑工程咨询股份有限公司，高级项目经理

一点，建筑学就会缺乏一个先决的概念，这是设计一个实用、形象壮观的成功设计作品的关键。

坦尼娅·爱丽，邦斯特拉|黑尔塞恩建筑事务所建筑设计人员。

❯建筑师必须具备下列技能（其中的顺序因人而异），依次为：（1）良好的语言交往技能，如写作、交谈，以及传统和数字化制图能力。（2）对不确定性或模糊事物的承受

❯一位建筑师是一个艺术家，他需要是一个精通于思想输入和输出的大师。一位建筑师需要是一个领导者，并且知

道如何有效地管理时间。最重要的是，建筑师还需要能够对这些信息进行推断和分析，同时能够有效地解释和传达信息。一位建筑师需要能够应用不同的媒介来进行工作，以创造出自己心满意足的设计作品。

伊丽莎白·温特劳布，纽约理工大学，建筑学本科在读

❯同样，建筑师也需要成为擅于交流讨论的人。在这种情况下，意味着他们需要能够熟练地应用书面文字技巧，需要能够当众进行清晰而流利的表达，需要能够有效地利用视觉媒介来传达他们的意图。在他们的设计中，建筑师需要广泛地了解技术、社会、形式和伦理上的维度。

建筑师就像一个管弦乐队的指挥。在这里，他们不需要能够演奏任何一种乐器，而是需要知道每一种乐器的演奏效果，并且能够成功地协调它们演奏活动。建筑师需要是一位优秀的合作者。即使那些神话式的人或事曾经的确是真实的，但建筑师那种天马行空、独往独来的大师时代也已经一去不复返了。建筑作品往往是设计团队内部，设计团队同咨询顾问、委托方、监管机构以及其他更多的人通力合作的结果。一位不懂得与他人合作的建筑师，就有可能成为一位无所适从的建筑师。

布赖恩·凯利，美国建筑师协会会员，马里兰大学建筑学专业副教授和系主任

❯在当今一位建筑师的专业业务中，外部合作、团队协作和个人专业技巧可能是他们所需要的最重要的技能，也是最容易被忽视的方面。但是，也许其中最重要的，还是那种自始至终能引领客户，并同他们进行通力合作的能力。

麦可考米克论坛学生活动中心（McCormick Tribune Campus Center），芝加哥（Chicago），伊利诺伊州
设计者：雷姆·库哈斯（Rem Koolhaas）
建筑摄影：李·W·沃尔德雷普（Lee W. Waldrep）博士

这种能力恰能够导致项目在质量上出现天壤之别。

卡洛琳·G·琼斯，美国建筑师协会会员，LEED 认证专家，慕维尼 G2 建筑设计咨询有限公司主要负责人

❭ 作为一名建筑师，要致力于解决困难和战胜挑战，并且能使所有的物力和人力以恰当的方式投入到工作中去。这不是一件生来就能完成的简单任务，需要耗费巨大的耐力来做到这一切。

艾希礼·W·克拉克，美国建筑师协会初级会员，LEED 认证专家，美国兰德设计公司销售经理，市场营销专业服务协会会员

❭ 最重要的是要有激情、耐心和沟通技巧。当我们完全献身于自己的事业，并为之而兴奋不已时，我们的工作就充满了无穷的乐趣。设计和施工的过程往往并不顺利，当许多问题层出不穷之时，建筑师需要耐心对待参与项目的专业团队。假如我们那些创造性的构想不能被他人理解并付诸实践的话，再伟大的设想也永远无法变成现实。因此，文字、图解和语言方面的沟通技巧，是我们必须要掌握的。

埃里森·威尔逊，埃尔斯·圣格罗斯建筑与规划事务所，实习建筑师

❭ 建筑师必须要同时兼有创造力和独创性。他必须要满怀激情地去理解人们的想法，并且为他们设计外界环境。

约旦·巴克纳，伊利诺伊大学香槟分校，建筑学硕士和工商管理硕士研究生

❭ 在任何情况下，建筑师都必须能够发现一些即将要发生的重大问题。除了满足基础需求之外，他们还需要发掘了解设计中的多种可能性，致力于从社区、教育、卫生和社会状况到可持续发展和科学技术等一切问题。他们也需要一种能力来应对这些挑战，并且能够承担这些工作。这就是建筑师总与历史长河中的重大社会变革联系在一起的原因。他们在难点问题上的识别力和对可能解决途径上的想象力，致使他们直接面对人类世界的各种问题，并且要求他们着手制定出解决这些问题的方法。

卡伦·索斯·彭斯博士，美国建筑师协会资深会员，LEED 认证专家，杜利大学副教授

❭ 最重要的是要有想象力、创造力、激情、坚持能力、恢复能力、倾听和沟通能力。

金伯利·多德尔，莱维恩公司项目经理和销售部主任

❭ 最重要的技巧是沟通和交流。你可以是一位奇异的设计师，并且拥有一个非常重要的项目，但如果你不能向委托人传达出你的想法，上述这一切皆毫无用处。同样，绘图的能力也是非常重要的。尤其是在建筑学专业方面，沟通不必完全通过语言来进行表达。如果在委托人或专家面前，能够迅速地在图纸上即时勾勒出你的想法，将大大有助于相互之间的沟通和交流。

埃尔莎·莱福斯特克，伊利诺伊大学香槟分校，理学学士、建筑学研究生

❭ 每当项目需要时，建筑师必须要展现出一种社会和文化意识。其中需要建筑师知晓并理解项目的历史、项目所服务和影响到的人群。建筑师并不仅仅要去设计，仅仅关注一座建筑物，他们也必须具有一种商业意识和职业有关的法律责任意识。

詹尼弗·泰勒，美国建筑学生协会副主席。

❭ 建筑师必须是足智多谋的。记住所有繁杂的条例、建筑规程、材料、产品和经验法则是根本不可能的。因此，建筑师必须要知道，在什么地方能寻找到解决设计问题的最佳答案。此外，因为建筑师负有协调整个专业团队的职责，所以他必须具备非常优秀的组织技巧和人际交往能力。最后，对物体的三维想象能力是极为重要的。

凯茜·丹妮丝·狄克逊，美国建筑师协会会员，美国少数群体建筑师组织成员，K·狄克逊建筑专业有限责任公司负责人，哥伦比亚特区大学副教授

❭ 因为建筑学存在于为数众多的学科交叉点处，所以他们需要大量的知识和技巧。事实上，如今最优秀的建筑师，皆接受过良好的人文教育，而并非仅仅是专业教育。

不畏困难的勇气和永不满足的好奇心也是非常重要的。世界上最好的建筑师不仅仅能够解决问题，他更应是能够发现和寻找到问题的人。他们非常注意去设计一些解决问题的方案，以处理一些我们生存环境中最具有挑战性的局面。建筑师要具备多视角的整合能力，能够发现在艺术、科学、

技术、工程和文化之间千丝万缕的联系，进而将有价值的解决方案提供给社会。

安得烈·卡鲁索，美国建筑师协会资深会员，施工图技术专家，LEED 建筑设计与结构认证专家，根斯勒建筑设计、规划与咨询公司，实习生发展和学术推广首席负责人

》一位建筑师需要成为一个具备综合性思维能力的人。他能够将空间内的资源整合形成项目的设计方法，并讲述场所的故事。

凯瑟琳·达尔施塔特，美国建筑师协会会员，LEED 建筑设计与结构认证专家，拉滕特设计事务所创始人兼首席建筑师

》建筑师必须热爱环境，无论是人工的建成环境还是自然环境。就像我的一位教授曾经说过的那样：热爱建筑是最为重要的。如果没有热爱当先，建筑设计所面临的众多挑战和诸多纷杂事务，都将使人感到心神疲惫不堪。

约瑟夫·梅奥，马赫勒姆建筑事务所，实习建筑师

》最重要的是，具有从多种视角判断、处理和传送信息的能力。更具体地说包括有制图技能，它能使人们通过图像来传达思想；还有旅行，能接受到更多感觉和精神方面的各类信息，远远超过你在教科书中所能获得的那些。

莎拉·斯坦，李·斯托尼克建筑师设计师联合事务所，建筑设计师

》最重要的技能是交流和沟通的能力。我们需要能够与那些不能完全理解我们想法的人进行沟通。如果不能进行沟通，你的思想就不能进步。

尼科尔·甘吉迪诺，纽约理工大学，建筑学本科在读

圆形纪念大厅（Rotunda），弗吉尼亚大学，夏洛茨维尔，弗吉尼亚州
建筑设计：托马斯·杰斐逊（Thomas Jeffereson）
建筑摄影：R·林德利凡

》最重要的技能是创造力，一种真正的创造能力。一个具有创新性思维的头脑，将能够对一套独特的问题进行分析，并且能发现解决问题的最好方法，以确保将最好的成果呈献给我们的委托人。

再一个是团队协作的能力。建筑师必须要同各种不同类型的投资人进行合作，最终达成令所有人都满意的最佳结果。许多情况下，在该项目"最佳结果"的定义上，不同的投资人各执己见、意见不一。他们都会愿意接受建筑师的指引。

第三点是移情。建筑师必须要具备一种倾听的才能，能够理解委托人需要，以确保我们做出正确的决策。

科迪·博恩舍尔，美国建筑师协会初级会员，LEED 建筑设计与结构认证专家，杜伯里建筑设计股份有限公司建筑设计师

》最重要的技能是适应性。我们必须要致力于营造一种具有适应性特征的建成环境。更确切地说，我们经常理所应当地认为，建筑物应该局限在某一时段内承担某种特殊功能，且要在一定的时间范围内物尽其用。但是这些建筑物，也必须能够非常好地适应猝不及防的环境变化。只有这样，它才能更好地服务于我们的社会。

适应性也非常有助于我们的职业工作。整个世界充满了变化，我们必须随着这些变化而发展并适应这些变化。对一些人来说，这表示着他们进入项目和沟通的方式，甚至是设计观念随之发生变化。而对于另外一些人来说，这意味着能够创造性地追随其他的兴趣和热情而工作。

约瑟夫·尼科尔（Joseph Nickol），美国注册规划师协会成员（AICP），LEED 建筑设计与结构认证专家，城市规划专家，城市设计事务所（Urban Design Associates）成员

》沟通和解决问题的技巧是最重要的。建筑师需要能够同合作者、客户、顾问交流自己的思想和想象力，不论是通过绘图、图表还是文字方式。在建筑学、室内设计和城市规划专业中，解决问题的技巧也是非常重要的。你需要能够批评性地分析一些问题，进而寻找到一种可靠、容易接受和完美无缺的解决方案。

阿曼达·斯特拉维奇，集合设计事务所，一级建筑师

》最重要的一种才能，是对建筑学业务管理方面的深刻理解。这在我们的专业领域中常常是非常缺乏的。在金融、谈判方面所具有的知识和技巧，以及在战略决策上所实施的规划，是成功实践的决定性因素。

就如同在众多的其他领域中一样，在建筑学的范畴内，能够心平气和地提供和接受批评性意见的潜在能力，是一种常常被忽略的技能。当提出一种批评性意见时，要注意用建设性的可供参考的表达方式，提纲挈领地向他们表达你的想法，并充分地尊重你的同事们。在接受批评意见时，要仔细地聆听任何一个与之相关的问题，而且不将其视为一种个人攻击。批评性意见可能令人不是那么舒服，但它在任何层次的职场中都是非常必要的。

凯文·斯尼德，美国建筑师协会会员，国际室内设计协会会员，美国少数群体建筑师组织成员，LEED 建筑设计与结构认证专家，OTJ 建筑师事务所有限责任公司，合伙人兼建筑部门资深主管

》最重要的技能是沟通、献身和毅力。

肖恩·斯塔德勒，美国建筑师协会会员，LEED 认证专家，WDG 建筑设计有限责任公司设计负责人

》最重要的是成为一个非常优秀的交际人士，能够去影响其他人，并且要像一个设计师那样去思考问题。传统设计思维模式是不断产生新的想法，其中也包含一种反绎推理。但当下的设计思维是预先推测或设定一种最终状态，然后通过建立某种计划来确定达到最终状态的方式。实际上，这种思维方法有助于人们对多种学科的熟练掌握。那些非凡而高超的思维和思想，都来自对事物进行判断的多种角度和方法。今天那些声名显赫的伟大"建筑师"们，大都在物理学、环境科学、生物学、心理学、工程学、计算机科学或工业设计等学科中，有着深厚的知识功底和教育背景。

利·斯金格，LEED 认证专家，美国霍克公司资深副总裁

》最重要的技能是耐心。几乎在设计过程中的任何一个方面，耐心都是最关键的因素。耐心地让你的思想飞翔在整个设计征途中。耐心地继续坚持自己的信念，而不要顾及前行的道路上有多少不期而至的艰难险阻。当项目的最终期限来临之时，人自然会惊慌失措并可能敷衍了事，这时候更需要耐心。

另外一个重要技能是平衡。学会在建筑设计、工作室的需求与自己的兴趣之间找到平衡点，是一件富有挑战性的事情。作为一名设计师，仅仅将自己的目光狭隘地聚集在建筑学专业方面，会极大地限制你的工作能力。你在建筑学领域以外的经历，将有助于你寻找并界定出自我。离开工作室去做一些手头上与项目毫不相干的事情，没有什么可怕的。

麦肯齐·洛卡特，哥伦比亚大学，建筑学硕士在读

❭ 建筑师需要不断地提出问题，质疑当下的状态；发现难题，并且找出解决问题的最佳方案。这就是建筑设计的整个过程。

丹妮尔·米切尔，宾夕法尼亚州立大学，建筑学本科在读

空间的创造者

约翰·W·迈弗斯基，美国建筑师学会会员。
迈弗斯基建筑事务股份有限公司负责人
埃文斯顿（Evanston），伊利诺伊州（Illinios）

您为什么要成为一名建筑师？您又是如何成为一名建筑师的？

〉我想要塑造未来的建造环境。我深刻地感觉到，建筑师对我们的居住方式产生着非常深远的影响。以至于我认为，创造环境是一件伟大的事情。在高中快毕业时，我偶然去一些建筑师那里去打工，这段经历为自己的将来发展创造了良好的条件。

您为什么决定去密歇根大学（University of Michigan）进行您的建筑学学习？您获得了什么学位？

〉我是在密歇根州上半岛这个地方长大的。我之所以有去中西部上学的想法，其中重要原因是节省学费。在选择去密歇根大学时，学费是我重点考虑的因素。非常幸运的是，我们州有这样一所极好的公立学校。最初两年，我在北密歇根大学（Northern Michigan University）修完了建筑学预科的课程。我的所有学分皆转到了密歇根大学。这节省了我的开支，也使得我在这个小小的学院里得以茁壮成长。在密歇根大学毕业时，我获得了理学士学位。因为我的确喜欢建筑学专业，所以我在这里又

私人住宅（Private Residence），亚当斯大街317号（317 Adams），格伦科（Glencoe），伊利诺伊州
建筑设计：约翰·W·迈弗斯基，美国建筑师协会会员
迈弗斯基库克建筑师事务股份有限公司
建筑摄影：托尼·索卢瑞摄影工作室（Tony Soluri Photography）

己所接受的教育需要进一步得到补充或经受一些外界的冲击，才能使我成为一名能力全面的学生。解决这个问题的方法是去欧洲修读一些课程。富布赖特奖学金给我提供了去丹麦哥本哈根丹麦皇家研究院（Royal Danish Academy）的机会。这也是我海外学习且有时间游历整个欧洲的一个绝好时机。我实在无法形容，这次经历使我的生活发生了多大的改变，无论是作为一名建筑师还是对我个人。在丹麦生活中的所见所闻，不仅极大地充实和丰富了我的内心世界，而且还提升了我的专业水平。其中旅行是我所接受教育中一个最

J 大街 1220 号概念设计（1220 J St），圣迭戈（San Diego），加利福尼亚州
建筑设计：约翰·W·迈弗斯基，美国建筑师协会会员
建筑摄影：迈弗斯基建筑师事务所

度过了两年的时光，毕业时获得了建筑学硕士学位。

取得您的硕士学位以后，作为一名富布赖特奖学金（Fulbright fellowship）的获得者，您有机会远赴重洋到丹麦（Denmark）去学习和研究。请描述一下您的这段经历，以及它如何塑造了您的建筑师职业生涯。

》我在同一所大学里得到了两个学位。所以我感觉，自

私人住宅（Private Residence），林肯路 1319 号（1319 Lincoln），埃文斯顿，伊利诺伊州
建筑设计：约翰·W·迈弗斯基，迈弗斯基建筑师事务所
建筑摄影：托尼·索卢瑞摄影工作室

重要的组成部分。

作为一名建筑师，您所面临的最大挑战是什么？

》我期盼着建筑学高峰的到来。既然我已经到了 50 岁，建筑设计就再次开始成为我人生的一种乐趣。建筑设计职业中出现的大量的鼓舞人心的活动，表明了职业的衰退和萧条时期已渐渐过去。对于那些对建筑学感兴趣和从事建筑行业的人来说，经济大萧条显然是一种倒退，但对那些能成功地度过黎明前那黑暗时光的人来说，未来一定是阳光灿烂的。人们对建筑设计服务的需求在持续不断地增长。我们已经看到，需要新设计项目的客户们蜂拥而至。在此后的五年内毕业的建筑学专业的学生，即将参与到这些与日俱增的设计项目之中。

如果你希望自己的工作是有价值的，而不是短暂出现在报纸杂志上，那么就需要花费很多时间去从事设计实践活动，更加兢兢业业。开启你的设计实践之路，就相当于从地面开始建造起一座房屋。在这一点上，我觉得我已经奠定了一个坚实的基础，并且盖到了第二个层次……我急不可待要达到封顶的那一日。我认为，大多数建筑师干劲十足的年龄是 55~60 岁。我想，我还有充裕的时间去不断攀升。

作为一位你们自己公司的主要负责人，您的首要责任和职责是什么？

》我的职责是做任何事情。在一个只有两名负责人，有 15 位注册建筑师的事务所里，实际上你要亲自去做任何事情。这是一个最重要的角色。你得去寻找项目，做设计，监督建造的过程，同委托人保持联络，解决存在的任何问题和经营日常的业务等。大多数人不能理解，解决问题竟然是一位建筑师的工作。生活就像被一连串木材堵塞的一条河道，而我们要矢志不移地努力保持住水流的通畅。

您为什么决定要开办自己的公司？

》我过去一直在为赫尔穆特·雅恩（Helmut Jahn）工作，并且非常热爱自己的工作。但是我需要面对未来，并且去开拓自己的事业。公司的开张，是因为我们发现了一座历史悠久的房屋。为了对其进行保护，我们将这座房屋小心翼翼地移向了一个新的地址。这项工作进行得如此顺利，以至于房主愿意邀请我们来接管这个新建筑。这是我们的第一份工作。在我们这个小小的社区，对这座历史性房屋的成功保护，使我受到了英雄般的礼遇。我们所做的其他工作，也与历史性建筑的保护有关。

您如何开始对一个项目进行设计？您得到了什么启示？

》无论发现什么，我都会拔出笔来并将其概括地画出来。一些想法就是从这些草图中产生的。但是，这些想法会受到项目、客户、场所、地点和历史等各方面的影响。我喜欢去感受和体验建筑基址及其周围环境的语境。建筑物有时候的确带有一种隐喻，但这些主要还是来自内在所具有的含义。我认为，如果你能够发现这个确切的核心点，你就能开启未来的大门。

在您的职业生涯中，谁或哪段经历对您产生了重大影响？

》我的童年是一个关键的时期，这是因为我花费了很多时间去旅游。旅游时所接触的事物，开阔了我的眼界。心猿意马之后，我好不容易才又将自己拉回现实。其次，我所受到的教育也对我产生了重大的影响。我的教授非常有名，并且在密歇根大学有特别好的条件从事研究。很简单，你仅仅需要笔和纸，其余的则取决于你的思想和你的老师。我在墨菲·扬建筑师伙伴事务所（Murphy-Jahn Associates）的第一份职位是最好的，他们给我提供了在一个了不起的项目中工作的机会。

发挥积极的影响

凯瑟琳·T·普利格莫，美国建筑师学会资深会员。
国家建筑注册委员会副主任，美国少数群体建筑师组织成员，LEED 建筑设计与结构认证专家。
亨宁松＆杜伦＆理查森建筑工程咨询股份有限公司，施工图技术专家。
亚历山德里亚（Alexandria），弗吉尼亚州。

您为什么要成为一名建筑师？您又是如何成为一名建筑师的？

》 建筑学允许我做任何自己喜欢和擅长的事情，来达到一种谋生的目的。这两者完全不可同日而语。

在中学时，我就开始对建筑学感兴趣。亚历山德里亚市公共图书馆（City of Alexandria Public Library）收藏了大量的建筑学书籍和杂志。阅读了这些书籍和杂志后，我就冒冒失失地去了费尔法克斯县图书馆（Fairfax County library）和位于美国建筑师学会总部的图书馆。生活在华盛顿特区是多么美好的一件事情。

建筑学是一个充满活力的学科。纵观我的职业生涯，无论是作为一位开业建筑师、教育工作者，还是一位管理者，我在建筑学方面所受到的教育，使我能够利用多方面的能力和技巧来扩充自己的知识储备，或激发我在其他方面的兴趣。建筑学给人们提供了一种学科领域的灵活性。因此，当自己逐渐变得成熟起来时，当自己的生活境遇出现了一些意想不到的挑战和机遇时，我总是能够在专业领域内发现一条令人满意的职业途径。

您为什么决定去那所学校进行您的建筑学学位学习？您获得了什么学位？

》 我的高中物理老师建议我去申请伦斯勒理工学院

新联邦大厦（New Federal Building），华盛顿特区。
建筑设计：亨宁松＆杜伦＆理查森建筑工程咨询股份有限公司。
建筑摄影：亨宁松＆杜伦＆理查森建筑工程咨询股份有限公司。

（Rensselaer Polytechnic Institute, RPI），部分原因是至少有十几个同学都在申请我的首选学校。这位老师知道，这个学校的建筑专业同样也很好，只不过是不太有名气。我拜访了伦斯勒理工学院，并且马上引发了我要在这里学习建筑学的浓厚兴趣。这个大学比我已经申请的大多数其他学校都要小，并且位于一座非常"适合步行"的小城市的中心位置。事实上，大学里的建筑学院相对独立，全体教职员工的专业实践活动非常活跃，这些也都令我非常喜欢。虽然它位于一个技术性大学里，但建筑学的许多创造性概念已经深入到教学方法中去了。

我决定去伦斯勒理工学院学习的另外一个理由，是我能在五年之内获得两个学位：建筑科学的理学士和得到认证的建筑学学士学位。开始上课以后，我发现选修一些副修课程是非常容易的事情。指导老师也不反对选修过多的课程，只要我们做好自己的功课。在夏季学期，我同时在华盛顿特区的几个不同学校上课。在获得了双学位，选修了建筑历史课和人类学、社会学课程，以及获得了工业革命科技史的额外学分之后，我在四年半时完成了自己的学业。

这一段学历背景的价值是无法衡量的。在我的早期职业经历中，我在建筑技术方面所受到的教育，使自己能够在建筑工程方面发挥主导作用。这些是我的同龄人所不太感兴趣的，也是他们力不能及的。在我以后的生涯中，我的社会科学文化知识给自己提供了一些认识问题的工具和洞察力。对于一位建筑事务所的经理来说，

这些价值也是不可估量的。

作为一名建筑师，您所面临的最大挑战是什么？

▶ 我确信我已经失去了许多机会，因为我既是一位非洲裔美国人，也是一名女性。但是，我所面临的更加赤裸裸的歧视，是因为我看起来似乎要比实际年龄小10～20岁。或许这也是我的运气。无论何时，当我出席一些面谈或第一次面试时，参加者们显然都不能相信，我这样年龄的人能够拥有自己的证书。

作为一位建筑师，您的首要责任和职责是什么？

▶ 近些年来，我的精力主要集中于对范围广泛的各种项目类型进行指导，并作为专家对一些备受关注的重要设施进行管理和设计。而这些项目类型一般都是不包

M 大街 2001 号，华盛顿特区。
建筑设计：赛格雷蒂·泰珀建筑师事务所（Segreti Tepper Architects, PC）。
建筑摄影：凯瑟琳·T·普利格莫，美国建筑师学会资深会员。

含于公司常规项目作品集之中的。其中许多项目是为了联邦政府而做的，包括有最近正在进行的美国国防部五角大楼（Pentagon）与美国国土安全部总部（DHS Headquarters）的加固工程。针对这些多层面的综合性项目，有效的客户管理和团队发展策略是保证项目成功的关键因素。我的大量时间都花费在提出发展方案和合同管理方面了。这其中许多事务，人们认为并不属于建筑设计的范畴。但是如果我们不去处理这些事情，我们就不能得到项目继续工作。

在客户工作方面所面临的挑战，包括管理协调客户手头可利用的技术和预算；创建和记录一种工作流程，以使不断更替的团队人员都能较容易地遵照执行，以及在长达数月的残酷工作日常之下，维护设计团队的工作热情。

在拥有140余名员工的设计分部，我与一位同事共同领导着一个约有20位建筑师和室内设计师的工作室。亨宁松＆杜伦＆理查森建筑工程咨询股份有限公司拥有大约1700名设计师。而整个公司职工总数在8000人左右。在组织机构上，我们的工作室制度还是相对比较新颖的。过去的几个月里，在支持每一位同事的个人发展目标的同时，我们已经尝试采用各种途径来营造一种工作室的集体认同感。在人力资源的管理和发展方面，工作室面临着一系列的挑战。如果开有自己的公司，我也会遭遇到这样非常相似的困窘。工作室财务公信力方面的管理，与项目管理没有太大的差异。此外，为了维护一种建康和高产出的工作环境，工作和生活之间的平衡以及其他类似的事情也是非常重要的。

您职位中感到最满意或最不满意的部分是什么？

❯ 在建筑学方面，我最满意的地方就是自己具有一种能力，能够通过自己的工作对其他人产生一些积极的正面影响。我每天的日常工作是不断地创建和完善设计团队，或者是去帮助设计师和工程师解决一些问题。长期而言，当我们目睹了客户们第一次走进已经完工的建筑物时，他们脸上所洋溢出来的愉悦神情；或者有许多以前的学生来告诉我们，他们刚刚获得了执业许可的证书，我都会发自内心地感到欣慰和喜悦。

有时候我内心充满着冲突和矛盾。因为我太热爱我的工作，以至于我工作的时间总是很长。有时，这对于维系自己同家人之间的良好关系，以及同工作单位以外的其他社会交往关系是有害无益的。

先前您曾在霍华德大学当老师。您为什么要选择去教书？

❯ 我在霍华德大学度过了13年的时间，去教学和培养学生。这些年来，我有一半的时间担任副院长。除了作为一名父母之外，教学是我最值得去做的事业。要想去教，你就必须去学习。尤其是像我过去那样，当你去教一些有关建筑技术方面的主题课程的时候，你更需要多加温习。

我理想的职业状态就是去教学和实践。在我的教学生涯中，自始至终都在做着这两个工作。而且我计划在将来某一时刻还要去从事这些事情。在这些过渡时期，我已经在自己工作的公司里发现了一些机会，能够满足自己教书的渴望，并吸引着我进行教学工作。目前，我领导着一个专业设计团队。这里鼓励员工们去努力获得执业资格和各种认证。我认为这些证书对我们的设计实践的成功具有关键性的作用。

然而，我在教学中所得到的回报，要远远多于我作为一名建筑师所做的其他任何事情。当我能够激发其他人不断学习的时候，没有一个词语能够充分地表达我所感受到的满足与喜悦。

在弗吉尼亚州的建筑师、职业工程师、土地测量师、注册室内设计师和景观设计师董事会中，您担任什么角色？这个董事会是做什么的？

❯ 这个董事会的成员负责维护有关建筑设计实践的法律法规。其中包括批准候选人来进行考试和承认个人的执业许可。董事会也听取和决定，那些对具有专业资质的个人和单位提起的惩戒性诉讼案例。我在董事会的任期内，我们评审和更新了一些条例和规则，并且评估了继续教育的需求。

由于我在建筑师、职业工程师、土地测量师、注册室内设计师和景观设计师董事会的职位，我能够在国家建筑学注册委员会的许多委员会中任职。我是建筑师注册考试机构的一位撰稿人和评分人，而且在考试委员会中担任主席。该委员会负责建筑师注册考试机构的改革和发展。我也在资深建筑师委员会中供职。该机构负责

宾夕法尼亚大街 1001 号（1001 Pennsylvania Ave），华盛顿特区西北部。
建筑设计：赛格雷蒂·泰珀建筑师事务所—项目主持建筑师[①]（Architect of Record）；哈特曼·考克斯建筑师事务所 – 建筑设计师（Hartman Cox – Design Architect）。
建筑摄影：凯瑟琳·T·普利格莫，美国建筑师协会资深会员。

对没有专业学位的个人资质进行评审，以决定他们是否能够获得国家建筑学注册委员会所颁发的执业证书。在完成了国家建筑学注册委员会的许多年工作之后，我被指定在美国建筑师协会国家伦理委员会（AIA National Ethics Council）中任职，并最终成为该委员会的主席。所有这些活动，都帮助我提升了专业水平，并为那些在领导岗位上的年轻建筑师们创造了更多的机会。

我发现在一篇文章中谈到了您所指导的学生。您现在仍然在指导学生吗？为什么您觉得对学生的辅导是非常重要的？

---

① 在美国，Architect of Record，是指出现在项目的建筑施工许可证上的建筑师或建筑设计单位。——译者注

》当我在大学时，就开始辅导一些对建筑学感兴趣的学生。几年以前，我发现一个女孩最终从建筑学院毕业了。当这位女孩上初中时，我就开始对她进行有关知识的指导。我现在仍旧在指导一些其他的学生，包括以前的学生。

对他人的指导是非常重要的，因为这使我们所有人的世界变得更加美好。我也知道，指导能够改变人们的生活。我身边有两位重要的良师益友，一位与我相识了20多年，另一位甚至接近30年。他们帮助我筹划自己的人生。在人生的道路上，无论他们选择的道路是否与我相同，他们都坚定不移地支持我的决策。在这些过程中，他们给我留下了丰厚的精神财富。这些良师从不会发号施令，更不会将自己的意愿强加在学生们的身上。他们聆听，提供可供选择的意见并给予支持，竭尽他们所能地为你打开成功之门。就如同你的父母一样，无论发生任何事情，良师益友们都会与你同在。

大概五年以前，我和其他三位非裔美国妇女，即巴巴拉·G·劳丽（Barbara G. Laurie）、凯西·迪克森（Kathy Dixon）和凯瑟琳·威廉姆斯（Katherine Williams），在美国建筑师协会全美代表大会（AIA National Convention）上提交了报告：《争论的漩涡：非裔美国女性建筑师的专业设计实践》（Vortex:African American Women Architects in Professional Practice）。从那时起，作为十几个美国建筑师协会项目或美国少数群体建筑师组织项目的组成部分，报告的内容传遍了全美。

作为一种指导和引领发展方向的手段和方法，《争论的漩涡》开始不断改进并形成了坚实的根基。这份报告的成功似乎来自它那灵活多变的形式；为那些默默无闻的人们在很多场合中的发声；以及它鼓励大家用真诚对话的方式，参与到我们专业内有关非裔美国女性建筑师面对的挑战之中。

您是最早获得建筑学执业许可的非裔美国女性中的一位。您如何看待这件事情？

》当我在 1981 年获得执业许可时，在美国获得建筑学执业许可的非裔美国女性不超过 20 人。截至目前，在大约 1876 名非裔美国建筑师中，有将近 300 名非裔美国女建筑师。准确说是将近 280 人。在 2003 年，我是第五个被提拔至管理层的非裔美国女性建筑师。

正如传统那样，建筑设计实践一般是富裕的、白色人种和男性所从事的职业。甚至当机会之门打开时，我们常常要被驱逐到事务所的内间里去。在许多公司里，这种对待女性和少数族裔的惯例，竟然明目张胆地一直持续到 20 世纪 70 年代。至于相貌歧视，即便其中许多人开办了自己的公司，一些人嫁给了担当事务所门面形象的股东，但不幸的是许多人还是被直接赶出公司。如今，大多数人对此采取了公正的态度。在许多公司，我们能够公开地在事务所前台办公。然而，对于一些公司来说，升迁至资深领导层的风险仍然被认为太大。

优秀的环境设计

内森·基普尼斯，美国建筑师协会会员，LEED 建筑设计与结构认证专家。
内森·基普尼斯建筑设计股份有限公司主要负责人。
埃文斯顿，伊利诺伊州。

您为什么要成为一名建筑师？您又是如何成为一名建筑师的？

》我长大的那个地方的附近，也就是顺着芝加哥北海岸一带，有许多令人惊叹不已的房子。这些建筑都是由名家设计的，从戴维·阿德勒（David Adler）到弗兰克·劳埃德·赖特。这个地区的住宅始建于 19 世纪后期，建造高峰期在 1910 年至 20 世纪 20 年代末。许多沿着谢里丹大道（Sheridan Road）旁边的湖泊依次坐落的房屋，都是教科书上常常被提及的典型案例。其中也混杂着弗兰克·劳埃德·赖特设计的最初的北美草原住宅中的典范。另外，这里也有不同时期的一些当代设计案例，虽然在数量上并不是太多。

我的父母总是驾车去往芝加哥，我们偶尔会一路沿着谢里丹大街到达那里。我总是愿意扒在车窗上聚精会神地观察这些令人赏心悦目的房屋。

后来，1973 年的阿以战争和随后的中东石油禁运，使我认清了美国对外国石油的依赖程度。我感觉到，设计节能建筑将有助于减少我们对不稳定供应能源的依赖。

您为什么会决定去那所学校进行您的建筑学学位学习？您获得了什么学位？

》我申请了几个学校，但最终还是选择了科罗拉多大学（University of Colorado）。我想在一所不仅能提供建筑学课程，而且规模不是很大的学校参加学习。科罗拉多大学开设了建筑学预科课程，并且也不是一所太大的学校。

在那个时候，我误解了建筑学预科的含义，它意味着我将获得一个环境设计专业的学位，而这并不是一个专业学位。因此我还需要获取一个建筑学硕士学位才算最终完成学业。在我高中时期，那位善意的职业咨询老师向我保证，在建筑学研究科目中，此学位相同于建筑学学士或文科学士，而事实稍有出入。

我之所以选择去科罗拉多，是因为那些闻名遐迩的太阳能建筑设计项目。位于博尔德市（Boulder）的科罗拉多大学，与生俱来地拥有太阳能设计的传统。博尔德位于海拔 5000 英尺（约 1524 米）以上，每年有 300 多天是阳光灿烂的日子。在太阳能设计的研究方面，这里的气候和位置几乎是完美无缺的条件。博尔德以自由主义思想和非传统能源研究而举世闻名。

在毕业设计中，我对自己所关注的地方进行了更多的考察和研究。位于亚利桑那州坦佩市（Tempe）的亚利桑那州立大学，具有国际上公认的太阳能和节能建筑设计。同加州大学伯克利分校和麻省理工学院一样，我感觉亚利桑那州立大学是我们国家在这个研究领域中最好的学校之一。学校提供给我部分奖学金，这就使我的决策变得非常简单了。最终，我被亚利桑那州立大学录取入学，并且以节能设计研究方向的硕士研究生毕业。

作为一名建筑师和负责人，您所面临的最大挑战是什么？

》最初，我所面临的最大挑战是去说服客户们，让我最大限度地使用自己想做的"绿色"设计方案。我试图推动他们进入到一种更高的层次。随着人们近来对"绿色"建筑设计产生与日俱增的兴趣，实际上我现在又面临着一些相反的问题。我让人们带着关于他们自己项目的"绿色"设计的想法来到我这里。而对那么多的设计想法，

中世纪历史建筑的现代加建，格伦科，伊利诺伊州
建筑设计：内森·基普尼斯建筑设计与规划股份有限公司
建筑摄影：韦恩·凯布尔摄影工作室（Wayne Cable Photography），
http://selfmadephoto.com.

我必须花时间来区分他们目标的优先次序，并且挑选出一些最适合项目位置和预算的设计方案。

另外一项最大的挑战，是要源源不断地及时招揽到一些高品质项目。非常幸运的是，社会对我们这种绿色建筑设计服务的需求几乎是在稳定地增加，我们很少有经营惨淡的阶段或工作太过繁忙的时期。我们也能够得到一些客户的委托，允许我们去做一些对公众产生积极宣传作用的高品质建筑设计。这些设计又反过来提供给我们一种能力，来获取更大规模和更高层次的项目。这是一种良性循环。

作为一位建筑师，您的首要责任和职责是什么？

▷我具体的责任有三个层面。客户是位居首位、不容置疑的上帝。我要仔细地去聆听客户们的需求，并且确信我们能达到他们的这些要求，甚至去理解一些字里行间的信息。这一点是非常重要的。我要让他们知道，尽管这的确是他们项目，但我的名字也与这个项目紧密地联系在一起。因此，我需要确定建筑是否达到了一定的设计和技术标准。

我的另外一个责任是以事务所为中心所展开的。我必须要确保我们所做的工作得到了正当的回报，确保项目合同得到了恰当的签约，在自我营销的方式上保持一种清醒的头脑。开拓市场是一种需要不断关注的长远性任务，以确保我们有新的不断涌出的相关素材"在准备着向外传送"。

那么最后，我对事务所的建筑师们还有一些重要的责任。他们应当感觉到，自己是团队的一个组成部分；他们的加入对我来说是重要的。因此我派他们去参加各种"绿色"学术研讨会或活动，以促进他们的继续深造。我也试图让他们在事务所里尝试各种各样的经历，从CAD制图工作、客户会议、场地管理到公开演讲。我相信这是一种互惠互益，相得益彰的过程。

您的公司坚定地致力于将具有环境意识的优势整合在设计中。对此，您能提供更多的细节并描述它是如何被完成的吗？

▷我们公司试图在很多的项目处理中，将"绿色"建筑设计的法则渗透在尽可能多的阶段和场合。我们尝试着用一种整体设计的方式来处理建筑，而不是将"绿色"工艺技术和"绿色"材料尽可能早地"添加"到项目中去。

在项目之初，我们要尽量去判断什么样的设计决策

◀斯特金湾绿色度假屋（Sturgeon Bay Green Vacation Home），斯特金湾，威斯康星州。
建筑设计：内森·基普尼斯建筑设计与规划股份有限公司。
建筑摄影：韦恩·凯布尔摄影工作室。
http://selfmadephoto.com.

▼具有白金级 LEED[①]认证的北海岸住宅（LEED Platinum North Shore Home），
格伦科，伊利诺伊州。
建筑设计：内森·基普尼斯建筑设计与规划股份有限公司。
计算机绘制：内森·基普尼斯建筑设计与规划股份有限公司。

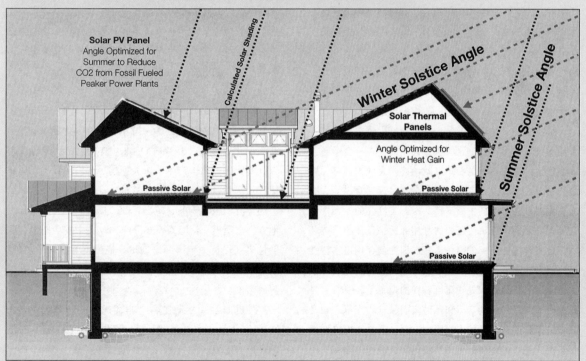

① LEED 认证分为普通级、银级、金级、白金级等四个等级。其中白金级认证需要评分 80 分以上，是 LEED 认证中的最高级别。——译者注

最符合这一"绿色"建筑设计的理念和观点，并且能够回应项目的具体需求。如果找到某一种解决方案能够满足上述两点要求，我就会继续刨根问底地追踪细节。通常，方案会有一个单独主题，能够将所有的工作内容都结合到一个设计中去。发现这个设计主题才是一种真正的挑战。如果我们能够得到一个解决项目关键问题的大创意，并且还能践行"绿色"设计原则，这种创意通常都能够以一种经济适用的方式来实施，并且也有助于取得客户的支持。对我们来说，每设计一个"绿色"项目都是一个机会，它能比纯粹的设计项目更胜一筹，且具有更多绿色节能的意义。"绿色"建筑设计，决不应是一种多余的负担。

您看将来"绿色"建筑领域的发展方向在什么地方？

》我相信在很短的时期内，"绿色"设计将被整合到地方性和国家性法规。"绿色建筑设计"这样一种术语将消失，并且成为一种无所不在的普遍现象。然而除此之外，当自然资源出现严重的短缺，以至于影响到人们的日常生活时，人类会面临严峻的挑战。廉价的石油资源的耗竭所导致的严重后果，已经变得越来越明显了。

这些不是一种政治问题，并不能够通过在地球的各个角落钻取更多的石油来解决，而是需要在社会运转方式上发生一种根本性的变革。政治终归是政治，它无疑是波谲云诡、瞬息万变的。但是最终，远离对煤炭、石油等化石能源依赖的发展道路，对人类社会的生存来说是至关重要的。可再生能源的利用和适当设计的建造环境，是实现这一目标的唯一途径。因为现存建筑物耗费了如此多的能源，并且产生了数量巨大的二氧化碳排放物，就使建筑师们身处在无可替代的位置上。他们需要通过设计超高效能的房屋和社区来引领这种变革。而变革中最困难的地方是使人们明白，那种能使用价格低廉而又供应充足的能源的生活，将需要大规模的缩减。使用混合性燃料的凯雷德（Escalades）汽车不是解决问题的答案，它们也是问题本身。

您所受到的教育如何帮助您应对这些挑战？

》依靠特殊的训练，建筑师们能够打破固有的思维模式，寻找到解决问题的手段和方法。而其他人往往看见的仅有一些问题。"为这些难题而庆贺吧！"我们在学校习惯于这样欢呼。这种专业训练的特殊之处，就是让人们具有一种能够回顾历史发展的能力，去了解当时的人们如何避免当前的问题。我喜欢去调查廉价石油使用前家庭生活的运转方式，并留意从这些经过时间考验的设计中能够搜集到的东西，并从美学角度上将之整合至21世纪的建筑设计中。

在您的职业生涯中，谁或哪段经历对您产生了重大影响？

》就像我曾经提及的那样，在我的职业生涯中，唯一对自己产生过巨大影响的是1973年的石油禁运。我当时在思考，我应该采取什么方式才能在解决危机中作出自己应有的贡献。这次事件是我从事提高能效的建筑设计生涯的始端，它现在已经发展成各种形式的"绿色"建筑设计。

科罗拉多大学的菲利普·塔布（Philip Tabb）教授，亚利桑那州立大学的约翰·耶洛特（John Yellot）教授和杰弗里·库克（Jeffery Cook）教授，在我进行环境设计实践的道路上产生了重大影响。他们向我展示了将能源效率整合到建筑设计中的重要性，并且使我了解到对环境有积极影响的建筑设计的历史根基，起源于什么地方。艾莫里·洛温斯（Amory Lovins）先生曾经在科罗拉多开设过一个暑期培训班。他讲授的有关于建筑、能源和国家安全之间的相互关联性，给我留下了极其深刻的印象。

我也非常荣幸地在两个非常优秀，但又是完全不同的公司里工作。在亚利桑那州梅萨（Mesa）的波特·庞·迪尔多夫 & 微米乐建筑师事务所（Porter Pang Deardorff and Weymiller），设计负责人马利·波特（Marley Porter）有一个著名的观点，那就是设计应该是一件多么

斯坦纳电气总部（Steiner Electric Headquarters），埃尔克格罗夫村庄（Elk Grove Village），伊利诺伊州。
建筑设计：内森·基普尼斯建筑设计与规划股份有限公司。
计算机绘制：内森·基普尼斯建筑设计与规划股份有限公司。

有趣的事。这种具有感染性的品质，弥漫在整个事务所中。其他几个股东也非常慷慨大方地分享着他们的专业技能。这是一个令人非常愉快的工作环境。

位于芝加哥的 PHL 建筑师事务所①是一个以高产值为基础，设计风格非常严肃认真的公司。一旦到达了项目经理的位置，你就会像是在自己公司里那样去经营一个项目。他们真正地教会了我如何经营一个建筑事务所。

---

① PHL Architects 的名称来源于其创始人帕特里克·林（Patrick Lim）和亨迪·林（Hendy Lim）二人的姓名缩写。——译者注

创造出一个协作性的机构

格瑞斯·H·金，美国建筑师协会会员。
图式工作坊负责人和创始人。
西雅图（Seattle），华盛顿州。

您为什么要成为一名建筑师？您又是如何成为一名建筑师的？

▶我踏上建筑学这条道路时，并没有经过仔细的考虑。作为一名高中毕业班的学生，我当时没有将毕业后的生活放在心上。在大学申报时，我列出了三个"感兴趣的领域"，其中一个就是建筑学。我推测，大学招生办公室的工作人员是按照字母顺序来进行选择的。我被新生指导人员指定到了建筑学专业。

自上课的第一天起，我就非常喜欢建筑学的每一门课程，而且从来就没有后悔过。学习解决问题的方法和培养一种塑造建筑环境的能力，是那样地令人痴迷和富有挑战性。能够对居住在这些建筑物中的人们产生一些积极的正面影响，这种想法是我们学习的强大动力。

您为什么决定去那所学校进行您的建筑学学习？您获得了什么学位？

▶我在华盛顿州立大学（Washington State University）获得了一个建筑学研究的理学学士学位和一个建筑学学士学位，这是我在本州申请的唯一一所大学。那时候，我不知道自己会去研究建筑学。最终被这个专业选中，事实证明这是个很不错的结果。于是，我开始了为期五年的建筑学课程。在第一学期结束时，课程结构中所提供的知识基础，使我在技巧和知识方面有了与同学们进行公平竞争的计划。

经过十几年的实践后我决定返回学校，在华盛顿大学（University of Washington）去完成一个专业后的建筑学硕士学位。我之所以选择这种课程，是因为自己正在从事的设计专业。我管理着一所小型建筑事务所，除了工作时间安排之外，我需要一些能够符合自己的学术目标和工作需要的课程。而这个目标就是在某个特定课题的领域内进行探索和研究。

水巢（Aqua Lair），西雅图，华盛顿州。
建筑设计：图式工作坊。
建筑摄影：图式工作坊。

美容学院（Cosmetology Institute），
西雅图，华盛顿州。
建筑设计：图式工作坊。
建筑摄影：图式工作坊。

作为一名建筑师和负责人，您所面临的最大挑战是什么？

》我所面临的最大挑战是在生活和工作之间保持一种平衡。但遗憾的是，我在这些方面并不总是做得很好。

在工作室内，这种挑战表现在绘图、管理和获取新项目等工作时间分配上的平衡。我试图通过事务所的扁平化的领导结构来达到这种平衡。作为一名公司负责人，操纵所有事物并不是一种有利于健康的行为。我们的员工具有许多开创工作的自主权，他们是与公司利益有密切关系的当事人。如同事务所一样，他们对自己项目的产值负有不可推卸的责任。

在我的生活中，这种挑战表现在工作与陪伴丈夫、女儿、朋友和家人时间上的平衡。所有的这一切都是重要的。尽管实际上丈夫是自己业务上的合伙人，但我们还是有意识地尽量不要将所有时间都花费在讨论有关工作或公司的话题上。几年前，我将慈善事业和社区服务放在了首要的位置。而现在，我最优先考虑的事情是通过我五岁女儿的眼睛来探索城市，观察世界。

作为图式工作坊的负责人，与在 SOM 建筑事务所做实习生有什么不同？

》当在 SOM 建筑事务所（即斯基德莫尔 - 奥因斯和梅里尔建筑师事务所，Skidmore，Owings，Merrill）做一名实习生时，我感觉到自己就像一个巨大机器中的一颗小小的齿轮。我做着自己的本职工作，并且知道其他人也正在做着自己的工作，以确保项目能够顺利地完成。但是我根本就没有一种比较大的整体视野和格局，并不仅仅在建筑学方面去感知，也站在一种管理的角度去观察这一切。

作为一个小公司的负责人，我要在项目业务经营和建筑设计实践方面进行一些综合性考虑，并且要确信工作室里的其他每个人同样也能意识到这些。公司内每个人都需要进行坦率的沟通和对公司业务目标具有清晰的理解，以确保我们能够完全满足客户们的合同要求，同时帮助公司赚得利润，最终得到奖金与利润分成。

另外在项目方面也有一些重要的区别。在大公司，你没有能力去影响正在进行的项目的风格和模式，以及你所服务的客户类型。而作为图式工作坊的一位负责人，

罗阿诺克住宅（Roanoke Residence），西雅图，华盛顿州。
建筑设计：图式工作坊。
建筑摄影：图式工作坊。

我就能够有针对性地去选择一些客户群体，选择那些能够与我们共享可持续性发展、社区共有和宜居环境的价值观的投资人。

您怎样取得图式工作坊这个名字，怎样来描述你们公司的哲学理念？

❯ 我和我的合伙人，不希望自己最新组成公司的名字是我们的姓氏。这意味着，我们不希望将"老板"的尊姓大名高高地挂在大门上。相反，我们想创造出一种具有学术氛围的工作室环境。在这里，任何人都会感觉到自己作为团队中的一名成员所作出的贡献。

图式（schema）是一种框架或图示，它指的是一种积极向上的工作室理念和设计方式。在概念化设计阶段，我们强调整个设计和施工团队能具备富有创造力的工作方式，提出一个强有力的概念框架，然后将它贯彻执行在整个项目的细部设计和施工过程之中。这也是一个心理学术语，被用来描述人们认知和组织信息的方式。而作为一名

建筑师，这就是我们在做的事情。将"图式"设置成复数形式，并同工作坊配套连接，表明我们是一类要实际动手操作的公司。在这个地方，需要去完成许多严肃认真的工作，但这并不是一个死板而顽固的公司环境。

我们专注于一种协作性的设计流程，它提供一种独具创新和为客户量身定做的设计方案。图式工作坊要创造出伟大的设计作品；第二个目标是要赢得客户们的满意。

作为新兴专业导师奖（Emerging Professionals Mentorship Award）和 2008 年青年建筑师奖（Young Architects Award）的获奖人，您能为"导师制"下一个定义吗？您是否能叙述一下，一位有抱负的建筑师如何寻找到一位适合于自己的良师益友？

❯ 设计指导者应具有良好的领导才能，而不仅仅满足实习生发展项目中的需要。一位优秀的导师是一种楷模，他应该使用针对每个人的恰当方式，不断给予他人在各

种情况下战胜困难的勇气和信心。

"导师与指导"不只意味着一位经验丰富的专家，将一些睿智的忠告不断地传递给等级、职位和资历较低的人们。事实上，这应该是在自己的职业生涯中自始至终地自我学习的过程。从任何意义上来说，每个人应当同时兼做一名受教育者和一个指导者。

正是因为这样，我在西雅图创办了一个有关于"升阶之路"的指导课程。该课程采用小组辅导的模式。在这里，由一位具有资质的建筑师帮助一群具有不同程度经验的专业新手，人数大概为 5 至 7 名。作为一个小组，他们分享自己的各种经验和见识，以便于各自都能够找到一些忠告，做出符合他们特定情况的明智决策。

导师制也有点像男女情人们的约会。你可能是非常幸运的：你很容易发现一个指导者，或这位指导者偶然地出现在正式的指导课程上。你的需求会随着时间不断变化。因此，你要在自己的整个职业生涯中物色到多个指导者，这对你来说是非常重要的。要记住，指导者的年龄并不是必须年长于你。

当你要在自己的事务所寻找一位合适的指导者时，譬如一位公司的管理人员，同时要注意在自己公司以外，也同样寻找到一位良师益友。这将有助于你在事务所内职业的长远发展，以及应付随之而来的公司"权术"斗争。如果公司内部的导师们的动机是想让你留在自己的团队一直到完成项目，那么即便此时跳槽对你更有利，他们也很难劝说你去调动工作。下面是寻觅良师益友的一些途径：

1. 向大学里的老师打听一些感兴趣的同事和校友。

2. 可以考虑到公司负责人那里去打听一下，那些与他们见过面并进行了非常深入的交谈，但是没有合适的岗位的管理人才。

3. 参加美国建筑师协会或其他专业组织的活动，并且寻找熟悉的面孔。

4. 向与你同时供职于同一个委员会的年轻建筑师伙伴们打听，是否他们能够向你推荐自己的管理者或他们公司里的其他人。他们有可能成为一个优秀的良师益友。

5. 如果你工作在一个大公司，或许你能够考虑从公司内部的其他工作室里发现一位良师益友。

6. 与你们州的个人发展计划协调员保持接触，请求他们帮助你指定一位指导者。

您的首要责任和职责是什么？

❯ 提出愿景：为公司制定发展的方向，并且帮助员工们理解操纵"公司航船"驶向未来目标时，他们所起到的作用。

指导员工：身体力行地领导并指导设计工作。

市场运营：有策略地寻找新的项目，并且维护与现存客户和潜在客户的关系。

设计指导：与项目团队共同制定出一个强有力的设计思想。在设计执行过程中，提供一些评论和审查。

技术监督：确保工程中对标准的坚持执行，以满足文献的许可和可建造性的需求。

客户管理：引导客户做出决策，并且帮助他们寻找增加项目价值的机会。

您工作中感到最满意或最不满意的部分是什么？

❯ 我最满意的是通过建筑对人们的生活造成了积极的正面影响。最不满意的有：在花费了无休无止的时间撰写"资格报告书"，在做了广泛的公众采访和调查之后，最终收到的仅仅是一封来自于投资人的信件，其中写道，这个项目已经交托另一个公司设计，而我们只是紧随其后的第二考虑对象。

在您的职业生涯中，谁或哪段经历对您产生了重大影响？

❯ 对我影响最大的是唐娜·帕利卡（Donna Palicka）女士，她是 SOM 建筑师事务所的一名室内装饰设计师。我们在为通用汽车公司全球总部（General Motors Global Headquarters）做设计项目时一起合作了八个月。从她那里，我懂得了建立人际关系的重要性；作为一名女性建

麦克德莫特广场公寓（McDermott Place Apartments），西雅图，
华盛顿州。
建筑设计：图式工作坊。
建筑摄影：道格·斯科特（Doug Scott）。

筑师，在表现出一种柔美的性别特征的同时，你仍然能够保持一种职业风采。

对我产生重大影响的还有马克·辛普森（Mark Simpson），他是美国建筑师协会会员；珍妮·苏·布朗（Jennie Sue Brown），也是建筑师协会资深会员。他们是在西雅图开业五十多年的布姆加德纳（Bumgardner）建筑公司的负责人。两位建筑师在帮助我提高一些必需的技能方面起到了重要作用，这最终促使我创办了自己的建筑事务所。

我的丈夫麦克·马里亚诺（Mike Mariano）也是美国建筑师协会的会员。在我的职业发展历程中，他常常扮演关键性的角色。最早是作为一名同班同学和职业上的实习伙伴，现在是项目业务和生意上的伉俪。麦克支持着我历尽了职业上的所有艰难抉择；并且在工作安排中，他总是表现出一种坚忍不拔的精神，勇挑重担。

对我的职业生涯产生了深刻影响的重大事件是砖石建造营（Masonry Camp）项目。这是由国际砖石建筑协会（International Masonry Institute）发起的为时一周的设计建造课程。我花费了一周的时间与商业界学徒和其他一些年轻建筑师生活在一起。这段经历使我很清楚地认识到了，建筑师与开发商之间的对立关系完全可以打破。如果双方都能相互尊重，并且开诚布公地沟通和交流。这种在施工现场司空见惯的情况就能够很容易地避免。在我习惯同工程师和相关学科工作人员共同工作的同时，我也采取了相同的态度来对待开发商。于是，在所有当事方参与建造施工时，整个过程都充满着令人愉悦的气氛。

让其他学位焕发出价值

林西·简·基梅尔·索雷尔（Lynsey Jane Gemmell Sorrell），美国建筑师协会会员，LEED 认证专家。

周边建筑师事务所（Perimeter Architects）负责人。

芝加哥，伊利诺伊州。

您为什么要成为一名建筑师？您又是如何成为一名建筑师的？

❯ 我大学本科所学的专业是艺术史和心理学。我研究的重点是建筑史。有关建筑设计实践相关的理论和历史，促使我开始认真地考虑和思索，如何才能使自己在建成环境方面的研究兴趣延续下去。我不想再去写其他人设计的建筑物，而是专心致志地去设计房屋。再者，我想去教学；在进行建筑实践后，我就具备了进行建筑学教学的可能性。

您为什么会决定去那所学校进行您的建筑学学位学习？您获得了什么学位？

❯ 我选择了一所位于大都市环境，具有良好国际声誉的学校里经过认证的研究生课程。我首先就获得了文学硕士学位。毕业时，我又获得了建筑学硕士学位。

在另外一家公司里担任项目工程师许多年之后，您现在成为周边建筑师事务所的负责人。这种转变是如何发生的？其是您职业生涯的必经之路吗？

❯ 在第一家公司工作 10 年以后，我就身处于中高管理层，并且深深陷入营销项目和业务发展的工作之中而不能自拔。我的许多日常工作任务与建筑设计实践相去甚远。我在伊利诺伊州理工大学建筑学院（Illinois Institute

湖景住宅（Lakeview Residence），芝加哥，伊利诺伊州。

建筑设计：周边建筑事务所。

建筑摄影：迈克·施瓦兹（Mike Schwartz）。

of Technology College of Architecture）获得了一个教学岗位，能在一年中兼顾到教学和建筑学实践工作。教学工作将我与设计紧密地连接在一起，并且使我不断更新专业知识。伴随着第一个孩子的出生，我中断了设计工作以及本科生和研究生设计工作室课程的教学工作长达两年。我错过了一些建造房屋的机会和"现实生活"中的种种工作挑战。我也深感自己对年轻女性建筑师担负着一种责任，那就是要让她们确信有足够多的女性导师和职业榜样还工作在设计一线，尤其是这些榜样建筑师们还能很好地处理家庭与工作的平衡。

我不想回到大公司去工作。我想拥有一种对设计过程和设计结果的强大控制能力。在大公司，每一个人被划归成某种类型或被专业化。而我想重返工作岗位后去做所有事情，参与所有阶段的工作，解决大小问题。如果我没有获得教学岗位，我就不能确定自己想要改变人生轨迹。在早先的公司里，我承受着巨大的挑战，并且达到了一定程度上的成功。但是我推测，如果在这家公司再待五年，自己将会成为一位郁郁寡欢的女人。建立你自己的公司，是一个令人兴奋不已但神经备受摧残的过程。但是我仍然认为，自己在过去15年所度过的职业生涯，就是为我今天所处的位置做的前期准备。

作为一位负责人，您的首要责任和职责是什么？

》作为一家小公司的负责人，我的责任是寻找新的工作项目，界定自己公司的项目业务模式，筹备市场和业务发展所需的物质材料，以及确保我们的团队能够获得他们所需要的资源和支持。作为一个团队，我们大家一起探讨设计方案，召开有关于解决设计问题的专家研讨会议。我也要协调处理与咨询公司和其他合作人员的工作，审查各种图纸的技术问题，制定出事务所的所有规程和标准，维护委托客户对公司的满意程度，推进项目及协调公司内部的预算和时间安排等。我管理着自己的所有员工。当他们学习专业技能时，我还要对他们进行指导。

作为一名建筑师，您迄今所面临的最大挑战是什么？

》我不能明确地定义出某一个独立的工作是最大挑战。但学会在有限的时间内完成尽可能多的工作，而不过多地加班就是一种最大的挑战。我不懈地努力着，将职业使命与日常工作的最终目标之间的差异铭记在心，尽力认识到，这些日常工作并不是我的最终专业目标所在。

高雅的交易所（Tasty Trade Office），芝加哥，伊利诺伊州。建筑设计：周边建筑事务所。效果图：周边建筑事务所。

在建筑学方面,您的 5 年和 10 年职业目标是什么?

❭ 作为一家新公司的负责人,我们关注于那些短期和中期的目标。我们已经将未来的两年分解成以季度为单位的时间段,而且为每个季度都制订了项目业务发展目标,包括对外部和对内部的目标。我们已经界定了自己应该从事的专业设计领域,并且通过我们与先前客户的社交网络,尽力把握住这些市场。在 5 年之内,我们公司要从五个人发展到大概七个人,每年用两或三个大的工程来支持那些较小的、更加精品的项目,以及去参与一些设计竞赛。

在 5 至 10 年内,我将非常乐意重返教学岗位。为了集中精力创建新的公司,我已经暂停了在伊利诺伊理工大学建筑学院中的教学工作。我失去了那些教学所能提供给自己的能量和挑战勇气。

当见到一个项目完工时,您的感受是怎样的?

❭ 不论你在项目中所扮演的角色如何,当一栋你所协助创建的建筑落成,并听见一位客户在为他们的居住空间而激动地欢呼时,这一切就使得我们在项目协调中经历的所有繁重和痛苦的工作,都具有或多或少的价值了。

在您的职业生涯中,谁或哪段经历对您产生了重大影响?

❭ 在上大学本科时,我有一位艺术史老师。她是加利福尼亚大学伯克利分校的玛格丽塔·洛弗尔教授(Professor Margaretta Lovell)。她执意要问我将来想做什么工作,并鼓励我不要畏惧数学和物理学。我认为建筑学将会涉及数学和物理学,事实证明是正确的。

围积房 1 号(Spec House 1),芝加哥,伊利诺伊州。
建筑设计:周边建筑事务所。
建筑摄影:安娜·米亚雷斯(Ana Miyares)。

她还给我提供了一些适合转专业学生的三年制建筑学硕士课程。

引领设计（Leading by Design）

肖恩·斯塔德勒，美国建筑师协会会员，LEED 认证专家。WDG 建筑设计有限责任公司设计负责人。
华盛顿特区。

您为什么要成为一名建筑师？

▶ 在我的记忆中，建筑师是我曾经向往过的唯一一种职业。我认为早在小学三年级的时候，自己就做出了这个决定。有趣的是我当时不认识任何一位建筑师。乐高玩具，就是我的一切想法发生和起源的地方。当我还是一个小孩时，只要自己处于清醒状态，我就将每分每秒的时间都花费在绘图和搭乐高积木上。我想起，从很小的时候开始，每个人都会对我说，哇噻！这个小孩会成为一名建筑师。

您为什么决定去肯特州立大学（Kent State University）？您获得了什么学位？

▶ 我拥有一个理学士学位和建筑学学士学位，这是一个美国国家建筑学认证委员会认可的专业学位。不幸的是，当时我在如何评估学校方面一无所知，并且没有钱到外面去挑选最好的学校。对我来说，肯特州立大学是自己能够支付得起学费的地方。但自己几乎不知道，我所就读的这所大学的建筑学专业，在俄亥俄州的建筑学院校中是最好的。

作为一位公司的设计负责人，您的首要责任和职责是什么？请描述您的一个典型工作日。

▶ 作为公司的三个设计负责人之一，我引导着与项目有关的设计工作思路和方向，并且对员工进行业务指导。身为公司的设计领导，我们也要为各种项目制定出一套员工和客户们易于理解的设计流程。我有责任去实现客

西北 1 号住宅（Northwest One），
华盛顿特区。
建筑设计：WDG 建筑设计有限责任公司。
效果图：WDG 建筑设计有限责任公司。

阿洛夫特国家港口和弗利特大街公寓（Aloft National and Fleet Street Condominiums），国家海港，马里兰州。
建筑设计：WDG 建筑设计有限责任公司。
建筑摄影：马克斯·麦肯齐。图片版权归马克斯·麦肯齐所有。

户们的期望，那就是我们从一个设计概念入手，催生出一件设计作品。

提升事务所的设计水平，并不仅仅是针对某一个特定项目的具体问题，也关乎公司的外在形象。这需要我们不仅设计出伟大的建筑物，而且也要大大地提升我们的作品水准。摄影、设计图纸、项目说明、设计竞赛作品、营销宣传材料和网站的风采等，所有的这一切都在展示着我们的设计能力。作为设计负责人，我们有责任要确保这一切都始终如一地符合我们自己制定出的标准。

我所担负的其他职责有人员雇佣、市场销售、引进新项目，以及项目业务上的操作和财政决策。

我不能确定现在哪一天是典型的工作日。我一边思考着要完成的任务，一边进入办公室。然后，很快就会有一些你必须立即要处理的事情就出现了。到了下午才开始去做自己计划要完成的事情，那就为时已晚了。将一天内必须要完成的事情区分出先后次序来，是我确保所有事情得以完成的唯一途径。

在 2011 年，您是"2011 年度青年建筑师奖"的获得者。评判委员会写道"您是唯一具有接触才能和突出贡献的青年建筑师"。您能够叙述一下接受这个奖项的意义吗？杰出才能意味着什么？

▶这个奖项的意义，是对我个人的一种认可。我的同行承认了我在设计实践和专业领域内的能力和付出。我认为这不是一个太多人都会关注的奖项。但是对我来说，这是我成为一名建筑师以来的一座里程碑。我不断为自己设置目标，以使自己将注意力聚焦于成为一位好的建筑师、好丈夫和一个好人。成为"青年建筑师奖"的获奖者，也是我自己的众多目标之一。我尊重同样获得这一奖项的前辈建筑师们，我将他们视为自己专业上的楷模。他们设置了一些很高的评奖标准。我并不认为，自己理所应当地与他们跻身于同一个行列之中。这个奖项激励我更加专注于如何在自己的项目上、在自己的事务所里和专业上做出更多贡献。

在建筑学领域中，对才能这个单词进行定义是非常困难的。任何一个人成为一位专业上的领军人物，都有太多的途径可循。我所采取的方式是从设计出一个优秀作品做起。我觉得自己所参与的任何事情，都必须要达到自己可以接受的标准。有时候我是自己作品的最苛刻的批评者。

在您的职业生涯中，您已经在许多层面上参与到美国建筑师协会的活动中，包括有"年轻建筑师论坛"和"实习生和初级会员委员会"等。为什么说参加这些活动对您是非常重要的？它对一位要成为领军人物的建筑师非常重要吗？

》对美国建筑师协会中各种活动的参与，是我专业发展的一个重要组成部分。在我大学毕业之后的第一年里，我就立即参与到了地方分会的活动之中。在自己职业生涯的早期阶段，我参加这些组织的活动后惊奇地发现，这里充满着如此之多的机会和可能。积极参与这里的各种活动，让我可以有机会针对自己所关心或与专业密切相关的议题展开评议，并获得工作机会。这些事情是我在事务所的环境中不能够做到的。

在我职业生涯的早期，建筑师注册考试刚刚从一周的笔试形式转变为使用计算机来考试。事实上，我们当时是如今考试管理方式的一批"几内亚猪"（即试验品，guinea pigs）而已。我相信自己在美国建筑师协会的工作，将有助于 ARE 考试过渡得又快又好。

在建筑师协会中，我从组织各种社会活动，发展到领导一个地区性和全美性协会的委员会。这些经历是在协会领导的过程中，我所得到的最大回报。在对委员会的领导过程中学习到的技巧，我很快就能够应用到领导事务所的某些设计实践方面去。当我逐渐成熟起来，并且对自己的项目负有更多的责任时，这些领导技巧就可以使用到与客户们，以及与社区和政府机构的相互交流上去。

作为一名建筑师，您迄今面临的最大挑战是什么？

》我认为挑战的事会随着时间不断变化。但是有一点是明确的，那就是开始建立一个家庭并同妻子一起养育孩子，的确是件不容易的事。这也是我在专业工作上面临

威尔地（Verdian）住宅，银泉（Silver Spring），马里兰州。
建筑设计：WDG 建筑设计有限责任公司。
建筑摄影：马克斯·麦肯齐。图片版权归马克斯·麦肯齐所有。

的最大挑战。我在事务所和专业上所花费的时间和精力，与我奉献给家庭的精力之间存在着一种微妙的平衡关系。抛下任何一件事，都是非常困难的。

作为一名建筑学学生，您感到最满意或最不满意的部分是什么？

》作为一名建筑学学生，我最不满意的地方是建筑学课程的负担太繁重。建筑学学生们同本专业的学生待在一起的时间太长，以至于没有足够的时间与学校里的其他

同学相处。我知道这是一个由来已久的问题，建筑学学生几乎没有时间去参与一些艺术、商业或哲学类课程。而这些综合性的学习也对建筑师的专业成长大有裨益。

在您的职业生涯中，谁或哪段经历对您产生了重大影响？

》在学校期间，我有一个为期半年到意大利和瑞士去学习的机会。整个年级都没有人想申请这个机会。对我来说，这是自己生平第一次走出国门。从一定程度上来说，我甚至许多州都没有去过。有半年的时间将自己置身于另外一种文化和社会之中，这种经历对我来说具有一种抵挡不住的巨大诱惑力。海外留学真使人大开眼界，我根本就不能将些事物，与自己成长的俄亥俄州的郊外生活联系在一起。这段经历有助于自己理解"都市"的真正含义，也使我清楚地认识到自己对都市生活和城市尺度的建筑设计的热爱。当我在学校外忙于寻找第一份工作，以及最终决定到华盛顿特区工作时，这些对"都市"的认识和体会都在引导着我前进的方向。在设计方向的选择以及工作类型追求的关注点上，它仍然对自己产生了巨大的影响力。

注释

1. 艾茵·兰德.源泉.纽约：企鹅出版社（Penguin），1943：16。

2. 美国文化遗产词典（The American Heritage Dictionary of the English Language）.波士顿，马萨诸塞州：霍顿·米夫林出版公司（Houghton Mifflin Company），2011.

3. 斯皮罗·科斯托夫.建筑师：职业的历史篇章（The Architect: Chapters in the History of the Profession）.纽约：牛津大学出版社（Oxford University Press），1986：第五卷.

4. 达纳·卡夫.建筑学：实践的历程.剑桥城（Cambridge），马萨诸塞州：麻省理工学院出版社（MIT Press），1991：153.

5. 尤金·拉斯金.建筑与人类（Architecture and People）.恩格尔伍德·克利夫斯（Englewood Cliffs），新泽西州：普伦蒂斯-霍尔出版社（Prentice-Hall），1974.101.

6. 劳工统计局，美国劳工部."建筑师"，职业展望手册（Occupational Outlook Handbook），2012 年至 2013 年版.对 2013 年 1 月 19 日进行检索，来源于 www.bls.gov/ooh/architecture-and-engineering/architects.htm.

7. 美国国家建筑学认证委员会关于建筑学教育方面的鉴定报告（NAAB Report on Accreditation in Architecture Education）.对 2014 年 2 月 12 日进行检索，来源于 www.naab.org.

8. 国家建筑注册委员会.2013 年注册建筑师调查（2013 Survey of Registered Architects）.对 2014 年 1 月 18 日进行检索，来源于 www.ncarb.org.

9. 美国建筑师协会.建筑业：2012 年建筑公司特点的调查报告（The Business of Architecture: The 2012 Survey Report on Firm Characteristics）.华盛顿特区：美国建筑师协会，2012，来源于 http://aia.org/practicing/economics/AIAB095791.

10. 劳工统计局，美国劳工部.职业展望手册，2012 年至 2013 年版.

11. 美国建筑师协会.2013 年美国建筑师协会薪金调查（2013 AIA Compensation Survey）.华盛顿特区：美国建筑师协会，2013.

12. 凯瑟琳·H·安东尼（Kathryn Anthony）.设计的多样性.厄巴纳（Urbana），伊利诺伊州：伊利诺伊大学出版社（University of Illinois Press），2001：22.

13. L. 奥昆托因博（L. Oguntoyinbo）."从数量来说，建筑学界的非裔美国人属于最少数的群体".高等教育的各种问题（Diverse Issues in Higher Education）.对 2013 年 8 月 18 日进行检索，来源于 http://diverseeducation.com/article/55050.

14. 《非裔美国建筑师目录》（The Directory of African American Architects）.对 2013 年 9 月 8 日进行检索，来源于 http://blackarch.uc.edu.

第 **2** 章　建筑师的教育

建筑师应该掌握诸多学科的研究成果和各种学问，因为正是通过他们的判断和工作，以其他艺术形式完成的所有作品，都得到了实践的检验。这种知识是实践与理论所结出的果实。实践是一种持之以恒和循序渐进的职业训练。要求建筑师按照设计图纸，使用必需的材料来进行手工建造。而在另外一方面，理论则是一种能够诠释建筑作品中精巧的比例原则的能力。

维特·鲁威·波利奥（VitruVius Pollio），《建筑十书》（The Ten Books on Architecture）
莫里斯·希基·摩根编辑（ed. Morris Hicky Morgan）

成为一名建筑师要经过三个主要步骤：教育、经历和考试，其中最关键的是教育。完成一个获得美国国家建筑学认证委员会认可学位的正规教育，大概需要五至七年的时间。而你真正意义上的建筑学教育将持续不断地进行并伴随你的一生。此章节将帮助你学会如何为建筑学教育做准备、讨论学位获得的途径、简述学位选择流程，并且描述建筑学学生的经历和体验。

根据你所选择的途径不同，从进入一个建筑院校开始学习到通过建筑师注册考试，成为一名得到认可的建筑师的这段过程，大概需要 9 至 12 年的时间。这段经历从什么时间开始？在很多情况下，这一过程开始的时间非常早。一些建筑师声称，他们对成为一名建筑师的兴趣，萌发于小学甚至更早时期。而其他一些建筑师的这种爱好可能会姗姗来迟，在读大学以后或更晚。

◀　亚历山德里亚中心图书馆（Alexandria Central Library），亚历山德里亚，弗吉尼亚州。
　　建筑设计：迈克尔·格雷夫斯（Michael Graves），PGAL 公司合伙人（Associates/PGAL）。
　　建筑摄影：埃里克·泰勒，美国建筑师协会初级会员。
　　图片版权归 EricTaylorPhoto.com. 所有。

他们想成为建筑师的愿望是如何产生和发展的？一些人说他们喜欢绘画，他们喜欢用砖头和石块、"乐高"、"搭建装置模型"及其他的相似玩具来进行制作和建造。另外，中学里的绘图课也能激发出人们对建筑学的兴趣。因为建筑学既是科学也是艺术，一些人们可能通过科学或艺术中的一种，或同时从两种角度来追随这个学科。

如果你在高中或更早的时间就萌发了成为一名建筑师的愿望，你应该做些什么？从选择学术课程到去一家建筑公司兼职，你能接触到许多有利于激发自己在建筑方面兴趣的活动，并且开始进入成为一名建筑师的过程当中。如果你已经完成了其他学科的学位但现在又想成为一名建筑师，这些活动也会对你有所帮助。

准备

活动

一些文化机构主办的项目或活动，向社会公众展示了建筑学的世界。如华盛顿特区的国家建筑博物馆（National Building Museum），每年秋季都会举办的一个建筑艺术节（Festival of the Building Arts）。在艺术节举办期间，任何年龄的游客都能够在这里修建一堵砖墙，参加一场钉钉子的竞赛，尝试制作石雕和做木工活，学习有关于测量的各种技术，用盒子建造一座城市或用螺丝创造一个雕像等。芝加哥附近的弗兰克·劳埃德·赖特家庭工作室为青少年们提供了一个充当导游的机会。如果你也对这些感兴趣，那么去参加地区博物馆或其他文化机构举办的有关于建筑和建造环境的各种展览、讲座或课程吧。

项目

一些组织机构如建造环境认知中心（Center for the Understanding of the Built Environment CUBE）、建造环境教育项目（Built Environment Education Program BEEP）、芝加哥建筑基金会（Chicago Architecture Foundation）、马萨诸塞州设计学习协会（Learning by Design in Massachusetts）、建筑教育团体（Architecture in Education）等，为那些想帮助少年儿童学习建筑的个人和教师开设了一些课程。而建筑组织协会（Association of Architecture Organizations AAO）则是一个致力于在建筑设计等方面加强公众对话的组织机构。

马萨诸塞州设计学习协会给年轻人提供一些需要的机会和技巧，让他们更好地表达对建造环境、自然环境、社区以及对自我的想法。这个组织还开发了一些儿童设计作坊，其中主题包括有梦幻屋设计、社区设计、邻里空间设计、学习场所设计、穿越建筑中的历史探索、积木游戏和积木设计等。通过对义务教育阶段的学生、教师、家庭以及普通大众提供一些教育项目课程，纽约的建筑基金会（Center for Architecture Foundation）促进了公众对建筑和设计的理解和鉴赏水平。

这些课程以及其他内容，皆被列在建筑设计教育网站中，网址为 www.adenweb.org。这是一个有助于学生们学

习和了解设计流程和建成环境设计项目的在线课程
资源。

理论课程

由于成为一名建筑师需要完成高等教育，因
此在中学理论课程中，你应该将注意力集中于那
些为大学学习做准备的课程之中，包括四年的英
语和数学课程。要尽可能多地选择一些大学荣誉
课程项目和大学先修课程。大学先修课程的学分
可能会减轻你未来在大学中的学业负担，或许到
那时，你可以有精力选择一些其他课程，如选修
课程或辅修课程。

虽然，建筑学课程不一定都要求学习大量的数
学知识，但是最需要和鼓励你去掌握的是微积分。
你应该掌握中学提供的最高等级的数学课程，甚至
要考虑在正式进入大学之前，在某一个地区的社区
大学学习这些知识。

另外，你应该掌握中学课程中的物理学，而不
是生物学和化学。如果你已经完成了大学教育，要
注意有许多研究生课程都需要也强烈地建议你去掌
握微积分和物理学，并将之作为必备课程。这些课
程通常可以在地区的社区大学修读完成，只是你应
核查一下研究生课程的需求。也有少数的研究生课
程要求修读建筑史课程。因此，要对每一阶段的课
程需求进行反复地核实。

马里纳城（Marina City），芝加哥，伊利诺伊州。
建筑设计：伯特兰·戈德堡（Bertrand Goldberg）。
建筑摄影：李·W·沃尔德雷普博士。

你也要去参加一些艺术、绘画和设计辅导班，而不是去学建筑草图绘制或 CAD 制图。表面上，你对建筑的兴
趣似乎来自建筑草图课，但艺术课对你成为一名建筑师的准备工作而言更有帮助。在拓展你用图解进行沟通的能
力的同时，艺术、绘画和设计课程能够开发你的视觉能力以及阅读和写作能力。你要去参加一些徒手绘画课或三
维立体课程，如雕刻或木工工艺。另外，艺术课能够为你的作品集提供素材，它是许多建筑学课程里必不可少的。
如果你去申请研究生课程，这样去做也是完全正确和妥当的。

要尽量在你的每一门理论课程中取得好的成绩。成绩并不是大学招生办公室对入学申请进行评判的唯一标准，

但这肯定是最重要的标准之一。

除了学校课程之外，你在开始为建筑职业生涯做准备时还能做些什么？请考虑下列几点建议：（1）对城市建成环境进行探索和研究。（2）参观一些建筑公司和建筑院校。（3）参加一项由建筑院校发起主办的暑期课程。（4）参加一个课外实践项目。在这里提供给你的所有建议，将会使你在成为一名建筑师的道路上起步在先。

探索

在成为一名建筑师的过程中，你要获得的一个重要技巧是对事物的洞察能力。通过对建筑物、空间以及它们之间关系的学习，你能够对建筑师们所关心的问题变得敏感起来。通过每天近距离地对建造环境进行观察，来探索你周围的外界环境。

到你临近的地区或城市去旅行和观察，并且将沿途所见到的建筑记录下来。在你所居住的城市中，搜寻出具有导游价值的标志性建筑物并了解它的建筑特征。

购买一个素描本并开始画图。源于现实生活的写生能够提升你的绘画技巧，并且会使你对周围环境的感知变得敏锐起来。在记录周围环境的同时，源于生活的写生能够训练你对环境进行观察、分析和评价。不要在乎写生的质量，而是要关注去开发

圣彼得的路德教堂（St. Peter's Lutheran Church），哥伦布（Columbus），印第安纳州（Indiana）。
建筑设计：贡纳尔·伯克茨（Gunnar Birkerts）。
建筑摄影：李·W·沃尔德雷普博士。

在你的记忆中，对于在自己最熟悉的建筑物——如一所学校或附近的商店，你能描绘出什么样的细节呢？现在，让我们来参观一下这座建筑物，并且记录下自己以前没有记住或注意到的所有细节。画出整体建筑和细部的草图。

玛格丽特·德里伍，马里兰大学

当我做暑期实习生时，自己经常在午休时间坐在外面写生。一天，我画了一幅幅风景写生画，就好像是从办公室中俯视一个瀑布。另外的一天我画了自己的鞋子和手提包。后来有一天，我在办公室里发现了一些可以画的物体，如一盏灯等。还有几天我对自己的手和脚进行了写生。这种简单的练习使自己受益无穷。它教会了我这样一个道理，那就是产生优秀绘画的关键因素是训练眼睛的观察能力。

玛格丽特·德里伍，马里兰大学

你的观察技巧。

开发绘画技巧的一种方法是投入一定量的时间去练习——每天写生一到两个小时。每天持之以恒地坚持写生。练习、练习、再练习。

开始阅读与建筑和建筑专业有关的书籍、杂志和报纸。浏览互联网和你附近的公共图书馆，去找寻思想和设计灵感。

游历

走访附近建筑院校的设计工作室，以了解建筑专业学生如何学习与设计。与在读的建筑学生谈论他们所做的设计。如果有可能，你可以加入到几个班级中去学习一些自己能接受的课程。大多数学校都会主办众多讲座来宣传一些建筑师和他们的作品，你可以考虑去参加某一个讲座。这些讲座通常是免费的，并且对公众开放。

通过与当地建筑师的聊天，你可以对建筑师作品的精髓和专业的价值获得更广泛的了解。要想查找一位建筑师的联络方式，可以与当地的美国建筑师协会的分会联系，网址为 www.aia.org。如果你的父母、老师或家庭中的朋友认识任何一位正在执业的建筑师，可以向他们提出咨询。切记，当你申请建筑学课程或暑期工作机会时，这些社会关系是非常有价值的。

去一些建筑工地参观，以学习建筑物是如何被建造起来的。同木匠、建筑工人和建筑业的其他人士进行交谈，以获悉他们对建筑学的看法。另外，到你所在的社区、你所在国家的地区或其他国家进行全方位的深度旅游，以从各种角度来体验建筑。当你进行游览时，务必不要忘记写生！

暑期

许多学院和综合性大学为中学生、大学生或对建筑领域有学习愿望的成年人提供暑期设计课程（www.archcareers.org）。这些持续一至数周的课程，是确定建筑学是否为自己职业生涯最佳选择的绝好机会。大多数暑期班包括有设计、制图和建模课程；对一些公司或附近一些建筑物进行田野考察；以及许多其他相关活动。所有这些活动都有助于你来确定建筑专业是否适合自己。暑期课程也是了解特定院校机构的建筑学课程项目的一种很好途径。

每年夏季，哈佛大学设计学院（Graduate School of Design at Harvard University）都会提供一个为期六周的"职业探索"课程。课程期间，他们通过一个具有中心议题的专题讲座、小组讨论和田野考察，给各种年龄层次的学生们介绍和讲解设计知识。几乎有100个全美性的建筑院校都提供这样的暑期课程。包括博物馆和社区公园等一些实体单位，也可能会提供这样的课程。

你可以有选择性地到一家建筑公司或建筑事务所去暑期实习。在这里你可能被限制在自己所承担的工作之中，但是相比起这个具体的暑期岗位来说，这段经历将具有更大的价值。如果不能够得到一个固定的暑期实习岗位，那么你就去找一位建筑师并给他帮工一天或一周。一些中学也提供一些将学生与职业工作联系在一起的课程。

如果不能得到这样的机会，你就可以考虑去一些机构里当志愿者或为他们提供与设计相关的社区服务，如博物馆等。根据你所在地区的不同情况，去参加"人类栖居家园"组织的志愿活动；始终如一地去寻找能够参与到建造环境中去的机会。

高中最后一年前的那个夏季，我参加了两项建筑学课程：伊利诺伊大学的"发现建筑"（Discover Architecture）和伊利诺伊理工学院的"体验建筑"（Experiment in Architecture）。这些课程使我了解到，作为一位建筑学学生应该去哪所大学。到建筑公司田野考察，使我粗略地了解了作为一名建筑师应该去如何生活。我绘图、进行设计和遗产复兴设计……就像一位真正的建筑师。这些经历使我坚定了自己的决策，那就是到大学里要继续钻研建筑学。

作为大学前的准备工作，这两段经历对我的价值都是无法估量的。在我进行学校申请的选择时，它们发挥了积极的作用。在暑期课程期间本人设计出来的最终建筑设计方案，给我提供了一些可以加入自己的作品集的素材。总而言之——我建议大家要尽可能多地参与建筑暑期课程。

罗宾·佩恩，伊利诺伊大学香槟分校

课外项目

建筑、建造和工程指导项目（ACE Mentor Program，www.acementor.org）为那些对建筑学、建造和工程技术职业感兴趣的中学生提供了学习机会。这是一种由专业人员对学生进行指导的持续整学年的课外项目。学生们参与设计项目工作，并且学习有关建筑、建造和工程技术等专业领域的知识。

芝加哥港口水闸（Chicago Harbor Locks），芝加哥，伊利诺伊州。
建筑设计：AECOM 建筑设计公司。
建筑摄影：李·W·沃尔德雷普博士。

　　其他的课外项目包括有美国探险童子军和头脑奥林匹克竞赛（Boy Scouts of America Explorer Post and Odyssey of the Mind）。这个由卡内基·梅隆大学（Carnegie Mellon University）提供并有卡内基艺术博物馆参与的周六系列课程，在秋冬季期间连续举办八次，内容包括动手实践项目和三维表现方法。

　　另外还有一些竞赛可以参加。由芝加哥建筑学基金会和芝加哥公立学校（Chicago Public Schools）发起的纽豪斯项目和建筑竞赛（Newhouse Program and Architecture Competition），为那些对建筑设计感兴趣的学生们提供了一个全年度学习的机会。芝加哥建筑学基金会也发起主办了一个"发现设计"的在线平台（DiscoverDesign.org），一个免费的"24/7 互动工具"（24/7 interactive tool）和"发现设计在线全美中学建筑竞赛"（DiscoverDesign.org National High School Architecture Competition）。你要与所在社区的各种组织机构保持接触和联系，包括当地的美国建筑师协会分会或建筑学基金会，以确定他们是否开设可以将你与建造环境联系在一起的项目。

对那些想成为建筑师的人，你的建议是什么？

❯建造、建造，尽你所能地进行任何尺度上的建造尝试。因为只有不断搭建时，你才知道如何将构件装配在一起。这也会加深你对搭建的理解。

玛丽·凯·兰德罗塔（Mary Kay Lanzillotta），美国建筑师协会资深会员，哈特曼 - 考克斯建筑师事务所合伙人。

❯要具有对你周围环境进行观察的激情，学会将自己所见到的东西转换成图纸上的线条。

H·艾伦·布兰塞利格曼，美国建筑师协会会员，特拉华大学房产后勤服务部基础设施副主任。

❯我建议先进行一段时间的自我反思。这是一个具有挑战性和竞争性的专业，入行者绝不能三心二意。只有一个人萌生了渴求并下定了决心，我们才能支持他去追求这个职业。

凯茜·丹妮丝·狄克逊，美国建筑师协会会员，美国少数群体建筑师组织成员，K·狄克逊建筑专业有限责任公司负责人，哥伦比亚大学副教授。

❯最重要的是，不要让周围嘈杂的舆论怂恿你放弃这个行业。要知道有没有厉害的数学技能是无关紧要的。

约翰·W·迈弗斯基，美国建筑师协会会员，迈弗斯基建筑师事务股份有限公司负责人。

❯当出现难以解决的困难时，不要允许自己气馁和退缩。你将发现这是一段最有价值的经历。拥有将根本就不存在的东西创造出来的能力是那样美好，足以使人沉醉其中。要时刻准备回答人们，你做了什么样的设计，为什么要做那些，以及为什么要这么做。在设计过程中，能够清晰表达整个设计的逻辑是非常必要的。这有时是一种严峻的挑战，但往往会带来最丰盛的回报。

麦肯齐·洛卡特，哥伦比亚大学建筑学硕士研究生在读。

❯在开始从事建筑设计专业之前，要学习一些艺术课程。

在关于什么是建筑学或建筑设计实践的各方面有何不同等问题上，我在早期也没有接受到较好的指导。我发现，自己的激情都隐含在设计和创作的过程之中。我的灵感都是来自专业之外的艺术和浪漫主义。

肖恩·斯塔德勒，美国建筑师协会会员，LEED 认证专家，WDG 建筑设计有限责任公司设计负责人。

❯选择一种让你充满热情的职业道路。设计专业是方方面面的。建筑学教育为你提供了能够以不同方式加以应用的大量职业技能。在设计领域中找到适合你的位置（这些将不限于建筑领域）并保持一种真实的自我，将会使你的作品更加具有想象力。最优秀的艺术家的工作方式是非常敏捷的，并能在错综复杂的体验中寻找到灵感。

罗珊娜·B·桑多瓦尔，美国建筑师协会会员，帕金斯 + 威尔事务所资深设计师。

❯我们是具有广泛知识面的专业人员；对于不同的事物，你必须要知道一点：你不能想当然地认为自己知道如何设计，就不需要与各种专家进行通力合作。你必须去证实自己所提出来的一些关键性的问题。大学里应当包含更多的不同学科。传统的设计思维方式是没有生命力的。

罗伯特·D·福克斯，美国建筑师协会会员，国际室内设计协会会员，LEED 认证专家，福克斯建筑事务所主要负责人。

❯在申请进入建筑学院之前，你要同尽可能多的执业建筑师进行交流。如果后来发现传统设计之路不适合自己，那么你就可以将学校里学到的技能应用到那些与专业有关或无关的行业中——譬如忍耐力、设计思维和解决问题的能力等。

默里·伯纳德，美国建筑师协会初级会员，LEED 认证专家，《Contract》杂志主编。

❯要从建筑事务所中获得经验，并汲取对专业真正含义的更深层的了解。建筑实习生也许会发现，书本上的专业概念与实际发生在建筑师办公室的日常工作现实是非常不同的。

罗伯特·D·鲁比克，美国建筑师协会，LEED 认证专家，安图诺维奇建筑与规划事务所，项目建筑师。

第一基督教堂（First Christian Church），哥伦布，印第安纳州。
建筑设计：埃利尔·沙里宁（Eliel Saarinen）。
建筑摄影：苏珊·哈尼斯（Susan Hanes）。

》去看一些建筑物并对它进行一番体验。理解你喜欢某一些而不是别的空间的原因。询问其他人喜欢或厌恶这些空间的理由。去追求和获取多种多样的空间体验，以至当自己设计一栋建筑物时，你能够想象出这些空间的多种使用的可能性。
埃里森·威尔逊，埃尔斯·圣·格罗斯建筑与规划事务所实习建筑师。

》将你的眼光放得高远一些！去寻找一些了不起的建筑师并且同他们一起工作。去叩击阿尔瓦罗·西扎（Alvaro Siza）家的大门，或游历伦敦并且为扎哈·哈迪德（Zaha Hadid）或约翰·帕森（John Pawson）工作。
威廉·J·卡彭特博士，美国建筑师协会资深会员，LEED认证专家，南方州立理工大学教授，Lightroom 设计工作室总裁。

》去做，不要恐惧。你不要被工作的庞大数量吓倒。你必须去做所有的繁重工作。在整个学期中你所做的工作越多，成绩也就会越好。并要确保你定期的旅行。
伊丽莎白·温特劳布，纽约理工大学建筑学本科在读。

》保持激情！你必须由衷地希望建筑成为自己生活的一部分。要学会创造性的思考方式和挑战线性思维。通过旅行、阅读、绘图、交谈、音乐以及任何可能的方式来拓展你的视野。要学会享受发现和冒险的过程，并且从中获益。
克拉克·E·卢埃林（Clark E. Llewellyn），美国建筑师协会，夏威夷大学（University of Hawaii）国际课程部主任和教授。

》在决定从事建筑专业之前，先跟随一位建筑师形影不离地学习一段时间；有数次这样的经历就比较理想了。去上所有有关徒手制图、绘画、摄影、雕刻、家具制作以及相关艺术和工艺的课程。准备一个写生用的素描本。对你所在城市的新地方进行探索，或去一个不同的城市旅游。参加由众多建筑院校所提供的暑期中学课程。
贝丝·卡林，根斯勒建筑设计、规划与咨询公司项目协调人。

》建筑师有很多种类型。一些是为社区和市政府工作的公共建筑师；其他的一些则设计摩天大楼、学校、医院、教堂、住宅和两者之间的任何一种类别的建筑物。与一些建筑师建立联系并向他们提出问题。要萌生出一些挑战并回报当下社会的意识。
在追寻自己职业梦想的时候，要与自己社区的某一位建筑师进行接触。即便不认识任何一位建筑师，你也可以拿起电话号码本查出一些人来。给他们打一个电话，并且提出去办公室参观的要求。向他们提出一些问题——如他们喜欢或厌恶什么样的建筑，他们上了什么学校，他们致力于什么类型的项目等。在你的整个教育阶段都要与他们保持联系。

最终，你要成为一位行业内的领军者。尽管我们这个专业很看重师徒培养，但是要知道你必须要为自己的未来发展负责。你要意识到自己正在做什么，你所做的部分如何适应通盘的设计流程，而且要不耻下问。当你寻求在办公室去担负更多的责任并磨砺你所需要的判断能力时，你将会发现自己成长的机遇是层出不穷的。

香农·克劳斯，美国建筑师协会资深会员，工商管理硕士，HKS 建筑设计有限公司主要负责人兼资深副总裁。

〉努力工作和忍耐。成为一名建筑师的过程是一种最有价值且要求极高的工作。这也是你生命历程中不可或缺的体验和经历。对从事建筑学的其他辅助职业，你也不要心存疑虑。获取一个建筑学学位和成为一名注册建筑师，也是为你从事许多建筑相关职业而进行的准备。

杰西卡·L·伦纳德，美国建筑师协会初级会员，LEED

建筑设计与结构认证专家，埃尔斯·圣·格罗斯建筑与规划事务所合伙人。

〉在你听见的天真传言之外，更多地去发现建筑师们真正在做着什么工作。尽可能多地去参加一些制图、绘画和雕刻课程。学习使用一些软件应用程序，它们能够促使你将自己内心的目标和构想表述得更加令人信服。就如同良好的语言能力一样，尽管人们不太强调优秀的书面表达，但这些能力是非常重要的。无论是书面写作还是口头表达，一种清晰地叙述都会对人们产生最强烈的影响力。

托马斯·福勒四世，美国建筑师协会会员，国家建筑注册委员会成员，加利福尼亚州州立理工大学圣路易斯奥比斯波分校社区跨学科设计工作室，美国建筑学院校杰出教授兼主任。

〉参加一些艺术、数学、写作和自然科学课程。如果你天生不具备这其中的一两项技巧，也不要让它阻止你实现自

欢庆村（Celebration），奥西奥拉县庆贺小镇（Celebration），佛罗里达州（Florida）。
建筑设计：库珀、罗伯逊与罗伯特·A·M·斯特恩建筑师事务所（Cooper，Robertson with Robert A. M. Stern Architects）。
建筑摄影：吉多·弗朗西斯卡托（Guido Francescato）。

己的梦想。诚然有些人与生俱来拥有这些才能；但是不要忘记熟能生巧。一旦你学会了绘图以及建筑空间如何组合的方法，你就能昂首挺胸地为自己的艰苦工作和辛勤奉献而感到自豪和骄傲，并且告诉下一代这是如何做成的。

詹尼弗·彭纳（Jennifer Penner），新墨西哥大学（University of New Mexico），建筑学硕士，美国建筑师协会西部山区（AIA Western Mountain Region）区域副主任。

》要牢记，建筑领域包含着许多专业和许多公司，每一种专业和公司都具有自己的特征。

埃里克·泰勒，美国建筑师协会初级会员，泰勒设计与摄影股份有限公司摄影师。

》如果你不热爱自己所做的一切，这些将反映在你的作品中。当一些事物缺乏必需的激情时，这些事物显然就是空虚和残缺不全的。

坦尼娅·爱丽，邦斯特拉 | 黑尔塞恩建筑事务所建筑设计人员。

》成为一名建筑师的道路，蜿蜒在一个充满荆棘和收获的原野上。你必须要热爱你正在做的一切，以成功地到达目的地。

约旦·巴克纳，伊利诺伊大学香槟分校，建筑学硕士和工商管理硕士研究生。

》建筑学教育是一种你所能够完成的最全面的基础训练，它是在你同社会各个层面发生碰撞前所做的准备工作。在学校里和设计实践中，你所学到的不仅是建造建筑及空间的知识，也包括建筑在各个方面如何影响着每一个人。一般的人对建筑师塑造空间的方法没有什么概念，而我们恰恰每天都在使用这些空间。

梅甘·S·朱席德，美国建筑师协会会员，所罗门·R·古根海姆博物馆和基金会，基础设施及办公室服务部经理。

》获取存在于现实的设计经验。学校是非常重要的，但它并不总是能够揭示出建筑师们真正在做的工作。获取经验将有助于你品尝到作为一名建筑师的真实感受。

埃尔莎·莱福斯特克，伊利诺伊大学香槟分校，理学学士、建筑学研究生。

》首先你要确保自己理解成为一名建筑师的真正含义是什么。不要过分相信电影和电视中对建筑师们的描写。你正在读这本书的时候，就迈出了很好的第一步。在大多数情况下，建筑学不仅是一种欲望和热情，它更是一种要求非常苛刻，压力颇高的职业。它往往承载了很高的声誉，而不是薪金。

我对自己的选择信心十足，因为我从自己的工作中得到了极大的个人满足。同样，不要让你的技能给自己设定出一种错误的意念。这是一片任何人都能驰骋的原野。不要因为你不太擅长绘图或不精通数学，就认为这个职业不适合自己。让你的激情指引着自己前进吧。

科迪·博恩舍尔，美国建筑师协会初级会员，LEED 建筑设计与结构认证专家，杜伯里建筑设计股份有限公司建筑设计师。

》在学校期间和工作经历中，要多花点时间去了解那些对建造环境具有影响的学科。这最终将影响到你将来作为一名建筑师的职业发展。要从普通的建筑承包商、工程师、市长、社区领导以及编辑记者们那里，学习到一种平行的、可选择的以及截然不同的建筑实践经验。这些知识能够帮助你更好的理解隐藏在一座建筑物背后的那些筹划和运作活动。

凯瑟琳·达尔施塔特，美国建筑师协会会员，LEED 建筑设计与结构认证专家，拉滕特设计事务所创始人兼首席建筑师。

》尽可能地寻找到更多有关于专业的信息。在应具备的技巧和能力方面，设计教育将为一位有思想的设计师打下坚实的专业基础。但是这种教育，常常忽略了一些能够开启或中断自己职业生涯的专业能力，如社交网络的重要性、建立一些人际关系以及打造自己的品牌。尽早地参与到专业机构的活动中，你可以了解到建筑产业所存在的问题和发展趋势的概况。这有助于你更明智地思考，在这种行业背景下如何去打造你的职业生涯。

安得烈·卡鲁索，美国建筑师协会资深会员，施工图技术专家，LEED 建筑设计与结构认证专家，根斯勒建筑设计、规划与咨询公司实习生发展和学术推广首席负责人。

》建筑院校提供了种类繁多和充满活力的教育体系。但是只有当你深入到建筑实践中去，才能品尝到建筑设计的无限魅力。就像许多其他职业一样，你在学校里所学的专业理论与自己在工作岗位上实际应用的方式，并不是完全相同的，从而引发了人们对它的不满情绪。要多花时间与身处工作环境中的建筑师们待在一起，更详细地了解他们每天的日常工作是怎样的。对许多想成为建筑师的人来说，这样做会大有裨益。

艾希礼·W·克拉克，美国建筑师协会初级会员，LEED 认证专家，美国兰德设计公司销售经理，市场营销专业服务协会会员。

》如果你想成为一名建筑师，你就必须确信这是自己的真实愿望。你求学的经历将是跌宕起伏和坎坷曲折的。你的老师也可能不认同你的设计作品，无论你做出多大努力，他们都会厌恶这个方案。你必须要具备一种能够承受批评的能力，因为并不是任何人都会同意你的观点。建筑学是一个很难学好的专业科目，并且将耗费你大量的光阴。但你不要忘记，什么东西对自己来说是最重要的，是家庭、朋友还是其他什么。千万不要忽视了最重要的东西，因为当你成为一名建筑师，会更加无暇顾及这些事情。

尼科尔·甘吉迪诺，美国纽约理工大学，建筑学本科在读。

》对于那些立志成为建筑师的人来说，获得坚实而广博的教育基础是一项最基本的要求。即使选取了五年的建筑学学士课程，你也要确信自己能够完全清楚地知道，必须掌握的通识教育课程将会对你的整体素质教育起到怎样的作用。不要仅仅选择一些培养计划中容易通过的课程，你应该去选修一些能够挑战自己固有成见的科目，以建立起界于建筑学教程之外的知识体系和技能。

要学会进行有效地写作和交谈。寻找一些机会去开发自己的推理技能和批判性思维。在从事工作室设计时，你也要重视对各种历史、理论、传媒、专业实践和工艺技术等课程的学习。如果一位天才的建筑师未能成功地获得完成其设计方案所必需的各种知识和技能，那将是最为糟糕的事情了。

布赖恩·凯利，美国建筑师协会会员，马里兰大学建筑学专业副教授兼系主任。

》实习，实习，还是实习。要竭尽全力地到建筑公司里去获取一个暑期临时工作岗位，并且去看看建筑设计实践到底是怎样一种工作。要尽可能多地发现一些自己能够从事的专业和职业发展道路，同时拓展各个方面的实践活动。用灵活和开放的态度去面对新的挑战。要认识到，即使在自己大学毕业以后，你在建筑学领域的教育也仅仅是刚开始起步；这是一条值得探索的职业发展道路。

卡洛琳·G·琼斯，美国建筑师协会会员，LEED 认证专家，慕维尼 G2 建筑设计咨询有限公司主要负责人。

》你要从不论在何时何地都能够勾画出自己的一些观察和想法开始做起。我总是画一些草图，无论它是一些 10 秒钟就能画出来的建筑物或场景设计小样，还是一些随心所欲的突发奇想或具有创造性的念头。这不仅是一种记录自己思维发展过程的非常好的方法，而且能够知道和分析自己的想法是从何而来，从画纸和草图中可以获取一些什么，并且如何应用到未来的工作中去。

安娜·A·基塞尔，波士顿建筑学院建筑学硕士在读，雷布克国际设计股份有限公司，环境设计副经理。

》尽可能多地与一些建筑师进行交谈。不仅要向他们请教如何做对专业发展有好处，还需了解如何使设计更具有挑战性。要培养一种对建筑和设计工作永不耗竭的强烈热爱。尽早地了解到建筑领域具有的挑战性的一面，将有助于你知道建筑师是否是自己应该选择的职业生涯。除了请教一些其他问题，最关键的是你应该反躬自问：为什么自己一定要成为一名建筑师？如果你的理由是充分的，并且对自己和社会都将具有重要意义，那么建筑学就应该是你的正确选择。如果你向往着名望、富有和拥有大量的闲暇时光，建筑学可能就不是自己应当从事的职业。

约瑟夫·梅奥，马赫勒姆建筑事务所实习建筑师。

》在整个建筑教育过程中，你要与同龄伙伴建立起尽可能多的相互联系。在大多数情况下，建立了良好伙伴关系的学生，最终能够在整个工作室的协作环境中学到更多的东西。事实证明，我与同事们所建立起来的紧密联系，成为自己的教育和职业生涯中最强有力的社会关系网，并且它也给我带来了极其巨大的影响。

丹妮尔·米切尔，宾夕法尼亚州立大学，建筑学学士候选人。

》要成为一名建筑师，就必须尽早开始努力。不论是对艺术、科学怀有一种兴趣，还是仅仅对计算机制图课的喜好，你要通过展现在面前的大量训练机会，不断完善那些已经具备了的技能，以及获取自己尚不具备的新能力。只有终身学习，才能使你的技艺达到一种炉火纯青的程度。

当你发现一些困难时，不要让它阻碍了自己前进的步伐。相反，你应该寻找一种方法，将这些障碍转化为新的动力。如果不是遇见了几位自己视为导师的关键人物，我肯定不能达成自己的人生目标，顺利成为一名建筑师。你要想方设法地结识更多的良师益友，来充实支持自己的团队。至少要寻找到一位在技艺方面功底深厚的导师；另一位在前方引领着自己，并且熟知职业旅途中的下一个驿站在哪里。

凯文·斯尼德，美国建筑师协会会员，国际室内设计协会会员，美国少数群体建筑师组织成员，LEED 建筑设计与结构认证专家，OTJ 建筑师事务所有限责任公司合伙人兼建筑部门资深主管。

》建筑学是一个充满激情的专业。成为一名建筑师不仅是一种职业生涯的决策，更是一种生活方式的选择。你很少能将工作仅仅留在办公室里——建筑已成为人们旅游活动的焦点和中心以及大家聚会交流的主题。如果对你自己认定的职业目标抱有一种非常现实的期待，那么建筑学就会

巴黎圣母院（Notre Dame de Paris），巴黎，法国。
建筑摄影：R·林德利凡。

给你带相应的回报。要真正地了解建筑师的所作所为，并且义无反顾地投身于其中。

要明白自己为什么想要成为一名建筑师——使人们居有定所，成为一名富豪和名人，去帮助其他人，发表作品。这些皆可以追溯到激情之上。去同一些正在从业的建筑师进行交谈，去看看这个专业是否真正符合自己的职业生涯目标。

格瑞斯·H·金，美国建筑师协会会员，图式工作坊负责人。

> 这是一种随着你对建筑的理解增加，自己的鉴赏水平就能够得到提升的职业。接受新鲜的信息和新颖的思想；不要被"早已知道"的知识限制了你的能力，而是去寻求了解更多自己"以前不知道"的事物……尽量不要太主观臆断。

莎拉·斯坦，李·斯托尼克建筑师设计师联合事务所建筑设计师。

> 要有自知之明，了解自己能如何影响这个世界。然后要勇于承担失败的风险。我已从自己的职业生涯和个人生活里的每一次风险中，得到了慷慨而丰厚的回报。

利·斯金格，LEED 认证专家，美国霍克公司资深副总裁。

> 去做考察研究，使自己对这个职业有尽可能多地了解。同建筑师们和建筑专业的学生们交流他们的经历和感受，并且向他们请教任何问题，从薪水到奖金、时间投入、挑战与机遇、就业市场、考试、实习生的待遇和开业的执照、各种费用、教育培训、职业发展道路、工作与生活之间的平衡、工艺技术到在设计实践中的期待等等。

一般来说，获取的职业信息越多，你就能够更好地把握住自己的决策，是勇敢进入还是退避三舍。

金伯利·多德尔，莱维恩公司项目经理和销售部主任。

> 在工作现场做学徒，学着去做如木工、石匠、电气技师、油漆匠、管道工、屋顶建筑工和架子工等技术行业。这是所有相关行业的坚实基础。如果你的内心依旧荡漾着孩童般的好奇心，那么你就去追随建筑专业吧。

建筑学一开始所要进行的高等教育，是重点致力于古希腊和古罗马的经典建筑作品、写作、演讲、绘画、数学、哲学和逻辑学等方面的学习上。这些教育使你能够继续追求自己想要达到的任何专业方向，这是一种适应性很强的通识教育。如果最终你仍然希望去从事建筑设计实践，那么就应该使用这本书来制定出自己的职业生涯之路。目前，得到一个建筑学专业学位是从事专业实践所必须具备的先决条件，如果可能的话，也应具备一些城市规划专业的基础。

毫无疑问，早期的建筑学训练过程，将会日复一日、年复一年地进行着，你甚至会质疑自己的人生轨迹。这是一种职业常态。建筑学不是一个令人轻松舒适的领域，不适合那些意志薄弱的人们。你环顾周围，无论如何，如果建筑学成了你的职业，你就应当不畏艰险地奋勇向前。并且正因此，你会知道，自己的激情和创造力会焕发出一种不可遏止的渴望，迎着未来面临的挑战和机遇，我们会使我们的文明和社会更上一层楼。从这个意义上说，这是一种能得到最大回报的职业。

约瑟夫·尼科尔，美国注册规划师协会成员，LEED 建筑设计与结构认证专家，城市规划专家，城市设计事务所成员。

> 我将自己的建议推荐给所有人，不论他的抱负在何方，都要寻找到一个或更多的良师益友来促进自己职业生涯的发展。我就有两个重要的人生导师，一位伴随着我将近 30 年，另一位大概也有 25 年。我还有许多休戚与共、志同道合的朋友和同事，是他们促成了自己的成功。没有他们的支持，我就不能达到今天自己所拥有的成就。在自己职业生涯的早期，我还制定了一个 25 年的发展规划。这些对我来说，也是非常有价值的。

凯瑟琳·T·普利格莫，美国建筑师协会资深会员，亨宁松 & 杜伦 & 理查森建筑工程咨询股份有限公司高级项目经理。

> 要锻炼自己对事物进行观察和与人进行交流的能力。一些有所作为的建筑师，往往会用一种独特而具有深刻见解的方式来解读这个世界。并且能够清晰地界定一些令人费解的境遇。另外，一些卓越的建筑师能够恰如其分地表达他们的思想。任何一个对建筑学饶有兴趣的人，都必须从对世界进行批判性的观察开始，并逐渐意识到世界中那些有形和无形的力量。于是他们探索着与世界的交流方式，不论是应用绘图、写作，还是身体语言或数字建模等。

卡伦·索斯·彭斯博士，美国建筑师协会资深会员，LEED 认证专家，杜利大学副教授。

》在今天，成为一名建筑师就意味着自己能够直接参与人类对二十一世纪的塑造。建筑师们正在从事一种尖端建筑科学，在重新修整我们的世界，以改正上世纪末出现的基于廉价能源的目光短浅的建筑实践。

建筑学已成为一种全球化的人类实践。作为一名建筑师，你所遗留下来的"有形遗产"，不仅对祖祖辈辈居住在这里的人们发生巨大影响，而且也将对世界产生一种冲击。

阿曼达·哈雷尔 - 塞伊本，美国建筑师协会初级会员，密歇根州立大学城市规划、设计与结构工程学院讲师。

》建筑学是这样一类职业，你内心必须充满着成功的热情和冲动。你必须努力工作，并且心甘情愿地牺牲各种计划和许多周末去推动设计工作的进展、处理各种问题和应对最终交图期限。建筑学院里设置着一些要求非常严格的科目和许多最后期限，寻找工作需要较强的竞争力，日常学习时间也很长。此外最重要的是你必须要制作一本作品集，管理自己在实习生发展项目中的实习计划，以及为建筑师注册考试做准备。当然对建筑学的热爱，会使你所做的这

一切都具有价值。我认为，进入职场时了解一些有关执照核发程序方面的知识和怀揣一些现实的期待，也是非常重要的。并不是你拥有的每一份工作，都在致力于如同在学校时设计创作的高楼大厦，或者是在做杂志封面上刊登的那种建筑。

阿曼达·斯特拉维奇，集合设计事务所一级建筑师。

》作为一名学生来说，在学校的工作室设计经历与职业岗位上的设计相去甚远。要通过参加竞赛、设计专家会议和跟随工作中的前辈建筑师，进行不断地学习并获得经验。参与"人类家园"组织（Habitat for Humanity）动手实践项目，将极大地帮助了人们去理解建筑的结构和建造的方法。这些活动教会了我们太多的东西。作为一名大学生，我很感激有这样的实习岗位和学习机会。

在大学早期就应开始参与实习生发展项目，这有利于推动学生们朝着执业建筑师的方向发展。许多先前提及的实习经历，大多都能给学生们提供获得实习生发展项目学分的机会。作为一名学生，他们会将这些学分的累积视为早期求学阶段中获得的一种成就感，这必将激励他们朝着自己的最终目标——成为一名执业建筑师而努力奋斗。

詹尼弗·泰勒，美国建筑学生协会副主席。

一位教师的见解

托马斯·福勒四世，美国建筑师协会会员，国家建筑注册委员会成员，美国建筑院校杰出教授兼主任，社区跨学科设计工作室。
加利福尼亚州州立理工大学圣路易斯奥比斯波分校，建筑和环境设计学院，加利福尼亚州。

您为什么要成为一名建筑师？您又是如何成为一名建筑师的？

》我最初产生要从事建筑学的动机，起源于自己幼年时期的一些兴趣。我时常想要通过将一些物体拆开，然后再将其重新组装起来的方式去了解每一个物件的工作原理。尽管我时常不能再将这些东西重装回去。当时，我不知道还有什么职业能够像建筑学那样，让我整体上认识到各种事物的工作机制，以及如何通过绘图和模型制作去记录所得的种种发现。我对建筑师的工作曾有着一些非常天真，但又是非常浪漫的想法。而恰恰是这些想象和推测，驱使自己进入到学校去学习更多的建筑学知识。

您为什么决定去那所学校进行您的建筑学学位学习？您获得了什么学位？

》我从纽约理工学院（即老韦斯特伯里，Old Westbury）获得了一个建筑学学士学位，并且从康奈尔大学（Cornell University）得到了一个建筑学硕士学位。我对大学选择的标准是能够负担起学费、学校的地理位置和是否会接纳自己。之所以选择读研，是因为我得到了一边做行政管理工作，一边完成研究生学业的机会。我攻读研究生课程的动机是为了获取更多的设计理论知识，并且去探索是否有从事教学工作的可能性。

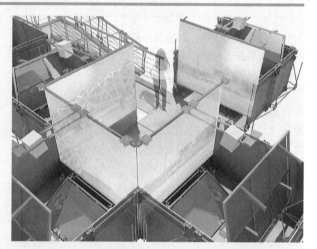

卢米埃尔幻影便携式剧院项目（Lumeire Ghosting Portable Theater Project），加利福尼亚州州立理工大学圣路易斯奥比斯波分校社区跨学科设计工作室项目，加利福尼亚大学教师托马斯·福勒四世，美国建筑师协会会员。

您将来面临的最大职业挑战是什么？

》最大的挑战是在专业和学术环境中，对那些有兴趣从事建筑师工作，且怀有抱负的少数族裔和女性学生来说，缺乏一些可以效仿、追捧的楷模和榜样。

从自己的亲身经历来说，我非常幸运地有一位在纽约市开办建筑事务所的表兄。从整个中学到大学本科学习期间，他都允许我在他的事务所工作。实际上，这也形成了我在学校里进行的专业教育的一个组成部分。因为我所面临的问题，就是要搞清楚学校教育与最终的建筑设计实践之间的关系。对于所有学生来说，当他们在学校里遇到有些问题难以解决时，与一些专业方面的榜样人物建立联系将会使其受益无穷。

从大学本科到研究生教育阶段，我总是幸运地寻找到了一些榜样人物来指导着自己的成长轨迹，并且他们也给我带来了一些以前不曾有的机会。我认为，自己拥有强烈的目标意识是非常重要的；但可能在到达这些目标的道路上，还需具有一些灵活性。由于你的目标往往与在学习道路上所获得的经验有关，所以要尽力保持机敏，以随时调整自己的目标。

作为一名大学教师，您如何用自己的工作来指导建筑学实践？反之，您如何用自己的建筑实践来指导教学工作？

》对一名教师来说，时常被一群聪明伶俐的同龄人围绕着是一种非常难得的学习经历。这些年轻人总是由各种不同的个体构成，能够给人带来大量不同的看问题的角度。老师们能够迅速地从自己的学生身上获得这些新知识。而学生们总是对事物如何归纳组合到一起的惯性思维产生质疑。

大学教师的建筑实践，植根于对学生们进行一系列全尺寸建筑模型、典型结构体系、临时结构的设计和施工，以及各种社区设计项目之中。作为这样一位教师，这已经形成了一种特定的实践教学相结合的形式。这种模式有助于教师获取一些实际范例，并向学生们展示如何将建筑与结构设计流程应用在一些小规模项目中。但涉及实践教学的老师，总会在内心深处扪心自问，"我如何才能以这种方式向学生们讲解清楚，设计的流程是如何进行的，并使他们从中学到一些东西。"

作为一名建筑师和大学教师，您的首要责任和职责是什么？

》我认为，一些执业建筑师情愿首先把教师视为建筑师，然后才将其当作学者。因为只有这样，似乎才更加符合这样一种逻辑关系，那就是确保学生们能学到成为建筑师所必须掌握的技能。从我的经验来看，即使把教师首先当作一名从业者也并不能确保学校教育与设计实践的必然联系，更多地是要依赖那些教师制定的教学策略，以及这些策略给学生们提供了一些怎样的工具去了解理论与实践之间的联系。

从业人员们必须要明白，他们在建筑学教育领域中也同样扮演着重要角色。人们总是说，在学校期间需要学生们去处理一些更加复杂的设计议题。但是我认为设计的题目必须要简单明了，以使学生们能够放开手脚地去超越项目的策划和规划阶段，直接进入到运用建筑语汇加以设计的过程中去。在许多工作室设计课里，缺乏那种适当而易于理解的设计题目。因为人们将太多的时间和精力，都消耗在思考那些错综复杂的设计问题之中了。

教学与设计实践有什么不同？

》对一些没有教过书的人来说，教师所做的工作充满了神秘感。我认为，大学里更应该解决的问题，是如何向学生解读学者们做学术是一个怎样的过程。我常常听到这样一种说法，那就是一位建筑学教授所起到的作用是教会学生们建造房屋的技艺。而我却认为，一位建筑学

项目虹膜（Project Iris），科迪·威廉姆斯（Cody Williams），加利福尼亚州立理工大学圣路易斯奥比斯波分校独立研究项目，加利福尼亚学院教师：托马斯·福勒四世，美国建筑师协会会员。

教授所扮演的角色比这些要重要得多。教书这个职业的作用，更多的是在塑造一些未来的公民。除了具有建造房屋的知识之外，学生们应该作为一名顶天立地的公民去为社会做出巨大的贡献。良好的教学活动应该是这样的，在这里学生和教师能够相互影响、教学相长。这也就是教学活动为什么引人入胜的地方。教师这个职业给人们提供了一种不断学习的渠道。

在您的职业生涯中，您已经是不止一个独立团体组织的国家委员会成员。参加这些组织的活动对您的职业生涯意味着什么？

》大家常常认为，作为志愿者参与到社会团体活动的人们将会因此而限制他更广泛的学术兴趣，进而会影响到他的专业如设计工作等。我对此持有相反的观点。事实上，积极参与一些独立团体组织的活动，给予了我专业上更加宽阔的视野范围和较高的鉴赏水准。驾驭团体里的工作，就是你穿过繁琐的公务之后，在最终的设计问题上取得共识。在1984年至1985年间，我担任美国建筑学生协会国家主席；2001年至2003年，担任建筑院校联合会的指导教师；2004年至2006年，担任建筑院校联合会秘书；2006年至2008年，担任美国国家建筑学认证委员会委员；2007年至2008年，担任美国国家建筑学认证委员会秘书。对协会组织工作的广泛参与，能够让你通过各种社交网络建立起对职业的宏观分析和观察。当成员们按部就班地进行着其他不同的项目工作时，这些思考就会随着时间的推移而不断传播和扩张开来。

烟仓拼贴图（Tobacco Barn Collage），霍里县（Horry County），南卡罗来纳州（South Carolina）。
建筑设计：托马斯·福勒四世，美国建筑师协会会员。

尼科尔的冒险（The Adventures of Nicole）

尼科尔·甘吉迪诺
建筑学本科在读
美国纽约理工大学（老韦斯特伯里），纽约州。

您为什么要成为一名建筑师？

》我成为一名建筑师是因为我喜欢从无到有地创造一些东西。我希望自己能够设计一些人们可以体验到的空间。建筑设计的意义不仅仅是盖房子；而是为人们创造出一些生活空间，以及创造他们周围的环境。

您为什么要选择美国纽约理工大学这所学校？您获得了什么学位，选修了那些课程？您为什么要选择建筑学学士学位？

》我之所以选择去纽约理工大学学习，是因为该学校设置有经过认证的五年制建筑学学士学位和四年制的室内设计学士学位。我不能确定自己将来应该从事建筑设计还是室内设计行业，而恰好纽约理工大学具备了两者。这两种学位皆是从相同的基础工作室设计科开始的。这样就给我提供了进入到任何一种课程进行学习的选择机会，而不会在自己做出决定之前浪费一年的时间。

我因为专业优势而选择攻读建筑学学士。我的目标是成为一名具有执业资格的建筑师。建筑学学士学位允许你毕业后能立即参加考试。我来自新泽西州（New Jersey），在纽约参加了经过认证的课程学习之后，我就能够在纽约参加考试。对于我来说，选择在什么地方上的大学是非常重要的。

在纽约理工大学学习之前，您在布鲁克达尔社区大学（Brookdale Community College）进行过

建筑技术方向的学习。为什么您要在一所社区大学开始进行您的高等教育？那是怎样的一段经历？

》我刚中学毕业就被纽约理工大学录取。但是由于经济负担，我不愿意带着经济上的压力去一所新的学校开始学习。这是我所做出的最明智的决定。纽约理工大学的课程安排得非常紧张，每学期至少需要 17 个学分。建筑学又是一个课程安排得非常紧张的学科，需要做许多功课，花费大量时间。

在布鲁克达尔，我学习到了 AutoCAD 课程。它教会了我需要掌握的所有基础使用技能。在布鲁克达尔一年完成的课程，使我更好地了解到了建筑学的所有内涵，并由此开始进入到下一步的学习之中去。在那里我也获得了几个学分，此后就可以将自己的精力集中到必须要完成的功课中去。

您在纽约理工大学时担任过建筑学生协会的财务主管？在您的职业生涯准备上，这段经历有什么帮助？

》在竞选财务主管这个行政岗位之前两年，我都是协会的积极分子。作为协会的一名成员，除了帮助招聘新会员之外，我还协助建立了学校商店。

这是一种参与校园生活的很好的方式。因为我们可以结交更多专业方面的同仁，同时也能认识热心于共同目标的同学。我在执行委员会服务期间，曾参加美国建筑学生协会基层论坛四方会议（AIAS Grassroots, Forum, and Quad conferences）。这个岗位有助于我同建筑学专业领域内的不同专家建立联系。作为建筑学生协会的财务主管，我不仅可以建立起许多社会关系，还拥有了一份行业领军人物的名册。这使我能够有机会建立一个社会关系组织，并对我将来去管理一家事务所或一家公司大有裨益。

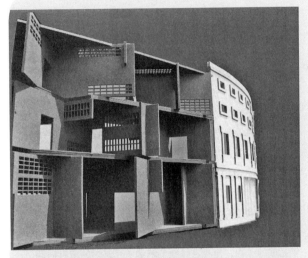

帕拉佐·安吉洛·马西莫建筑立面（Palazzo Angelo Massimo Façade）。
模型由尼科尔·甘吉迪诺制作于纽约理工大学。

在本科学习阶段，您在一些建筑和结构公司担任实习生。请您描述一下这段经历，以及它对您的教育有多大的价值。

▶第一次实习期间，我在由一位建筑师单独开办的建筑公司里担任实习生。这是一次难得的经历，因为我能够参与所有的项目。我在许多不同的项目中得到了多方面的体验。因为公司与汉堡王（Burger King）快餐连锁店签有合约，于是我有机会为许多不同大小的汉堡王快餐店进行店铺平面设计。我也经常去施工现场考察住宅的更新设计。这家公司给予了我在这些领域的直接体验。

在大学第三年，我也到一家结构工程公司担任实习生。在通过了学校要求的结构课程以后，我对建筑结构设计产生了非常浓厚的兴趣。我从事了许多不同的结构设计项目工作，能够确定使用到建筑物中的结构钢材的强度要求。在这家公司所进行的工作，向我展示了深入建筑设计体系之中的技术性的一面。

这两段不同经历，使我在整个教育生涯中受益无穷。

在设计过程中同时进行结构设计工作，会使你用完全不同的方式来思考。在设计阶段能够从结构方式的角度进行不同思考，或许会有助于设计的完成，也可能会伤害到你的设计；但在对建筑设计的理解上，它一定是非常重要的。

作为一名建筑学学生，您所面临的最大挑战是什么？

▶作为一名建筑学学生，我所面临的最大挑战是在工作、课程以及执行委员会岗位之间保持一种平衡。在我的教育生涯中，我一般都住在宿舍楼或集体公寓。远离家乡生活是我必须要做出的一种调整。我需要在时间上进行平衡，但这并不总是很容易做到的。学业是必须要去完成的。但是面对大量其他需要处理的工作，有时要做到两者兼顾是非常困难的。

作为一名建筑学学生，您感到最满意或最不满意的部分是什么？

▶作为一名建筑学学生，我感到最不满意的是一些老师。那些必须要完成的工作室设计是我们最乐意去做的事情。但是一些老师的教学态度，或是会促进你整个学期的学习，或是起到破坏的作用。你的成绩取决于于老师的意愿，结果是什么就很难知道了。

最令人心满意足的，就是当你的那个引以为豪的项目到达完成的时刻。当你能够实实在在地向一组评审专家递交自己的设计，并且得到了积极而肯定的反馈意见，你就会知道那漫长的时光和艰苦的工作都真正地得到了回报。

在您毕业后5至10年的职业生涯里，您希望做些什么？

▶在5至10年内，我打算在纽约和新泽西州获取执业许可。一旦我得到了执业许可，我就想要返回学校去攻读自己的结构工程硕士学位。就目前而言，我的主

◀海莱时尚总部（Highline Fashion Headquarters）。工作室项目由尼科尔·甘吉迪诺绘制于纽约理工大学。

▼水景装置（Water Works）。工作室项目由尼科尔·甘吉迪诺绘制于纽约理工大学。

要目标是获得执业许可，在一家事务所里担当一名助理建筑师。

在您的职业生涯中，谁或哪段经历对您产生了重大影响？

❯无论如何，我的中学教师菲尔先生都督促我去参加他的建筑技术课程。他是唯一一位引导我学习建筑学的人，并且告诉我建筑师所做的所有工作。学习了他的课程之后，我知道自己很想从事这个职业。中学毕业之后，他仍然陪伴在我的身边，帮助指出我下一步要到达的目标。我特别荣幸地能够回到自己的中学去向同学们演讲，以增进他们在建筑学方面的了解。我在给中学生的"建筑初步 I"（Architecture Fundamentals I）课堂上，展示了一些自己的设计项目。能够有机会到一群学生中去，并且向他们解释建筑学是做什么的，是一段令人兴奋不已的经历。

我也把自己视为一个能够自我激励的人，我总是朝着成功的方向前进。我坚定不移、不予余力地让自己做

得更好，并且思考如何才能达到成功。对校园和社会活动的参与，已经给自己的职业生涯带来了巨大影响。建筑学就是改良社会和影响你周围的人的一种方式。这也就是我常常选择参与更多校园以及周围地区社会活动的原因。

为人们而设计

安娜·亚历山德拉·基塞尔
建筑学硕士在读
波士顿建筑学院
雷布克国际设计股份有限公司，环境设计副经理
波士顿（Boston），马萨诸塞州（Massachusetts）。

您为什么要成为一名建筑师？

》 我之所以成为一名建筑师是因为受到了家庭、朋友和一些旅游经历的影响，以及心怀一种为人们去设计的愿望。我相信，建筑能够改变我们的生活方式。

为什么您会决定选择去马里兰大学和波士顿建筑学院就读？您获得了什么学位？请描述一下两个学位之间的转变。

》 我选择在马里兰大学获取建筑科学学士学位，主要是因为该学校的建筑学课程项目。而马里兰大学的地理位置、校园环境、田径运动和社区设施也是其他的重要影响因素。在头两年，学校的建筑学专业提供了广泛的无学位课程；而后两年则采用的是积极的工作室设计课的

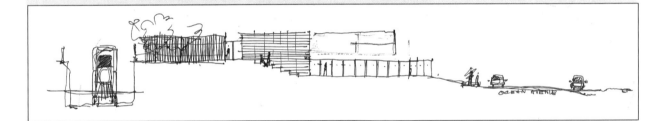

▲ 里维尔海滩公共澡堂（Revere Beach Public Bath House）。
工作室项目由安娜·A·基塞尔设计于波士顿建筑学院。

▶中国长城，砖垛路（Zhuanduo Pass），中国。
建筑摄影：安娜·A·基塞尔。

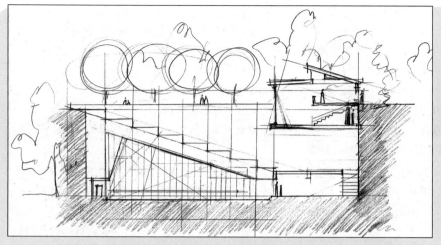

科普斯山陵墓（Copps Hill Mausoleum）。
工作室项目由安娜·A·基塞尔设计于波士顿建筑学院。

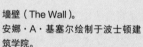

墙壁（The Wall）。
安娜·A·基塞尔绘制于波士顿建筑学院。

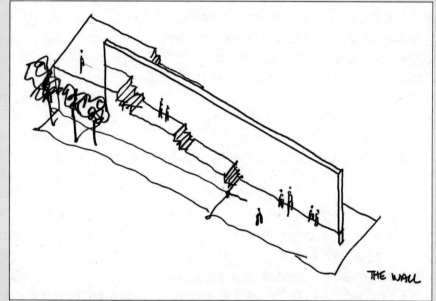

方式，将重点放在学位课程之中。

　　我之所以选择波士顿建筑学院，是因为这里的建筑学硕士学位的设置非常灵活，能在收获专业经历的同时完成自己的学业。这种工作室设计课程，非常适合于执业建筑师的时间安排。他们可以在坚持全职工作的同时，仍然能够获得自己的建筑学硕士学位。在如今的人才竞争领域中，非学术专业实践经历是一种优势。

　　从马里兰大学获得学士学位之后的那年秋天，我决定利用业余时间开始波士顿建筑学院的建筑学硕士课程学习，因为我的老板为我提供了教育补助。虽然现在我已经在进行自己的研究生学位学习，但我倒想将学业稍稍搁置，希望从本科学位到研究生学位之间有一段较长的间隔时间。刚进入到建筑职业生涯时，人们常常会兴奋不已；但同时也会感到疲惫不堪。最终我发现，从清晨就将精力完全集中于职业工作中，在夜晚时拥有更多的个人时间，这样规律的作息对自己会大有裨益。经过一段时间的实践工作，你重新思考，也许在自己所追求的职业道路上，并不一定需要研究生教育或一个执业许可。

回过头来看，全日制工作的同时再用业余时间去修读学位，实在是太辛苦。我最近将自己的研究生课程中断了一年时间，以便将精力投入到职业和个人生活中去。这段时间让我更加确信，自己想在没有学位压力的情况下从事专业设计实践。

您在研究生学习期间，就有在雷布克国际设计公司工作的机会。请描述一下这些经历，并且说明他们在您的学习过程中给予了多大程度的帮助？

❯理论与专业工作的结合是一个千载难逢的良机。在波士顿建筑学院时，我就不断地体验着这种教育方式，并竭尽全力在研究生院的学习期间利用这样的机会。这样的学习方式我采用了一个学期又一个学期，不论是在工作室设计课、结构设计阶段，还是研究生毕业论文的写作上。绘图和汇报技巧得到了交流和提升，各种体验和经历被分享。通过对建立在学术背景之外的实践性专业知识和技能的应用，如时间管理和简洁、有效的交流技巧；将建筑细部、建造技术或想法应用到上周课堂里的一个设计课项目中去；或带着自己的专业知识到教室去与同学和指导老师们分享，我的专业知识极大地促进了自己的学术工作。同时，我的理论知识也给实践工作注入了新鲜活力。

您在雷布克国际设计公司的首要责任和职责是什么？

❯我在雷布克国际设计公司的首要责任和职责是下列几项：

■ 方案设计、设计开发和全球环境设计项目的实施。

■ 对全球设计市场提供行政管理和驻场项目管理，以确保全球商业建筑设计的成功实施。

■ 同建筑师、工程师、总承包商和供应商合作，对建筑和机械、电机电气、水暖设备图集，以及其他建筑构造图纸和施工图进行评审。

■ 研究实验新材料、新设计技术和工艺。

作为一名建筑学生，您所面临的最大挑战是什么？

❯最大的挑战是时间的管理。每周合理地安排 40 至 50 小时的设计工作时间，6 至 9 小时的上课时间，还有额外 12 小时以上作业时间，是整个学术研究过程中最具有挑战性的一个方面。一旦脱离了本科学习阶段，你就必须要承受这样繁重的工作任务。因为你现在要付出自己的个人时间去攻读一个更高的学位，而读书却不再仅仅是你唯一要做的事。

作为一名建筑学学生，您感到最满意或最不满意的部分是什么？

❯作为一名建筑学学生，我最满意的地方是接触到了许多新的同事和他们的思想，同时也可以在许多浩瀚无际的设计项目上开始探索你自己的想法，而无需任何预算和审批。

作为一名建筑学学生，我最不满意的地方是长时间的熬夜做功课。在上学期间，我没有太多的空闲时间去陪伴朋友和家人、旅行以及放松休息。

对于自己的职业生涯来说，您希望毕业后的 5 至 10 年里去做一些什么事情？

❯在毕业后 10 年或更长的时间里，我希望能得到自己的建筑师从业执照。我很乐意专注于一些小型建筑设计项目，不论是住宅、零售商店还是公共建筑。我想开设一间小型的工作室，在这里我能够进行建筑设计实践、建造一些东西以及从事绘画创作。

什么人或哪段经历对您的职业生涯产生了重大影响？

》旅行对我的职业生涯产生了最重要的影响，而不论走的是近还是远。我渴望去体验不同的文化、气候、土地、食物、人和建筑。感官体验对我的设计具有最强的影响力。在致力于设计的那些最重要部分的同时，这些体验使我可以用多种方式来看待和处理一个设计项目或设计问题。

遗产保护与建筑设计

麦肯齐·洛卡特
建筑学硕士在读
哥伦比亚大学
纽约，纽约州。

您为什么要成为一名建筑师？

》我是在不知不觉中被带到了这条道路上，成为了一名建筑师。夏令时光，我总是围绕在自己那工程师爷爷身边，甚至被大清早拖到由奶奶讲授的艺术课堂之中。这两者的潜移默化影响，促使了自己思维方式的形成。我随即养成了能够深入透彻地思考问题，并能依据一系列变量作出最佳决定。但是自始至终，他们都鼓励我不要让这些习惯取代了自己最重要的想象力。

　　我总是乐意创造，并且喜欢弄清楚事情的工作原理。随着自己教育程度的提高和经验的积累，我做事情就会更加错综复杂，发现和理解事物的水平也会与日俱增。我发现，自己能够将这些创造和解决难题的乐趣转变为一份事业，转变为一种爱好，转变到建筑学之中。

　　使我最终确信自己要去学习建筑设计的助推力，是自己在中学所上的一节课。我所在的中学开设有建筑设计课程。在课堂中，学生们被要求去设计一栋住宅楼，并且要建造成 1：48 比例的真实模型。我们的设计最终冲刺进入到全州的竞赛。举办方给我们颁发了荣誉证书和奖学金。连续两年，我在全州的比赛中都位居第二。这些成绩给予了我无穷的信心，我坚信这是自己擅长去做且值得去追求的事情。

为什么您决定选择去霍巴特 & 威廉姆史密斯学院（Hobart and William Smith Colleges）及哥伦比亚大学就读？您获得了什么学位？

》在寻找学校的过程中，我更注意搜寻一些传统的提供五年制建筑学学士学位的院校。我没有想到过自己会选定像霍巴特 & 威廉姆史密斯学院这样的地方。我是通过一些熟悉的人和参考资料发现霍巴特 & 威廉姆史密斯学院的。当时我对这所学校了解的并不是很多，但我认为我也会申请一下试试看。当第一次踏入到学校校园时，驻足在新生咨询处，我就情不自禁地深深爱上了她。

　　我由衷喜欢这个位于塞尼卡湖（Seneca Lake）湖畔的校园，以及那星罗棋布地散落在古老砖墙建筑物之间的大片绿地。这就是我心驰神往的真正的大学校园。建筑系和所有的设计工作室都坐落在远离校园中心的维多利亚时期的建筑中（Victorian mansion）。这是一个发现、开发和培育自己想象力的神奇空间。我的老师都是了不起的教授。他们不但鼓励我们，而且给我们提供了许多自己意想不到的机会。作为一名二年级的学生，他们还

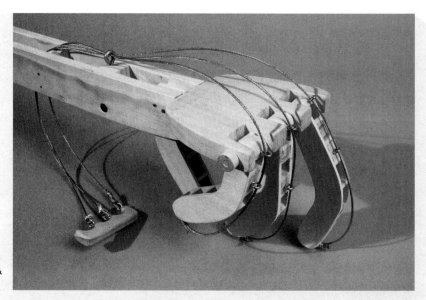

延伸的手臂（Arm Extension）。
项目由麦肯齐·洛卡特设计于霍巴特＆
威廉姆史密斯学院。

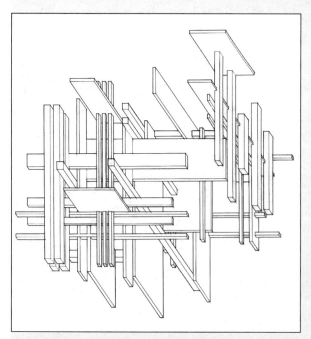

设计课程模型（Studio Model）。轴测图（Axonometric Drawing）
由麦肯齐·洛卡特设计于霍巴特＆威廉姆史密斯学院。

极力推举我到建筑学生社团中去承担一个领导角色。这一切缔造了我作为一个人、一名学生、一个领导、一名同事及更多角色时对自我的认识。我充满自信地带着学士学位从霍巴特＆威廉姆史密斯学院毕了业；主修建筑学和环境研究，辅修艺术史。

我在选择哥伦比亚大学时，多少有一些与选择霍巴特＆威廉姆史密斯学院时相似的感觉。在最初申请阶段时，我只知道自己想获得一个双学位，并且继续留居在东海岸。离家近也是非常重要的。其实能够提供这种可能性的院校只有这么多。我深深地体会到，自己内心中总是难以割舍的学校是哥伦比亚大学。这是一所令我魂牵梦绕的学校，坐落在自己一直想生活的城市之中。哥伦比亚大学正好也有我理想中的研究生院。我再一次体会到，那就是我急不可待想要踏入的校园。我也清楚地认识到，为了让这些梦想成为现实，自己愿意付出任何努力。

在哥伦比亚大学，您正在攻读一个建筑学硕士和历

史建筑保护硕士的双学位。为什么要学历史建筑保护，它对建筑设计有什么补充作用？两者之间的差别是什么？

》在哥伦比亚大学，我正在攻读两个硕士学位。一个是历史建筑保护；另一个是建筑学。这个课程计划将占用我几乎四年的时间。人们常常问我，为什么自己要选择同时去研究历史建筑保护和建筑学专业。这对于我来说，这是一个既简单又复杂的问题。从我自己的视角和兴趣点上来说，这两者是相互依存、密不可分的，缺少任何一个，另一个也就失去了意义。在自己的成长过程中，我都是在康涅狄格州那座具有悠久历史底蕴的家庭住宅中消磨整个夏季。那座建筑的历史总是我生活中的重要

可占用空间（Occupiable Space）。抽象化复合绘图或模型（Abstractions of Composite Drawing/Model）由麦肯齐·洛卡特创作于霍巴特＆威廉姆史密斯学院（Hobart and William Smith Colleges）。

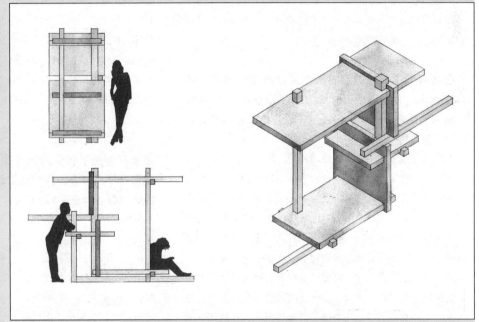

海港前文化活动场所（Harbor Front Cultural Arena），哥本哈根，丹麦。工作室项目由麦肯齐·洛卡特设计于哥伦比亚大学。

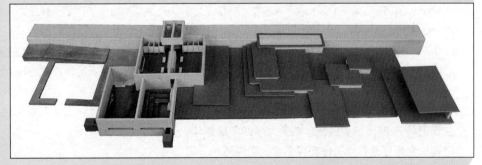

组成部分。我通过自己爷爷的爷爷，学会了欣赏那种实事求是、审慎熟虑的房屋建造与设计。历史信息与建筑设计的结合，常常会催生出一些新的设计思维。成功地应用过去曾经使用过的思维和实践方式，有时难以达到现代设计的标准和要求，但最终却能导致一些出乎人们意料之外的非凡效果。建筑物并不是静止而一成不变的；它处于一种永不歇息的进化和演变过程中。如果继续去消除那些似乎已经陈旧过时的建筑结构，我们不仅仅是在奢侈和浪费，而且可使那些已经出现各种问题的设计思维方式，循环往复地长期存在下去。

在本科学习阶段，您有机会通过丹麦留学研究所（Danish Institute for Study Abroad）去海外学习。请描述一下这段经历，以及这对您的教育阶段产生了多大的价值。

▶这是自己生活中一段最好的经历。我选择去哥本哈根的丹麦留学研究所，是因为课程项目提供给我一个机会，去从丹麦人的视角探索可持续性发展；与一些活跃的建筑师们一同参与工作室设计；自己在理解建筑于社会中所起的作用方面开阔了视野。从丹麦开业建筑师们那里得来的工作室设计和学术研讨会经历，是令人久久难以忘怀的。通过自己对丹麦和其他国家的研究以及我出游的经历，我发现了自身以及自己看待建筑的角度上有许多问题。真正的独立将会使自己受益颇多。我是带着一种新的使命感和新的动力回到美国的学校里的。在那么多独特而又不可思议的地方，如丹麦、法国、德国、荷兰（Netherlands）、瑞典（Sweden）和冰岛（Iceland）等国家游历之后，我深刻地认识到，每个国家都有他们自己看待世界的观点。我在许多不同国家的建成环境中，见到了许多令人惊异不已的奇迹。这些经历将激励着自己迈向前方更远的地方。

在霍巴特 & 威廉姆史密斯学院上大学四年级那年，您有机会担任助教或工作室评图者。请描述一下这段经历，以及站在教学的"另一边"体验如何？

▶在上大学四年级的那年春天，我在两个设计工作室充当助教。这段经历的确是自己在霍巴特 & 威廉姆史密斯学院四年生活的一个突出亮点。我在中学时期就已经有一些教学经历。在我既已掌握的所有新的方法和知识的情况下，我就期盼着能够再丰富，看一看教学活动会有怎样的改变。我发现，通过教学和评图工作，我同自己的老师建立起更亲密的关系，并且对他们的教学目标和教学基本原理有了更好的理解。我也学习到了不同思维过程和思维转译的重要性。在整个学期中的各种项目上，能够自始至终地给同班同学提供帮助和指导，给我带来了很大的成就感，自己因此也与同学们建立了更牢固的友谊。在将来，我希望能够再次去从事教学活动，最理想的是在与霍巴特 & 威廉姆史密斯学院相似的环境中。

您参与创建了美国建筑学生协会霍巴特 & 威廉姆史密斯学院分会。为什么要建立这个机构？从您的经历来看，什么是领导力？

▶在我刚开始来到霍巴特 & 威廉姆史密斯学院时，这里没有一个强大的建筑学生组织。在大学二年级那年，在一位老师的推动下，我与自己班级里的一位伙伴合作并着手创建了一个学生团体。这一团体的目标和宗旨是加强学生社团建设，同时提供一般不能通过学院获得的各种经验和人脉资源。美国建筑学生协会的宗旨即是我们团体所有目标的完美结合；于是我们就创立了官方的霍巴特 & 威廉姆史密斯学院分部。在未来的三年里，我们成功地组织了许多项目，其中大多数现在都是学年中的主打活动。

对于我来说，领导是比任何其他成员都接近中介者的角色。在霍巴特 & 威廉姆史密斯学院，我知道，自己要像一个对老师、学校管理和学生团体感兴趣的学生代表那样，去扮演一个不同观点、项目和工作之间的协调员。

作为一名建筑学生，您所面临的最大挑战是什么？

有时候我以自己的方式来进行一个设计。无论是在限制自己那一泻千里、自由驰骋的想象力方面，还是在不情愿地去尝试一些自己能力范围之外的事物上，我都可能是自己最大的敌人。有时候，相信自己从整个教育阶段获得足够的业务能力是非常困难的。但幸运的是，我得到了一群卓越超群的朋友、老师和家人的支持。他们都是自己所依赖的人。

作为一名建筑学生，您感到最满意或最不满意的部分是什么？

》作为一名建筑学生，我最满意的地方是自己与遍及全美的如此之多的同学建立起了密切联系。我已经成为这个精英团体的一份子。在这里，每个人都可以奉献出一些异乎寻常的、美好且能够被人们接受的信息。当身处思考的快感并全情投入其中时，你将会完全失去时间的概念。

最不满意的地方，可能就是要同围绕在建筑圈周围的官员们打交道，他们不会给你解决任何问题。这是一件需要痛苦挣扎的工作。

对于自己的职业生涯来说，您希望毕业后的 5 至 10 年里去做一些什么事情？

》我希望去从事适应性再利用领域的工作。利用一些实用的、经济的、可持续性的和不牺牲建筑结构的历史完整性的干预措施，将古老房屋与现代建筑结合在一起，是我最喜闻乐见的设计形式。在这一点上，在从哥伦比亚大学获得研究生学位后，我还是非常乐意逗留在纽约市至少几年，然后再到哪里去，谁知道呢。

什么人或哪段经历对您的职业生涯产生了重大影响？

》我的爷爷。无论我是在做与设计有关还是无关的情，我总会想到他。我跟随着他度过了那么多的夏季。当他用深思熟虑和精准的方式来用心修理一些东西时，我一直都在他的身边。我领会到了精巧、诚实和欢笑的价值。在做出任何一个设计决策的时，我总会问自己，"我的爷爷会喜欢这个吗？"除了直接影响之外，在潜意识中他引领着我生活中几乎所有的事。

获得认证学位的途径

在选择一个建筑学课程之前，你必须要了解获得美国国家建筑学认证委员会（网址为 www.naab.org）认证学位的不同途径。因为有不止一种途径，所以它可能容易被混淆。要成为一名建筑师，你将需要去建立一个教育目标，即要获取一个经美国国家建筑学认证委员会认证的专业建筑学学位。

美国国家建筑学认证委员会承认三种不同的专业学位：（1）五年制的建筑学学士；（2）建筑学硕士，它适用于那些此前已获得了四年制职前的建筑学本科学位或非建筑学领域的四年制本科学位的学生，包括理学学士和文学学士的学生；（3）建筑学博士（D.Arch），仅可在美国夏威夷大学取得。

当自己的最终目标是去获取一个得到认证的专业学位时，你不妨先考虑一下社区大学或仅仅提供四年制建筑学学位的学习，从那里开始踏上自己的职业道路。一些社区大学的课程与四年制学校的课程签有衔接协议，允许在两者之间进行无缝切换和连接。更有甚者，你可以去学任何一门与建筑学有关或无关的大学本科专业。

建筑学学士学位

建筑学学士学位，是学生们可以从高中直接升入后可获得的一种五年制大学本科学位。在美国，这是一种在大学教育水准上提供的最古老的专业学位。包括德雷塞尔大学（Drexel University）在内的一些学校，都提供有建筑学学士学位。因为有一些必须要求的联合培养工作项目，所以完成这学位可能需要五年以上的时间。

在大多数学校，注册的学生们从第一个学期里就开始进行了密集的建筑学专业学习。这种状态将持续存在于整个专业学习期间。如果你非常自信地将建筑学作为自己的主修课程，那么去攻读一个建筑学学士学位就可能是一种理想的选择。然而，如果你认为自己最终可能不会选择建筑学专业，这五年的专业课程学习就不是那么容易完成的了。这也就是说，换专业是非常困难的。要在美国获取建筑学学士学位，需要学习 50 多种课程。

最近，一些项目能够提供一种被美国国家建筑学认证委员会认可的，没有学士学位的建筑学硕士学位。在某些情况下，这些课程可以从建筑学学士直接过渡到这种"新型"的建筑学硕士。虽然相似于建筑学学士，但这些建筑学硕士可能还需要额外进行一个暑期或学期的学习，导致学习时间达到五年多或五年半。一些学校也能提供一种四年制本科之后职前的本科学位。关于更多的细节，可以同各个学校进行联系。

职前的理学学士学位和建筑学硕士学位

这种得到被认证学位的途径，被称为四加二（4+2）。首先要获取一个经过职前的理学学士学位（B.S.），然后再去进行专业的建筑学硕士学习。职前的理学学士学位学制四年，是为将来继续攻读专业学位的人而做准备的。在现实中，这种学位可能具有一些不同的称谓，如建筑学的理学学士学位，建筑学研究的理学学士学位（B.S.A.S.），建筑学的文学学士学位（B.A.），环境设计学士学位（B.E.D.），美术学学士学位（B.F.A.）或建筑学研究学士学位（B.A.S）。

这些职前课程项目所开设的建筑学课程数量，因学校不同而异，并且是依据每个学校完成建筑专业学习，也就是获取建筑学硕士学位所需要时间的长短来进行决定的。大多数职前的学位设置在大学里，那里往往也能够提供专业的建筑学硕士学位。然而，还有一些职前的学位是由四年制的文科院校和机构来提供的。你的本科学位类型可能最终决定了自己研究生阶段就读时间的长短。虽然你获有免修学分或课程免修权，即使你已拥有一个职前的学位，攻读硕士研究生阶段依然也需要大概三年时间。如果需要获取更详细的资料和具体内容，请同每一个具有硕士研究生项目的院校保持联系。

对于这种特有的途径来说，还有另外一些可行的选择，那就是去社区大学开始进行学习。在一般情况下，理学学士学位的最初两年主要是学习一些能够在社区大学也能接受到的通识教育课程。然而，你还需与你有意向深造的院校保持联系。联系的内容主要是开设什么课程和什么时间去申请这些课程。依靠这些院校，你可以尽早地进行学校之间的转换，而不是仅仅在社区大学接受一个大专文凭。

要注意，如果仅仅有职前的毕业学位，你在大多数州就没有资格考取开业执照。所以，如果你想成为一名开业建筑师，你就应该继续进行自己的学业，去继续攻读专业的建筑学硕士学位。具有一个职前本科学位，你能在少数几个州获取从业许可，但你不能获得国家建筑注册委员会所颁发的与从业执照相对应的必要学位证书（详见第 3 章）。

专业的建筑学硕士是一个持续 2~3 年，并且提供一种综合性专业教育的研究生学位。如果将理学学士学位与建筑学硕士学位组合就读，将可获得一定的灵活性。你可以在得到两个学位之间的时间，选择任意几年去获取实践经历。另外，你也可以选择另一所院校去进行研究生学习。有 100 多个提供经认证的建筑学学位的院校，设置有建筑学专业上质量合格的建筑学硕士学位。

一部分学校还提供一种紧随职前学位之后的建筑学硕士学位，它需要持续再完成不到两年的学业。然而，这些学位课程可能仅局限于来自本校的学生。例如，美国天主教大学（Catholic University of America，CUA）为那些选拔出来的个人提供一种带有免修学分的建筑学硕士学位，一般需要一年半的时间。这些学生需毕业于美国天主教大学，已获得建筑学的理学学士学位。而那些来自其他院校的具有建筑学理学学士学位的学生，就需要两年的时间来取得建筑学硕士学位。在其他院校，由于所进行的是从建筑学学士到建筑学硕士的认证学位的头衔转换，所以硕士阶段的学习就可能只需要一年多的时间。但是这可能需要参加一些假期短期学习或暑期班学习。

此外，已具有职前建筑学学位的学生攻读某些院校的建筑学硕士，将需要三年的学习时间。这些机构包括了大多数的精英院校，但应试者可能要符合一些预修学分的条件。

建筑学专业之外的理学学士和文学学士本科学位和建筑学硕士学位

建筑学硕士专业课程适用于那些获得其他学科本科学位的转专业学生。它旨在提供一种综合性的专业教育。依据院校的不同，这种认证的建筑学硕士课程将需要三至四年时间才能完成。一些院校要求在注册入学之前要掌握微积分、物理学和徒手绘图。根据自己的不同教育背景，你需要满足这些必要的硬性条件。在设置建筑学学位课程的院校中，有 60 多所都能提供建筑学硕士课程。

其中一些课程项目需要学生在第一个学期的夏天就开始做设计作业，而其他的则要求在下一个夏季学期期间全日制地学习。针对你正在考虑的院校和课程项目之间的差别，你一定要进行认真的探究。

建筑学博士

作为一种专业性学位，目前建筑学博士只能在夏威夷大学获取。建筑学博士课程由四年制的职前学位和三年制的研究生学习组成。那些持有非建筑学职前学位的人，可能需要三年半的研究生学习来完成建筑学博士学位。建筑学博士是唯一一个承认毕业生达到了执业考试水准教学要求的学位；而转业后的博士学位就不是这样。

夏威夷大学也提供与国际合作伙伴共同开设的独一无二的双学位课程。具有职前或专业的建筑学学位的学生，能够进入三年的研究生课程学习之中。在上海居住一年，并且在同济大学成功地完成第二年的学业之后，学生们就可以从同济大学取得由美国国家建筑学认证委员会认可的建筑学硕士学位。在夏威夷大学成功地完成第三年的学业后，学生们就可以取得由美国国家建筑学认证委员会认可的建筑学博士学位。

联合学位

如果希望自己去拓展专业建筑学硕士之外的教育领域，那么你就应该考虑所选择的院校里是否提供联合学位。并不是所有的院校都这样，但是也有许多学校提供与专业的建筑学硕士有关的联合学位。例如，许多院校提供下列研究生学位课程：规划、工商管理、城市设计、景观设计、建筑历史、历史遗产保护、房地产和施工管理等。一些院校提供更具有特色的课程，包括有华盛顿大学（Washington University）的建筑学硕士和社会工作硕士；哥伦比亚大学的建筑学硕士和在建筑批评、建筑策展和概念性设计方向的理学硕士（MS）；伊利诺伊大学香槟分校的建筑学硕士和土木结构工程方面的理学硕士；以及耶鲁大学（Yale University）的建筑学硕士和环境管理硕士。

专业后学位

除了提供专业学位课程之外，半数以上的院校提供专业后学位课程。这些课程是专门面向那些获得了专业认证学位之后，还想进行高等学位深造的人。虽然这些学位有许多不同的名称，如建筑学理学硕士、建筑设计理学硕士、城市设计硕士等，但所有这些学位都会使学生们去关注某一个特定的研究领域，例如城市设计、建筑技术、建筑理论、计算机辅助设计、住宅问题、历史建筑保护、可持续性设计或高层建筑等。一般情况下，这些学生是在专业岗位上工作几年后来继续攻读这种学位。另外，少数院校也为拥有建筑学硕士学位的人员提供博士学位。

如果你拥有专业的建筑学学士学位，并且对建筑学课程的教学工作饶有兴趣，那么你不妨考虑去获取一个专业后硕士学位。作为最低学位要求，大多数院校的建筑学专业要求教师至少具备硕士学位，无论是专业学位还是专业后的学位。然而，你也能去做兼职教师，只要有建筑学学士学位即可。

同样，在进行专业后学位学习期间，你能够通过实习生发展项目获得实习选修时间。关于更多的信息和细节，请访问国家建筑注册委员会网站并搜索高等学位，网址为 www.ncarb.org。

决策的过程

不论你愿意攻读哪一种建筑学学位，你知道如何来选择建筑学课程吗？在了解了许多学位课程之后，在它们之间进行抉择就似乎是一项艰巨的任务了。在美国和加拿大，至少有 125 所院校提供了专业的建筑学学位课程。然而，如果对那些最重要的标准和条件进行过分析研究，你就能够迅速地缩短自己的寻找范围，并在这个过程中成功作出选择。

要知道，你目前选择的正规建筑学教育，只占你通向执业建筑师之路的三分之一比重。在成为一名建筑师之前，必须要完成以下三件事情：（1）教育，就是要获取一个得到美国国家建筑学认证委员会认证的专业学位。在加拿大，则要通过加拿大建筑学认证委员会的认可。（2）实践经历，要达到实习生发展项目的实习要求。（3）考试，要圆满地通过建筑师注册考试。

在选择自己将要在这里攻读建筑学学位的院校时，你要仔细地考虑下列几种情况：

■ 确保最终攻读了一个经认证的学位。学位课程要经过美国国家建筑学认证委员会的认证；在加拿大，则要通过加拿大建筑学认证委员会的认证，而不是院校自己。关于当前提供认证学位的院校的目录，请详见附录 B。

■ 了解获得专业建筑学学位的可行途径：（1）专业的建筑学学士。（2）在职前建筑学学位或其他学科学位之后获得专业的建筑学硕士。（3）建筑学博士。上述每一种情况都具有各自的优势和局限性。要反复进行斟酌，到底哪种路径最适合你，哪种情况有利于你缩小抉择的范围。

■ 在学校提供的大多数，如果不是所有的课程中，识别出那些代表性课程：工作室设计课、结构设计、建筑系统、制图和绘图、建筑历史、通识教育课、计算机、场地设计、专业实践、建筑策划和建筑学的选修课程。

你知道了获取学位的路径、建筑学课程的目录和学校所提供的课程，那么其中对你来说什么是最重要的？仔细地考虑一下下面所列的有关于你自己、院校、建筑学课程这些范畴的标准和条件。花点时间去思考摆在这里的问题，并且将它们记录下来。

经过这一系列过程，你就能够更好地将自己最终选择的学校与自信满满的决策结合在一起了。当你根据自己的目标建立了选择标准后，一些学位课程项目和院校就自然而然地浮出水面了。

加拿大国家博物馆（National Museum of Canada），
渥太华（Ottawa），加拿大。
建筑设计：莫瑟·萨夫迪（Moshe Safdie）。
建筑摄影：拉尔夫·贝内特（RALPH BENNETT）。

你自己

在选择学校和建筑学课程之前，请仔细考虑自己属于下列哪种情况：

自信度：你对成为一名建筑师具有多大的自信？你想完成大学学业后再有更多的选择？或者是你想义无反顾地直接进入到建筑学的学习之中去？

例如，如果自己对成为一名建筑师没有十足的把握，你就可以考虑去参加一个可获得职前的四年制理学士学位的课程。刚开始时采取这种方法，你既可以对建筑学研究进行一定的探索，但又不像在专业的建筑学学士学位课程中那样要倾力投入。

人格类型：你是一种什么样类型的人？你是在一所大学校还是一所小学校感到更加舒服？这是一个非常难以说清楚的尺度，但也是一个具有决定性的标准。请你扪心自问，"我在这里生活的舒服吗？"。

离家近：在路程和时间上，你希望学校距离你家乡有多近？对于选择学校来说，离家近通常是最重要的原因之一。如果非常看重这些，那么你就在地图上围绕着自己的家乡画一个圆圈，以标明你希望离家的距离。

什么学校是在你所画的圆圈之内？然而无论如何，你要敢于质疑这一观念并且去选择那些对自己最有益的学校，而不要太顾及它所在的位置。你应该对大约 125 个得到认证的建筑学课程项目逐项进行考虑。根据其他的一些标准来缩小自己的选择范围。

预算：对于上大学，你有明确的预算吗？显然，在大学费用以高于通货膨胀率速度增长的情况下，上学的费用就是一项重要的指标。然而要认识到，大学教育是对自己未来的一种投资。记住，一旦你拥有了这样的教育经历，就没有人能将它拿走。

院校和机构

在选择一所院校时，要考虑的因素有：

学校的类型：虽然大多数人将大学视为中学之后所上的所有院校，但恰逢选择时，大学的类型还是有所不同的。人们可能考虑就读综合性大学，它的典型形象就是在一个单独的行政机构之下管理着一群学院。然而，同样可以选择的还有四年制的学院，它们一般都比较小，并且不会把重点放在研究方面。其他的选择还有一种技术学院或理工大学，它们的专业基本重点设置在工程学和科学技术上。另外一种选择是两年制的学院或社区大学。这是一种更加实际的选择，但它还需要进一步转入一个被认证的课程项目中去，才能完成自己的本科学位。

位置：这些院校位于什么地方？它们坐落在都市或乡村环境之中，或是位于两者之间的什么位置？对你来说，学校所在的地理位置到底有多重要？对于位于如纽约、芝加哥或费城（Philadelphia）等城市的建筑学课程来说，因为这里能给人们提供一些接近所要研究的建筑、建筑师和其他专家的机会，这些都市所在的地理位置也被认为是一种很有价值的资源。

院校的规模：这所院校里有多少学生？在主修课和其他领域的课程中，教师与学生是一个什么样的比例？班级和院校的规模对你有多大的影响？譬如说建筑系，能小班上课，可能是一所小学校的优势。但一所规模宏大的院校，可以为学生提供更多强大的资源。

公立与私立的比较：这所学校是私立还是公立的？因为受到了各州政府的支持，所以公立大学的费用往往要比私立大学的低，但它可能会招收更多的学生。对于一些国际学生和其他州的学生来说，公立和私立学校之间的学费差别可能微乎其微。

费用：学费和手续费、食宿费以及其他开支的所有费用是多少？在你进行最初的选择时，精打细算地使用费用是一项最基本的标准。费用固然始终是人们考虑的一项重要因素，但不能仅仅就因为一所院校广告张贴出的费用就将之排除在考虑之外。要确信自己完全获得有关费用的信息，其中包括学费和手续费、食宿费、书本和辅助材料费、旅行的费用和个人的开支。

资金援助：你能以助学金、奖学金和贷款的形式得到多少资金援助？资金援助将是一项必须要考虑的重要内容，尤其是在一开始寻找学校过程的时候。要知道，在一些特定的机构和院校里，很大比例的学生都在接受资金援助。一些学校提供全额奖学金，这样你就可以节省大约 10 万美元。如果不申请或考虑这些学校，那么你就绝不会具有入选这些奖学金的资格。同理，也不能仅仅只考虑进入学校之后的资金援助。要打听一下，哪些资金援助适用于中学里的高年级学生。许多课程根据学生们的成绩授予奖学金。

建筑学课程项目

因为要在建筑学课程之中度过自己的大部分大学时光，所以在作出选择时要考虑下列因素：

学位：学校提供哪些专业方向的建筑学学位？这个学校设置有辅修学位或与其他学科合作的联合学位？学位课程的类型因学校不同而异。许多学校提供与土木工程、工商管理、城市规划和其他专业合办的联合学位。这些机会可能对你具有极大的吸引力，但是并不是所有的学校都有这样的选择。

学校架构：建筑学学位课程被设置在大学里的什么地方？它位于自己学院本部、单设学院还是单独成系？它与学校或学院的土木工程、艺术学、设计学或其他学科部门在一起吗？建筑学专业在综合性大学内部的位置往往能够影响到这一学科的文化。

理念与途径：这个学术机构和大学里教师们的理念是什么？一些学校是以技术为导向的；而另外一些学校则重视建筑设计。相比起其他的来说，这个学校更偏向哪一个方向？这里的建筑学专业宣扬的学科宣言是什么？你认定的这个专业培养途径应当与你自己的建筑学理念保持一致。要知道这些途径的不同之处，并且要作出适合自己的决定。下面就是一个建筑院校的学科宣言：

当我在亚利桑那州立大学进行研究生学习期间，建筑专业被设置在环境设计学院（College of Environmental Design）。除了建筑学之外，学院还提供有关于室内设计、工业设计和景观设计等学位课程。我们有机会与那些最终将成为自己行业内的专业伙伴的同学们，进行着亲密无间的学习生活。除此之外，我们也能非常容易地选修到那些专业的课程。

李·W·沃尔德雷普博士

为培养出职业精英和在建筑、城市化以及相关领域进行终身努力的学生而作准备。

声望和传统：这所学校的建筑学专业开设了多久？在建筑行业中，这所学校的声誉如何？声誉高低是难以衡量的。对你来说，想一想声誉对你有多么重要。可以询问行业内的建筑师们，他们对这个学校了解多少。在可能的情况下，可以与校友或在校的学生们取得联系，以便听听他们的看法。

认证：这个课程项目当前的认证期限是什么？即使它认证期限可能已经结束，那么其最后一次巡查认证时的结果是什么？什么时候进行的最后一次评估？如果课程项目已经被认证，那么认证对你来说就可能不是一项重要的标准。但是，建筑学科报告（Architecture Program Report，APR）和最后一次的评估巡查组报告（Visiting Team Report，VTR），可能有助于你对这一课程项目的深入了解。

招生：建筑课程项目或每一个专业班级中有多少学生？正如院校的规模能够影响到你的决策一样，课程项目的招生人数本身同样也会影响你。除了建筑学科，要对整个学科的招生人数和每一个毕业班级的学生数量进行认真的考虑，同时也须注意学生教师比，特别是在工作室设计课中的比例。建筑专业的学生数量，可以作为重点考虑的或不予考虑某一个特定的学校的理由。

学术资源：学生们可以使用什么样的工作室空间？学生们还有其他的什么空间和资源可以利用，如资料中心、图书馆、便利商店、计算机实验室、数字化建造实验室等？学院将会在工作室里为你提供一个私人工作的场所，所以相比于其他主修课来说，你必须要更多地考察这里设施的质量如何。工作室文化，并且你进入这种文化的途径，都会直接影响到你的选择。工作室的开放时间有多长？也须调查一下其他设施，包括商店、建筑图书馆和计算机实验室。

专业课程：除了建筑学课程之外，该院校还能给学生们提供什么课堂以外的学习机会？专题系列讲座？出国留学项目？联合学位课程？辅修科目？实践性课程，或是实践性的合作设计、实习、导师指导等？有多少特别丰富、充实的课程吸引了你的注意力？在校期间，你希望去海外学习吗？如果是这样，就读一个提供海外留学机会的课程项目可能是很重要的。专题系列讲座怎么样？虽然不是一种正式的理论课程，但极富吸引力的系列讲座也是一个加分项。

师资：学校的教师都是什么人？有多少纯粹的学者和有多少是执业建筑师？他们是初涉讲坛还是经验丰富的教师？教师之间的差别是什么？教师把学术课程带到了生活之中。当参观学校时，你要阅读一下学校教师的介绍，试图去听一节课或要求见见老师。这些老师是否能启发你的灵感；是否能提高你的学习欲望；是否能有助于你的学习？要注意，有多少教师的第一身份是开业建筑师，其次才是教育工作者？他们在教学质量上会导致怎样的不同？

学生群体：学校的学生都是什么人？他们来自何方？学生们在性别、年龄和种族等方面的统计数据是怎样的？在寻找研究生课程时，要考虑一下你未来同学的教育背景。国际学生的比率是多少？他们来自于哪些国家？同国际学生们一起上课，能够提升你的专业水平。你将与自己的伙伴和同学们在一起，度过很多非常愉快的美好时光。要知道，许多院校设置着不止一种建筑学位课程项目。这意味着你能与自己专业不同的学生产生接触和互动。

职业规划：有哪些学科资源能够恰当地帮助你得到建筑领域的直接经验？联合培养？实习？同执业建筑师接触？在暑期或毕业后这段时间，又有哪些学科资料能够帮助你直接得到实践经验？这些院校如何同职业团体以及他们的校友们产生联系？一些学校，包括辛辛那提大学、德雷塞尔大学、底特律大学（University of Detroit Mercy）和波士顿建筑学院都开设了联合培养课程，其需要学生们在校期间就从事专业工作。

毕业后计划：毕业生离开学校会有什么境遇？他们到哪里去就业？寻找一份工作需要多长时间？对于那些拥有职前建筑学学位的毕业生们来说，他们还要继续进行建筑学硕士学位的学习？如果是这样，他们准备去哪些院校？他们会在获取本科学位的同一所院校里继续进行学习吗？到就业指导中心去索要一份关于毕业生的年报，或到校友工作办公室去获取一份最近的校友名单，并同他们保持联系。

资源

在决策的制定过程中，下列方法会对你有所帮助。

宣传材料、视频、学校概况资源和网站

你从任何一所学校接收到的第一份资料，很可能就是其中伴随着入学申请的宣传材料。除了大学招生中心办公室之外，要确信与建筑院校保持联系。在一些情况下，这些机构还能提供一些额外的信息和材料。所有的这些

主教堂（Duomo），佛罗伦萨（Florence），意大利。
建筑摄影：迈克尔·A·安布罗斯（MICHAEL A. AMBROSE）。

材料都有助于更好地了解学校和其中的建筑课程项目。然而要认识到，这些材料的目的是要劝说你选择这所院校。因此要一份接一份地仔细浏览那些并非来自学校官方的资料，或亲自到校园去看一看。

《建筑院校指南》和建筑院校联合会网站①

由建筑院校联合会所编撰出版的《建筑院校指南》(the Guide to Architecture Schools)，是搜寻学校的一个有价

---

① 建筑院校联合会网站：ARCHS chools.org ——译者注

值的资料。其中最主要的内容,是对100多个提供建筑学专业学位的院校进行介绍,每个院校分别都有两页纸的简介,并予以汇编。

建筑院校联合会在互联网创办的一个指南手册,即《建筑院校指南》的网络版本,也提供着同样的信息。但这个网络版本附加了可以依靠许多不同的标准来检索院校的功能,这些条件包括有位置信息（学校、州和地区）、学位类型、生源情况（女性、少数群体、国际学生和外州学生占多少比例）、课程设置（相关学科和专业）,以及一些资费因素（奖学金、学费、住宿费和学位标准）。虽然这两种方法提供了有价值的信息,我们还要意识到这些还是院校自己提供的信息资料。

建筑专业的从业生活

尽管许多中学都在举办每年一度的大学升学咨询会,但这些活动并不是明确地针对建筑学学科的。然而,另有几个每年一度的活动,是专门为建筑学专业举行的。

每年十月所举办的新英格兰建筑职业生涯日（New England Career Day in Architecture）,就是一个具有代表性的活动。人们可以通过与专业人士互动;参加有关选择学校、选择职业生涯、筹措教育资金的研讨会,并会见35个以上学位课程项目的招生代表等,以对建筑学职业生涯有更多的了解。更多相关信息,请与建筑师数据网站（architects.org）中的波士顿建筑师协会（Boston Society of Architects BSA）保持联系。

另外一项活动是同样在十月份举办的芝加哥建筑设计学院日（Chicago Architecture–Design College Day CADCD,网址为 chicagocareerday.org）。同波士顿所举行的活动相似,芝加哥建筑设计学院日吸引了将近50个学位课程项目代表。他们对热爱建筑学的中学生和大学生生源都非常感兴趣。第三个类似的活动,是由美国建筑师协会达拉斯分会支持赞助的"2B 建筑师"(2B an Architect)获得。在寒假期间所举办的美国建筑学生协会论坛(AIAS Forum) 中,美国建筑学生协会主持的"大学与职业生涯博览会"（College and Career Expo,网址为 archcareers.org）,将学生们与建筑学课程相互联系在一起。

校园走访和学校开放日

校园走访是一种非常有用的手段。校园走访是一定要做的事情,尤其对于自己的首选的学校。在走访时,可以考虑同一位在校学生在校园共度夜晚,获得一些对这所学校内部真实情况的感受。如果可能,你可以要求与建筑学生待在一起。而且,你可以拜访建筑学院的一些大学教师或管理人员,请求去参观一下教学设施,并且去上一节课。

在秋季,大多数学校皆开办有公开课。未来的建筑学学生们可以利用这个机会去拜见教师和同学,以更多地了解课程的信息。尽管这些是绝好的机会，但你要能认识到，他们是在呈现出校园的最佳形象。除了这些事先计划好的活动外，也要不期而至地随意去看看处在正常环境中的校园，包括设计工作室。在秋季，许多建筑学研究生项目为那些未来的候选人举办开放日；与之相对的是在春季为被录取的考生举行类似的活动。利用这些机会可以更多地去了解一个课程项目，并且对它们产生一些印象。

在春季，一些学校会再一次举办公开课。但是这些活动是为那些被录取的考生而准备的。如果时间安排许可，你可以再次来学校走访。但是按照你的计划表去到学校探访，往往可能对自己的帮助最大。

招生顾问和管理人员

当你要缩小了自己的选择范围时，最好的资料往往来自建筑院校中的招生顾问或管理人员（主任、顾问或教师）。要记住，这些人的职责就是协助你对他们的学校和建筑学课程进行更深入的了解。要同他们建立一种私人关系，以获取自己在作出明智的抉择时所需要的信息。在整个招生过程中，无需顾虑迟疑，随时同他们保持联系。

学生、教师、校友和建筑师

一项常常被忽略但又非常重要的资源，就是同建筑学科的相关人员进行交流和对话，其中包括学生、教师和校友等。在参观校园的过程中，要寻找机会与学生和老师们进行谈话。索要几个自己地区的校友的姓名，包括新近毕业和年资较长的毕业生，并且询问一下他们对学校的印象。最后，在自己所在的地区搜寻出几位建筑师，并且询问他们对你所想去的学校的看法和意见。如果你不能亲自去走访一些院校，那么就向他们索要学生们和最近毕业校友的电子邮件地址，以打听一些问题。

美国国家建筑学认证委员会

在美国，国家建筑学认证委员会是具有对建筑学课程进行评估认证的独家代理机构。在它的网站（www.naab.org）上，你可以通过学位机构、州或地区等词条对所有认证的建筑课程项目进行简单的搜索。每个网页信息都罗列了这些机构的联系方式，同时也有关于课程认证过程的细节信息。

建筑学科报告和评估巡查组报告

作为由美国国家建筑学认证委员会所管理的认证程序的一部分，一个代表着专业工作者、教育工作者、监管者和建筑学学生们的专家小组，每八年对每一所建筑学机构进行一次评估巡查，来认定它们是否接受了认证的全部要求。作为认证过程的一部分，每一所院校要准备一份被称为《建筑学科报告》的有关文件。在做出你的抉择时，《建筑学科报告》是一种极好的参考资源。报告提供了课程的详细内容，并且要描述所建立的背景和享有的资源。这份文件是公共信息，并且在院校内一经索取即可阅览。也许因为过于冗长，院校不能将此文本印刷分发给你，但你可以在学校的图书馆内阅读它，或者在它已被发布在网站上查阅。

另外一个有用的文件是《评估组报告》，你也可以通过在图书馆申请索取而看到它。在《评估组报告》中，一般是通过衡量学生们的成绩和总体教学环境而评定出课程教育质量。它包括课程的显著特点、课程的不足和缺陷以及对课程未来走势的预期等文档资料。传达出巡查组对的评估。

上述所有信息也许有点过于宏大，但这些文件可能会有助于你的思考。因为它提供了来自院校本身对于课程的概述，以及外部机构和人群对于课程的评审。

建筑院校的排名

虽然排名是在进行建筑院校选择时通常采用的一种辅助手段，但需十分谨慎。在课程进行等级评定时，你知道书籍和杂志上的文章是使用什么样的标准来排序的吗？他们使用的那些标准对你来说重要吗？在决定哪一个院校适合自己的时候，你应该完全使用自己的一套主观标准。要知道过了认证期限以后，就没有一个建筑教育团体和组织试图再倡导建筑学课程的等级评定了。促使一所学校的教学能够更加有益于学生，这些特质不会为了另外的目的而获得。

在选择学校时，你应该考虑到各种各样的因素。虽然毋庸置疑，一些名校的建筑专业是非常优秀的，尤其是在"常春藤联盟"（Ivy League）的学校里。但事实上，只要被美国国家建筑学认证委员会认证的学位项目，就值得你予以充分的考虑。

设计智能网（网址为 DesignIntelligence di.net）也是一种资源。它尝试着通过收集开业建筑师的评价来评估每一年最好的建筑院校。在这个系统中，建筑师可对近期不同学校的毕业生在人才市场上的薪资来进行评论。这份报告提供了很有价值的信息，同时也带来了人们对此调查结果的批判性的评价。

申请程序

在这个章节的下一部分中，请注意这些叙述的内容。这取决于你是否正在从高中提起申请、转学或去进行研究生学习。

当你缩小了自己的选择范围和接收到了申请材料之后，下一步就是在规定期限内完成那些选定的院校申请书。

要搞清楚这些期限，因为许多大学在校历里设置了越来越早的截止时间。一些学校的期限甚至如此之早，十一月一日就截止了。

你也要记住，招生过程的目的是最大限度地去选拔那些将会在未来的学业中取得成功，天赋极高的各类优秀学生。院校就是使用这些申请材料，如申请书、个人陈述、成绩单、作品集、考试分数和推荐信，来衡量你迄今为止的表现，并且推测你将来的成绩。许多学校非常想知道你的一些个人情况。直接与学校联系，以更多地了解怎样做才能最大限度地实现你的入学申请要求。

申请书

起初，你可能认为申请书会被设计得非常繁杂和难以对付。但是如果你只要简单地阅读一下简介和看一看所要问的问题，那么填写这份申请书就会变得很容易了。在大多数情况下，申请书就是回答一系列与自己和自己的背景有关的问题。不要将其搞得那样复杂和困难。如果你对申请书的部分内容不太明白，请与招生办公室取得联系，以得到他们的解释说明。现在，大多数学校皆采取在线申请的方式。为使过程简单易行，应首先打印出一份申请书，手工填写一遍，以确保在线提交时它的准确性。

申请文书或个人陈述

作为申请书的一部分内容，你需要按要求写出一份申请短文或个人陈述。这些个人的表述是显示你的才华和创造性的绝好机会。这时候你要进行充分的沟通，明确无误地告诉别人你是一位什么样的人；你对什么感兴趣以及为什么感兴趣。

作为本科申请人来说，你或许需要在陈述中选择一个主题。如申请卡内基·梅隆大学的学生可以去写下列的其中一个主题。

- 评价一段重要经历，或对你来说具有特殊意义的事件、成就。
- 讨论一些个人、地方或国家所关注的问题，以及这些问题的重要性和与自己的关联性。
- 简单陈述一位对自己有重要影响的人物，并且对这种影响进行描述。

作为研究生申请人来说，个人陈述是你申请书的一个不可或缺的组成部分。大多数研究生项目需要在陈述中描述自己的背景、对建筑学的兴趣，以及学校如何来帮助你实现成为一名建筑师的终极目标，而不需要写其他主题。大多数陈述有字数限制，请务必进行仔细检查。在编写你的个人陈述时，要早早开始动笔。

研究生课程的调查

米歇尔·莱因哈特，教育学博士
教务和推广副院长（Assistant Dean for Academic Affairs and Outreach）
佐治亚理工学院建筑学院

　　最好的方式之一是叙述你有关建筑的体会和经历。最初，有关建筑的学习经历是你筛选自己的志愿学校名单的一种重要的方式；从长远来看，这可以成为你个人陈述文章的"骨架"。要着重考虑下列问题：（1）你为什么要学习建筑学；（2）你立志要成为什么类型的建筑师或设计师；（3）你已经获得了哪些建筑相关技能或技巧；（4）你仍然需要或希望获得哪些其他的技能；以及（5）你想在一种什么样的环境和条件中学习建筑学，如地理区域、城市规模、可利用的设备或便利的设施、社会群体，等等。

　　当缩小了自己的选择范围时，你应该使用互联网去了解一下学生的设计和更多地去熟悉有关老师，同样也要走访这些校园。你可以要求你自己的老师和你们当地建筑设计学会的成员进行推荐。如果你正在考虑自己院校的研究生院，要扪心自问，是否你已经学到了自己所能学到的所有东西；或是否这里仍然有许多知识可以去获取。

　　大多数学生甚至在没有与学校联络的情况下，就缩小了自己所选择的学校范围。而只是在被接收之后，才开始联系学校。缩小自己的选择范围的最好方法之一，就是将学校本身作为一种可以使用的资源来进行深入的挖掘，而不仅仅停留在互联网上那些可以利用的信息中。

　　你应该询问的关键问题包括有：

■ 鉴于我的教育背景来说，在你们的学科体系中，我可以申请什么学位？如何申请？

■ 我是否必须提供先前所学过的课程大纲？

■ 哪些课程项目要求我以前必须修读过什么课程？

■ 有哪些可以获得助学金和研究生助教岗位的机会？

■ 你们最后一次美国国家建筑学认证委员会的认证评估是什么时候？我有办法获得一份评估组报告吗？

　　同样，你也可以与一些毕业生互通信息，从他们那里得到从一个学生视角对这些课程情况的评价。早一些询问问题将有助于你能缩小自己所要选择的学校范围。同时能使学校知道你对他们的学科感兴趣，并且缜密思考过自己的研究生教育。

　　虽然调查学校情况的工作量是很繁重的，但是这可以使其余的申请程序变得顺利得多。你应该已经草拟出自己为每一所学校量身定做的个人陈述。在自己被学校接收的时候，同时有可能深陷学期末的最后期限催促中，你会有许多问题已经得到了回应。掌握信息越多就意味着你能在最后作出更加明智的决策。

皇家图书馆（Royal Library），丹麦文化部（Danish Ministry of Culture），哥本哈根，丹麦。
建筑设计：施密特，哈默和拉森（Schmidt, Hammer & Lassen）。
建筑摄影：格瑞斯·H·金，美国建筑师协会会员。

考试分数

　　SAT（即学术能力倾向测试）或 ACT（即美国大学入学考试）：虽然并不是所有的，但大多数院校都需要你参加标准化的 SAT 测试或 ACT 考试。参加哪种考试取决于你生活在哪个地区。一些学生可能会在一种考试中发挥得比在另外一种更好；出于这个原因，你可以考虑两种都参加。许多院校将这些考试分数当成你在大学里可能会成绩优异的表征，于是你应该竭尽全力地去取得好的成绩。然而，一些人并不善于参加考试。如果考试结果没有达到一些特定院校的标准，你可以就此同招生办公室进行讨论和协商。

　　GRE（即研究生入学考试）：如果你正在申请研究生应考者，那么你在呈送研究生入学申请书的同时应按要求提交 GRE 考试分数。对这些分数的重视程度，因院校的不同而有所不同。努力学习，要参加这个实践性的考试。当你处在想要继续进行研究生学习的本科期间，你就可以考虑参加 GRE 考试。大多数学校也接受即使是几年之前的分数。

成绩单

　　所有你申请的院校都要求提交成绩单。当然，招生工作人员将会关注你的绩点分数（GPA，即平均每学分的成绩点数）；然而同样看重的是你学习成绩中的发展趋势。假设在你的学习背景中，有一些不那么浮夸的经历，请作品集出乎意料地占用了我大量的时间。许多大学都期待着用高质量的软件程序制作出来的高品质的作品集——并且没有两个学校的要求是相同的。

同样，不要企图用一种所谓"正确的"方法去创建自己的作品集……因为没有这样一种方法。包括一个封面和标题，进而其中的内容皆取决于你。某一所学校或许想要你的作品集来讲述一个故事，并且排版中有许多留白之处；而另外的学校则要求一个作品仅占一页，且要求排版很紧密。

罗宾·佩恩，伊利诺伊大学香槟分校

随意附上一份信件，来解释一下当时的处境以及一些情况。

作品集

不像大多数其他专业，申请本科建筑学课程项目可能会需要一本作品集；这对申请建筑学学士学位课程项目尤为如此。申请所有建筑学硕士项目也需要一本作品集。需要作品集，并不意味着你入学前就必须是一位优秀的建筑师，而作品集能够证明自己在建筑方面的创造力和已有投入。

作品集是一种创造性行为，其显示出你的技巧和想象能力。但是，作品集也是一种沟通和交流的行为，以及一种自我提高的工具。

哈罗德·林顿（HaroID linton），设计作品集（Portfolio Design），网址为 portfoliodesign.com [1]

什么是作品集？对于以申请入学作为目的人来说，这是一本由你自己独立进行或作为班级的一部分所完成的创造性的作品汇编。作品集可以包括有徒手绘图、诗歌、摄影、三维立体模型或作品的照片。一本作品集，是招生办公室用来测定学生们的专业技能、创造能力、学习积极性和独创性的工具。

如果你作为一名本科生正在提出申请，那么就可以通过与招生办公室的联系，以弄清其中应包含什么内容。尽管它们很具诱惑力，但是一般不推荐加入任何绘画或 CAD 制图的作品；请再一次对个别学校的具体要求进行核对。因为一些学校对作品集有非常特殊的要求，务必要遵循说明进行准备；库珀联盟学院（Cooper Union）就不需要作品集，但是其要求应考者完成一个包括了绘图要求的家庭测试。

作品集是申请研究生课程时的一条重要标准，从中学进行申请本硕连读时可能更是如此。如果你的学历不是建筑学方面的，不要担心没有建筑作品在内的这些事情，而是加入一些创造性作品——绘画、工作室艺术作品、摄影、手绘家具设计等。在申请前，完成作品集是敦促你参加一些艺术或绘图课程的一个很好契机。

当以一个建筑学本科学位去申请研究生课程时，你必须要自己遴选确定出其中加入哪些作品。再次提醒，要严格遵循你正在申请院校的要求。一些研究生院校可能要限制作品集的外形尺寸和页数，包括加州大学伯克利分校在内的极少的学校，现在允许提交电子版的作品集；但大多数院校仍需要交付一本真正的作品集。

实际上，作品集不仅仅是你创造性作品的一个集合；其也是一个通过布局、内容组织和版式来展示自己设计技巧的好机会。作品集更多的是体现出，你作为一名未来建筑师现在所具备的技能和水准。对于自己的作品集，你最起码要征求到同班同学、学校老师和申请院校的反馈意见。

推荐信

大多数招生办公室需要一份对于学生的评价，以帮助他们来作出决定。对中学生来说，这些评价来自学校的辅导员或教师；大学毕业生则来自于教授或其工作的雇主。

辅导员或教师：一般的申请资料中包括一份需要辅导员或教师来完成的评价表。从许多中学生的角度来说，这是申请程序的最后一步。辅导员将负责向学院或大学转交你的申请书、中学成绩单和评价表。

教授或雇主：作为申请书的一个组成部分，申请研究生课程项目必须要提供推荐信。尽管大多数学校允许现在或以前的雇主来为你提交推荐信，但是你最好还是要从自己的本科老师那里获取推荐。如果你已经离开了学校几年，这样做可能有些困难，但是花一些时间去找到他们还是值得的。在很多情况下，那些曾经教过你的老师会非常了解你，尤其了解你的学术方面的能力。

大多数学校会将一份清单同申请材料一起进行密封包装邮寄。其中要求针对申请者具体特质进行评价，如：

研究生学习的清晰目标

研究生学习的潜力

智力

分析能力

独立工作的能力

同其他人合作的能力

英语的口头表达

英语的书面表达

教学潜能

研究潜能

虽然许多建筑院校已经开始转向用互联网接受推荐书，但他们仍然要求接收用抬头纸打印的推荐书信。

现在你知道了如何选择建筑学位项目和院校。从学位课程到可利用的资源，你拥有了作出明智选择所必需的所有信息。但另外一个重要的问题是，你将如何支付自己上学的费用。

奖学金、助学金和设计竞赛

一旦你做出了一个明智的选择，在什么地方去继续攻读你的建筑学学位，下一个要考虑的标准是你去支付学费、手续费和其他相关开支的资金资源。今非昔比，费用越来越成为决定到什么地方去上学的最重要因素之一。但在可能的范围内，不要让你的经济能力限制了自己的选择。尽力去获得基金的支持，以使你如愿于自己选择的学校。

除了按需求评定[①]奖学金的财政补助之外，还有大量来自公司、组织或团体以及学校的奖学金或助学金可以使用。刚开始，你可以在互联网上进行搜索；然后就可以同你所选择的院校进行联系，以充分地了解可以得到哪些奖学金或助学金。要同学校和提供资金的学术机构都进行联络，也要同他们讨论有哪些奖学金能够给新生使用，以及打听在以后的学期中有可能得到哪些奖学金。

奖学金的一个来源是美国建筑师协会。通过当地的分发机构，美国建筑师协会给那些经美国国家建筑学认证委员会（www.aia.org）认证的专业学位的建筑学学生提供奖学金。其他可以使用的奖学金或学术奖金项目，包括有由美国建筑师协会管理的理查德·莫里斯·亨特奖学金（Richard Morris Hunt Fellowship）和 RTKL 公司的出国奖学金（RTKL Traveling Fellowships），以及由波士顿建筑师协会管理的罗奇出国奖学金（Rotch Travelling Scholarship）。其他的公司和团体也已经建立了专门补贴建筑学学生的奖学金项目。你只需要简单地在互联网上进行搜索，并且征求一下自己学院中老师的意见即可。

如果你是正在从中学申请建筑学课程，请你要清楚地认识到，大多数可以获得的补助金将来自大学本身。然而，其实事情也不仅如此。如伊利诺伊理工大学建筑学院为申请建筑学学士的候选人，提供了一个单项为期五年的全额奖学金，被命名为"皇冠奖学金"（Crown Scholarship）。大多数建筑学院校为高年级的本科生或参与出国留学项目的本科生提供奖学金。除了中央财政补助办公室之外，你可以向自己所在的学校咨询相关问题。

作为一名研究生，你要学会在自己所选择的课程项目中申请以成绩为基础[②]奖学金、助学金、学术奖金和研究生助教奖学金的程序。通常情况下，还有更多的资金可以被研究生所使用。其中一个值得大家去争取的补贴来源是研究生助教奖学金。除了超过助学金数量的附加经济效益之外，它还能提供教授或拓展研究技能的机会。对一些公共机构来说，研究生助教奖学金可以提供学费免除的优惠，以及对州外学生按照州内学生的价格收取学费。

另外一种可能的补助来源是设计竞赛。在每一学年，建筑院校联合会、美国建筑学生协会和其他组织机构，都要主持举办一种面向建筑学学生的设计竞赛。竞赛给学生们提供了奖金和社会认可。

除了专门定向于学生们的奖学金之外，当你毕业并开始步入了自己的建筑学职业生涯时，还有其他一些可以申请的资助。请在互联网上进行搜索，可能会有如下这些项目：SOM 基金会出国奖学金（SOM Foundation Traveling Fellowship）[③]、施蒂特曼建筑学奖学金（Steedman Fellowship in Architecture）、莫舍·萨夫迪联合研究奖学金（Moshe Safdie & Associates Research Fellowship）、美国建筑师协会全美联合委员会的杰森·佩蒂格鲁建筑师注册考试奖学金（AIA/NAC Jason Pettigrew ARE Scholarship）、弗雷德里克·P·罗斯建筑学奖学金（Frederick P. Rose Architectural Fellowship）和声名显赫的罗马大奖（Rome Prize）。

---

① 按需求评定（need-based）是美国大学提供奖学金时进行财政补助的一种评定方式。——译者注

② 顾名思义，以成绩为基础（Merit-Based）这类美国本科奖学金是颁发给学业优良的学生，而不是适用于每一位申请者。——译者注

③ SOM（Skidmore, Owings and Merrill）是美国一家成立于 1936 年的建筑设计事务所，也是世界上顶级设计事务所之一。SOM 是创始人 L. 斯基德莫尔（Louis Skidmore）、J.O. 梅里尔（John O.Merrill）和 N. 奥因斯（Natha-niel Owings）三人的姓氏的第一个字母。——译者注

实践与学术相结合

克拉克·E·卢埃林，美国建筑师协会会员，国家建筑注册委员会成员
夏威夷大学马诺阿分校（University of Hawaii at Mānoa UHM），建筑学院，
国际课程部主任和教授
檀香山（Honolulu），夏威夷（Hawaii）。

您为什么要成为一名建筑师？您又是如何成为一名建筑师的？

▶ 在我六年级的时候，每一位学生都被要求在一张纸上写出他们"想成为的人"。我想写"兽医师"，但是自己又不能确定这个词该如何拼写，于是我就写下了"建筑师"。我的决定就是这样作出的。

在整个初中期间，我阅读了弗兰克·劳埃德·赖特的著作，并且设法去参观了一些他的建筑作品。中学的最后两年我搬到了日本。我被那日本那栋传统建筑所震惊，对其佩服得五体投地；并且从中汲取了无穷无尽的灵感。我常常从东京那五光十色的都市中逃脱出来，在乡村的祠堂或寺庙中去寻求庇护。在日本期间，我参加了 1964 年举办的奥林匹克运动会。就像许多届奥运会一样，建筑同样扮演了一种重要的角色。正是通过这使我远离了丹下健三（Kenzo Tange）[1]的作品，开始对当代建筑产生了浓厚兴趣，喜爱的作品已不仅限于对赖特的建筑。在日本的那些年里，精致而巧妙的、富有活力的和华美绝伦的建筑进入到了我的灵魂深处。

然而，我中学的辅导员是一位比较主观的人。因为我没有参加过任何艺术辅导班，所以他认为建筑学就不应该是我的主攻方向。他"引导"我进入到土木工程领域。

---

① 丹下健三（Kenzo Tange）是首位获普利兹克建筑奖的日本人。他是国际建筑界公认的世界建筑大师之一，影响了日本的一代设计师。——译者注

我进入到社区大学的第一年主修土木工程。在几个月里我就考虑去参军，而不想成为一名工程师。我然后同一位建筑师进行了联系，询问他如果没有艺术背景是否会妨碍自己成为一名建筑师。基于他的忠告，我改变了自己的主修专业，并且遂了自己多年的心愿……对于那些理想我深信不疑。

您为什么要选择在那所大学去开始自己的建筑学学位学习？您获得了什么学位？

▶ 我的父亲在美国空军（Air Force）服务。我毕业于东京附近的一所美国军队的中学。毕业后我回到了自己曾经居住过的州，以便自己能负担得起教育费用。面对两所可供挑选的学校，我选择了一所离家最远的学校以及成天阴霾的日子。这不一定是好的建议，但那是我在 18 岁时想要独立的选择。由于华盛顿州立大学的地理位置偏远，所以我到达这里之后立即想在一年后就转学。尽管抵达时就感到失望，但我还是慢慢地开始喜欢上了这个地方。我发现华盛顿州立大学是一个令人激奋的学校，它又处于一个非常特殊的地方。虽然自己经历了一个相对艰难的开始，但我还是设法以优异成绩来完成五年建筑学学士的学习生活。

虽然我想等自己完成专业实习后再去进行研究生学习，但还是有很多华盛顿州立大学的老师"劝告"我毕业后马上申请研究生课程项目。与自己中学辅导员不同的是，他们了解我的内心世界，并且鼓励我去申请那些无论是在经济上还是在学术上，自己以前都可望而不可即的课程。

我考虑过国际的研究生院校，如同在伦敦的 AA 学院（A Ain London，AA 即 Architectural Association）；也考虑过美国国内的学校。在比五年前更加深思熟虑的思量之后，我决定不去申请任何美国西海岸的学校，并且将自己申请的范围缩小到哈佛大学和宾夕法尼亚大学。

我申请哈佛大学是由于丰富的资源、如日中天的声望、华盛顿州立大学老师的极力推荐，以及大量可得的思想体系和可选的选修课。相反，我在宾夕法尼亚大学申请去建筑师、教育家和哲学家路易斯·康的工作室学习。当同时被这两个院校接收时，我还是选择了哈佛大学的设计学院。因为哈佛大学是我的第一选择。花在求学上的所有金钱都是值得的；这段经历则是无价之宝。我在设计学院系馆（即冈德大楼，Gund Hall）①一层上了在哈佛的第一节课。我在那里度过了非常有趣的一年，此后我获得了哈佛大学的建筑学硕士学位。正是我在那里所接受到的教育，教会我终身学习。

为什么你要选择参加美国哈佛大学的学习，去继续攻读专业后的建筑学硕士学位？你特别关注的焦点和兴趣是什么？

❭ 我之所以选择美国哈佛大学，就是因为那里并没有特别关注的焦点问题。哈佛大学能最大限度地提供世界范围内的学习资源。同时拥有自身和两英里（约 3.22 千米）之外的麻省理工学院这两种复合资源之后，再没有一个学校能够在师资、图书馆或课程的广度上能够与哈佛相匹敌。哈佛设计学院系馆（冈德大楼）是一座于 1972 年建成的新建筑。这里是一个能极好地激励人们学习的场所。在这里，学生可以自己确定学习和发展方向，而不是由学校或教师来决定。我已经通过了一个体系化的本科教育，更希望寻找到一些资源。我没有失望。我尝试尽其所能地去利用这唾手可得的资源。我在哈佛大学修读了土地开发、结构体系、建筑理论和设计等方面的课程。我也在麻省理工学院修读了建筑材料、建筑法规和由凯文·林奇（Kevin Lynch）讲授的城市规划等课程。沃纳·塞利格曼（Werner Seligman）和夏德里克·伍兹

惠普尔岭的私人住宅（Private Residence of Whipple Ridge），比格斯盖地区（Big Sky），蒙大拿州（Montana）。
建筑设计：卢埃林建筑师事务所（Llewellyn Architects）
建筑摄影：克拉克·E·卢埃林，美国建筑师协会会员。

---

① 哈佛大学成立于 1636 年，为美国历史最为悠久的知名学府。建筑学院成立于 1914 年，并于 1936 年与建筑景观（Landscape Architecture）和城市设计（City Planning）合并成立了哈佛人学设计学院（GSD）。——译者注

惠普尔岭私人住宅（Private Residence），比格斯盖地区，蒙大拿州。
建筑设计：卢埃林建筑师事务所
建筑摄影：克拉克·E·卢埃林，美国建筑师协会会员。

卢埃林住宅（Llewellyn Residence），斯里福克斯（Three Forks），蒙大拿州。
建筑设计：卢埃林建筑师事务所
建筑摄影：克拉克·E·卢埃林，美国建筑师协会会员。

（Shadrack Woods）给我讲授了建筑产生的"缘由"。在本科教育中，我已经错过了太多这样的东西。

现在回想起来，从华盛顿州立大学接受自己的第一个专业学位以及在哈佛大学获得自己的硕士学位，是我梦寐以求的理想。我别无所求，不再奢望有更好和更合适的学习机会了。

作为一名建筑师或教师，您所面临的最大挑战是什么？

❯作为一名建筑师，我所面临的最大挑战是创造和建造自己能够胜任的作品。作为一名教师，我所面临的最大挑战是消除学生们的偏见。

建筑教学与建筑实践有什么不同？

❯教学是启发或指导他人来重视学习。因此，我常常不认为自己是一名指导老师。一般来说，我们所传授的知识都是过去的知识。作为一名教育工作者，相对于指导者来说，我有责任去启发学生们要积极面向那未知的将来。他们必须要冒险去做那些在现实生活中不可能实现的设计。他们必须设想出那种超越了历史存在的新的可能。

我的设计实践，就是不管采用任何方法，必须使未来成为书写在我们历史上的一部分。但我设想出来的建筑，必须通过历史的传承之下的建筑方法和工具来予以建造。虽然我也试图去创造一些新的技术、形式、构造、工序等，但其所有皆要根植于历史可能的范围和领域之中。

在职业生涯的选择中，你为什么选择成为一名建筑学教授？

》参与建筑教学工作，是完全在我计划之外的事件。

1975 年，在俄勒冈（Oregon）西北部港口波特兰市（Portland）从业期间，我获得了建筑师执业许可。成为执业建筑师之后，我决定开一家我自己的公司。因为在军人家庭中长大成人，自己的生活自始至终是在漂泊和迁徙中度过的，所以我总是没有广泛的人脉来建立一种客户基础。因此我认为，如果我返回华盛顿州立大学教上几年书，我就能够搬到一个都市的中心区域从事建筑设计。在建立一家事务所的同时，我还可以利用业余时间教书以增加收入。我的错误是低估了自己对教学的喜爱程度。然而，因为自己也非常喜欢职业设计的工作，所以我就做到了教学和从业两不耽误。专职做好两种工作，需要我每周工作 40 多个小时。

我在内心不断地告诫自己，我首先是一位建筑师；其次是一位大学教授；最后才是一名事务所管理者。

在夏威夷大学马诺阿分校期间，你在夏威夷大学与中国同济大学之间开发了一个新的"聚焦中国"国际课程项目（Global Track | China Focus）。为什么要开发这样一个项目？它将如何带给学生益处？

》夏威夷大学建筑学院正在大张旗鼓地启动新的"聚焦中国"国际课程项目。这真正是一种独一无二的经历和体验。该项目将选送那些同时能在美国和中国学习的学生们。这些可使学生从夏威夷大学马诺阿分校建筑学院获得一个经国家建筑学认证委员认证的建筑学博士学位，同时获得上海同济大学建筑与城市规划学院（College of Architecture and Urban Planning at Tongji University in Shanghai）授予的同样得到认证的建筑学硕士学位。在世界范围内，再没有一个地方能够使一名学生在一个单独的学位项目中，获得世界上最大的两个建筑经济体授予的两个被认证学位。学校将这些创新视为未来建筑学教育的潮流，并且率先破土而出。

在自己的整个职业生涯中，您参与了美国建筑师协会的活动。为什么说这对于一名建筑师是非常重要的？

》在记忆里，我一直是一个活跃在美国建筑师协会的成员。作为一名学生，我是美国建筑学生协会的活跃分子；毕业以后，我是美国建筑师协会的初级会员；在 1975 年得到执业许可之后，我就成为了一名正式成员。

有很多原因来促使我这样几十年如一日地参与协会活动。第一个原因是，我认为自己在行业中应该有一个更强大和更有效的话语权。有如此多的人可能会感觉到对一些专业团体不满，这是源于这些团体只是对行业"现状"进行一般性宣传。我相信，想要拥有长时间大跨度的改变，则需通过美国建筑师协会而达成。我发现，美国建筑师协会是一个只要参与其中，就能够有所作为的地方。所以，我来到了这里。

我成为美国建筑师协会成员的第二个原因，是因为那些自己多年以来遇见到的人。我在蒙大拿州董事会服务了七年，几乎要驾车到 1000 英里（约 1609 千米）之外去开会。于是，我就遇到了那种与我有相同境遇的人。他们是重要的同盟者，并且最后都变成了千金难买的朋友。

第三个原因，我是一名建筑师、教育工作者和管理人员。只有这样，我才能在那朝夕相处的训练过程中，与学生、教师和建筑师们进行亲密无间的团结协作。但作为专业中的一个组成部分，学生和教师群体历来就在美国建筑师协会团体中人数偏少。因为自己同时也做开业建筑师，所以我希望在不同人群构成之间，搭建一座桥梁。

其中最重要的原因，是自己感觉到有责任和义务去成为协会的一员。我已经与美国建筑师协会签约几十年。自己得益于全美性协会和地方性协会的游说演讲，将美国建筑师协会奖学金发给学生；得益于协会的教育项目，目睹了国家广告对建筑师的支持。作为美国建筑师协会的一名成员，即使我一事无成，我也觉得自己仿佛从组织和会员中的志愿者同仁那里已经有了颇丰的获益。我有一种偿还夙愿的义务，那就是必须在专业领域中的实践和教学中都付出极大的努力。我非常享受作为该协会一份子的乐趣。

什么人或哪段经历对您的职业生涯产生了重大影响？

》罗伯特·M·福特 III（Robert M. Ford III）是美国建筑师协会资深会员，他在我的职业生涯中产生过重大影响。我第一次遇见他是在华盛顿州立大学。当时他是大学教授。在这里，我们多次畅谈至深夜。我们后来共同执教于华盛顿州立大学、密西西比州立大学和俄勒冈西北部港市波特兰的一些私立建筑院校。自始至终，他都对我的学习、教学以及许多生活方面进行着指导。另一个对我的职业生涯产生了重大影响的是我的妻子，贝弗莉（Beverly）。当自己不能确信有这样一个机会，并且随后认为要另辟蹊径地去申请主任职务时，她督促和鼓励我去申请大学教授的终身职位。无论是在事业上升时期还是在衰退阶段，她都积极支持我的建筑设计实践。到目前为止，他们是对我职业生涯影响最大的人。

然而讲到这里时，不能不提及一些地方对我所产生的影响。我记得自己有生来第一次跨进罗马万神庙时的情景。那样的空间让我肃然起敬，惊叹不已。从那时以后，还有其他的一些特定场所也对我产生了影响。这些地方包括有阿尔罕布拉宫殿（Alhambra）[1]、蒂卡尔废墟（the ruins in Tikal）[2]、埃及金字塔（the Great Pyramids）以及希腊、意大利、葡萄牙（Portugal）、土耳其（Turkey）、厄瓜多尔（Ecuador）、中东和亚洲的一些当地村庄。我也从那具有景观和建筑感染力的欧美乡村中受到了影响和启发。那里的建筑与景观遥相呼应。

---

① 阿尔罕布拉宫殿（Alhambra）是指西班牙格拉纳达的摩尔人王宫。——译者注
② 蒂卡尔废墟（the ruins in Tikal）位于危地马拉。在哥伦布发现美洲新大陆以前，其是古玛雅文明中一个规模最大的考古遗址和城市中心。——译者注

第二代建筑师（Second Generation）

埃尔莎·莱福斯特克
理学学士、建筑学研究方向研究生，伊利诺伊大学香槟分校
香槟市（Champaign），伊利诺伊州。

您为什么要成为一名建筑师？

》我总是对建筑物和空间体验非常感兴趣。但是我不能确定，建筑学对我来说是否是一条正确的道路。直到开始上第一节工作室设计课，我才清楚地认识到自己对设计有着真正强烈的热情。与任何其他专业不同的是，建筑学是一种将实用性与创造力结合在一起的科学。这是一个创新和挑战极限的机会。即使这是一项繁重而艰苦的工作，但我非常喜欢自己在工作室所做的工作，并且认定这是一个自己想终身从事的事业。

您为什么要决定选择伊利诺伊大学香槟分校？您获得了什么学位？

》对我来说，在伊利诺伊大学参加学习是一种很轻松的选择，那里的校园气氛正是自己所期盼和向往的。我知道，这里的建筑学课程将为自己提供一种丰富多彩的全方位教育，并且为自己的大学毕业后的生活作好了充分准备。除了设计之外，我喜欢这里将结构类课程整合到了总体课程的培养计划之中。然而，真正使我接受伊利诺伊大学的是它在法国凡尔赛（Versailles）的全学年海外学习项目。我最近已以一个建筑学研究领域的理学士身份毕业，并且非常庆幸自己选择了伊利诺伊大学。

在本科学习期间，您有机会在法国凡尔赛进行全学年的海外学习。请描绘这段经历，以及如何体现它对你而言是很有价值的求学经历？

》在法国进行海外学习是我平生所作出的最明智选择。

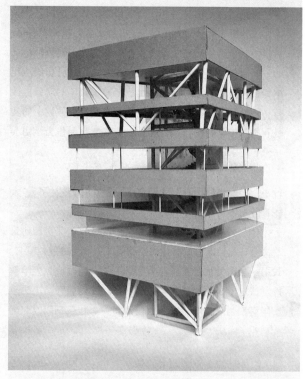

结构构成（Figure Constructif）。
埃尔莎·莱福斯特克设计的法国学生工作室项目（Studio Project with French Students），伊利诺伊大学香槟分校。

通过教科书来研究伟大建筑是一回事，而你自己去实际体验建筑物完全是另一回事。我不仅仅是通过观察，而且通过对建造目的、意图的分析和深入的理解来学习建筑。体验着一种新的文化，与来自世界各地的建筑学学生们进行的密切合作，都使我开阔了自己的视野并且受益匪浅。除了建筑史知识之外，我的设计和手绘技巧也得到了突飞猛进的提升。对于建筑学这样一项严格的学位课程体系来说，进行一次全学年的海外学习是完全有必要的。除了全方位的环欧洲旅行之外，我还能够参加如同在美国所参与的那样多数量的课程。我力推在大学

期间进行海外学习。

对于继续研究生学习，您最初想法是什么？

》我计划在获得学位后就立即开始研究生阶段的学习。成为一名拥有执业资格的建筑师是自己的一个宏伟和远大目标。我担心，如果自己在研究生学习之前空下几年，我可能就马放南山、刀枪入库，再不想回去攻读自己的建筑学硕士学位了。

▶希腊教堂尖塔（Greek Church Tower），帕罗斯岛（Paros）①，希腊。
埃尔莎·莱福斯特克绘制的水彩画，
伊利诺伊大学香槟分校。

▼罗马万神庙（Pantheon），罗马（Rome），意大利。
埃尔莎·莱福斯特克绘制的素描草图和分析图，伊利诺伊大学香槟分校。

① 帕罗斯岛（Paros）位于希腊东南部，是著名的白色大理石产地。——译者注

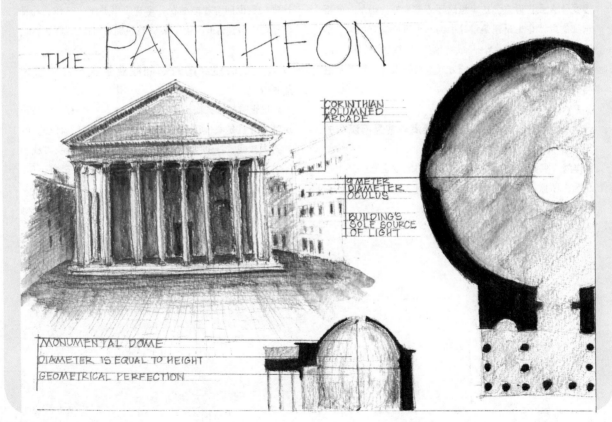

在学习期间，您曾在一家建筑公司里担任实习生。请叙述一下这段经历，以及如何体现它给你带来的教育价值?

》那段暑期实习使我见识了真正的建筑学实践。在事务所里，他们教会给我了一些在学校里不能学到的技能。为一个真实客户设计一座实际建筑物的过程，是一段有价值的经历。我的实习期也使自己意识到了建筑设计中的商业性的一面。事务所的负责人常常要花与做设计同样多的时间来经营自己的业务。

作为一名建筑学学生，您所面临的最大挑战是什么?

》作为一名建筑学学生，我所面临的最大挑战是要学习接受批评。在一个想法上构思了好几个小时之后，很难接受什么人告诉自己这个思路还不够太好。但是，吹毛求疵的批评意见是建筑设计中的一个重要的方面。它能够促使你更上一层楼，并最终催生出自己的最佳作品。重要的是不要以一种消极的方式来对待批评，而是将它当成一种提升自己的工具。

作为一名建筑学学生，您感到最满意或最不满意的部分是什么?

》作为一名建筑学学生，我最满意的地方是能够产生自己为之骄傲的作品。回顾先前的项目，并且常被自己创作出来的作品而打动，这是一件多么令人愉悦的事情。

作为一名建筑学学生，我最不满意的地方是，似乎感觉到自己始终身处在一种无穷无尽的竞争之中，去创作出最好的设计。在一些情况下这是件好事，因为它能够促使自己做得更好；但你经常是在同自己的最亲密的朋友们竞争。我认为最聪明的做法是不要把自己的同学伙伴们当成竞争对手，而是视为自己能够从他们那里学到东西的人。我发现自己所学到的大多数知识，都是通过与朋友们交流想法而获得的。

对于自己的职业生涯来说，您希望毕业后的 5 至 10 年里去做一些什么事情?

》在自己获得大学本科学位毕业后的 5 至 10 年内，我希望拥有自己的研究生学位和成为一名拥有执业资格的建筑师。我也期待着能够在一家建筑事务所中工作，并且在公司中得到晋升。因为最终，我想拥有自己的建筑公司。

什么人或哪段经历对您的职业生涯产生了重大影响?

》对我影响最大的是自己的父亲。他是一个有成就的建筑师，并且是我模仿的榜样。从小，他就以一种独特的方式去教我关注和鉴赏建筑。就是他，激励着我去成为一名建筑师。我只是希望自己也像他一样去努力工作，并为这个事业而献身。

建筑设计师和艺术家

莎拉·斯坦，LEED 建筑设计与结构认证专家
建筑设计师
李·斯托尼克建筑师设计师联合事务所，纽约

您为什么要成为一名建筑师？

》我是糊里糊涂地进入到这个行业的，动机并不明确。我希望应用一下自己的绘画技巧，虽然也遭遇到前所未有的困难和挑战。进入这个行业九年以后，我越来越认识到自己最初的意愿变得比以前更加强烈和清晰。由于我对创造性解决问题很有热情，我会依然坚守在这个行业。

您为什么要决定选择马里兰大学？

》从自己的本科学习开始，我选择这所大学主要基于我心中的意愿以及各种机会：譬如靠近都市、庞大的学生群体，并且有机会能参加田径运动——这是我的爱好之一，以及进行建筑学学习。

　　作为一名研究生，我希望跟随一位允许我去"设计自己的学习计划"，并能够促进我成长的导师来完成学业。

在建筑学硕士学习之前，您在华盛顿哥伦比亚特区的一家建筑公司韦恩塞克建筑事务所（Wiencek & Associates Architects）工作。请描述一下您在其中的工作职责，以及那段经历如何有利于您的研究生学习。

》这次经历胜读十年书，使我在专业上变得更加成熟了。进入行业工作时，我仅仅会使用 AutoCAD，而离开时我已担任一个小规模项目的经理、施工管理人员和 LEED[①]顾问。我成了使用 Revit 软件[②]的高手，并得到了自己的 LEED 认证专家的证书，完成了自己的实习生发展项目，以及代表公司做了几次公开演讲。在经过一些挫折的时候，我很幸运地得到了来自主任的很多鼓励和自由，我由此收获如此之多的重要经历。那种超过了自我期望值的惊喜，给我带来很大自信。我对自己也感到很惊讶，并且决定将我的新技能和新理解运用到一种不同的媒介，那就是去研究生院学习。

在过去的时间，您到意大利罗马和土耳其旅行过。您在这些考察中都经历了什么？为什么说考察是非常重要的？

》在过去的六年里，我在意大利度过了几个夏季。第一个夏天，我是当保姆。那可能是我一生中最意想不到、最可怕、最美妙的经历。我辞去保姆担任一名咖啡师后，那年夏天最终就演变成一段穿越了雷焦艾米利亚（Reggio Emilia）、米兰（Milan）和佛罗伦萨的旅程。在接着的一个夏日，我外出游览的原因实际上更多是为了建筑。我在罗马的一家小型公司里实习，在一所当地的院校里上课。在整理自己游历和涉猎各种城市风光的同时，我在不同的城市观光旅行。

　　我难以忘怀的是第一次游览雷焦艾米利亚的经历。当乘火车抵达时，一种陌生感使我感到万分恐惧。我开始拖着大箱子直接越过了铁轨。当火车上的官员狐疑地向我冲过来，声嘶力竭地用意大利语咒骂、指挥我时，我从来没有感觉到如此惊恐。我想，"就是这样，我已经被发现。我认为现在是回家的时候了……"但我并没有回家，我坚持留了下来，并且收获了如此多的辉煌经历。就是这些历练，将我塑造成今天这种模样。

　　获得研究生学位之后，我在土耳其的博德鲁

---

① LEED, 即 Leadership in Energy and Environmental Design, 是一种美国的绿色建筑认证体系。——译者注

② Revit 是美国 Autodesk 软件公司出品的一套系列软件的名称。Revit 系列软件是专为 BIM（建筑信息模型）系统而构建的，可帮助建筑设计师设计、建造和维护质量更好、能效更高的建筑。——译者注

街道和广场。
暑期旅行速写，罗马，
意大利，
莎拉·斯坦绘制，马里
兰大学。

教堂。
暑期旅行速写，罗马，
意大利，
莎拉·斯坦绘制，马里
兰大学。

姆（Bodrum）消磨了两个月的时光。我有一个机会同一位土耳其建筑师，法鲁克·优甘乔格鲁（Faruk Yorgancioglu）及其他的家庭共同生活和工作在一起。工作项目包括坐落在一个令人难以置信的极佳的地理位置上，可以俯瞰到爱琴海（Aegean Sea）的11+（11-plus）度假屋。这是同一位才华横溢的建筑师面对面合作的独特机会。我期待着看到工作完成的那一天。

在研究生学习期间，您担任一名本科设计工作室助教的工作。请分享您这段经历，并说说它对您自己的设计方法有怎样的帮助？

》首先，这给予了我一个全新的视角来审视我自己的教育和与学生批评者联系的本质。我认识到，在引导和指导学生时，我们也必须为学生们自己留出一些探索和发现的空间来。这也教会了我通过完成的结果来理解一个想法，并同时去寻找支持和质疑一个特定观点的方式。

请概述什么是 LEED 建筑设计与结构认证专家，为什么您要努力获得这个证书？

》LEED 认证是由美国绿色建筑委员会（U.S. Green Building Council，USGBC）来进行评议认定的。这是一个绿色建筑的评估系统。它现在已经发展到另外一些可持续性建设的风险投资之中，包括社区开发和其他领域。当我在韦恩塞克建筑事务所的时候，公司极力鼓励人们去考取各种证书。在我们这个辖区，LEED 认证尤为重要。因为华盛顿特区的建筑规范要求学校、公共机构，都要达到 LEED 认证建筑作业的最低标准。我认为这一范畴和类别还在不断地扩大。我们设计了许多经济适用房。只要达到了类似于 LEED 这样的绿色环保标准，就能够获得政府的资助。这方面知识非常有用，不仅对于我们面前遭遇的这一些小小问题。对建筑产业是这样，而对当今的整个世界来说也是如此。

作为一名建筑学学生，您所面临的最大挑战是什么？

》在研究生学习期间，我告诫自己对参加建筑工作室设计不要过于认真。在外界压力下，人的精神极易因不堪重负而被摧毁。幸运的是，我们这个工作室是真正相互支持的群体，充斥着一种健康的竞争和共同成长的精神。但是我仍然不断地时时提醒自己，这是我自己的求学阶段。我到这里来是为了满足自己的好奇心，并且达成自己所设定的目标。

作为一名建筑学学生，您感到最满意或最不满意的部分是什么？

》我在建筑学业方面部分感到最心满意足的，是当呈交一份设计方案时自己内心的激动。将图像、影像、语言文字可靠地拼凑在一起实质上是很难做到的，更不用说

凯普林大厅香草园（Kiplin Hall Herb Garden）。
设计工作室项目，北约克郡（North Yorkshire），英国，
莎拉·斯坦绘制，马里兰大学。

设计思维的主线脉络应当稳固而统一。要通过密切观察评审老师的反应来检验设计是否取得了成功。在专业范围内，虽然我也曾经历过那种公众反响达到预定水准的时候，但听众的评论不仅是一种现场应时的"表演"，而更多的是对实质业务的商讨。

作为一名学生，我感到最不满意的地方是你不能"放下自己的铅笔"，在漫长的一天结束时轻松离开图纸。从不同角度发现了解决问题的新方法时，你就会无休无止地修改一个设计方案。反复修改与涅槃重生的能力也是使设计具有如此强烈吸引力的原因。

对于自己的职业生涯来说，您希望毕业后的 5 至 10 年里去做一些什么事情？

❯ 我希望能够得到执业许可并且在一家公司工作一段时间。最终，我想去开一家我自己的公司，无论是建筑学方面还是更广泛的设计。但是在自己开业之前，我还是愿意从公司中获得更多动力。

什么人或哪段经历对您的职业生涯产生了重大影响？

❯ 这是一个很难回答的问题。就人而言，我的父母和兄弟姊妹总是鼓励自己去进行艺术探索，并且让我相信自己的有些才能可以在设计领域有所作为。在经历方面，我就像一团海绵一样四处吸水。经历本身是非常重要的。

我最终认识到无论自己同任何地方、任何人和任何思想接触，这些地方、人和思想都将成为自己那创造性储备的一部分；认识和眼光的提升才能真正扩展自己未来的设计前景。

梦无止境（Where Dreams Have No End）

伊丽莎白 · 温特劳布
建筑学本科在读
纽约理工大学
皇后区（Queens），纽约州。

您为什么要成为一名建筑师？

❯ 自从 10 岁起，我就说自己想要成为一名建筑师。一直到现在我都不知道自己为什么要这样说。我总是能记住我住过的任何建筑的平面布局，并且很少迷路。长大成人后，我痴迷和热衷于艺术，尤其是手工制作。我总是竭尽全力地去做那些要涉及动手制作的功课，像立体模型、美术作业，而不是任何其他"主要的"家庭作业，如阅读或数学等。

当最后上了中学，我就能够参加一些更严肃的艺术课程。我们的艺术部门设置非常齐全，从美术到工艺美术一应俱全，此外还有表演艺术。我尽可能多地选了这些课，包括人体素描、平面设计、艺术史和计算机辅助设计，当然也有建筑制图。我也去选修了社会学入门课程，并且非常喜欢这门功课。这是我所学过的最有趣的课程之一，甚至包括我在大学所学的课程在内。

但如果不是我的一年级美术老师，我就不会有勇气去申请建筑学校。他使我拥有了这么长时间的艺术热情，并且激励着我比以往任何时候都更加努力地去工作。当我刚开始进入到自己认为是安全可靠的纽约理工大学时，我以为它仅仅就像是一所常规的学校一样。幸运的是我

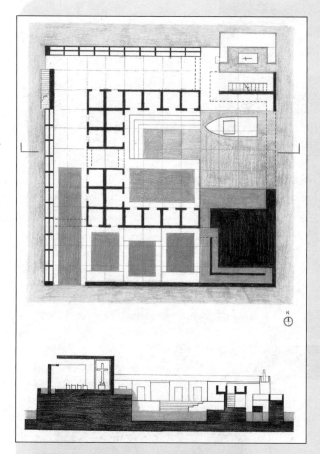

建筑师公墓岛（Island Cemetery for Architects）。
在意大利威尼斯（Venice）海外留学项目期间的草图
由伊丽莎白·温特劳布设计于纽约理工大学。

错了，因为我爱上了这所学校的建筑课程。现在我几乎就要毕业了，真看不出来自己还能去做什么其他工作。我知道这是一个自己擅长，而且实际能够在这个世界上有所作为的领域。

您为什么要决定选择纽约理工大学？您获得了什么学位和选修了那些课程？您为什么要选择去进行建筑学学士学位的学习？

》中学毕业后，我是在纽约理工大学的秋季学期开始攻读自己的建筑学学士学位的。自己不想离开家乡，于是我就申请了纽约市的许多学校。问题是我还不能真正确定，自己是否会全身心地投入到学习建筑学之中。我有点倾向于学习室内设计或平面设计。最终两个最有竞争力的候选对象是帕森斯设计学院（Parsons）和纽约理工大学。我实在是想去帕森斯设计学院，因为其是一所艺术学校。但我选择纽约理工大学的可能性超过了帕森斯设计学院。这是因为纽约理工大学有专业学位，并且从我家开车到学校，路程实在很短。我万分庆幸地选择了纽约理工大学，因为这个专业非常优秀。我已经在这里结交了许多很厉害的朋友，以及一些德高望重的老师。我为自己的选择而欣喜有加。

在本科学习期间，您有机会在意大利进行海外学习。请描绘这段经历，以及如何体现它对你而言是很有价值的求学经历？

》在意大利进行海外留学，是给我的生活带来了巨大变化的一段经历。在大学之前，我从来没有想过要出国留学。因为我总是害怕长时间地远离家庭。我之所以有兴趣到那里去参加一个海外留学项目，是因为这些项目都是建筑学课程项目。这意味着我将会得到工作室设计课的学分，并且这些课程也仅仅只有五个星期长。

实际上我特别想去意大利留学。意大利项目的主任，当时也是自己的工作室教授。他积极地督促我去申请这个课程。于是我就去进行申报，并且得到了批准。我既兴奋不已又惴惴不安，因为自己当时对留学一无所知。值得庆幸的是，我的男朋友与我始终情意相合，并且自己与那其余的 10 名学生也能在旅途中和睦相处。我开始去攀登那自己最喜欢的古代建筑——佛罗伦萨主教堂（Florence Cathedral）的穹顶。我看见了许多美丽的教堂和其他历史建筑。自己亲自看到了这些建筑，而不是在教科书或网上看到，给人的感觉当然是震撼至极。看到这些几百年前全部都用手工建造的宏伟建筑，真是令人惊异不已。这些建筑物极其完美，足以使我们立即融入这

纽约舞蹈学校（New York School of Dance）。
工作室设计项目（Studio Project）
由伊丽莎白·温特劳布设计于纽约理工大学。

纽约舞蹈学校。
工作室设计项目。
由伊丽莎白·温特劳布设计于纽约理工大学。

种文化氛围之中。

　　这次旅行实际上增强了我的自信心。因为我知道，自己真的可以单枪匹马地在另外一个陌生的国度长时间地生活和工作。我知道，自己已可以与其他人合作并设计出令人满意的终极作品。我也意识到不能让任何恐惧阻挡自己前进的步伐。我所学到更多的是关于我自己，而不仅仅关于建筑学。

您有机会担任设计基础（Design Fundamentals）课程的一名助教。请描绘这段经历，以及深处教学的"另一侧面"是什么样的感受？

》为了他们那令人惊异的工作，我要衷心地感谢自己所有的教授们，因为他们尽职尽责的教学工作。教书是人们所能做到的最难做的事情之一。讲授大学一年级新生设计课的难度甚至更大，因为他们还不习惯于像建筑师那样去思考。在新生设计课讲授中，最困难的任务是教会他们以一种不同的方式来看待世界。他们必须及早地学会如何甚至在更广泛的意义上看待空间，并且最好是开学的前几周内。不幸的是，那些逐渐开始有一些建筑师思维的学生，要么他们在学期结束时就拥有了；要么就永远不会明白。那些实在不懂的学生是很难处理的。了解学生们的想法也是非常困难的。有些学生比其他人具有更清晰的目的和思想。最终你会开始理解每个学生的想法，而且他们的想法各有不同。我建议，每一名建筑学学生在他们上学的最后几年里再进行这方面的尝试。因为回到最初的设计工作室总是会让人耳目一新，即使仅仅只是走马观花地看看。此外，看到不同的设计过程真的也会使人感到妙趣横生。令人惊讶的是，每个学生的想法都完全不同，而且每一个方案也由于思维相异而变得独一无二。做助教工作真正的回报是，你在学期末发现，自己能给予他们如此多帮助。我很高兴自己能够成为学生们的良师益友，并且可以在其整个大学生涯中继续指导他们。

您在纽约理工大学担任过美国建筑学生协会分会主席。在您的职业生涯准备上，这段经历有什么帮助？

》自从开始在纽约理工大学学习，我就参与到美国建筑学生协会的活动之中。但是在像这样一类组织机构中担任主席，绝对是你曾经做过的最困难的事情之一。问题是你真的必须要去激励自己的执行董事会，因为没有人为这个组织的经营付报酬。说服人们从繁忙的日程中抽出时间来以确保协会活动顺利完成，是一件

非常困难的事情。令人难以置信的是，这个国家层面上的机构整体上都是由学生来组织运行。如果这里没有像我一样的学生真正地将自己的精力投入其中，这个组织就将不复存在。

我想成为主席，是因为我希望自己的这个行业能蒸蒸日上。我希望自己分会的学生们能得到激励，并且能全力以赴地投入到自己的工作之中去。我也希望他们明白，建筑师的工作不仅仅就是将你的设计完成而已。在许多领域中建筑师都可以大有所为，如慈善工作和与行业有关的机构网络。作为学校的主席，行业内的社交关系也确实对自己大有裨益。无论如何，这个工作促使我从整个行业的角度来看待问题。每一个学习建筑学的人皆会为这个生机勃勃的领域作出自己的贡献，无论是从地方水准还是在国家层面上。我知道只要下定决心，自己就可以去做任何想做的事情。我从来就没有想到过，自己将会被选去领导这样一个全美性组织的分会。这个工作有助于我学会如何去分配任务，更好地管理自己的时间，并且逐步提升自己在一些问题上表达声音和看法的能力。

在第三至第四学年之间，您在一家建筑公司充当一名实习生。请描绘一下这段经历，以及如何体现它对你而言是很有价值的求学经历？

》在2011年的夏天，我作为一名实习生全日制工作在一家小公司里。这家菲利普·托斯卡诺建筑师事务所（Philip Toscano Architects）位于美国纽约西南部的布鲁克林（Brooklyn），业务工作范围非常广泛。这是我的大学生涯中最好的经历之一。因为我没有做那种听说实习生通常要去做的事情，如像扫描旧图纸或为大家端咖啡等。在那里工作的时候，我接触到了许多不同的事物。我总是在公司里四处走动，看看每个人在做什么工作。一个人正在为自动喷水灭火装置设计一个反射性的天花板，而自己旁边的家伙正在为一些地标性建筑做立面设计。我还申请了文书工作，以了解建筑部门的相关事务。

我从事着比自己所期望的还要多的工作，而且很多工作已超出了这个领域。广泛意义上，我在工作中经历了三个较大的项目。

在这家公司期间，我从这三个项目中收获最多。我所做的第一个项目是把布鲁克林的一个陈旧的混凝土仓库框架改造成一个酒吧。第二个项目是设计布鲁克林区市中心商业区的一座新的公寓大楼，距离海域大概有几个街区。我也与客户一道进行了面对面的沟通。第三个项目是其中最大的，需要在皇后区新建一座大型仓库。这次经历是非常有价值的。因为我要去了解建筑设计师，自己未知的新侧面。在学校里，老师教你们如何设计建筑物。但在大多数时候，这些房屋都不可能在现实中建成。只有在这样的公司，你才能学到建筑物质结构的技术如何建造施工，以及项目业务在公司如何运作。我很感激有了在这家公司工作的经历，因为这使我接触到一个非常重要的领域。

作为一名建筑学学生，您所面临的最大挑战是什么？

❱作为一名建筑学学生，我所面临的最大挑战是认识到这样一个事实，那就是自己正在长大，并且还有许多东西需要去学习。在这个领域中生存是非常困难的，因为建筑学也是一种生活方式，并且其可以被认为是一种男人们进行竞技角逐的场所。很快当自己毕业时，我就因为知道自己即将要去工作而没有安全感。学生们还没有意识到，他们所拥有的这一切是多么美好。因为只要完成了自己的设计和通过了所有的考试，他们就可以无忧无虑地在那所学校里得到另外一个学期的学习资格。但是对于那些进入现实世界的人们来说，获得一个职位是没有保障的。

作为一名建筑学学生，您感到最满意或最不满意的部分是什么？

❱作为一名建筑学学生，我感觉到最满意的是参与学期末的评图。当看见自己所有的艰苦劳动被钉在墙上，旁边还伴随着自己的模型，我就感到激动不已。当你知道这些作品凝集着自己在设计工作中投放的所有时间，从详细的图纸到手工渲染；当你知道在如此短的时间内，自己也能够创造出一个很不错的项目，这都会使你心中荡漾着一种欣喜和自豪的感觉。作为一名建筑学学生，我感到最不满意的地方是缺乏睡眠。这对人的精神和身体都是非常不健康的，因为你发现自己在设计工作中一直在超负荷劳动。设计可以驱使自己疯狂，但你真的也在罹患疾病。我已经患有自己应得的疾病，同时也在焦虑的驱使下，不顾一切地去试图完成所有工作。

对于自己的职业生涯来说，您希望毕业后的 5 至 10 年里去做一些什么事情？

❱毕业后我想去做的第一件事，就是尽快得到自己的执业执照。我想要去进行全职工作并且完成自己实习期的所有记录。我也希望一毕业就参加考试，因为自己不是一个很好的应试者。我的目标是在毕业后三年内拿到职业资格。之后要做什么，我目前还不知道。我不知道自己目前是否应该去读研究生。因为除非自己想专攻某个专业方向，我才想去继续攻读。现在我想为一家不那么专的、承担多种门类设计项目的公司工作，因为我想在这个领域中尽可能广泛地接触更多东西。自己最终的职业目标是在专业上尽可能地全面。

什么人或哪段经历对您的职业生涯产生了重大影响？

❱在自己的职业生涯中，对我影响最大的无疑是自己的中学美术老师伦纳德·安蒂诺里先生。

我决定去追求一种创造性的职业。对此我的父母表示非常支持。但安蒂诺里先生改变了自己对学校和艺术的所有看法。在见到他之前，我没有在学校里努力地去做过任何工作。对我来说，成为一名建筑师似乎是遥不可及的事情。他是一个要求很高的老师。他告诉我，为了在将来有份比较好的工作，你必须要在短时间内尽可能多地去学习和工作；你必须要全身心地投入到自己所做的每一个工作中去。你必须考虑清楚自己所走出的每一步，在自己所作出的每一个决定背后都设立一个明确的意图，一个清晰的理由。从整个大学生涯一直到自己的今天，我都是在应用这种清晰而完整的思路。我只将

自己创造出来质量最好的作品呈现在人们的面前。我宁可没有任何东西展示给客户，也不愿意拿出那些没有调动自己全部潜力去做的设计作品。他与我的父母一道，教导我要诚实、谨慎和与众不同。如果不是安蒂诺里先生和我的父母，我就不会有自己的今天。我真的很感激他们为我所做的一切，我绝不会让他们失望。

当你成为一名建筑学学生

祝贺你，你现在已经是一名建筑学专业的学生了，开始进入成为建筑师的第一个也是最关键的阶段。置身于自己的教育背景中，你应该对建筑学认证的条件慢慢变得熟悉起来（naab.org），它包括由美国国家建筑学认证委员会设定的学生专业能力评价标准。详见补充资料"学生的表现，体现在教育领域和学生专业能力评价标准纪录中"（Student Performance-Educational Realms and Student Performance Criteria）。

要记住，大多数州都会要求，只有你获得了一个经美国国家建筑学认证委员会认证的专业学位，才能成为一位有执业资格的建筑师。什么是建筑学认证？美国国家建筑学认证委员会提供的答案是：

建筑学认证是衡量一些院校对学生和公众服务质量是否合乎标准的一个最基本手段。认证状态就是给了学生和公众一个信号，该学校或该学科至少符合最低标准的教师、课程、学生和图书馆服务设施。认证过程的目的，是验证每个被认证的院校或学科基本上符合这些标准，简言之，就是包括一位建筑师所需的恰当的教育。由于美国大多数州的注册委员会，需要一位执业申请人毕业于已由美国国家建筑学认证委员会认证的专业，所以获得这样的一个学位是有志于从事建筑设计专业实践者的一个基本要求。[2]

在通过认证的过程中，美国国家建筑学认证委员会可以指定哪些建筑学课程是必须要讲授的，但它并不能决定如何来教授这些课程。这就是为什么，并不是所有的建筑课程体系都是千篇一律的。各院校课程之间的千差万别可能会让人们困惑不已，但这种差别也使你能寻找到最适合自己的专业或学位项目。

学生的表现，体现在教育领域和学生专业能力评价标准的记录中。[3]

经认证的学位课程，必须能够证明每个毕业生拥有以下标准所限定的知识和技能。这里所界定的知识和技能，代表了那些准备进入毕业生实习阶段、执业考试和获取执业许可，或者从事相关领域的工作。该课程项目必须为学生的工作提供证据，那就是这个毕业生已经满足了每一项标准。

该标准包括有两个层次上的能力要求：①

■ 理解力：对分类，比较，总结，说明和 / 或诠释信息的理解能力。

■ 能力：能够熟练地运用特定信息去完成一些任务，正确地选择合适的信息，并准确地将其应用于对一些具体问题的解决；与此同时，也能够辨别它们实施效果的优劣。

II.1.1 学生专业能力评价标准：

美国国家建筑学认证委员会所建立的学生专业能力评价标准，有助于那些经认证的学位课程项目，培养出适合专业领域的学生，同时鼓励学校的教育实践与院系内不同的学位项目相结合。现将学生专业能力评价标准有机地总结为如下几个层面，以使人们更容易理解它与单个标准之间的逻辑关系。

领域 A: 批判性思维与行为表现

一个学生若要从认证委员会认证的课程项目中毕业，必须要能够在多元化理论、社会、政治、经济、文化以及环境背景的研究和分析的基础上，建立起一些抽象性的联系，并了解这些思想的重大影响。这其中包括能够运用多种维度的媒体来思考和传达建筑理念，如写作，调查研究，演讲，绘画和模型制作等。

学生在此领域的学习目标包括有：

■ 接受广博的教育。

■ 维系终身的好奇心。

■ 在多种媒体的呈现之下进行图示化的交流。

■ 对证据进行评价。

---

① 参见 L.W 安德生和 R. K 克瑞斯沃尔（L.W. Anderson & D.R. Krathwold）编辑出版的《学习、教学与评估的分类：布鲁姆教育目标分类法的修订》（Taxonomy for Learning, Teaching and Assessing: A Revision of Bloom's Taxonomy of Educational Objectives.）。纽约：朗曼（Longman），2001。

■ 理解人、场所和文脉的含义。

■ 辨识客户、社区和社会的不同需求。

A.1 专业沟通能力：能够有效地进行撰写和语言表达，能够使用适合于业内同行和一般公众的媒体进行表达。

A.2 设计思维能力：能够提出一些清晰和准确的问题，应用一些抽象的思维来诠释信息，考虑种种不同的观点，得出合理和详尽的结论，在相关的规范和标准之下能检测另外一些设计结果。

A.3 调查研究能力：能够对相关信息和空间呈现情况进行收集、评估、记录并在一定程度上进行评价，以支持那些与特定项目或课题有关的结论。

A.4 建筑设计能力：能够有效地掌握基本的建筑形式、空间组织和环境法则，并且能够将以上每一种因素转换成二维和三维设计方案。

A.5 秩序体系：能够应用自然的和形式的秩序体系的基本原理，并且能够将以上每一个因素转换成二维和三维设计方案。

A.6 对范例的使用：能够对现存相关范例中的基本原则进行核查和理解，并能对是否将这些原则应用到建筑设计和城市设计项目中去，作出明智的选择。

A.7 历史和文化：了解各种土著人群、乡民群体、地方群体、区域社群之间的相似的和大相径庭的建筑历史和文化管理，以及背后的政治、经济、社会和技术因素。

A.8 文化多样性与社会公平：了解具有不同文化和个人特点，多种需求、价值观、行为规范、体能的社会和空间模式以及建筑师的责任，以确保人们获取建筑空间使用权的公平、公正性。

领域 B：建筑实践，建造技能和相关知识：

要从美国国家建筑学认证委员会认证的课程中毕业，必须要能够了解建筑设计、建造系统和建筑材料的技术层面，并能将这种理解应用到建筑设计方案之中。此外，这些方案对环境的影响也必须给予周密的考量。

学生在此领域的学习目标包括有：

■ 用完备的整体系统完成建筑设计。

■ 了解建筑施工能力与程度。

■ 整合环境管理的原则。

■ 准确地传达技术信息。

B.1 初步设计：能够制定出一个建筑项目的综合设计方案，其中必须包括一项对客户和用户需要的评估；一份空间及客户需求的详细清单；一份场地条件分析，包括现存建筑物的情况；一份对相关建筑规范和标准的综述，包括可持续性节能的相关要求以及该规范对项目影响的评估；建筑选址的限定和设计方案的评价标准。

B.2 场地设计：能够应对场地的各种条件，包括在项目设计推进中涉及的城市文脉和发展模式、历史遗留建筑、土壤条件、地形特征、气候特征、建筑朝向以及水域分布等。

B.3 规范和法规：能够设计符合生命安全标准、可达性标准和其他规范和法规的场所、设施和空间体系。

B.4 技术性施工图：能够为建筑设计绘制出技术逻辑清晰的图纸，制定出纲领性的规范，并制作出用于表达材料、结构系统和组件之间的装配关系的模型。

B.5 结构体系：能够论证结构体系的基本原理和它对于重力荷载、地震等水平荷载的承受能力，并能够选择和应用适当的结构体。

B.6 室内环境系统：了解环境系统设计的原则，该系统是如何根据地理区域而发生变化的，以及用于环境品质的工具。其中必须包括主动和被动的采暖和制冷状况、室内空气质量、太阳能系统，照明和声学系统等。

B.7 建筑围护结构和构件：了解适当选择和应用建筑围护结构的基本原则，其中涉及墙体的基本性能、美学要求、潮气转化、耐久性、能源和材料资源合理利用等问题。

B.8 建筑材料和构件：了解建筑材料、饰面，产品，部件和构件的固有性能，包括环境影响和再次利用而进行适当选择利用的基本原则。

B.9 建筑设备系统：了解对于建筑设备系统，包括机械、管道、电气、通讯、垂直运输安全和消防系统的性能以及选择应用的基本原则。

B.10 预算管理：了解建筑造价计算的基本原理。其中包括项目融资的方法和可行性、施工成本估算、施工进度计划、运营成本和使用寿命周期等。

领域 C：建筑综合设计方案

若要取得美国国家建筑学认证委员会认证的学位，必须要能够将一系列变量综合为一个完整的设计方案。这个领域要求学生具有能够形成复杂的设计和技术方案的综合性思维。

学生在此领域的学习目标包括有：

■ 将各种复杂系统的变量综合成一个经过整合的建筑设计方案。

■ 通过多个体系的综合设计方案来回应生态环境设计目标。

■ 横跨多个体系和多个尺度地评估建筑方案中的选择，并权衡这些方案带来的影响。

C.1 综合设计：能够强调在广泛一体化的语境下，在对环境管理、技术施工图、可达性、场地条件、生命安全、环境体系、结构体系、围护体系及构件等多方考虑之后，在一个复杂的建筑项目中作出设计方案。

C.2 评价与方案制定：能够在设计项目完成时，展示出与横跨多个体系和众多变量而进行综合设计的相关技能。其中包括设计问题的判别、设定方案评定标准、分析设计方案，以及预测项目实施的有效程度。

领域 D：建筑设计的专业实践。

若想取得美国国家建筑学认证委员会认证的学位，必须要能够了解建筑实践的业务原则，包括管理、宣传，以及为了客户、社会和公众的利益合法地、合理和批判性地开展工作。

学生对此领域的学习目标包括有：

■ 了解建筑设计与施工业务。

■ 在相关学科中识别有价值的角色和关键人物。

■ 了解建筑设计的职业道德规范、法律责任和专业职责。

D.1 利益相关者角色（Stakeholder Roles: In Architecture）：在建造环境设计方面，了解业主、承包商、建筑师和其他主要利益相关者（譬如用户群体以及社会）之间的关系。了解建筑师有职责，协调利益相关者之间的需求。

D.2 项目管理：掌握选择专业顾问和组建团队的方法；以及确定工作计划、项目进度和时间需求；并推荐项目交付的方法。

D.3 业务实践：了解企业内部项目运营的基本原则，其中包括资金管理和业务规划、市场营销、项目组织和创业精神等。

D.4 法律责任：了解建筑师对公众和业主所负的责任和义务。这些职责由法规和法律原因所确定，其中包括建筑设计实践和专业服务合同。

D.5 职业道德：了解建筑设计与实践中职业判断训练涉及的道德伦理问题，并了解美国建筑师协会道德规范（AIA Code of Ethics）在界定职业行为中的作用。

注释：这里所列出的学生专业能力评价标准最终批准于 2014 年 7 月；想要了解学生专业能力评价标准的最终版本，可访问 www.naab.org。

拉图雷特圣玛丽修道院（Sainte Marie de La Tourette），埃伏（Éveux），法国。
建筑设计：勒·柯布西耶。
建筑摄影：达纳·泰勒。

课程

　　无论你选择哪一个机构和院校去攻读你的建筑学学位，需要修读的课程都是相似的。一般涉及以下内容：通识教育、设计课、历史和理论、建造技术课、专业实习，以及一些选修课。

　　在通识教育方面，每一个建筑院校都要求修读英语、人文科学、数学和科学、社会科学等课程。虽然你可能不喜欢这些必修课程，但要意识到它们将与自己的建筑学业息息相关。从提供给你们的课程范围中尽量选择那些你感兴趣的课程。

你很快会知道，设计课是建筑学专业的核心内容。一旦进入学位课程的工作室设计阶段，你将每学期都参加设计工作室的设计课，一般为四至六个学分。在设计工作室，你可与指定的教师一起度过 8 至 12 个小时课程时间和无休无止的课外设计时间。这些项目可以从抽象设计概念入手，也可从提升基本设计技能起步，随着时间的推进，项目的规模和复杂性将迅速地攀升。

教师们提供出一个特定的项目主题或空间要求。从那里开始，学生们要独立地提出解决问题的方案，并将结果提交给老师和同学们。这最终的汇报被称为评图。这是整个艰苦设计工作中的高潮阶段，针对最终作品的意见和评价将反馈给学生们。与结果同样重要的是设计过程。你不仅从工作室教师那里学到技能，从伙伴和同学们那里也将学到很多东西。

设计课程是建筑学教育的核心，但工作室又是什么？那不仅仅是一个简单的工作场所，工作室是设计产生的地方。作为建筑学教育的一个最重要的方面，工作室是工作之处，也是超出工作范畴之外的场所。当你将自己从建筑学课程中所学到的知识结合并应用到设计工作中去时，工作室就成了这些课程的扩展和延续。

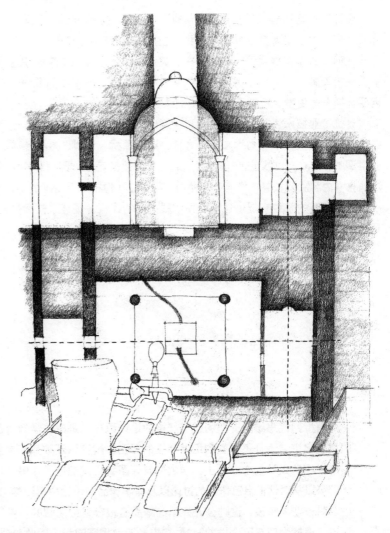

埃尔托库斯·梅德雷瑟（Ertokus Medresi），阿塔贝伊（Atabey），土耳其。草图由汉娜·厄比（Hannah Irby）绘制于美国天主教大学。

作为工作室课程的一部分，你将应用下列资料里所描述的不同方法来学习建筑学。在一个工作室项目的开始阶段，你可以随自己的同学一道对项目和场地进行调研，并进行案例分析。您可以对提出的地点进行实地考察。当你开始进入设计过程的时候，老师可以就项目的某些方面进行讲授。你可以在课堂上进行设计，并参与课堂评图或在私下时间与教授讨论自己的设计和想法。根据项目持续时间的长短，有些设计会组织在整个工作室和教授之间或工作室本小组的同学之内的，钉在墙上的中期评图环节。最终你会参加小组研讨，在集中赶图之后，努力如期交图。最后会有终期评图，其中评审老师会涉及外聘教师或其他年级的教师。

　　设计工作室和建筑学教育之中最重要的方面，就是通过评图来进行学习。美国建筑师协会会员，马里兰大学建筑学专业主任兼副教授布赖恩·凯利先生，曾提出以下论断：

　　任何建筑学课程项目，都需要在建筑历史和理论课程中来阐明这一学科的价值观、概念和方法论等问题。大多数院校设置了供人们了解跨时代的西方和非西方建筑传统的课程，从古希腊到现代建筑。此外，学生们可能还需要选择一些更多地聚焦于建筑历史的课程作为选修课。

　　建筑工业技术涵盖了建筑结构和建筑环境系统。尽管每种课程项目在讲授这些教学内容时都会有所不同，但结构课都将涉及基本静力学和材料力学，涉及木材、钢材、木料和砖石的材料性质等。建筑环境系统课程包括暖通空调（HVAC，也就是暖气、通风和空调），以及管道、照明和声学等。大多数院校也开设有建筑材料和构造方法的教学内容。院校要求修读这些课程，都旨在让你把课上所学的知识融入工作室的设计项目之中。

　　几乎所有的院校皆提供建筑专业实践方面的课程，阐述了法律层面上的建筑设计、承包合同、道德伦理、领导角色和项目业务等问题。

　　由批判性思维所支配的整个严格的设计进程，是建筑学教育的核心组成部分和设计实践得以成功的重要保证。设计工作室利用批判性的评图、辩论以及教师和专家学者的咨询，将一系列广泛的议题集中在建筑设计的中心之上。学生们与评图者之间的这种接触，发生在一个公共场所里。在这里，学生们可以从对他们自己作品的讨论以及同学作品的讨论中得到学习。

　　对一些人来说，这种公开评图的本质是很容易被曲解的。刚开始的学生总是将对他们设计作品的评论，误解为对自己个性的赞扬。"史米斯教授喜欢我，因此他对我的作品总是很热心。"同样，其他的一些人也常常把对自己作品的评论与对个人属性的评价混为一谈。"琼斯教授对我有成见，总是贬低我的作品。"这两位同学的态度，恰是对评图的作用的一种天真的评价。其实批评不是针对个人的。

　　评图的作用是提升学生们的设计进程，从而引导他们走上一条高质量建筑设计之路。评图不仅仅是简单的一句话，"我喜欢"或"我不喜欢"。评图要涉及对设计工作所依据原则的阐明，以及对这些原则合理应用的评价。简而言之，批评是关于作品，将作品概念化讨论的过程。它与个人毫无关系。评图的目的是使学生成为一位善于发现自己错误的人。自我批评和来自他人的批评都是建筑师在设计实践中的一种必不可少的工具。

布赖恩·凯利，马里兰大学

虚拟制造的房屋（VM^① Houses），哥本哈根，丹麦。
建筑设计：JDS^②建筑事务所比亚克·英格尔斯集团（JDS Architects and Bjarke Ingels Group.）。
建筑摄影：达纳·泰勒（DANA TAYLOR.）。

　　此外，所有的院校也会提供一系列的选修课。（详见补充资料"建筑学选修课程：实例 A"）。其中可能包括计算机应用、前沿技术、建筑历史和理论，城市设计等课程。某些学位课程项目允许或要求学生选修如艺术、商业或工程等专业以外的选修科目。

---

① VM 是虚拟制造（Virtual Manufacturing）的意思。其本质是以新产品及其制造系统的全局最优化为目标，以计算机支持的仿真技术为前提，对设计、制造等生产过程进行统一建模，在产品设计阶段，实时地、并行地模拟出产品未来制造全过程及其对产品设计的影响，预测产品性能、产品制造成本、产品的可行制造等。——译者注
② JDS 为 Juliens Design Studio 的英文缩写，意为朱利安设计工作室。——译者注

建筑学选修课程：实例 A

作为地产开发者的建筑师（Architect as Developer）

建筑设计方法（Methods in Architectural Design）

生态设计（Biomorphic Design）

城市史（History of the City）

路易斯·康与建构理论（Kahn: Theory of Tectonics）

高阶手绘透视图技法（Advanced Freehand Perspective Drawing）

建筑理论的意识形态：理论的境遇和历史排列的秩序（The Ideologies of Architecture Theory: The Situations of Theory and the Syntax of History）

超越后现代主义都市（Beyond Postmodern Urbanism）

文化景观：大峡谷（The Cultural Landscape: The Grand Canyon）

寻找意义：在设计中生存（Finding Purpose: Survival in Design）

国际大道：有关一切的分析（International Boulevard: The Analysis of Everything Else）

建筑设计与企业文化（Architecture and Corporate Culture）

从理论上考量的城市（The City Theoretically Considered）

环境设计与犯罪预防（Introduction to Crime Prevention through Environmental Design）

了解客户和用户：建筑策划和评估方法（Understanding Clients and Users: Methods for Programming and Evaluation）

建筑设计实践的传统（Traditions of Architectural Practice）

数字时代的设计（Design in the Digital Age）

建筑设计中的关键问题（Critical Positions in Architectural Design）

结构工作室 2：实验性混凝土建筑（The Bone Studio 2: Experimental Concrete Architecture）

数字建造（Digital Fabrications）

设计实践的法律层面（Legal Aspects of Design Practice）

呈现、呈现和再呈现的方法（Methods of Presentation, Representation, and Re-Presentation）

建筑哲学专题研究（Seminar in Architectural Philosophy）

建筑可持续问题研究（Issues in Sustainability）

设计工具

除了课程之外，建筑教育的另一个要素就是工具。不同于其他有课本的主修专业，建筑学生需要拥有很多工具。事实上，虽然建筑学学生也需要购买一些教科书，但他们必须购置这些工具。该专业的工具包括有：丁字尺、绘图板、比例尺、三角尺、含铅量不等的铅笔（2H、H、B、2B）、卷笔刀、橡皮擦、擦图孔板、指南针、装有刀片的美工刀、画圆模板、刷子、绘图灯、图钉、制图胶带或小贴纸。现在这些工具你可能还有点陌生，但很快就会熟悉的。通过美国建筑学生协会的各个分会，许多院校都销售那种配置有刚才所提到甚至更多名目的工具盒。购买这样一套工具盒物有所值，花钱可以节省时间和不必要的麻烦。

你也可以考虑去配备一台笔记本电脑、平板电脑和带有耳机的音乐播放设备。近些年来，越来越多的院校要求将笔记本电脑作为工作用具之一。即便如此，现在所有将进入大学的学生们都已配备了笔记本电脑或台式电脑。最好向本学科高年级学生了解一下操作平台，是选择 MAC 电脑还是其他笔记本电脑。你也会想要用耳机去听自己喜欢的音乐，同时也可以消除工作室令人心烦意乱的噪音。

要反复地与学生们核实是否已经下载需要的软件；科学技术正在日新月异地发生着飞速变化。但你应该首先会需要使用 AutoCAD[①]、SketchUp[②]、Adobe Creative Suite[③]等软件。其中 Adobe Creative Suite 包括有 Photoshop、Illustrator、InDesign 等。你还会需要 Revit、Graphisoft[④]等建筑信息的建模软件。当然，你也会通过使用 Word、Excel、PowerPoint 等微软办公软件（Microsoft Office），来使你的工作更加高效。在近几年中，越来越多的学生们在使用平板电脑和智能手机应用程序中开始了自己的大学生活。这些工具会对自己的学习有所帮助。

丰富多彩的校园学术活动

除了在前面一个章节中列出的那些特定的建筑学学位所要求的课程之外，只要你想要，你可以通过许多其他方式来丰富自己的学术经历。

校外课程（出国留学）

许多建筑学院校都提供了出国留学的机会。有一些建筑学专业，包括美国圣母大学和美国雪城大学（Syracuse University），实际上还会要求有出国留学的经历。其他的一些课程将提供国外学习作为一种自己的自由选择。出国交流项目一般会设置在夏季或整个一个学期。而一些学生也可以选择在国外的其他院校里学习一个整学年。在自己的学习期间内，你都会被不惜余力地鼓励出国留学。实际上，教师会告诉你应该自己走出去。对一部分学生来说，金钱通常是出国留学的一个障碍。但大多数课程皆为学生们提供奖学金。要记住，一旦毕业进入劳动力市场，你可能就没有这样的机会去旅行。

---

① 欧特克计算机辅助设计（Autodesk Computer Aided Design，CAD）软件是美国电脑软件公司（Autodesk）首次于 1982 年开发的自动计算机辅助设计软件。——译者注
② 草图大师（SketchUp）为一种优秀的建模软件。——译者注
③ 美国奥多比（Adobe）公司为一家著名的图形图像和排版软件的生产商。奥多比创意套件（Adobe Creative Suite）是奥多比公司出品的一个图形设计、影像编辑与网络开发的软件产品套装。该套装包括电子文档制作（Adobe Acrobat）软件、矢量动画处理（Adobe Flash）软件、网页制作（Adobe Dreamweaver）软件、矢量图形绘图（Adobe Illustrator）软件、图像处理（Adobe Photoshop）软件和排版（Adobe InDesign）软件等产品。——译者注
④ 图软（Graphisoft）公司成立于 1982 年，是一家开发专门用于建筑设计的三维计算机辅助设计（Computer - Aided Design CAD）软件的公司。——译者注

纵观自己的建筑教育，我意识到自己对建筑产业中的市场营销和商业运营也怀有浓厚的兴趣。由于马里兰大学没有开设一门针对自己兴趣的课程，于是我就进行自主学习，去了解作为一门学科的市场营销以及其与建筑之间是一种什么样的关系。该学习的过程经历了对不同规模的两家建筑公司的参观和访谈，进行建筑市场营销的研究。进行自主学习是我在大学里最有价值的经历之一。它使我能与老师紧密合作，将自己的兴趣集中于建筑学相关专业，并开始了解自己未来的潜在职业机会。

杰西卡·伦纳德（JESSICA LEONARD），马里兰大学

自主学习

大多数院校都允许你在教师的指导下进行自主学习。但头几年的学习中还是以老师讲授为主。

自主学习可以使你将精力集中在自己学校通常不讲授的某些特定问题上。

辅修科目与证书

如果你对除了建筑学以外的其他一门学科感兴趣，那么就可以考虑去修一个辅修专业。一个辅修专业通常要求不少于 15 到 18 个学分的课程。其能够显示出一定的结构性和连贯性，并包含一些高水平的课程。此外，那些合格地完成了一项辅修科目的学生，可能在他们的成绩单上会得到注明。

在研究生阶段，还存在一些可得到证书的课程。与学术辅修课的概念一样，证书课程允许你在自己学位课程之外，但仍然与之相关的领域内获得专门的知识。证书课程包括有：历史遗产保护、可持续城市规划、城市设计、博物馆研究和设计编程技术等。

双专业、双学位和联合学位

对于一些人来说，双专业、双学位和联合学位也是一种很好的选择。根据院校的不同，你可以在本科阶段进行双专业或双学位学习，或者在研究生阶段进行联合学位的学习。由于建筑专业课程的时间要求，这种选择在本科阶段可能是非常困难的。第二专业或第二学位，通常要求你完成两个学位的课程要求。如果感兴趣，请您查阅本科目录。

在研究生阶段，许多院校已经建立了双学位的建筑学硕士。例如，伊利诺伊大学香槟分校建筑学院提供了一个建筑学硕士和工商管理硕士的联合学位。比起分别攻读每一种学位，这个项目允许你在更短的时间内获得双学位。

系列专题讲座、展览和期末评图

即使不是所有的，但大多数建筑院校都在学期中举办系列专题讲座。建筑院校将会举办一系列由建筑师、其他课程或其他专业老师提供的系列讲座，旨在增加学校内部的讨论。有时受邀的演讲者还包括有著名的"明星"建筑师。你应该尽一切努力去参加这些讲座，以扩展自己的建筑学经历。此外，许多院校在午餐时间还主办了更多的非正式的"午餐讲座"。这些

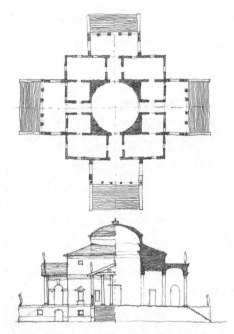

▶ 圆厅别墅（Villa Rotunda），维琴察（Vicenza），意大利，出国留学课程。草图由玛格丽特·德里伍绘制于马里兰大学。

▼ 圆厅别墅，维琴察，意大利。
建筑设计：帕拉第奥（Palladio）。
建筑摄影：R·林德利凡。

讲座的主角是教职员工，有时甚至是一些学生。你也可以去参加由附近学校以及美国建筑师协会的分会或其他机构主办的一些讲座。例如，在华盛顿特区就读建筑学的学生，就可以就近经常去国家建筑博物馆或其他文化机构参加讲座。

除了系列专题讲座之外，一些建筑院校还能够利用学校内部的展厅举办一些展览。这些展览可能会是一个外界举办的巡回展览的一部分，或仅仅就是学生或教师作品展。这些展览是观察和学习他人的一个绝佳途径和方法，无论是向专家还是向自己的同学伙伴学习。

最后通过参加学期末评图会，可以看到学生们对自己作品的介绍，听取一下老师或外请专家的反馈意见。在许多不同的方面，学期末评图会都具有重要的指导意义。你可以第一手看到同学们最终的图纸和模型，听取他们的方案汇报以及从外聘专家的批评中学到很多东西。

社区服务

近来许多建筑学课程项目都会提供一些社区服务项目。许多院校参与了"国际人类家园"（Habitat for Humanity International）所组织的项目。这是一个在美国和世界上 20 个国家里，致力于为那些居无定所的人建造或修缮家园的组织；而其中另一些项目则是通过支援一些指导课程来帮助学龄儿童。这些建筑院校为你提供了一个回馈社会同时又能锻炼自己技能的机会。

一个相对较新的社区服务项目是由美国建筑学生协会主办的"自由的设计"（Freedom by Design™）。"自由的设计"[4] 利用了建筑学生们的才能，通过适度的设计与建造方案，从根本上影响那些残疾人在社区内的个体生活状态。每年，全美各地有 50 多个致力于这些项目的美国建筑学生协会分会，在为提升这些人的个体生活状态而努力工作着。

2005 年卡特丽娜飓风（Hurricane Katrina）之后，许多建筑院校连同他们的学生们一道，以各种各样的方式来协助路易斯安那州（Louisiana）的新奥尔良市（New Orleans）和其周围的地区。若想作为一个建筑师或毕业后的学生去从事社区服务，为你提供这样机会的其他机构还有美国志愿队（AmeriCorps）、美国和平队（Peace Corps）[①]、设计之队（Design Corps）、迈德·豪泽斯有限责任公司（The Mad Housers, Inc.）、人道主义建筑组织（Architecture for Humanity）和公共建筑组织（Public Architecture）等。例如，公共建筑学组织要求建筑师们做出承诺，用自己百分之一的时间来为非营利组织的设计服务需求进行无偿公益服务。

"建筑学在学校"（Architecture in the Schools）是由当地的美国建筑师协会分会牵头的一个项目。作为志愿者的建筑师们与公立学校的教师们进行结对合作，以丰富孩子们的学习经历。为了检测自己的建筑学知识，他们志愿地将建筑学的概念带到中小学生们的任何学科领域的生活中。最起码要在你的教育和职业生涯中融入些许社区服务内容。

---

① 美国和平队（Peace Corps）是 1961 年 3 月由美国总统肯尼迪下令成立，前往发展中国家执行美国"援助计划"任务的一个组织。——译者注

师徒制

纵观整个建筑行业的历史，导师制扮演了一个重要的角色。建筑师指导和引导着他们的弟子，前进在成为一名建筑师的道路上。一些学校存在的那些正式和非正式的指导计划，将你与自己的导师联系在了一起。明尼苏达大学建筑方案指导计划（Mentoring Program of the Architecture Program at the University of Minnesota）就是这样的一个项目。这个自称为全美最大的项目，将学生与该地区建筑师进行联系匹配。

无论你的学校是否安排有一个导师制项目，你还是要从那些可以使自己获得洞察力和智慧的人中间去寻找到一位导师。你的导师可能是一位在比你入学更早的学生、教师或当地建筑师。此外，你也可以考虑去给比你入学晚的学生充当导师，他们的项目比你的进行的还要晚。你就能以这种方式参与到阶梯式的指导环节之中，也就是你接受学长学姐的指导，而又给学弟学妹们进行指导。当你完成了自己的学校教育时，这种指导并没有结束，事实上它将贯穿于你职业生涯的始终。

学生组织

通过加入到自己学校的一个学生组织，来更好地参与到你的建筑学教育之中去。首先，加入任何学生组织都是开发自己交际和领导能力的一种途径和方式，并给你带来乐趣。其次，去寻找参加一个建筑学学生组织。其中最大的组织是美国建筑学生协会。

美国建筑学生协会（网址为 AIAS aias.org）设置有国家和地方级部门。位于华盛顿特区的国家部门，负责主办学生设计竞赛、年会论坛和学术年期间的四方会议（Quad Conferences）[①]，以及分会主席的领导培训。协会还出版一本《批评》（Crit）杂志，并作为一个代表建筑学专业学生的分支机构。大多数建筑院校都设有美国建筑学生协会的分部。它们为学生们提供了多种机会，包括社交和人脉网络，以及建筑院校与行业的对接。

美国少数群体建筑师组织（网址为 NOMA noma.net）是一个少数群体建筑师的全美性的专业团体，它在 20 多个建筑学院校内都设有分会。就像美国建筑学生协会一样，美国少数群体建筑师组织的学生分会组织建筑学学生们进行相互联络，以及同专业内的建筑师建立联系。此外，美国少数群体建筑师组织具有的使命为，"建立一个能在自己行业里尽量减少种族主义影响的强大的全美性组织，同时建立一些稳固的分会以及组织众多坚定不移的成员。"

其他的学生组织有专门针对拉丁美洲（Latino）学生的建筑师组织（Arquitectos）；新都市主义学生大会（Students for Congress for New Urbanism CNU）；名为"阿尔法罗池（Alpha Rho Chi），"的建筑专业大学生联谊会；名为"陶·西格马·德尔塔（Tau Sigma Delta）"的美国大学荣誉协会。此外，你还可以在你的学校中找到其他独特的学生组织。同时，也要研究一下参与到自己学校的学生自治会或委员会有多大价值。

---

① 四方会议（Quad Conferences）是指由美国建筑学生协会所主持，在美国东北部、南部、中西部和西部的春季所召开的每年一度的地方性会议。——译者注

结论

现在你知道了自己如何去准备申请建筑院校。如何根据你自己的标准去挑选一项建筑学课程项目，并实际体验一下建筑学学生的生活。然后再考虑下列步骤，是否可将自己的教育效果达到最大化，正如由美国建筑师协会会员，马里兰大学建筑学专业主任、副教授布赖恩·凯利所描述的：

1. 管理好你的时间；你要对你的教育经历负责。
2. 多在工作室工作。
3. 多结识你的同学和老师。
4. 出国留学，走出孤陋寡闻的境地。
5. 为自己留一点时间，你的健康是至高无上的。

情系罗马

布赖恩·凯利，美国建筑师协会会员
建筑学专业副教授兼系主任（Associate Professor/Director-Architecture Program）
马里兰大学
科利奇帕克（College Park），马里兰。

您为什么要成为一名建筑师?

❯我一直喜欢画画。当我还是个孩子的时候，我妈妈不想让我看太多的电视。于是她和我达成了一项协议，那就是如果我也做了些别的什么事情就可以去看电视。当然是去画画啦！于是我也能够去看电视，比如说，一些科幻电影等。而在电影放映的时候，我能够将电影中那宇宙飞船的平面图和剖面图绘制下来。我并不是一个这类设计的被动观察者，而是变成了一位能够进行互动的参与者。我甚至能够推测，在宇宙飞船的控制室之外可能会发生什么事情。或者，我会发现在电影中描绘的飞船机舱结构设计上有一些什么空间错误。在学校，我热

衷于历史、科学，对数学喜爱的程度要少一点，当然也非常热爱各种艺术课程。我真的不知道，我是如何确定建筑学是否能够满足自己对职业追求的欲望。但是我清楚地记得，大概是在六年级的时候自己告诉父母，我想成为一名建筑师。我不能确定他们对此是怎么想的，但他们的确是在鼓励我去追随自己的梦想。

您为什么要决定选择去圣母大学和康奈尔大学进行学习？您获得了什么学位?

❯我之所以选择圣母大学，是因为它强制性地要求在三年级时去意大利罗马进行国外学习。作为一名中学毕业生，我那时还不能完全确定罗马是怎么一回事。但我知道，其对一个年轻的建筑师来说会有重要的启示作用。作为一名多少有点成熟，能够持续定期往返于罗马的建筑师，我现在完全可以肯定地说自己对罗马重要性的看法是正确的。在圣母大学之后，我在芝加哥从事了几年设计实践，然后回到了康奈尔大学的研究生院。我之所以选择康奈尔大学，是因为我对柯林·罗（Colin Rowe）的作品颇感兴趣。当时他正在那里教城市设计工作室的设计

圣安杰洛城堡（Castel Sant'angelo），罗马，意大利。
水彩画：布赖恩·凯利，美国建筑师协会会员。

课。由于我的本科学位是建筑学学士学位，所以康奈尔大学的专业后学位使我能够专注于在景观环境中，如何将大量建筑群组织在一起形成城市或大区域。

作为一名教师和建筑系主任，您的首要责任和职责是什么？

❯ 我审查那些经过职前的、经认证认可专业的学位项目和专业后学位项目。我首要先要与教师们通力合作，去共同发展我们的愿景、使命和目标；引导课程的设计和实施；聘请兼职教师；监督学生们的录取、奖学金的发放和研究生助教项目；制定教工招聘和保留政策；与学科咨询人员进行密切合作；并担任与校友、专业人士和其他建筑学院校的联络人。我作为主任所做的大部分工作，都要求自己利用建筑学教育背景承担一个有效的引导者、合作者和传达者的职责。

在 2010 年，您推出了"线条之问"（Lines of Inquiry），也就是您的一个徒手绘画的旅行展览；在这个建筑学需要数字化呈现的时代，为什么说徒手绘画还是非常重要的？

❯ 我无法想象没有徒手绘画的建筑学是什么样。绘画是观察的基础。如果不去画什么东西，很可能你就没有看到它。勒·柯布西耶（Le Corbusier）建立在绘画基础上的观察方法是发人深省的。"照相机是为懒惰者而准备的……要自己亲自动手画，描线、处理体量、组织画面……所有的这一切都意味着要先进行察看，然后就是细致观察，最终也许能够有所发现……继而灵感就有可能出现了。"除了那些技艺最高超的摄影师之外，照相机使我们陷入一种被动观察者的状态。绘画可以使你邂逅建筑、都市和景观。而我们大多数人所抓拍的图片，只是将我们置于一种被动观察者的作用。"但某种意义上说，绘画是一种落后于时代的表现方式，"你可能会说，"这是在一个数字媒体的时代！"

从通过传统计算机（键盘，鼠标等）所支持的图形

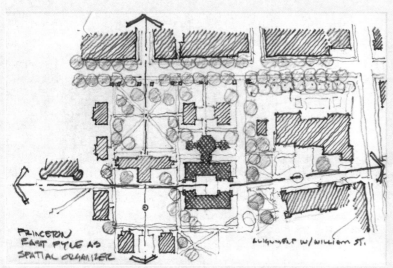

普林斯顿大学校园草图（Sketch Plan of Princeton University Campus），普林斯顿（Princeton），新泽西州。
绘图：布赖恩·凯利，美国建筑师协会会员。

罗马广场遗址（Roman Forum），罗马，意大利。
绘图：布赖恩·凯利，美国建筑师协会会员。

用户界面①到由平板电脑、智能手机及其他设备所支持的人类用户界面（HUI），人们仅仅只需要看看这些转换，就可以了解到数字技术正在进行巨大变化。但绘画是基础——从17000多年前拉斯科（Lascaux）的洞穴绘画②，到能够显示在你iPad上那些不可思议的绘画，其实这种沟通的方式依然存留。这样也行，你依然还可以去坚持使用自己的电脑制图，只是要提防别人将具有超越自己的优势。因为我们的设计可以超越了由打字机和电子"老鼠"（指鼠标）的衍生品——电脑所控制的范围。而且，更加重要的是，你不能在电脑中画出自己最理想的模型。这些需要使用人的另一部分大脑。绘画能够锻炼右脑，也就是我们头脑中的定性和创造性中心。电脑的图形用户界面则更适合于左脑的数值和定量思维。所以，通过移动设备的人类用户界面创作出的绘画，也使我们更好地去探求你自身具有的创造性。

在您的职业生涯中，您从事过城市设计和校园规划

---

① 图形用户界面，即 Graphical User Interface，简称为 GUI。——译者注
② 拉斯科岩洞绘画（cave drawings of Lascaux）位于法国比勒高省（Perigord）的多尔多涅（Dordogne）附近。——译者注

工作。什么是城市设计，为什么说它对一位建筑师来说是非常重要的？

▶ 我身体力行并坚信，一位建筑师所能达成的最崇高的任务，就是通过设计使世界变成更加美好的地方。如果我设计的成功是建立在牺牲当地的文脉之上，也就是说，如果我的建筑虽然很有趣，但它对栖居环境并没有任何益处时，那么我还是一位失败者。

城市设计教给我们，去如何思考个人的建筑行为与植入于特定环境中的社会观念之间的关系，尽管这是你所设计的一个开放的景观或城市。建筑与当地文脉应该是密切关联的。我发现，我对城市设计的研究导致了自己对建筑物应该如何呈现在其他建筑、景观和城市文脉之下进行了重新思考。这个想法也包含了一些可持续性发展的问题。其中的许多定居模式，尤其是我们美国人喜欢在郊区肆无忌惮的扩张建设，完全不利于去创造一个我们大家所共有的可持续性未来。

城市设计和校园规划（是城市设计的一分支）提出了一些关于建筑物群如何聚集协作地为更大的整体服务的问题。更加紧凑简洁、适于步行的和具有生态意识的城市消耗了更少的土地，并且鼓励我们把车停放在家里。这种城市也减轻了人居对生态系统的负面影响。显然，可持续问题对我们设计城市和校园的方式上有着深远的影响。

作为一名大学教师，您如何用自己的工作来指导建筑学实践？反之，您如何用自己的建筑学实践来指导教学工作？

▶ 由于我现在的设计实践工作仅仅只限于校园规划，我发现自己在建筑实践中能够轻松地穿梭于世界各地的大学领导和我的本校同事之间。我是一位学术圈的行内人，在建筑教育思想的发展方面，我深知什么是教师应该做的事情，一位教务长应该起什么作用，学校董事会代理人应该产生什么影响（无论是好的或坏的影响）。

我的好朋友，一位同样设计学校建筑的受人尊敬的

建筑师和公司负责人曾经问我："在不教书的时候，你都在做什么？"起初，我感到非常惊讶。这是一位开业非常成功的建筑师，他拥有许多大学中的设计委托。尽管多年纵横在设计实践领域的舞台上，但他真的不知道一位老师的每天日常工作内容是什么。然后我陷入长时间的考虑之中。我意识到，如果你自己还没有成为一名教师，那么对于我们做什么和如何做这样的问题，你也仅仅只知道这么多。我想自己或许也能问一个同样天真的问题，那就是当不进行设计工作时，那些建筑公司的负责人究竟在做什么。思量再三，我认为自己现在可以很好地回答出这个问题。

但这里是自己喜欢的大学校园，并且我也乐意为其而进行设计。大学是对真理和意义的薪火传递者。而校园本身也应该是一个意味隽永的场所。我喜欢校园规划，是因为自己可以在这里讨论一所院校所建立的历史和精神，是如何反映在它的教育战略规划、业务计划、课程模式以及实际上的实施计划之中的。大学校园就像书籍一样，你可以简单地通过浏览校园来了解这所学校的信仰和价值。每一个校园都在讲述着一些令人感动的故事。对我来说，有机会能帮助它们书写其中一个篇章，也是多么令我激动不已的事情。

作为一名建筑师和教师，您所面临的最大挑战是什么？

▶ 作为一名教师、建筑师和管理人员，我试图将自己的时间在其中进行合理分配。时间是我们所能支配的唯一最有价值的东西。对于年轻人来说，这也许是一个很难理解的概念。但实际上，时间是我们拥有的最重要的资产。我们应当明智地使用它。管理好自己的时间，知道什么时候必须去做好能够分别尽到一个老师、设计师和负责人职责的事情，是自己所面临着的一个巨大挑战。

什么人或哪段经历对您的职业生涯产生了重大影响？

〉有三个同事或老师，对我的发展产生了巨大影响。在圣母大学新生第一学年上课的第三天，史提芬·赫特（Steven Hurtt）给我们讲了一堂课。他谈到了建筑学是如何成为传播各种知识和思想的媒介。我被它深深地吸引住了。他是我第一位要模仿的榜样。史提芬·赫特后来成为我们马里兰大学的院长。我们一直是非常要好的朋友。

在研究生院，我在柯林·罗门下学习。柯林·罗是建筑史、城市史、建筑理论和建筑批评界中的一位令人敬畏的人物。他的教学方法可以说是一反常规的。他喜欢在餐厅的餐桌上进行长时间的讲授，而不是在工作室或课堂内上课。这是一种脱胎于19世纪和20世纪早期牛津大学教师们的教育方法学，那就是点拨指导式授课。

最后一位有影响的人物是汤姆·舒马赫（Tom Schumacher）。我们一起在马里兰大学任教，一直到他在2009年逝世。汤姆·舒马赫和柯林·罗一样，总是具有记忆的天赋。我曾经说过，你在罗马可以偷偷地跟在汤姆·舒马赫的后面，然后将一个麻袋罩在他的头上，并且把他放入一个阿尔法·罗马（Alpha Rome）的后备箱里。人们可以开车围着城市转几次后再把他从后备箱中拖出来。当人们扯去他头上的麻袋时，他几乎是毫不迟疑地就开始说话了。"好了，这种立面样式是出自朱利奥·罗马诺（Giulio Romano）[1]之手，但右边的顶部几层是由别的什么人后来加上去的。你知道比斯科蒂（Biscotti）的著名电影《日之夜》（Il Notte del Giorno）是在这里拍摄的吗？那个男人的西装是一个仿制的阿玛尼（Armani）。我认为他只是买了商标，并把它缝到便宜的式样上。哦，你可以在那里的餐厅里吃到罗马第二好吃的比萨饼……"，并且他会继续不停地说下去。

这三个人所共同拥有的特点，是对罗马充满了爱。作为我的第一名老师，史提芬·赫特将罗马介绍给我。柯林·罗教我如何从分析讨论罗马案例中领会建筑的意义。在几个夏天里，我都和汤姆·舒马赫一起在那里教书。能得到这一切的确不错，不是吗？

---

[1] 朱里奥·罗马诺（约1492～1546年），为意大利文艺复兴晚期著名画家、建筑师。——译者注

商业设计（Designing for Business）

约旦·巴克纳
建筑学硕士和工商管理硕士研究生
伊利诺伊大学香槟分校
香槟市，伊利诺伊州。

您为什么要成为一名建筑师?

▶我对周围世界怀有一种与生俱来的好奇心。这导致自己倾心于一种职业，那就是通过它我可以操控我们所居住的生活环境。通过建筑学，我们可以研究人类的心理状态，并且创造出能够支持人们并提高人们生活质量的环境。

您为什么要决定选择去密歇根大学和伊利诺伊大学香槟分校进行学习？您已经获得了什么学位？以及正在攻读什么学位?

▶我所选择的教育途径，是最大限度地能够使自己接触到设计和商业两个层面。我在密歇根大学获得了建筑学方面的理学学士学位，专业为建筑设计。我最近刚从伊利诺伊大学香槟分校毕业，获得了一个工商管理硕士和建筑学硕士的双学位。伊利诺伊大学的课程鼓励学生们去同时攻读多个学位，并为学生们去不同的大学上课提供便利。

伦普啤酒厂城市景观设计（Lemp Brewery Urban Design）。
工作室项目：约旦·巴克纳。

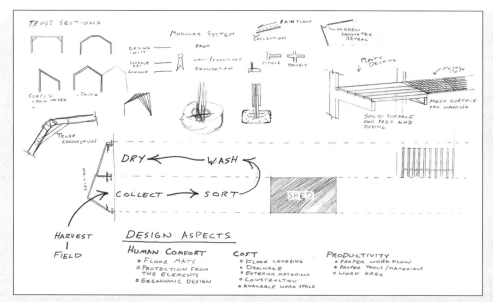

▲学生可持续农场建筑设计草图
香槟市，伊利诺伊州。

▶学生可持续农场建筑设计，
香槟市，伊利诺伊州。
建筑摄影：约旦·巴克纳。

在研究生学习期间，您为什么想要攻读建筑学硕士和工商管理硕士两个研究生学位？

❯ 我相信在处理和解决实际问题的方式方法上，建筑设计与商业领域有很多地方可相互借鉴。为了能够取长补短、达到共赢，我很有兴趣去了解两者之间的关系。

作为研究生学习的一部分，您必须要有独特的机会去参加一所建筑设计与建造工作室（design-build studio）的工作。请提供详细资料并解释，您通过这段经历学到了什么。

❯ 建筑设计与建造工作室的学习经历，能允许我将自己的建筑设计和商业经验融为一体，创作出一个实用而具有创造力的项目方案。该项目旨在为校园可持续性的学生农场，设计一个多功能的建筑物。我们的团队负责那超过六个月的调研、设计、施工和项目管理全过程。由于我在商业方面的经验基础，我在设计团队和客户之间负责财务和协调管理方面的工作。通过这次经历，我在与设计师、管理者和客户们之间的项目协调过程中，获得了许多非常有价值的见解。

您还担任过建筑学入门课程的教学助理。你从此次经历中再一次学到了什么？

❯ 教学助理是一段有益的和具有挑战性的经历。我可以通过对年轻、踌躇满志的建筑学生的教学而得到很多收获。此外，我还承担着管理一个有 200 多名学生班级的重任，完成了备课和讲课、编写试题、拟定设计项目任务书的工作。

您的工作室设计工作有多少是依靠手工，而又有多少是用数字技术？

❯ 建筑设计需要使用一系列工具，包括徒手工制图和数字技术。任何一种技术都有助于人们去完成不同的任务，所以最好是去综合使用。在设计的开始阶段，徒手绘图能够使人们快速地去表达出自己的想法。而在绘制出一些精确的图纸和进行三维空间表现等方面，数字技术又是无与伦比的。任何成功的建筑设计师，都必须学会同时使用这两种工具。

作为一名建筑学生，您所面临的最大挑战是什么？

❯ 我所面临的最大挑战是想在自己的设计项目中做太多的事情，而没有足够的时间来充分实现这些想法。我总是对自己从建筑设计中所探寻到的研究结论而惊讶不已，并意识到创作的过程是根本不会结束的。

作为一名建筑学学生，您感到最满意或最不满意的部分是什么？

❯ 作为一名建筑学学生，最令人满意的部分是能够将自己的想法和创作转化成一些项目方案。能够致力于那些自己可以把控的方案设计，是让人最有成就感的方面。最不满意的部分是建筑学生们往往需要长时间去完成一些方案设计。幸运的是我喜欢自己的设计工作，并且愿意花时间去完成它们。

对于自己的职业生涯来说，您希望毕业后的 5 至 10 年里去做一些什么事情？

❯ 对设计和商业领域的探索，使我进入了创新咨询的领域，其中涉及用设计思维来解决问题。我计划用结合了创新性商业实践的以人为本的设计方法，来帮助公司重新设计他们的产品和服务。

什么人或哪段经历对您的职业生涯产生了重大影响？

❯ 我的父亲和母亲对自己的职业生涯产生了重大的影响。他们二人均为企业家，是他们教导我追求自己的热情定会促使专业卓越，而业务卓越定将带来财富。

来自学生的声音

丹妮尔·米切尔
建筑学本科在读
宾夕法尼亚州立大学
尤尼弗西蒂帕克（University Park），宾夕法尼亚州

您为什么要成为一名建筑师？

❯我对绘画、建筑和创作的热情由来已久，在很小的时候就开始了。我想从事一种职业，不仅可以继续做自己喜欢的事情，同时也能够对社会产生一种积极的影响。我之所以选择成为一名建筑师，就是为了把自己的这种愿景变成一种现实。作为一名建筑师，我希望将自己一直习惯用以表达的创造力，转化成一种有形的而又有价值的东西。我之所以选择了建筑师的这条道路，就是希望将来会有那么一天，自己的设计能够影响一个人对建筑空间的体验和感知。

您为什么要决定选择去宾夕法尼亚州立大学进行学习？您获得了什么学位？

❯我之所以选择去宾夕法尼亚州立大学攻读建筑学学士学位，原因是多方面的。我曾经意识到自己想成为一名

建筑师。我知道自己想去攻读一个得到认证的五年制建筑学学士学位。因为这样我在毕业之后，很快就可以拿到自己的建筑师的执业执照。我住在费城郊区，因此宾夕法尼亚州立大学也离我家很近。我的决定使父母感到既高兴又轻松。

宾夕法尼亚州立大学让我体验了丰富多彩的世界。在这里，我融入了所有 40000 名学生之中，简单而具有个性化的建筑院校氛围，橄榄球的狂热和学校精神，使我很快融入宾夕法尼亚州立大学充满活力的氛围中，成为其中的一部分，并且能接触到具有许多学科和多种趣味的活动之中。在大学经历期间，我想拥有大量呈现在自己面前的机会。宾夕法尼亚州立大学恰恰就能够提供这些。

虽然宾夕法尼亚州立大学一直深得我心，但还是在参加了这里的建筑夏令营之后，我才真正地作出了自己的决定。在那一周，我体验了如同建筑学生那样的生活（或者是我想象中的建筑学生生活）。我们在美丽而崭新的工作室里工作，到工地去参观新建的校舍建筑物，运用数字虚拟建造技术，并且直接进入设计程序中。我非常喜欢自己在营地的这段经历。在中学之前的那个夏天，在夏令营的那个星期之后，我认定宾夕法尼亚州立大学的建筑学专业是完全适合我的。

雅高山地（Arcosanti），迈耶（Mayer），亚利桑那州。
建筑设计：保罗·索莱里（Paolo Soleri.）。

贝尔丰特图书馆（Bellefonte Library）。
丹妮尔·米切尔设计的工作室项目，宾夕法尼亚州立大学。

您为什么要选择去攻读建筑学学士学位？

❯ 我选择学习建筑学是因为我热爱艺术和设计。在决定自己职业生涯的过程中，我想继续去做自己热衷的事情，同时也能将之化作专业中的实际应用。我的目标是将自己在艺术方面的才能和兴趣运用到实际工作中去。在中学，当自己开始考虑大学和职业选择时，我的几何老师和艺术教师都将建筑学推荐给我。当开始深入其中时，我就真正地喜欢上了建筑学能够动手操作和信息互动的特点，并且意识到这是一个可以继续发挥自己创造力和自我表达能力的领域。

在宾夕法尼亚州立大学，您担任了两年的美国建筑学生协会东北区主任和美国建筑学生协会分会主席。在您的职业生涯准备上，这段经历有什么帮助？

❯ 当踏入这些领导职位时，我面临着一些真正的挑战。作为一个个体的专业人员，这些经历促使着自己更快地成长和成熟起来了。因为我需要快速地学会如何成为一位自己同龄人的领导者、成为我们学校和社区一个具有代表性的学生声音，去尝试如何管理和经营一个真正的组织。

在这些职位上进行服务，有助于我弄清自己的兴趣和热情到底在哪些方面。我意识到自己是多么喜欢合作、社区服务和参与以及对他人进行指导。作为一个学生领导者，我在美国建筑学生协会进行的服务，使自己走出了小小的工作室环境，通过对来自全美各地学生们不同观点的了解，自己逐渐看到了建筑教育领域内更宏大的格局。通过各种经验、思想和意见的交流，我也看到了在自己专业内进行宣传和联系的重要性。

通过这些职位，自己收获的最关键的技能之一就是自信。作为一名专业人士，你必须要满怀信心地在商业环境中强烈地表现自己。你必须要充满自信地在你的同事和客户之间自由地交谈，进行那些专业的、随意而有趣的谈话。你也必须要对成为一位设计师和领导者的能力充满自信，由此来取得别人的信任和信赖。

根据你的经验，什么是领导力？为什么它对于一名

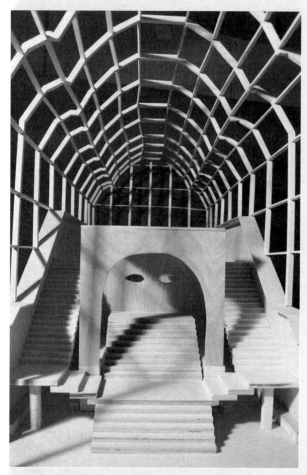

置放机器的空间（Room for a Machine）。
丹妮尔·米切尔设计的工作室项目，宾夕法尼亚州立大学。

建筑师来说是非常重要的？

❯领导力就是掌握着你思想和目标的主动权，并且能够将其向前推进的一种力量。当一个人群中共同拥有一些雄心大志的时候，成为一个促进目标实现和确保人们有所成就的领导者就至关重要了。领导力就是为了整体利益而做出的明智决定，以及使他人对你和你的远见有信心。这些信心也促使了他人去支持你，并且跟随着你的方向前进。

❯作为建筑师，我们要在一个相互协作的工作环境中受到影响和制约。在这个环境中，为了创造一种秩序、获得自己团队的支持和遵循整个设计流程，团队的领导者是必不可少的。在自己的经历中，我看到过那些由大量人力来完成的伟大工作，往往是通过所选择出来的少数人领导的。这些领导人启发和激励着他们的伙伴去积极参与，并充满激情地去为那些他们信仰的事业而努力工作。必须要有一些能够支持团队获得项目、提出新想法或主持全面建设的领导者。

你对建筑学的哪个方面最感兴趣？

❯我最感兴趣的是建筑如何来影响社区。我对建筑师对社会和文化的创新作用也很感兴趣。我相信，建筑师有很大的潜力可以诠释社会的需求，并通过建造环境来实现这些目标。建筑有能力来影响一个社会的功能和社会发展的方式，它也能成为一个决定我们未来的非常有力的工具。

作为一名建筑学学生，您所面临的最大挑战是什么？

❯就像大多数建筑学学生表述的那样，最大的挑战是要在自己的许多需求中寻求到一个平衡点。作为一名建筑学专业的学生，核心的工作室设计课程需要占据自己极其大量的精力、时间，也需要极大的奉献精神，并且这很容易带来全身心的耗竭。建筑工作室设计课程的需求会使你在其他课程、社交生活和睡眠安排时间中都感到很紧张。在自己感兴趣并想在大学生涯里完成的许多事情中寻找到一个平衡点，是非常困难的。每一位建筑学学生的重心和平衡是不同的，可能需要一段时间才能找到。你必须确定自己的优先顺序是什么，并且为你自己设定一些目标和限制，以便找到这种平衡。

对自己来说，在自己的建筑工作室设计课与作为美国建筑学生协会分会主席和分会东北区主任这些角色之间，我很难平衡自己的时间和精力。对我来说，工作室设计和协会的工作都很重要。我想在这两个领域中，都表现得出类拔萃。我很快就意识到，自己必须作出一些强有力的决断和牺牲来保持两者之间的平衡，同时还要兼顾其他的兴趣和活动。尽管事实证明这对我来说是非常困难的，但我相信这种压力最终还是值得的。

作为一名建筑学生，您感到最满意或最不满意的部分是什么？

❯ 作为一名建筑学生，最令人满意的部分是看到自己作为一名设计师在短时间内所取得的进步。回顾自己完成的作品能得到一种令人难以置信的满足，这使你感到自己曾经忍受的压力和漫长时间都是值得的。在回头审视自己的建筑设计作品时，你会非常满意地看到自己在完成每个项目期间收获的转变和进步。作为一名建筑学专业的学生，内心一般都有很高的期望值。当最终自己能够达到并超越了自己的期望时，你的所有工作和努力都是值得的。你接受的教育所起的作用，在自己的工作中是显而易见的。你可以看到自己的努力和辛劳，所产生出来的那实实在在的结果。

最令人不满意的部分，是对你倾注自己心血和灵魂的作品进行的批评。所有的建筑设计都需要不断改进。所有对自己作品的批评，都会使你发现其中有不足之处，亟待完成得更好。然而有时，听到这些批评心里还是会有些失望，但作为一名建筑师，这种建设性的评点分析会有助于自己的提高，并最终受益于你和自己的教育。

对于自己的职业生涯来说，您希望毕业后的 5 至 10 年里去做一些什么事情？

❯ 我非常重视建筑师的话语权。在毕业后的 5 至 10 年里，我想继续关注这个问题。在美国建筑学生协会董事会服务之后，我想参与到其他的建筑附属组织的行动和活动中去。我希望有一天能成为美国国家建筑学认证委员会认证团队（NAAB Accreditation Team）中的一员，以美国建筑师协会的初级会员的身份，加入 NAAB 的国家联合委员会（National Associate Committee）中去。一旦成为执业建筑师，我想从事美国建筑师协会的青年建筑师论坛工作。

毕业后的首要任务是获得自己的建筑师执业许可。我希望在一家有助于我追求自己的目标，并提供实习发展项目所需经历的公司工作。一旦我通过这些经历学到并提升了专业技能，我就想创办自己的公司，以开展一些我个人更有兴趣的项目。通过建筑设计，我想有所作为并对自己的客户，对我们的社区产生一些影响。

什么人或哪段经历对您的职业生涯产生了重大影响？

❯ 对我教育和职业生涯影响最大的是自己在美国建筑学生协会的经历。在大学里所做的最明智的事情，就是我从一开始就加入了美国建筑学生协会，并且积极地参与了组织的活动。作为一名新生和协会成员，美国建筑学生协会让我拥有了一个高年级的学生"导师"；我也作为会员参加了有趣的建筑活动；结识了业内的很多新朋友，并取得了与建筑师协会当地组织的社交机会。通过这些经历，我从一些不同的角度了解到了专业问题，而这不是教授或工作室设计课程所能够提供给我的。

跻身于领导地位后，协会对我的影响就更大了。我在宾夕法尼亚州立大学的二年级和三年级就担任了协会的分会主席，这对我是非常有意义的。我亲眼目睹了很多由学生的拥护而引发的学校的变化。我看到在成长起来的学生队伍内，大家士气高涨、斗志昂扬，越来越多的人都想参与到学生活动、社区公益和专业社交组织之中。这一切都鼓舞和激励着我，为那些自己坚信不疑的工作而努力奋斗。

2012 年至 2013 年间美国建筑学生协会国家主席马修·巴斯托（Matthew Barstow），也对我的职业生涯产生了不可估量的影响。马修·巴斯托找到了我，鼓励自己去担任美国建筑学生协会的东北区主任。他是一个伟大的导师，帮助我成长并进入领导位置。没有他的鼓励和支持，我就不会接触到东北区域主任的职位，它提供给自己的许多机会。我在美国建筑学生协会中的神奇经历，真的是不可替代的。

带来积极影响

詹尼弗·彭纳
建筑学硕士
美国建筑师协会西部山区，区域副主任
阿尔伯克基（Albuquerque），新墨西哥州。

您为什么要成为一名建筑师？您又是如何成为一名建筑师的？

》小学一年级的时候我和哥哥一起玩乐高积木，玩得那么有趣。我告诉哥哥，我希望自己长大后能够建造房子。哥哥告诉我那就是一名建筑师。从那一刻起，我就朝着成为一名建筑师这个方向努力。从小学到中学，妈妈都会告诉自己建筑设计是一个竞争激烈的领域。我需要取得好成绩，因为我的雇主会一路追溯到我的幼儿园成绩单时期。现在我对此一笑了之。但我明白，妈妈的用意是什么。我很感激自己是在这样优越的环境下成长。

您为什么要决定选择去新墨西哥大学攻读自己的建筑学学位？您获得了什么学位？

》我在新墨西哥大学取得了自己的建筑学的文学学士学位和建筑学硕士学位。决定在哪里上大学之后，我就很容易选择学校了。我住在新墨西哥州阿尔伯克基的郊区，是新墨西哥大学的所在地，这里有州里唯一有建筑学专业的院校。此外，我之所以这样容易作出决定，是

组合件（Flat Pack）：凤梨科植物支架（Plant Stand for a Bromeliad）。
詹尼弗·彭纳设计于新墨西哥大学。

因为自己获得了法定福彩奖学金（Legislative Lottery Scholarship）①。这是一个由新墨西哥福彩机构发起的本州资助的奖学金项目。

您在自己的本科和研究生学位学习之间从事了专业工作。它对你的研究生阶段有什么影响？

▶在返回到新墨西哥大学攻读研究生学位之前，我中断了三年的学校生活去挣得一所建筑公司的宝贵经历。在工作期间，我完成了大部分的实习生发展项目，这有助于自己重返学术界。因为我能够借鉴自己在办公室里所学到的那些有关于客户、城市规划官员、项目图纸和协调沟通的知识，使自己的工作室设计项目能采用一些更加接近地气的方法和途径。相反，这也限制了我的创造力，尤其是当我努力设想如果能做那种没有预算和接近无限的设计就好了。

作为一名建筑专业实习生或学生，您所面临的最大挑战是什么？

▶作为一名实习生，我所面临着的最大挑战是找准自己在建筑设计项目上的位置。我有充足的能量想要去承担整个项目并操纵其运转，但自己经验的缺乏使这些想法不能得以实现。我仅仅只能从一个完成项目的日常细碎工作来获取经历，并且将它完成在实习生发展项目要求的时间内。换句话来说，我最大的挑战就是还需要卧薪尝胆般的耐心，不能好高骛远。然而作为一个学生来说，我最大的挑战是时间管理的问题。给予学生们的设计项目要求都很高，除非具有高度的自律和严谨才能做到。

你在建筑学方面的 5 年和 10 年职业目标是什么？

▶我的 5 年目标包括有通过建筑师注册考试和做一些有意义的项目。我希望自己的设计工作能够更好地去影响

社区品质。我的 10 年目标是带领项目团队进行一些环境友好型设计项目，在中学或大学里任教，在建筑实习生发展指导团队中保留一席之地。

目前，您担任实习生发展项目助理协调员和美国建筑师协会西部山区的区域副主任。您是如何介入到这些经历之中的，这些经历如何成就了您建筑师的事业生涯？

▶我运气好，遇见一个极好的导师。彻丽·西伊·里姆斯建筑师事务所（Cherry/See/Reames Architects, PC）的蒂娜·M·里姆斯（Tina M. Reames），她在我的生活中一直给予自己积极而正面的影响。以她为榜样，我发掘出了自己能力上已经变得陌生的一面。她担任了新墨西哥州的实习生发展项目州协调员，因此蒂娜·M·里姆斯一直在寻找着一些实习机会。因为她的缘故，我得知了2007年在芝加哥举行的实习生发展项目年度协调员会议。当时我代表公司出席了会议。在会议上，我成了一名助理协调员。展示了自己帮助实习生的热情工作后，我被邀请担任了美国建筑师协会新墨西哥州董事会的副主任。

自那以后，我升迁到了目前的位置，担任了美国建筑师协会西部山区的区域副主任。我将这些职位视为与来自全美各地不同背景的建筑师和专业人士会面的机会，从他们的经验和他们对建筑学的看法中，也可以得到一些有价值的见解。通过我们那些实习建筑师的服务，我已经能够更好地了解到了这个国家不同地区的情况。而且最令人振奋的是，发现我们大家竟然都经历了如此之多的相同境遇。

作为一名建筑师，您职业生涯中感到最满意或最不满意的部分是什么？

▶最满意的方面就是成为了这样一个既令人兴奋而又有意义的行业中的一员。以建筑史为例，它可以追溯到人类寻求庇护所的起源时期，发展了数千年后直至今天我们所能见到的模样。我们居住和学习的建筑物，都是创

① 立法彩票奖学金是由新墨西哥州高等教育厅所开设的大学奖学金，其主要目的是鼓励优秀高中生就读公立大学或学院。除了在本州之外，该奖学金由美国联邦教育部向全美 17 个州开放实施，目标是提升高等教育人数，增加入学机会。——译者注

▶ 小区景观（The Uptown Cityscaper）：可持续性的水平"摩天楼"（Sustainable Horizontal Skyscaper）。
詹尼弗·彭纳在新墨西哥大学的工作室设计项目。

▼水的庆典（Celebration of Water）：一个带有水景、有治疗作用的浴场、洗衣房和茶馆的袖珍公园。
詹尼弗·彭纳在新墨西哥大学的工作室设计总平面图。

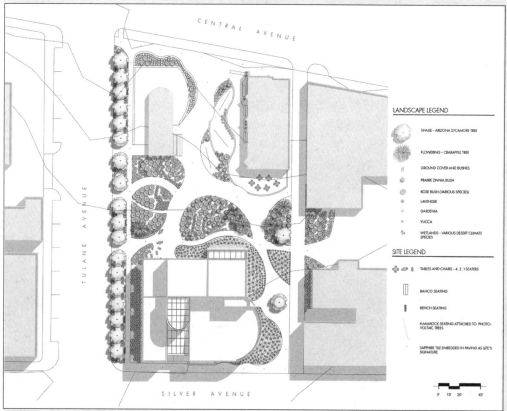

造性得到实现的物理表征，并且它影响到了我们的生态环境。随着这个世界变得更加具有环境意识，并要求建筑在环境方面也有所贡献时，这时就需要拥有技能和专业知识的建筑师来引领这场革命。我很荣幸地能成为这其中的一员。

在自己迄今为止的建筑学旅程中，最令人不满意的部分是建造技术和学习如何将建筑功能结合在一起之间的平衡。人们是如此容易地被陷入一个软件程序的错综复杂之中，成为一个三维建模或参数方面的专家，而忽视了去掌握如何建造一个真正建筑物。我们应当对在建筑设计中所作出来的每一个决定都提出质疑，并尽量迫使建筑师们将那些他们所知道的知识教给自己。这就是实习的真正意义。

什么人或哪段经历对您的职业生涯产生了重大影响？

❯在新墨西哥大学的最后一年期间，自己应新墨西哥大学的建筑行政主管部门的邀请而参加了西部山区的建筑院校联盟 - 大型承包公司联盟建筑设计大赛（Western Mountain Region ASC-AGC Design/Build Competition）。在这场比赛中，每个团队会要在上午 6：00 接到项目任务书，并需要在当天午夜 12 点之前完成建造计划和建筑设计图纸。我是其中负责设计和施工图的“建筑师”。

这场比赛对自己的职业生涯产生了重大影响。因为我得到了自己团队成员们如此多的尊重。在竞赛之前，我根本就不知道承包商要为项目的完成承担怎样的任务。在比赛期间，我完美地展示了建筑师在设计过程中起的至关重要的作用，并赢得了自己团队成员们的敬佩。我们的团队获得了第二名。直到那年，新墨西哥大学从未在建筑设计竞赛中取得这样的好成绩。

注释

1. 哈罗德·林顿，设计作品集。检索于 2013 年 8 月 21 日，来源于 portfoliodesign.com.
2. 美国国家建筑学认证委员会，检索于 2013 年 8 月 31 日，来源于 www.naab.org.
3. 美国国家建筑学认证委员会，国家建筑学认证委员会建筑学专业学位课程的认证条件（NAAB Conditions for Accreditation for Professional Degree Programs in Architecture）。华盛顿哥伦比亚特区：国家建筑学认证委员会，2014。
4. 美国建筑学生协会，检索于 2013 年 8 月 31 日，来源于 www.aias.org.

第 **3** 章　建筑师的实践经历

闻之我也野，视之我也饶，行之我也明。[1]

孔子（Confucius，公元前 551 年至前 479 年）

　　经验是成为一名建筑师的第二个必要条件。在大多数州，申报人的实践经历需要满足一定的正式要求，也就是参加并完成实习生发展项目，一个专业实习的项目。然而，通过你自己院校提供的实践项目来更早接触建筑行业，是非常重要的。这些实习项目可能包括有，在开始自己正式的教育之前先跟随一位建筑师做些工作、参与在校期间那些算学分的实习、在建筑公司里从事一份与职业生涯有关的暑期职位工作,或在建筑公司里做自己的第一份全职工作。在任何情况下，你都应该千方百计地去寻求机会去获取专业经验。

　　《社区建设：建筑教育和实践的崭新未来》（Building Community: A New Future for Architecture Education and Practice）[1] 一书的作者建议，学校、从业人员以及国家和地方的建筑组织，可以通过合作来增加学生们在校期间获得工作经历、有关信息以及奖励的机会。有五家组织签署了这份报告。这表明业内人士达成一致共识，那就是在学生时期就获得一些经历是有价值的。

　　但问题是如何来获取经验？作为一名建筑学专业的学生，在自己没有经验的时候，你如何才能获取一个职位？这是一个进退两难的困境；你需要有一些经验才能获得一个岗位，从这个位置中再获得经验。

◀　阿玛达住宅（Armada Housing），斯海尔托亨博斯（S'Hertogenbosch），荷兰。
　　建筑设计：建筑设计联合事务所（Building Design Partnership BDP）
　　建筑摄影：格瑞斯·H·金，美国建筑师协会会员。

---

① 该段文字有多种翻译，尚有争议。亦有人认为是意大利教育学家蒙台梭利所言。究竟是否为孔子所言，因在《论语》中没有收录而不能得到确认。——译者注

什么是经验？对经验，字典是这样定义的：

名词：1. 直接参与一些事件或活动所产生的知识或技能的积累；2. 直接观察的直观体验或参与一个事件。[2]

因此，成为一名建筑师，重要的是你要直接参与到专业中，去观察、参与建筑设计，参与到一家建筑公司的工作，或去完成自己的建筑教育。当你开始了自己的学业时，请核实一下自己的学校，是否有课程能帮助自己从中获得实践经验。即使没有，你仍然能够从自己的工作室设计课和其他课程中得到经验。

学生获得专业经验的方式

跟随

了解专业的一个有效的方法就是跟着一位建筑师，自始至终地体验他一天的工作安排。显然这是一种短暂的经历，但却是很容易就可以实现的。许多建筑师都更愿意采用这种方法来帮助下一代从业者。此外，一些中学也开设了一些职业生涯课程。其中涉及对建筑师的跟随，以使自己的学生们能够接触到建筑专业领域。任何能够与建筑师产生互动的机会，无论它们多么短促，都有助于你去了解这个行业。如想认识一些自己所在地区的建筑师，请与美国建筑师协会的当地分会联系。

志愿者

志愿服务是获得经验的一种常见方式。在跟随一位建筑师之后，你就可以到公司里请求做一位短期志愿者。许多非营利性的组织都设置有官方正式的项目，可以帮助你找到一家公司去充当志愿者。

同老师一起进行研究

对大学的学生们来说，另外一种机会就是同老师在一起从事研究工作的经验。去接近一位与自己的教学或研究兴趣相似的老师。具体来说，就是去询问这些老师，自己是否能够以某种方式来协助他进行研究或写作工作。这一类的经历可能会给自己带来更多的机会，无论是在大学期间还是在毕业之后。与教师一起进行的研究可以作为一项独立研究项目而持续地进行下去，或可使自己此后继续开始被老师所聘用。此外，教师也可能愿意为你写出一封推荐信。

校外实践活动

校外实践活动有时被认为是一个很短的实习期，但为学生们提供了探索一条特定的职业道路，赢得市场经验，并在短时间通过跟随业内校友们工作而建立一些职业上的人际关系，这通常会占用寒假或春假里的一周时间。在

盖蒂艺术中心（Getty Center），洛杉矶。
建筑设计：理查德·迈耶。
建筑摄影：R·林德利凡。

许多情况下，学校虽将学生们与校友进行大致配对，但学生们也可以与其他领域的专业人员建立联系。

　　弗吉尼亚大学建筑学院主办了该地区最大的一个校外实习项目。这个寒假期间所举行的项目，为学生们提供了一个跟随建筑师的机会。建筑师一般是一位校友，要在其工作场所被跟随一周时间。每年有超过 125 名学生体验了这种专业经历。密歇根大学也开办了一个同样的项目，被称为"春假实习"。但它是在春假期间举行。通过为期一周的无报酬实习，建筑学生们得到了一个在美国各地许多公司内进行更多设计实践的学习机会。

实习期

　　我们通常将作为一名执业建筑师所需要的正式业务培训称为实习，但部分院校也为学生们举办一些实习课程。实习的目的是为学生们提供一个较长时段的工作经历，通常是一个学期。在某些情况下，实习可以获得学分。这个职位可能是没有报酬的，因为其中涉及较大的学习属性。一定程度上，也要尽可能地避免那些没有报酬的实习。但是，你需要依据能够获得经验的多少而作出决定，而不是工资的收入。

在麻省理工学院，实习课程可以帮助学生获得经验，提高实践技能，并在他们的独立活动期[①]参与一些实际项目和实践活动。活动期通常是在一月份的三周里。实习生们要在小、中、大型公司，公共或非营利机构工作满三周半的时间，同时他们能够获得六个学分。在实践项目之前的那个学期的准备阶段，学生们需要参加三次学校的动员会议。

在得克萨斯大学奥斯汀分校（University of Texas at Austin），专业实习项目为具有较高建筑设计水准的学生们提供机会，让他们在一家被选定的建筑事务所中的注册建筑师的监督下进行实习。这个为期七个月的实习期一般持续一个学期，延伸至学期之前或之后的暑假。学生们可以通过大量的工作记录而获得这段实习经历的学分，并且在实习期内可能会收到适量的津贴。每年，该项目招收的学生不超过 30 名，包括本科生和研究生；设置在两个时段，一月至七月和六月至十二月。学生们被安排在得克萨斯州、整个美国甚至其他国家的一些公司里进行实践。

联合培养

合作办学就是将课堂学习同那些与学生们的学术或职业目标相关的生产工作相结合，它是通过学生、教育机构和雇主所缔结的伙伴关系而得以实现。虽然具体情况因学校而异，但一些学校已经根据联合培养的理念建立起来了一些课程。

在全美，波士顿建筑学院在对未来建筑师的教育上有一套自己独特的方法。

专业学位课程采用的是并行学习的模式：白天在学校认可的、有报酬的、有监督指导的设计公司的岗位上工作——这是课程的"实践"部分；同时每周在波士顿建筑学院学习几个晚上——这是课程的"理论"部分。每一部分内容都有自己的培养进程，因此两者都被设计成并行的。同时也可使一个方面的学习进展来促进另一方面的学习。

波士顿建筑学院课程概况（BAC CATALOG）[3]

辛辛那提大学建筑和室内设计学院要求所有的学生都要选修专业实践项目。伴随着自己理论知识逐渐加深，学生们能够有目的地去选择与之相结合的实践经历。该项目包括有经过三个半月精心策划的专业实践任务，随之就是为期三个月的研究阶段。对于建筑学的学生来说，在获得一个 6 年制的建筑学学士学位的时候，整体的培养计划就会考虑安排五个学期的实践经历。通过专业实践项目，学生们获得了在专业的实践、专业期望和工作机会等方面的第一手信息。与此同时，他们也能对自己的职业兴趣和资质有一定现实的检验。最终作为毕业生，他们的经验能够使自己对雇主而言更有竞争力，并使自己拥有了获得可靠的工作机会的业务资质。

1994 年开始，阿肯色大学建筑学院（School of Architecture at the University of Arkansas）为学生们开办了联合

---

① 独立活动期（Independent Activities Period）为每年的 1 月 4 日到 1 月 29 日，其是麻省理工学院专门为学生设立的独立活动期。在这四个星期里，学生们可自由地安排自己的活动。
——译者注

培养项目。这一项目旨在鼓励二年级以上的学生们在一家建筑公司工作完整的一学年，大概是 9 至 15 个月。这个项目由教师发起，目前参与其中的学生们，工作在遍及整个阿肯色州的公司里，甚至分布在全美范围中。

执业导师项目

与联合培养有点相似的是，导师制是为了给学生们提供经验而由建筑院校实施的另外一个实践项目。作为该大学建筑学学士学位的一个组成部分，莱斯大学建筑学院（School of Architecture at Rice University）在学制的第四年至第五年之间，为学生们提供了一个为期整整一年的实习机会。在他们第四年的春季学期，学生们将在美国各地的许多公司里申请他们的执业导师辅导。贾德森大学（Judson University）的建筑专业，也为他们的学生们提供执业导师辅导的专业经历，以作为他们建筑学硕士学位课程的一部分。

专业相关经验

也许在学校里获得经验的最简单方法，就是在一家公司里获得一个职位。其既可以是在校期间进行兼职工作，也可以是在暑假期间的全职工作。虽然不像学校安排的实习或联合培养一样是一种正式的项目，但一段职业相关的经历，也是同样很有价值的。只是这样的机会可能较难获得。

去了解一下自己所在学校或科研机构的就业中心是如何为学生们宣传实习工作职位的。大多数会张贴一些公司在该地区的职位，举办一些用来联络学生与公司的年度职业招聘会，或主办某些公司在校园的招聘会等。但不要只是等待着公司来张贴他们的招聘岗位；相反，要主动地与那些你感兴趣的同时你能满足他们招聘要求的公司进行联系。

在校期间就获得经验，会使你在毕业后更受未来的雇主欢迎。此外，如果满足某些要求，这些经历也可以被算入实习生发展项目之中。对于波士顿建筑学院的毕业生来说，完成学位通常与参加建筑师注册考试同时进行。因为学生们在上学的时候就是在进行全职工作。请注意，在最近一次对实习生和年轻建筑师的调查中，几乎有一半的人表示自己在校期间就获得了实践经验。

职业新人阶段获得经验的方法

全职职位

当你将获得自己的建筑学学位，当在你即将毕业时，真正的挑战才刚刚开始，那就是你需要作为一名职业新手去获得专业实践经验；或更准确地说，是某一建筑公司获得一个稳定的全职职位。在成为一名建筑师的道路上，寻找一个全职职位是很重要的，但却并不那么容易被找到。当然，如果你在学校期间就有机会获得一些实践经验，那么你获得全职工作的前景就可能会光明很多。

首先，你在学生期间所工作过的公司可能会继续聘用你做一份全职岗位的工作。其次，如果没有的话，他们也许会建议你到其他正在进行招聘的公司去。第三，你可能会在一家新公司得到一个职位。这家公司之所以更愿意聘请你，是因为你的专业经验。因此，在毕业前获得专业经验是有价值的。

不论是否在学校里获得了经验，当你开始了自己的建筑职业生涯时，你都需要在实习生发展项目的框架之下开始工作，以获得专业经验。（有关实习生发展项目，我们在本章的后面进行详细讨论。）在理想的情况下，你需要在一位执业建筑师的监督下进行工作。然而，实习生发展项目也允许有一些例外情况。此外，要真正了解你所就职的公司情况，因为它将会影响着你的职业轨迹。

在进行更多关于自己职业或工作的寻觅之后，你要注意寻找一位合适的雇主。因为他不仅仅会给予你的实习生发展项目大力支持，而且你也会在这里蜕变成为一个专业工作者。

志愿者

除了全职职位之外，还有另一种获得经验的方法是去充当志愿者。在一个有组织的活动或一个特定组织的支持下，通过贡献出自己的天赋和才能，你能获得展示领导才能和进行服务工作的经历。其中实习生发展项目[4] 就有这种经历要求。实习生发展项目认为，你参加志愿者的时候不一定非要涉及建筑领域，但也可以与之有关。在这些方面奉献出自己的光阴，就可以加速你完成实习生发展项目的时间。如果你还没有被这样的岗位录用，你仍然可以先提高自己的建筑师业务技能。

设计竞赛

设计竞赛是发展自己的技能和获得经验的另外一条途径。当你在导师的监督下进入设计竞赛并尽力满足一定设计要求时，你也可以通过实习生发展项目再次获得专业经验。且不论实习生发展项目的学分，加入一个设计比赛就意味着你可以尽情地"设计"。这是当你很快离开学校后，在一家公司里不可能得到的实践机会。

师徒指导

在实施考取从业资格证和实行实习生发展项目制度很久以前，师徒指导这种行为就已经是建筑行业的一部分了。很多年前，一位有抱负的建筑师学徒将会为一名建筑大师工作，直到大师觉得学徒他（她）自己已经为独立从事设计工作做好了准备。由于各种不同的原因，许多职业新手没有导师。但是人们鼓励你去获得一位这样的指导者，他能给你提供专业支持和指导；同时，又是你所在公司以外的人员。这将贯穿你的职业发展之路。

专业协会

在中学或大学时，你参加过学生俱乐部吗？如果是这样，你就已经知道成为一个组织成员所能得到的益处了；

如果不了解，当你开始自己的职业生涯时应立刻就考虑加入一个组织。通过活动，专业协会将有助于你职业生涯的发展之路。除了一些特定的协会，其他大多都会制定一些专业性或社交性的活动计划，如会议（专业的和社会的）和其他一些专业活动，以促进你职业生涯的发展。

也许，最著名的建筑专业协会还是美国建筑师协会。对于美国建筑师协会来说，你毕业之后即直接成为一名"初级会员"；他们会为毕业生提供免费的会员资格。此外，美国建筑师协会还能够通过一系列活动和举措来支持职业新手。

除了美国建筑师协会之外，还有许多其他的协会与建筑行业有更直接的关联，如美国少数群体建筑师组织、美国注册建筑师协会（Society of American Registered Architects SARA）和美国西班牙裔建筑师组织。详见附录 A。虽然大多数协会都是全美性的，但也有一些是地区性的或地方性的。例如，一个非常活跃的地方性组织是芝加哥女性建筑师团体（Chicago Women in Architecture CWA www.cwarch.org）。为了增加社交机会，与专业人员联系，获得更多经验，你应考虑加入一个或多个专业协会。但不要仅仅只是加入，而是要参与到协会工作的规划和实施中去，这是获得那些不能从公司学来的经验的最好方法。

在招聘一名新建筑师时，你们最关注的是什么？

❭ 我关注的是一本震撼丰富的作品集。

托马斯·福勒四世，美国建筑师协会会员，国家建筑注册委员会成员，加利福尼亚州州立理工大学圣路易斯奥比斯波分校社区跨学科设计工作室，美国建筑学院校杰出教授兼主任。

❭ 我关注于沟通技巧，包括口头表达技巧和文字、图形表达能力。我关注那些自信、具有广泛技能和团队精神的人。我关注那些能够显示出志愿服务意愿和领导能力的人。

格瑞斯·H·金，美国建筑师协会会员，图式工作坊负责人。

❭ 我期待着一位优秀的倾听者，并且他在我所从事的建筑领域有一定的从事设计和规划工作的经验。

H·艾伦·布兰塞利格曼，美国建筑师协会会员，特拉华大学房产后勤服务部基础设施副主任。

❭ 我现在还没有招聘人，但是我期待着那些能力全面的设计伙伴。换句话说，那就是他们可以有开阔的思维、知识渊博地对客户进行解说，并且又有能力去关注我们日常设计工具的种种细节的人。

罗珊娜·B·桑多瓦尔，美国建筑师协会会员，帕金斯+威尔事务所资深设计师。

❭ 我期待着那些具有难以置信的天赋和雄心大志，以及能够倾听和与我们团队合作的人。

威廉·J·卡彭特博士，美国建筑师协会资深会员，LEED认证专家，南方州立理工大学教授，Lightroom 设计工作室总裁。

❭ 我所关注的是积极的，充满热情的，不惜付出努力的，也不怕提出问题的人。最好的建筑师能提出最好的问题。他们必须能够进行很好的沟通，并且具有说出他们想法的能力。他们需要有远见，但仍然表现出谦卑。他们需要能够证明自己具有以积极和协作的方式与他人进行合作的能力。

罗伯特·D·福克斯，美国建筑师协会会员，国际室内设计协会会员，LEED认证专家，福克斯建筑师事务所主要负责人。

❯ 我关注的是在专业上的组织和沟通技能；在自己的工作、兴趣、设计能力或潜力，以及手绘、绘图的额外能力以及计算机知识等方面有多少个人追求。开阔的设计视角。能展现出艺术性和工艺性的水平。

玛丽·凯瑟琳·兰德罗塔，美国建筑师协会资深会员，哈特曼-考克斯建筑师事务所合伙人。

❯ 首先最重要的是，我寻找那些能够合作并能在过程中节节提升的人。好的设计是需要反复的。所以一个人必须能够接受来自团队成员的批评，迅速地适应变化，并且总是能不断寻找那些改进项目的方法。

科迪·博恩舍尔，美国建筑师协会初级会员，LEED 建筑设计与结构认证专家，杜伯里建筑设计股份有限公司建筑设计师。

❯ 年轻的从业者们在数字技术方面都拥有相当丰富的知识，这些对业务的发展是非常有用的。我一般会聘用那些对一定范围内的数字工具都颇具有经验的人，他也须具备极好的视觉、口头和书面沟通技巧，因为这些特质会增强公司的实力。

凯瑟琳·T·普利格莫，美国建筑师协会资深会员，亨宁松 & 杜伦 & 理查森建筑工程咨询股份有限公司，高级项目经理。

❯ 我所关注的是那些具有较强的个人技能，可以与其他员工和客户很好相处的人。他也应拥有作为一名建筑师的基本技能，如绘图、制图和 CAD 制图。但最重要的是一个全面发展、多才多艺的人。

约翰·W·迈弗斯基，美国建筑师协会会员，迈弗斯基建筑师事务股份有限公司负责人。

❯ 我关注那些有兴趣为公司作出贡献的全面发展的人。我赏识表达出这种思想和情感的求职者，如他们刚刚开始了自己的事业，已经准备好努力工作并向别人学习了。这些

圣巴塞洛缪天主教会（St. Bartholomew Catholic Church），哥伦布，印第安纳州。
建筑设计：拉蒂奥建筑师事务所（Ratio Architects.）。
建筑摄影：苏珊·哈尼斯。

人会说，他们正在寻求一家公司的雇用，因为这家公司将如何帮助他们。我对这样一些人绝对不会感到有任何兴趣。企业的雇用不是利他主义的行为。表达出首先关注自己个人目标的想法，对雇主而言，这会在工作态度方面，传递出不好的信息。而且，我对那些认为自己是"唯一"的设计师的人不感兴趣。如果自己是一个优秀的设计师，你就应该让你的看法影响到事件中的其他任何角色。因为一个作品在任何方面都需要高质量的设计。写作与设计能力一样重要。我通常发现，那些能够很好地组织起自己思维的学生们，也能够应用任何媒介来表达自己的思想。

卡伦·索斯·彭斯博士，美国建筑师协会资深会员，LEED 认证专家，杜利大学副教授。

❯ 人们雇佣的是人，并不是你的作品集。优秀的设计作品是必需的，但如果你不能清楚地说明自己思考探索的细节或阐述自己设计方案的价值，那么这些作品就与你毫不相干。优秀的设计师必须有能力申述设计价值，那就是传达出一种清晰而强有力的设计事业，其能直接满足客户的需求。

此外，建筑学是一项团队性的活动。引人注目的设计思想是伟大的，但同样重要的是你应该展示出与自己希望加入的组织相匹配的文化素养，并表达出自己给团队所带来独特价值和前景价值。

安得烈·卡鲁索，美国建筑师协会资深会员，施工图技术专家，LEED 建筑设计与结构认证专家，根斯勒建筑设计、规划与咨询公司，实习生发展和学术推广首席负责人。

❯ 对职业的热情和奉献精神。一种共同学习和工作的欲望。我们要寻找那些阳光乐观的、有上进心的人，他能够认真地去解决问题。相比于他们的工作态度来说，如渲染和绘制草图等所需要的硬性技能居后其次。但我们也不会雇佣一位没有一本优秀的作品集、不能够娴熟地进行图纸绘制的人。

林西·简·基梅尔·索雷尔，美国建筑师协会会员，LEED 认证专家。周边建筑师事务所负责人。

❯ 必须具备设计基本专业技能和一定的设计天赋，这是不言而喻的。更让我感兴趣的是一位团队的参与者。他可以从别人身上汲取灵感，而力争达到一种与团队协同一致、亲密无间的情感。且应具有良好的职业道德，对建筑材料和方法有较强的理解力，对商业实践也有一定的兴趣。这则是一些附加条件。

凯文·斯尼德，美国建筑师协会会员，国际室内设计协会，美国少数群体建筑师组织成员，LEED 建筑设计与结构认证专家，OTJ 建筑师事务所有限责任公司，合伙人兼建筑部门资深主管。

❯ 在职业新手中，包括那些刚刚走出学校的学生，我们期待着那些具有超强的手绘和素描技巧，超强的计算机才能，在作品集中表达出设计灵感的火花和对设计的理解的人，以及用一种渴望热情和开放率真的态度去努力获得各种体验的人。优秀的沟通技能，一种良好的态度和积极主动的个性都是必不可少的。技术和技能可以在工作中学会，但这些是不能的。

面对客户时，我们要求当即绘制出一些解决设计问题的方案来。这种能力是我们公司服务中的一个与众不同之处。同样重要的是，我们的设计师必须具备有使用计算机的才能和意愿。

卡洛琳·G·琼斯，美国建筑师协会会员，LEED 认证专家，慕维尼 G2 建筑设计咨询有限公司，主要负责人。

❯ 最好的设计师，要有一种开放的思维和学习的欲望。新的技术、理论和思想不断地环绕在世界上。我认为，最好的建筑师能够掌握我们过去所学习到的知识，并且能够应用新的技术和创造力来创作出更好的作品。我最欣赏的设计师们总是在画画、思考、学习和解决问题。

阿曼达·斯特拉维奇，集合设计事务所，一级建筑师。

❯ 我们关注于那些在不同技能岗位上能发挥特异性价值的人。并不是每个人都注定要成为一名建筑师，我们所有人也不应该是这样。在这个复杂而纷繁的行业中，你能用许多有益的方式来找到自己的位置。尤其是对于一个设计师来说，我们常常最期待的是那种激情、自信、才华和态度相结合的人选。我们希望自己的设计师们能够对建筑怀有火一样的热情，这一点可以超过对于作品集的要求。当在整个设计中间团队协作工作时，我们所希望的设计师是对设计工作充满热情，能够有效地沟通他的思想，也能够与他人和睦相处。

我们期待着那些能够积极参与并具有感染力的建筑师的到来。

香农·克劳斯，美国建筑师协会资深会员，工商管理硕士，HKS 建筑设计有限公司主要负责人兼资深副总裁。

〉 设计师需要有一套相异于寻常个体的思维体系。他需要连续地回答："如果我们这样做会如何？"。这应该是任何一位设计师或对设计进行挑战者应具备的根深蒂固的态度。应对专业领域中的技术和产品的迅速变化，能够快速地学习的人是非常理想的。

杰伊·普利兹克露天音乐厅（Jay Pritzker Pavilion），芝加哥，伊利诺伊州。
建筑设计：弗兰克·盖里。
建筑摄影：李·W·沃尔德雷普博士。

凯茜·丹妮丝·狄克逊，美国建筑师协会会员，美国少数群体建筑师组织成员，阿雷尔建筑师股份有限公司（Arel Architects, Inc.）副主管。

〉 除了善于沟通和批判的思想者之外，我注意到自己所推荐的那些最为成功的人，在他的整个教育生涯中都经历过引导他们分析和解决问题的极好的设计教育体系。有能力的设计师都能够脚踏实地进行快速思考，同时也能用视觉和口头媒介来巧妙地代表他们的思想。

布赖恩·凯利，美国建筑师协会会员，马里兰大学建筑学专业副教授兼系主任。

〉 拥有如何使用空间的实用性观点；能在继续从新的实践经历中学习的同时，努力去坚持自己的想法；具有无可挑剔的组织技巧。

梅甘·S·朱席德，美国建筑师协会会员，所罗门·R·古根海姆博物馆和基金会，基础设施及办公室服务部经理。

〉 在招聘新设计师时，我总是想看看这些人是否能清晰、自信地展示了他们自己，以及是否能够明确无误地表达自己的设计理念。我总是想看看他们是否非常专业地展现了他们自己的能力，以及是否具有适合我们这个组织的个性和态度。

肖恩·斯塔德勒，美国建筑师协会会员，LEED 认证专家，WDG 建筑设计有限责任公司设计负责人。

〉 我所关注是那些能够很好地融入办公室文化之中的人，或那些能够填补我们目前空白缺环的缺乏人才。每一个职位都有一个技术学习的曲线。技术和技能可以被教授，但如果没有一个能与自己所接触的人和睦相处的个性，那么你就很难享受自己的工作，从而也很难对自己的团队作出贡献。

艾希礼·W·克拉克，美国建筑师协会初级会员，LEED 认证专家，美国兰德设计公司销售经理，市场营销专业服务协会会员。

〉 最重要的是要对自己所做的事情充满激情。如果一个人表现出了对自己工作的真正热情，所有面试官都会受到他的感染。我们也能在作品中看到激情。所以展现一些能够显示出自己的想法，而且把这些想法应用到解决建筑问题的作品是最重要的。在面试时，重要的是要表达出，是什么驱使着自己去这样做，以及这种动力将对公司有多么的重要。

约瑟夫·梅奥，马赫勒姆建筑事务所，实习建筑师。

〉在自己的建筑公司里，我主要负责咨询业务。在这里很少涉及图纸，更多的工作是关于促进项目的推进、分析和建立共识的过程。我们的咨询业务主要侧重于办公场所的设计策略、管理和研究的变革。我们的大部分工作是花在说服人们进行大量建筑投资和改变他们的工作方式上，以为他们的机构带来收益上。要想成功，我们必须能够说、写、图示表达并与人进行联络。我们必须能够轻松合宜地谈论自己客户的商业投资眼光，以及如何用设计来帮助实现这一愿景。绘图的能力是一种"美好的拥有"。但相比起沟通想法的能力，绘图对我的团队来说并没有那么重要。

利·斯金格，LEED 认证专家，美国霍克公司资深副总裁。

〉我要看看申请人的生活方式。有些人喜欢海阔天空地胡吹人应该如何去生活，但不能设想出一个他们自己会居住在这样的类似世界的情景。每当遇到这样一个申请人时，我就会变得神经质。下一步就是勾勒和描绘他们所能看到的东西的能力。这是他们仔细观察其他人的行为方式，如何去进行商业活动并相互影响的最明确的信号。最后是沟通和交流。我们的艺术就像科学一样，它需要娓娓道来。

约瑟夫·尼科尔，美国注册规划师协会成员，LEED 建筑设计与结构认证专家，城市规划专家，城市设计事务所成员。

〉我们所关注的位于"其他"一栏。除了技术方面的特定技能和建立起来的岗位熟练之外，我们还会寻找一些可能拥有的其他潜在激情，可能对我们手头上的项目有很大影响作用的人。我们聘请了具有在 LGBTQ（同性恋，双性恋，跨性别人群和性取向未知）[①]社区从事过社会工作、平面设计和有过人类学方面学习背景的建筑师。这些都使我们的设计锦上添花，并且使项目的设计进程变得更加有活力且更令人愉悦。

凯瑟琳·达尔施塔特，美国建筑师协会会员，LEED 建筑设计与结构认证专家，拉滕特设计事务所创始人兼首席建筑师。

〉我建议你准备一份能简明扼要地提供有关信息的单页简历和一份单页的作品样本，以 PDF 格式寄出。同时还要附带一份简短但深思熟虑的求职信。我提醒求职者，各大公司没有太多的时间来审阅这些资料。他们更欣赏简洁的表达。除了申请材料之外，我特别留意那些令人产生好感的候选人。如他们能够传达出自己的创造力，展示了在该领域的丰富经验，并且显示出参与过较多社区活动。语言沟通和计算机技能也同样是重要的，尤其是当今行业中那计算机建模和渲染能力。性格也是影响决策的一个因素。有些人更适合于某些办公室环境，而另一些人则在不同的背景中都能表现自如。应聘者在申请职位前尽可能多地了解一些有关部门、组织或机构的情况是非常有用的。

金伯利·多德尔，莱维恩公司项目经理和销售部主任。

---

① LGBT 是女同性恋者（Lesbians）、男同性恋者（Gays）、双性恋者（Bisexuals）和跨性别者（Transgender）的英文首字母缩略字。也有人在词语后方加上字母 "Q"，代表酷儿（Queer）和 / 或对其性别认同感到疑惑的人（Questioning）。——译者注

探索、自问你到底想要什么，以及寻找导师

贝丝·卡林
根斯勒建筑设计、规划与咨询公司，项目协调人
明尼阿波利斯（Minneapolis），明尼苏达州。

您为什么要成为一名建筑师？您又是如何成为一名建筑师的？

》大约是在五年级的时候，我意识到自己想成为一名建

圣家族大教堂（Sagrada Familia），
海外留学素描，伊丽莎白·卡林（Elizabeth Kalin）绘于伊利诺伊理工大学。

筑师。中学时，我在美术老师的引导下选修了一门建筑学课程。这门包括有绘图和建模的课程，将自己第一次半正式地引入这个领域。在毗邻新开发区的大都市郊区长大，这段经历也对我的职业选择有一定的作用。我的父亲是一位对建筑设计饶有兴趣的工程师。于是我就能经常骑着自行车在建筑工地周围游荡，试图通过部分建成的木结构房屋来猜测每个房间的功能。我们一家也经常参加"住宅之游"活动。这是在双子城每半年举办一次的建筑展示活动。收集建筑平面图和描绘"梦想家园"成为我的爱好。

跟随真正的建筑师工作，强化了我成为一名专业建筑师并从此追随这个行业的愿望。在自己的初中和高中时，学校都鼓励学生们去跟随建筑师进行短暂的工作，并对学生们的参与给予额外的学分。幸运的是，一位朋友的父亲是一名住宅建筑师。所以，追随他工作是自己的第一次类似的经历。那种根据比例制作模型也激发起了自己的好奇心。后来在高中时，学校安排了一位女建筑师，她成为我参与实践的一个契机。这位建筑师和她的丈夫一起拥有一家小型公司。我花了整整一天和她一起工作。结束之后，我就迫不及待地渴望着要到大学去继续学习建筑。这份职业有太多的东西吸引我了，如那些具有挑战性的设计、团队的合作、与顾问和各种客户群体之间的互动、动手制作模型的外观等，以及最重要的是有各种五花八门、形形色色的工作。如果允许的话，可以尝试着在极大视野范围中激发自己的兴趣，也可以通过一个实际的、现实的镜头去探索未知。跟随建筑师，是一种可以更好地了解他们，或其他任何专业工作者日常生活的极好方式。

您为什么会决定去那所学校进行您的建筑学学位学习？您获得了什么学位？

》对建筑院校的选择，从自己高中的第一年就开始了。

SOS 儿童村（SOS Children's Villages），拉韦佐罗社区活动中心（Lavezzorio Community Center），芝加哥，伊利诺伊州。
建筑设计：珍妮·甘建筑师事务所（Studio Gang Architects）。
建筑摄影：伊丽莎白·卡林，珍妮·甘建筑师事务所。

很快，我想五年制的建筑学专业学士学位课程似乎最符合我的兴趣点，因为这一种学位课程通常是从第一学期的设计工作室课程开始的。普拉特学院（Pratt Institute）提供了一个大学预科的暑期班。我有幸在高中毕业前参加了这个项目。在中学毕业那年，经过几次对学校的走访和问询，以及当我收到这所学校的奖学金的信息后，我决定去伊利诺伊理工大学开始学习，以攻读一个五年制的建筑学专业学士学位。建筑系馆的克朗大厅（Crown Hall）是一个极大的诱惑，教师和课程也是一个巨大的诱惑，位于芝加哥市区更是一个令人无法抵御的诱惑。我以优异的成绩和计算机辅修专业，最终大学毕业，这使我听起来似乎很古老和陈旧。在五年间，我通过伊利诺伊理工大学的海外留学项目，在巴黎度过了一个学期。我真心享受在那里度过的每一分钟。

为什么你要在悉尼大学（University of Sydney）

去攻读设计科学的硕士学位？你关注的重点是什么，在另一个国家学习是什么感觉？

❯ 研究生院学的东西总是令人很感兴趣，但不一定非要在自己最初工作的几年间就去攻读。我在伊利诺伊理工大学的一位教授曾就建议我，在回到学校之前先工作几年，而我却等了几乎将近八年才回来。我认为这是一个非常好的建议，而且对自己也很有效。我密切关注着可持续性的设计。在毕业之前，我就开始将其零打碎敲地应用到工作之中了。随着时间的推移，我对自己所做的工作也慢慢地感觉到不太满意。在真正地接纳可持续性设计项目方面，有几个国家领先于美国，澳大利亚绝对是其中之一。我也强烈地感觉到了一种直观上的吸引力，而且这种诱惑在日益增强，那就是去访问澳大利亚并重新考虑研究生院。悉尼大学有一个时间很短，但充满了自己梦寐以求课程的项目。我有很多选择选修课的自由，而且申请程序不可能更容易了，不需要 GRE 考试，也不需要作品集。

这是一次难以置信的经历。我在很大程度上有许多理由在悉尼继续求学，那是我拥有的一段极其美好的时光。在海外生活真的是一种丰富多彩的经历，其给了你一种全新的角度来看待生活和工作的方方面面，并且有机会来反省和调整自己生活的行程。我强烈推荐学生们在校期间就出国留学，根据自己的经验，也建议考虑获取一个外国学位。虽然我无须仅仅依靠在这里每天所学到的那些东西，现在我已经返回美国并且重新工作了，但其给了自己所渴望得到的基础知识和专业见识，这些将有助于自己以后的职业生涯。我也结交了许多不可思议的朋友，他们现在遍布世界各地。对此我深感欣慰。

有一项计划或一个目标永远不会是一件坏事。我认为，在专业上为自己设置一个框架是好的，但随着自己专业路径的发展，我发现如何能顺应潮流和保持应变也是非常重要的。听从自己的直觉是绝对重要的。从建筑学教育开始，就存在许多与目的毫不相关的事物。只有你自己知道，什么领域才是自己能够最成功地实现个人理想和抱负的职业道路。

作为一名建筑师，您迄今所面临的最大挑战是什么？

➤最大的挑战是寻求平衡！我知道，自己的许多同龄人也在为花多少时间在工作上与花多少时间在自己身上、同爱人共度、去做志愿者、参加比赛之间相比较而纠结不清。作为建筑师，我们有很多事情要去做。我仍然觉得，有时很难界定哪些是必须要完成的，与哪些是自己想去完成的，以充分地表达一种想法的事情。

一位全职的建筑学学生和全职的建筑实习生之间的差异是非常明显的。我知道这种过渡和调整即将到来。我觉得我在用自己整个寒暑假的事务所工作经历来为它的来临作准备。这是毕业后，我在第一次全职工作经历中遇到的最困难的事情。我所在的公司有明确的等级制度，我显然处在最底层。当然，千里之行始于足下。但

是在那家公司里，我并不觉得自己被要求在设计才智方面做出任何个人贡献。我常常觉得自己仅仅只是填补了一个众所周知的角色，那就是"CAD 制图猴子"罢了。

一定要享受作为学生的每一分钟。因为这是如此一段个人的、以自我为中心的和放纵的时间。你是客户，也是建筑师。所有课程中的项目的各方面约束都相对较小。作为首席设计师，你可以自由地接受各种设计理念并使之实现。也没有预算的烦恼！

在学校就像是在池边试水；而在工作中你就必须直接潜入水中。在学校里，设计实践中许多真正问题，在学校就从来没有触及过；而在工作中处理这些问题时，我会感受到情绪的剧烈变化，从屡受挫折到兴奋不已。永远无法停止学习，这大概就是我们职业中那最美好的部分。不要让那些未知的巨大深渊淹没了自己。你应该尽其所能地在每一个项目中有所收获并不断前进。

我也建议你对自己想在实习时获得什么经历，应当开诚布公地进行表达。当一开始在珍妮·甘建筑师事务所工作时，我就很清楚地表示自己需要建筑管理经验来完成实习生发展项目，于是我开始加入到一个一年以后即将动工的建筑项目之中。跟随着一栋建筑，从施工图到通过了竣工以及盛大的开业庆典，这是我自己迄今为止的职业生涯中最有价值的一部分。这是在前进道路上攻占许多制高点的艰苦战斗。我们已经幸运地因这个项目获得了一些重要奖项。虽然单单完成项目已经非常令人满意，但得到认可肯定则是一种意外收获。我们也要紧跟实习生发展项目的文本要求。在之前的版本中，我提到自己希望在本书的第三版中，我能获得执业许可。而在本书出版的时候，我已经取得并通过了七门建筑师注册考试（Architectural Registration Exams）中的一项。根斯勒建筑设计、规划与咨询公司给予了我这样一个令人难以置信的强大支持。我很幸运，我们的公司为自己的学习课程和考试买单。我利用美国建筑师协会明尼苏达州分会会员的优势并完成了学习课程。协会也激励了我，并帮助我在这段时光中获得了执业许可。我认为这

SOS 儿童村，拉韦佐罗社区活动中心，芝加哥，伊利诺伊州。
建筑设计：珍妮·甘建筑师事务所。
建筑摄影：史蒂夫·霍尔（STEVE HALL），赫德瑞奇·布莱辛（HEDRICH BLESSING）。

有助于自己积累一些经验。但从另一方面来说，腾出时间学习从来就不是件容易的事，尤其是自己在工作中承担着这么多工作职责。所以如果可以的话，还是让那些建筑学注册考试，在刚毕业那几年之间不要占用太多精力。

在公司，您的首要责任和职责是什么？

》我的角色相当于一个项目建筑师。由于现在自己还没有从业执照，所以工地负责人就是我目前的头衔。我帮助进行设计、绘制，管理顾问部门，以及经营一些自己事务所内的项目的建设管理。在明尼阿波利斯的根斯勒建筑设计、规划与咨询公司工作，是一段非常有趣的、有意义的经历。作为一个整体，我们是世界上最大的公司之一。我们的 12 家事务所，就感觉像是一个拥有无尽资源可以汲取的大家庭。最伟大的是我们成功地与其他城市的事务所合伙工作，以及与来自各地公司的人们合作做项目，这是很棒的体验。我个人已经在几个项目上与其他分公司接触过，何况我只在公司工作了一年半。

根斯勒公司的生意经营的非常精明，不像我所经历过或听说过的其他建筑公司一样。在第二个月期间，我们有一个关于设计项目商务的午餐交流。无论是他们坚持自己的极高设计标准，还是他们符合较高商业标准的管理价值观方面，都使自己敬佩不已。在我的同学和朋友中，这是我所知道的唯一一家给建筑师支付加班费的公司，即使你是一名仅拿薪水的普通员工。我额外工作的每一个小时，都会体现在我的薪水里。

我真的很喜欢通力合作地制作出一整套的图纸，并且看见一个项目通过建设直至其举行盛大的开业庆典。我根本就不能想象，自己会最终止步在这家以室内设计更见长的公司。看到多个项目在一年内完成是非常有趣的，而不是总是工作在一个持续四至五年，甚至是更长时间的项目之中。解决难题总是令人趣味横生。我每天都在做着这样的工作，如协调结构、管道、照明和自动喷水灭火装置的排列，以弄清楚在一个空间里天花板应确定在什么高度。能够在三维空间中进行思考，以及用铅笔来勾画出问题的解决方案也是非常有用的。对于新软件和新技术来说，我们能够了解和跟得上是重要的，但却没有什么比铅笔和草稿纸更重要的了。

找到一家适合你的公司同时你也适合它的公司，是非常重要的。在自己的第一份暑期工作中，我听到了不止一个人鼓励我转专业，"这是很容易的"。并不是每个人都适合成为一名建筑师。当然，每一家公司都是一个属于它们自己的、与众不同的小世界。我们所面临的一部分挑战，就是要找到一个与自己相匹配的公司。

还是要去寻找导师，也就是不要害怕寻求帮助。在这个行业里有太多东西要去学习。自己周围的人可能会拥有更多经验，他们从错误中学到了不少。如果你不用这些来帮助自己迅速成长为一名更高层次的建筑师，那就是一种严重的浪费。我感到非常幸运的是自己得到了一批了不起的导师的支持。其中一些是在非常恰当的时间里，出现在我的生命中；而另外一些人则需要我更积极地去寻觅。

实践建筑设计

坦尼娅·爱丽
邦斯特拉｜黑尔塞恩建筑师事务所，建筑设计人员
华盛顿特区

您为什么要成为一名建筑师？

》我一向认为自己想追随建筑学专业；但我一向知道那些自己不想去追求的东西。在我十八九岁的时候，建筑吸引了自己。我觉得，建筑学是艺术和技术之间的完美平衡。我没有想过这个专业有多么深奥，现在我知道了。我更加满足于自己选择了这条道路。从事建筑设计是一种同时可以做很多事情的好方法，而且我认为这是一个很有前景的职业。

您为什么会决定选择自己所在的学校——田纳西大学（University of Tennessee）来进行建筑学学位学习？您获得了什么学位？

》这对我来说这是个容易做出的决定。我是在东田纳西地区长大的。非常幸运的是，田纳西大学离我的家

圣家族教堂写生，巴塞罗那（Barcelona），西班牙（Spain）。
建筑设计：安东尼奥·高迪（Antonio Gaudi）。

乡很近。我在这里进入了一个经认证的五年制建筑学学士课程中学习。我完成了这项课程，获得了自己的建筑学学士学位。我在这里继续学习外语，接受一个法语选修课程。田纳西大学有许多资源可供我们支配。我利用了自己所能利用的一切条件，其中包括著名的教师、出国留学项目（我去过两次）、助教职位和暑期课程等。

在学校期间，你参加了"生命之光"（Living Light）项目，来源于田纳西大学的美国能源部太阳能十项全能竞赛（U.S. Department Of Energy Solar Decathlon）。你参与了其中的什么活动？你是如何从这段经历中受益的？

》我非常幸运地在工作室内做了申报 2011 年太阳能十项全能竞赛的初步设计。我看着房子开始成形，从一个合适理想的雏形演变成一个适合居住的、透气的房子。它天衣无缝地将所有的设计元素和概念交织咬合在一起，便形成了"生命之光"。

这是我作为一名学生所经历过的唯一体验，那就是自己所设计的一个项目竟然建成了。在这样年轻的年龄里所完成的项目是非常珍贵的，何况是发生在自己如此之早的职业生涯中。我们还与其他学科的学生和专业人员们一起合作，以使这个项目早日开花结果。从各自的专业领域出发进行相互教育和指导，了解各个学科在总体设计中所处的位置，从而使这个项目得以成功。这次在协调配合、人际沟通和建立人脉等方面的交流合作，是我在大学期间所经历的一次最好的锻炼。

您在其中的首要责任和职责是什么？

》在自己职业生涯的当下时刻，我的主要任务是使用好自己的资源，并获取事业开始阶段学习曲线的最佳优势。这是快速学习和直接应用新知识的最佳时机。我觉得这是成为公司有用人才的一种最好方式，同时在职业生涯中也能够进一步提高自己的专业知识。

作为一名实习生，您迄今所面临的最大挑战是什么？

》作为一名实习生，我所面临的最大的挑战是真正地掌握成为一名建筑师的含义。最初的调整是非常困难的；也就是说你几乎无法进行任何准备。我每天都要学习如此之多的东西，并且在自己的职业生涯中会继续这样做下去。

作为一名建筑师，在您的职业生涯中您感到最满意的部分是什么？

》在自己看来，向那些不熟悉我们专业的人普及建筑知识，可能是最令人满意的事情了。向其他人去说明，优秀的设计是如何来改变世界的，并告诉他们关于建筑师所能起到的多面的作用。这不仅仅关乎于建造一座建筑物，它也有关于一个概念，一个想法，是一种清晰的声明……

在建筑学方面，您的 5 年和 10 年职业目标是什么？

》我的 5 年目标是成为一名执业建筑师。我目前正在致力于实习生发展项目。我正努力地充实自己在现任公司里的工作时间，同时在进行建筑师注册考试（Architecture Registration Exam ARE）的相关学习。我的未来目标是如此远大。我要通过旅游、设计竞赛和摄影等方式，与设计界时刻保持联系。我希望在自己的职业生涯结束之前，有一本丰富的作品集。要做到这一点，我就必须在自己的个人生活中也尽可能多地完成一些工作。

在您的职业生涯中，谁或哪段经历对您产生了重大影响？

》我一生中有过几位非常特殊的导师。其中有一些是建筑学领域的，还有其他不是的。我认为从一些非相关领域的人们那里，同样也可以学习到一些重要的课程。我曾经为一个电气工程师工作过。其也做设计工作，纵然是一个类型非常不同的设计工作，但我也从中学到了一

◀生命之光，田纳西大学，2011 年美国能源部太阳能十项全能竞赛，华盛顿特区，2011 年 9 月 23 日。
建筑摄影：黛安娜·博萨尔特（DIANE BOSSART）。照片版权所属于黛安娜·博萨尔特。

▼萨贡托老剧场写生，西班牙的一个小镇。

些有关于比例、工艺和解决问题的能力等方面的重要经验。如果充分利用每一个机会，你总会学到一些能够在不同背景和境遇下得以应用的知识和经验。

对自己影响力最大的经历是旅行。游历过一些不同文化、城市和公园，我感受到如此之多的东西。这些东西，使我在工作中不断地进行了有意识或潜意识的思考。

它们帮助我认识到，建筑和设计是一种通用的语言；建筑物是历史的标记，当居住在那里的人们故去之后，建筑帮他们讲述那一段时光和一个场所里发生的故事。建筑学是象征性的符号；在步行穿过城市中心和闹市区时，你就可能被它身上的历史信息所吸引。去认识我们周围的世界，并要理解到它的演进发展是如此的美丽。

客户至上

科迪·博恩舍尔，美国建筑师协会初级会员，LEED 建筑设计与结构认证专家
杜伯里建筑设计股份有限公司，建筑设计师
皮奥里亚（Peoria），伊利诺伊州。

您为什么要成为一名建筑师？

▶很多和我年龄相仿的建筑师都会给出相同的答案：因为乐高积木。在我也没有什么不同。长大后，我依然沉溺于在那些小塑料积木之中。我在地下室里通过一些巨大的浴盆所发出的瑟瑟的敲打声，使自己的父母近乎疯狂。我一直疑惑于那些东西是如何结合到一起的。当开始学习建筑之后，我甚至更加着迷于自己的想法，那就是去创建一些能够更多地满足社交需求的环境。我喜欢和业主们一起工作，以便摸清楚他们需要什么，以及自己怎样才能最好地将这些空间交付给他们。

你为什么会决定选择你所在的学校——伊利诺伊大学香槟分校来进行你的建筑学学位学习？你获得了什么学位？

▶由于在伊利诺伊州中部长大，我一直都是终身的"伊利尼"[①]的粉丝。不管我选择的领域是什么，我都要成为一名"伊利尼"的学生。实际上，我并没有申请一所"安全而保险"的学校。对我来说，要么是伊利诺伊大学香槟分校，要么就是彻底地落榜！在获得建筑学理学学士学位后，我仍然是如此深爱着伊利诺伊大学香槟分校的社区环境。我知道，我想留在这里继续攻读自己的建筑硕士学位，我也可以去别的地方，但伊利诺伊大学香槟分校永远是自己的母校。

① 伊利尼（Illini）是伊利诺伊大学在当地人口中的俗称。——译者注

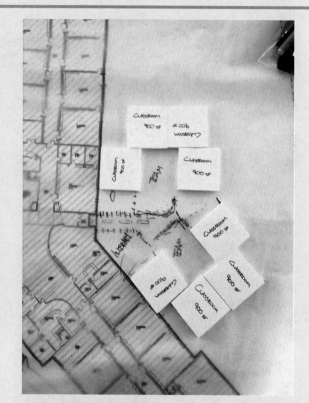

小学加建部分方案研究（Elementary School Addition Study），邓拉普（Dunlap），伊利诺伊州。
建筑设计：杜伯里建筑设计股份有限公司。
建筑摄影：科迪·博恩舍尔。

您在其中的首要责任和职责是什么？

▶我主要参与一个项目的前端，与业务发展总监和事务所设计总监紧密合作而推进工作，并进行访谈准备工作。我经常充当项目设计师"面试小组"的成员之一。当被授予一个项目之后，我将通过编制计划和进行概念设计与自己的客户进行合作，然后在项目进行中，为自己的团队提供设计领导。

作为项目建筑师，我要为项目提出建筑设计总体

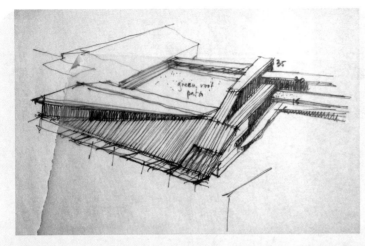

◀健康与群众演艺中心方案研究，威斯康星州。
建筑设计：杜伯里建筑设计股份有限公司。
建筑摄影：科迪·博恩舍尔。

▼伦巴第初级中学改造（Lombard Junior High School Renovation），盖尔斯堡（Galesburg），伊利诺伊州。
建筑设计：杜伯里建筑设计股份有限公司。
建筑摄影：科迪·博恩舍尔。

方向；设计出平面图、立面图和建筑的重要区段、进行初步的建筑法规研究、进行材料和产品的选择，并与室内设计师共同确定装饰面的质地和颜色等。在整个项目中，我会将定期的报告反馈给客户以审核项目的进展，并将他们所需要的任何改变加入到项目之中。通常情况下，一旦一个工作进入到施工图的准备阶段，我就会减少自己在项目中所起的作用，因为我要开始过渡到下一个工作之中了。

除了项目的责任之外，我也被大家公认为特殊的"项目专员"。奖项提交、会议介绍资料、横幅、公众宣传活动，以及基本上设计总监需要去做的其他任何事情，都需要我处理……在自己那日复一日的生活中，我享受着这眼花缭乱的种种变化。

作为一名实习生，您迄今所面临的最大挑战是什么？

》到目前为止，我最大的挑战是获得"全方位"的经验。与其说是实习生，不如说是作为一名项目设计师。因为常常每当接近施工时我就退出了项目，所以我没有完成自己的实习生发展项目要求所需要的"现场经验"部分。然而经过权衡后，我决心花大量的时间来进行建筑项目商务经营方面的学习，包括营销、项目业务

发展以及与客户直接进行合作等。

您能够从一名职业新手的角度来描述一下实习生发展项目和建筑师注册考试吗?

》对职业新手来说,实习生发展项目和建筑师注册考试具有巨大的价值。这两种业务训练都可带来丰富的经验,以确保一个人在建筑专业的各个方面都能获得一定的经历,从而可以发现自己所喜欢的东西,赋予必备的知识,以使你锻造成一位有能力的建筑师。

作为一名建筑师,在您的职业生涯中您感到最满意和最不满意的部分是什么?

》我对自己工作最满意的部分,是自己所感觉到的成就感,尤其是当自己同团队进行合作时,最终在项目设计方向上达成了一致。这里有一个具体的事例。我曾参与过一个学校项目,其中组织了一个由 50 多名教师、家长、管理人员和社区成员所组成的"设计委员会"。在第一次会议刚开始时,该委员会的成员之一曾非常激烈地大声反对这个正在进行的设计过程,以及项目进行的大致方向。在第二次会议开始时,他就已经成为我们最有力的支持者之一。

我真不知道自己的事业中还有一些"最不满意"的部分。我从自己所选择的职业中获得极大的满足感,并且把每一种挑战都看作是一次新的成长机会。我是一个幸运的人,做了自己最喜欢做的事。我真的不能想象自己还能够做好其他什么事情。

在建筑专业方面,您的 5 年和 10 年职业目标是什么?

》在 5 年之内,我希望自己能到达一个领先的设计位置,独立地经手更多的客户,并在可能的情况下去监督一个年轻的项目设计师团队。在 10 年内,我想成为一个事务所工作室的领导或设计总监,去监督和领导许多硕果累累的项目。然而这两个目标都是次要的,我希望继续去为自己的客户们提供那些负责任的、高品质的,超越了他们最高期望的建筑作品。

在您的职业生涯中,谁或哪段经历对您产生了重大影响?

》到目前为止,已经有很多的人影响了自己的职业生涯。作为一名研究生,我修读了詹姆斯·安德森(James Anderson)教授和约翰·施塔尔迈尔(John Stallmeyer)的有关于研究方法的课程。在课程中,我花了一些时间去观察和会见一些人。这给了我一个机会去理解如何真正地去倾听人们之间的对话,以及读懂字里行间的意思。此外,我的第一个设计总监非常重视和关注客户们的需求。他教会了我去把握自己所面对人群的"脉搏";去了解客户们的一些潜台词,并将他们引向自己所期待的设计方向。

闯入建筑行业

埃里森·威尔逊，
埃尔斯·圣·格罗斯建筑与规划事务所，实习建筑师，
巴尔的摩（Baltimore），马里兰州。

您为什么要成为一名建筑师？

❯在自己的童年里，爷爷曾搭建鸟窝，制作模型海轮、汽艇和飞机。在他的工作室里嬉闹玩耍，是我最幸福的回忆。我们会用他裁剪下来的废料建造一些城市模型。他也会带我到工艺品商店去买一些小树以及那些居住在我们城市里的小人。这些简单的行为一直伴随着我。此后，加之父母的一些指导，我进入大学主修了建筑学专业，并且从未迟疑和后悔过。在学校里，我喜欢学习这个专业。学习建筑学，意味着自己也要学习社会学、物理学和历史；我不必选择一门较为封闭的学科，使自己不得不与其他所有知识分开。

当开始展示出自己的作品，并且完成一些连自己都可以身临其中的建筑物时，这使我就像一个兴高采烈的孩子一般，回到了过去我同祖父一起完成城市模型的情景。得到一个伸手可触的作品时的欣喜是完全一样的。我沉迷于看着一栋建筑物，从图纸上的一系列想法转变为三维现实。我决定成为一名建筑师，是因为这种思维和建造的过程使我感到其乐无穷。

您为什么会选择在马里兰大学参加 4+2 的建筑学硕士课程？你获得了什么学位？

❯虽然我热爱学习、思考和谈论建筑，但我也对许多其他的学科感兴趣。就是这个 4+2 的学位项目，使我能够对其他学术项目进行探讨和研究，并迎合了自己的各种兴趣。除了建筑学理学学士之外，我在本科还完

马丘比丘遗址（Machu Picchu），秘鲁（Peru）。
建筑摄影：詹妮弗·科兹奇（JENNIFER KOZICKI）。

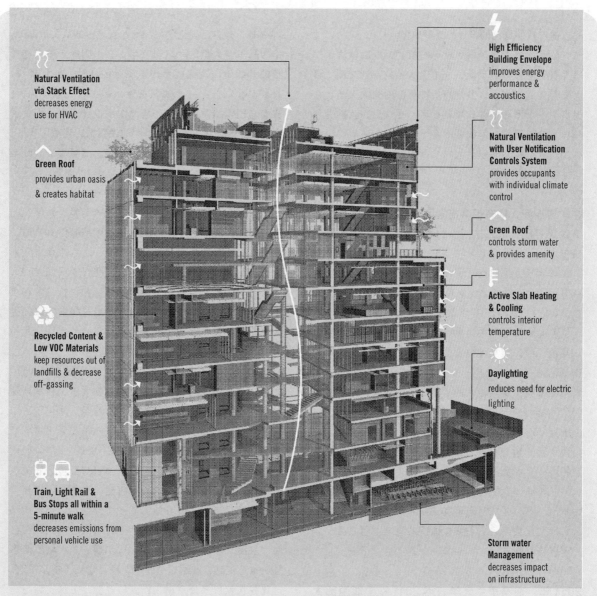

Natural Ventilation via Stack Effect
decreases energy use for HVAC

Green Roof
provides urban oasis & creates habitat

Recycled Content & Low VOC Materials
keep resources out of landfills & decrease off-gassing

Train, Light Rail & Bus Stops all within a 5-minute walk
decreases emissions from personal vehicle use

High Efficiency Building Envelope
improves energy performance & accoustics

Natural Ventilation with User Notification Controls System
provides occupants with individual climate control

Green Roof
controls storm water & provides amenity

Active Slab Heating & Cooling
controls interior temperature

Daylighting
reduces need for electric lighting

Storm water Management
decreases impact on infrastructure

约翰 & 弗朗西斯安杰洛斯法律中心（John & Frances Angelos Law Center），巴尔的摩，马里兰州。
建筑设计：埃尔斯·圣·格罗斯建筑与规划事务所，贝尼奇建筑事务所（Behnisch Architekten）。
剖面图：埃尔斯·圣·格罗斯建筑与规划事务所。

成了一个小小的英语选修课程，以及一个有关于本地移民社区的本科生团队研究课题。具有同建筑专业以外的非建筑师交往的经历，有助于我能够成为一名更好的建筑师。因为我从中获得了一些更加广泛的经历和启迪，并使自己的设计思想更加接地气。

马里兰州给我提供了难得的机会，可以就读于一所拥有一支体育运动队，一个庞大的校友社交圈，可以支付得起学费，以及地理条件优渥的州立大学。它提供了一个紧凑的建筑学院社区。在这里，我感受到一种家的温馨感。但我并不满足于此，我还想要得到更多。于是我在马里兰大学又读了研究生，并在那里获得建筑学硕士学位。

在学习期间，你有很多出国留学的机会。请描述一下这段经历，以及这对您的教育阶段产生了多大的价值。

▷出国学习为我们打开了一扇更大的世界大门。这些经历促使我们能够去探索其他文化背景下的建筑价值，并使我能在短时间内学习了大量知识。

建筑是为每个人而设计的，而重大的设计步骤是非常重要的。从某种角度上来说，建筑设计旨在用匠作工艺创造一些场所，以帮助人们提高生活质量。如果不能不断了解其他人的生活、工作和娱乐方式，我们就不能将自己心目中的各种建筑物带入现实世界。出国留学有助于我们更多地认识到，什么类型的问题是协作性和包容性设计过程中所必然出现的；什么类型的设计策略能够跨越文化和历史的界限。

不管是什么学科，每个人都应该在某个时候出国去学习一下，尤其对于建筑专业而言。在理解了为什么一种文化会缔造它们那样独特的建筑空间之后，你一定会领悟更多。

2011 年，在马里兰大学获得 2011 美国能源部太阳能十项全能竞赛奖时，你担任了"水屋"（Water Shed）项目组的领导。你能描述一下自己的这段经历吗？你的参与是如何影响自己的职业生涯的？

▷"水屋"是自己理论学习和专业发展中的最关键部分。作为马里兰大学的一名研究生，在太阳能十项全能竞赛的开始阶段，我就参与了团队的活动。并且很快，我就对我们作为一个团队所做出的工作充满了热情。我参与创作了我们自己的概念图示设计方案，编撰了我们自己的设计方案和施工图的说明书，建造了房屋，制作了建筑的通信设备，申请基金。面对着 20000 多名来华盛顿国家广场（National Mall）①参观"水屋"的人们，我讲述了我们自己的设计经过。

当你感觉自己拥有了一些宝贵的经验时，就有能力去教育公众并改变人们看待和使用建造环境的方式，没有什么比这种感受更加震撼人心了。到"水屋"来听故事的人，来自各行各业。他们都有类似的问题，那就是自己如何生活得更加节能环保和可持续？在自己家里能实现你所说的哪些事情？以这样的方式去生活要花多少钱？因受"水屋"项目经验的启发，我相信自己可以很好地回答这些问题。

"水屋"项目也帮助自己获得了目前的职业岗位。我们将"水屋"项目投标给了埃尔斯·圣·格罗斯建筑与规划事务所，以寻找投资人。这是一家位于巴尔的摩的设计公司。会议结束后，埃尔斯·圣·格罗斯建筑与规划事务所完全同意在经济上支持"水屋"项目，以及它在教育公众有关正确处理建筑与环境之间关系的使命。同时他们也决定给我搭建一个平台，以使自己在研究生毕业并且开始了职业生涯之后，仍然能够通过太阳能十项全能竞赛的六个月时间，来完成自己对"水屋"项目未竟的工作。埃尔斯·圣·格罗斯事务所也意识到，我通过"水屋"项目学到了很多东西。这比我在仅仅办公室里工作获得经验，更加实际与高效。他们支持着我更多地吸收这些知识，最终能够成为一位更好的实践型建筑师。和我一起工作的同事是一群非凡的人。当我每天在办公室工作时，我总是在学习新的东西。

① 美国国家广场是一片绿地，其一直从林肯纪念堂延伸到国会大厦。这里是美国议会召开会议、总统宣誓就职的地方。——译者注

◀建筑室内，水屋，马里兰大学，2011 美国能源部太阳能十项全能竞赛作品，
华盛顿特区，2011 年 9 月 23 日。
建筑摄影：吉姆·泰特罗（JIM TETRO）/ 美国能源部太阳能十项全能竞赛作品集

▼建筑室外，水屋，马里兰大学，2011 美国能源部太阳能十项全能竞赛作品，
华盛顿特区，2011 年 9 月 23 日。
建筑摄影：吉姆·泰特罗 / 美国能源部太阳能十项全能竞赛作品集

作为一名实习建筑师，您所面临的最大挑战是什么？

〉我所面临的最大挑战是要搞清楚，自己到底想要成长为一个什么样的人。毋庸置疑，学到的东西越多，就会感到自己知道的太少；对建筑学了解的越多，就会意识到向自己敞开的职业道路越广。虽然自己的身份已经不再是学生，但我仍然在持之以恒地坚持学习。从这个意义上来讲，我希望自己永不休止地去"做一名学生"。我总是希望自己的知识在不断地增长。

作为一名建筑师，您感到最满意的部分是什么？

〉作为一名建筑师，最令人满意的部分是在施工现场，图纸上的建筑有了真实的生命。突然间，这栋被画在纸上的建筑物，变成了一个可以触摸和可以体验感知的三维现实。我一直认为，一些非常重大的发现会发生在设计过程中。然而事实是，当建筑物开始呈现成为一种三维空间时，你将会有一些意外的发现和惊喜。细节变得鲜活起来，材料变成了可以触摸的实体。在一定程度上，这个场所已经开始蕴含在纸面上不能承载的灵魂的重量。

在你的职业生涯中，您希望在毕业后的 5 到 10 年里做些什么？

〉希望毕业后的 5 到 10 年里，我仍然像今天这样热情高昂地学习和实践我的技艺。就像自己曾经说的那样，我几乎每天都在学习新的东西，并且不希望这种状态很快就发生改变。此刻，我正通过同时完成自己的实习生发展项目实践和建筑师注册考试，努力去获取执业执照。如果运气好的话，我将在今后的几年内完成这两项工作。

在您的职业生涯中，谁或哪段经历对您产生了重大影响？

〉"水屋"项目绝对我最有影响的一段经历。作为团队一部分，我的探索和冒险在个人和职业等方面塑造着我，甚至产生了某些我还没有察觉到的影响。非常幸运的是自己在正确的时间、正确的地点，利用了"水屋"项目所提供给自己的所有机会。我们的团队是一个充满激情的从业者群体。他们相信设计的力量能够创造出一个更加可持续发展的未来。我们的友谊和友情持续不断地滋养着我，同时丰富着我的职业经历和体验。

教师带头人艾米·加德纳（Amy Gardner），布莱恩·格里布（Brian Grieb）和布列塔尼·威廉姆斯（Brittany Williams）都是一些声名卓著的优秀导师。当我开始工作时，他们的指导以及毫无保留地分享自己经验的意愿，帮助我成功地度过了从学生到专业工作者的角色转换，并帮助我缓解了若干职业新手常有的困惑。他们不仅仅是一些经验丰富的建筑师，我更将他们视为自己的导师。同事大卫·戴利（David Daily）和斯科特·查登（Scott Tjaden）伴随着我，同时负责引领我成为自己想成为的综合型专业人员。大卫·戴利和斯科特·查登教会我使用多种"语言"和沟通方式。我不是一个仅以与其他设计师熟识而自豪的建筑师；我需要成为一位愉快的合作者，尤其是当我与生态学专家们谈论环境科学，以及与工程师们讨论结构体系的时候。我喜欢驻足在学科之间的灰色地带里，虽然我的学位可能永远是建筑学，并且我的执业许可将最终落实在建筑专业上。我希望自己永远不要忘记，最好的地带就是连接所有不同专业建筑环境创造者之间的结合之处。

热火般的动力

詹尼弗·泰勒
美国建筑学生协会全美副主席
华盛顿特区

您为什么要成为一名建筑师？

❯当我是一名中学生的时候，我表达热情的主要形式是绘画。在进行大学走访之游期间，我曾被怂恿去尝试一些工程设计的课程；然而我认为，这个专业不能使自己对艺术的热情继续下去。直到我参观了塔斯基吉大学（Tuskegee University）的建筑专业之后，我才真正有了一定了解。

　　与我一年级的同学有所不同的是，我发现了一种前所未有的激情和艺术形式。建筑是一种有形的物质形态，有能力去影响一个社区乃至整个国家。建筑设计可以使我成长为一个"领导者"，并通过我的设计作品在一种更大层面上来影响整个社区。

你为什么会决定选择塔斯基吉大学来进行学习？你获得了什么学位？

❯在某种意义上，人们可以说我是一个塔斯基吉大学（Tuskegee）的"二代"。我父亲毕业于塔斯基吉大学。在毕业典礼上，我记得当时自己作为仅仅 10 岁的小孩，坐在学生区的对面。我希望自己能大声地唱出那些大孩子们所唱的颂歌。

　　在进行大学选择时，我母亲觉得多与不同背景的大学进行接触是非常重要的。我的父母也都认为我应该去参观所有自己感兴趣的学校；然而，塔斯基吉大学的传统和友好气氛总是在诱惑着我。

　　在大学学习期间，离家远游从来都不在我的计划中，而我更青睐一所规模较小的大学。这些因素很容易地就让我将自己的决策，缩小在位于亚拉巴马州

丙烯风景画（Landscape - Acrylic）。
詹尼弗·泰勒画于塔斯基吉大学。

（Alabama）境内的两所经认证的建筑院校之间。在参观了塔斯基吉大学的建筑专业之后，我与学校签订了入学协议，并接受了学业和体育方面的全额奖学金。我获得了建筑学学士学位。

在暑假期间，你有机会在三家不同的建筑公司工作。请描述这些经历，并说说它对自己的学习有多大程

麦克斯韦尔大道（Maxwell Boulevard）。
詹尼弗·泰勒在塔斯基吉大学主持的工作室项目开发项目（Development Proposal Studio Project）。

度的帮助？

> 我的第一次实习是在亚拉巴马州蒙哥马利市（Montgomery）的古德温·米尔斯＆卡伍德设计有限公司（Goodwyn，Mills＆Cawood，Inc），那是在2009年的夏天。古德温·米尔斯＆卡伍德设计有限公司所关注的都是一些商业性项目。虽然自己不太懂如何使用Auto CAD、SketchUp和Revit等建筑软件，但我能够参与一些设计研讨会，以及一些如竣工的测量和观察记录等事务所日常工作任务。导师给自己清晰地讲解了，项目是如何开始的，以及在最初和方案设计阶段那些创造性想法的产生过程。

我的第二次实习是在佐治亚州德卢斯（Duluth）的麦里克设计公司（Merrick and Company），那是在2012年的夏天。此次经历与自己的第一次体验完全不同，因为麦里克公司把重点放在了以政府为主导的设计工作上。我发现这些项目类型是预先确定好的，并且设计的余地也非常有限。因为这些建筑物都要求使用统一的规范，以与政府系统安排的建筑标准相匹配。这也是一次很好的学习经历，因为这向我提供了建筑设计中的另外一种外观表现方式。

我最近一次的实习是在亚拉巴马州蒙哥马利市的夏洛克·史密斯和亚当斯设计有限公司（Sherlock，Smith & Adams，Inc），那是在2012年11月至2013年5月之间。作为实习生，我在自己导师的带领下，协助进行LEED项目的认证工作。我的日常工作通常是通过LEED的在线系统进行项目登记，包括填写LEED建筑模板、协助进行有关指标计算和组织项目团队会议等。

作为一名建筑学学生，您所面临的最大挑战是什么？

> 在我的整个教育过程中，我所面临的最大挑战是确保每一个暑期得到实习机会，并获得专业方面的发展。我需要充分地去了解专业。我在古德温·米尔斯＆卡伍德设计公司的第一次实习期间，经济形势影响到了自己本地的建筑学生受雇的比例。我变得忧心忡忡，担心在毕业前所剩下的几年里，自己将再也得不到其他的实习机会了。我在下面两个暑假参与过的工作岗位，都与建筑设计没有什么关系。然而，自从在美国建筑学生协会基层领导会议（AIAS Grassroots

Leadership Conference）中参加了李·W·沃尔德雷普博士所领导的职业发展轨迹项目的汇报之后，我就对寻找实习岗位有了一些全新的看法。会中，我们所接受到的信息和方法，都是一些非常好的点子。我把这些想法应用于自身，将实习本身当成一件自己要去完成的首要任务。在 2012 年夏季，我获得了在麦里克公司的工作岗位。

你是如何在本科学习期间就成为了一名领导者？你是在哪些组织中培养了自己的领导才能？

▶在自己上大学的头三年里，我自始至终是大学垒球队的活跃人物。我从来不是那种善于夸夸其谈的领导者，而是更多的喜欢采取行动。当比赛变得非常艰难的时候，我总是在不遗余力地鼓励着自己的哥们队友们。因为我是垒球队的投手。

在第四年，我成为了美国建筑学生协会塔斯基吉大学分会的主席。起初我认为这仅仅也就只是一个职位。几次会议后，我发现自己竟改变了自己分会和相关部门的工作局面。从这个位置上我学到了很多东西，加深了对自己的认识。我能够在其中制定出一些活动计划，通过导师、社交和实习这些机会给大多数学生群体带来福利。

我第一次参加全美性美国建筑学生协会和美国少数群体建筑师组织会议，就注意到那里的其他学生也具有与自己同样的激情。协会的全美级领导人开始注意到我，并将我作为在地方和全美层面上都具有巨大激发和改变能力的杰出领袖选拔了出来。在那一时刻起，我的领导范围就从地方一级上升到国家水平。我参加了美国建筑师协会的多样性和包容性代表项目（AIA Diversity and Inclusion Ambassador Program）、美国建筑师协会新兴建筑师理事会（AIA Council of Emerging Professionals），以及塔斯基吉大学建筑工程校友会（Tuskegee Architecture and Construction Alumni Association），并成为其中的学生代表。

如果你要问我，三年前是否自己会考虑去竞选美国建筑学生协会的全美副主席，我的回答可能会是否定的。老实说，我还真看不出自己可能会达到一个如此重要的全美性职位。当进入到美国建筑学生协会领导层时，我的主要目标是让自己本地的美国建筑学生协会分会步入正轨，并且在当地水准上能够满足学生们的需求。

虽然地方级的领导工作是我更为热衷的，但作为一个全美性的国家机构，美国建筑学生协会让我有机会成为代表全美各地的建筑学生的发言人。我期待着未来的一年，因为这确实是一种充满荣誉感和不可思议的机遇。

作为一名建筑学生，您感到最满意或最不满意的部分是什么？

▶作为一名建筑学生，最令人感到满意的部分是能对社区和所涉及的人们产生影响。作为一名大学本科生，我参加了"国际人类家园"组织和一些设计研讨会，会议中都宣称要将生活归还给那些深受设计和建造影响的人们。我所做的每一种社区服务活动，都在对自我看待建筑设计以及它对社区贡献问题的方式上，产生极其深远的影响。

建筑专业最令人不满意的地方，是它剥夺了大量与家人和朋友相处的时间。很多时候，当我想回家过感恩节、圣诞节和春假时，都会发现自己只有在工作室的交图日期之后，才能从学校回去。建筑专业学习所占用的时间如此之长，常常迫使学生们到改换专业的境地。

在你的职业生涯中，您希望在毕业后的 5 到 10 年里做些什么？

▶在 5 至 10 年内，我想要获得自己的建筑师执业证书，并为一家专门从事商业项目的公司工作。这些项目将会影响到社区人群的自豪感和生活态度。我还想获得一个建筑相关领域的硕士学位，希望返回到教学领域去影响学生们的生活。除了从事建筑专业工作之外，我还愿意继续去指导那些担任与学生组织有关的领导角色的本科生们。

根据非洲裔美国建筑师目录（http://blackarch. uc.edu），大约有 300 名非洲裔美国女性建筑师。

景观设计（Landscape）。
詹尼弗·泰勒在塔斯基吉大学所画的手绘透视图。

作为一名获得建筑学学位的非洲裔美国女性毕业生，你对建筑行业的多样性有什么看法？

❯就个人而言，我觉得自己有义务去获得执业执照，并成为非洲裔美国女性建筑师这个正在膨胀的群体中的一份子。通过成为一名建筑师，我可以给那些希望从事建筑专业的所有妇女和非裔美国人，增加一些鼓舞人心的声音。

不同信仰和背景的学生，可能会因为在建筑界中他们种族的代表比例较低而感到气馁。正因为如此，一些学生和专业人士就会从如美国少数群体建筑师组织等机构中，从业者身上去寻找激励和启示。

相比老师，学生常常更容易从同学伙伴们那里学习到一些东西，并追随他们。同理，人们通常也会更好地从那些酷似自己并与自己有类似经历的人那里得

到学习和影响。我的一位导师，是一位非洲裔美国妇女。她给我分享了一个自己的故事。这是一个发生在她大学本科学习期间的事例。在上课的第一天，一位教授就建议她去转换自己的专业。但当时没有给出任何理由，也显然也没有对她的潜力有任何考量。我发现类似这样的故事，都是非常励志和鼓舞人心的；其实任何障碍都可以克服。

数字永远不会说谎。只要各人群比例数字存在着很大的极端差异，这个行业就并没有出现它本该具有的多样化态势。从某种意义上来说，多样性必须成为一种思维方式；包容必须成为一种充满活力的动词，以向每一个对专业作出贡献和产生影响的人学习，并为他们的成绩欢欣鼓舞。建筑专业的组织机构，甚至在建筑教育的配置上，也必须制定出一个具有普遍性意

义的标准，以吸引所有人群的关注和参与，呼吁一切改变而不仅仅停留在一些人口统计的数据上。

在您的职业生涯中，谁或哪段经历对您产生了重大影响？

❯在自己的整个职业生涯中，有许多的人都影响和关注着我。然而我是一名即将毕业的高年级学生，我的所有成果都应归功于两位导师对我的重要影响。身兼美国建筑师协会会员，美国少数群体建筑师组织成员，LEED 认证专家的沃恩·霍恩（Vaughn Horn），是塔斯基吉大学的教师。他也是美国建筑学生协会的顾问，荣获过 2012 年度美国建筑学生协会教育家荣誉奖（2012 AIAS Educator Honor Award）。他不仅在课堂中力挺我，而且还越过美国建筑学生协会的领导层来推荐我。最值得一提的是，在我怀疑自己竞选美国建筑学生协会全美副主席的能力时，他确信我一定能够成功。

在专业领域，美国建筑师协会会员，LEED 建筑设计与结构认证专家沙文·夏洛（Shavon Charlot）女士，是一位非洲裔美国建筑师。她也是夏洛克·史密斯和亚当斯设计有限公司的合作者。我们在 2011 年度美国建筑学生协会奥本职业博览会（AIAS 2011 Career Fair）相遇后不久，她就成为自己专业领域的导师。作为一名建筑学生，我的目标就是考取"LEED 绿色建筑设计助理"证书（LEED Green Associate）。沙文·夏洛在此方面给予了自己极大的帮助。她的奉献精神仿佛在表述，在这里有一些建筑师愿意付出额外的努力，以确保他们能够为追求建筑学位和执业资格的学生们树立起来一个好的榜样。她就是一位在六个月之内取得了执业考试的非裔美国妇女。这一事实非常鼓舞人心。我后来的许多目标都是因为受到了她的影响。

作为公共艺术家的建筑师

罗珊娜 B·桑多瓦尔，美国建筑师协会会员，帕金斯＋威尔事务所资深设计师，旧金山（San Francisco），加利福尼亚州。

您为什么要成为一名建筑师？您又是如何成为一名建筑师的？

❯自我有记忆开始，自己所关心的是建造一些东西以及光线照入空间的样子，我也很关注颜色、形状以及一些简约的形式。在我从真正意义上了解"建筑"之前，自己就被吸引到了通过运用这些材料来形成和实现一些想法的实验之中，这就是点燃我的激情的源头所在。但支持我继续前进的动力是，我发现这些元素会对使用者产生一些影响。正是这种设计互动和社会性动力，吸引着自己在这个领域继续进行研究和探索。

您为什么非要选择在那所学校参加自己建筑学学位课程的学习？你拥有什么学位？

❯我的父亲是空军的一名飞行员。居住地在全美各地的不断迁徙，使我拥有了一种广阔的文化视角和对不同文化背景的鉴赏能力。我在亚拉巴马州开始了建筑学院的学习，并且 18 岁时在旧金山完成了自己的学业。我因为它特色的乡村设计工作室的原因而选择了奥本大学（Auburn University）。而在第三年，家庭情况又导致自己转学到了加利福尼亚艺术学院（California College of the Arts，CCA）。在获得本科学位之后，我的目标是去获得专业经验，并在返回学校攻读研究生之前拿到执业许可证。

我人生道路上的一些智者，就曾经建议过自己这样做下去。我应当从研究生阶段之外的环境中获得更多专业经历。经过几年的实践之后，自己再很好地转变到原来的概念性设计思维中去。我选择了在库珀联盟学院（AA）去攻读一个专业后的建筑学硕士学位。因为欧文·S·查宁建筑学院（Irwin S. Chanin School of Architecture）信奉着这样的基本价值理念，那就是在一个以自愿为基础的社区里，个体的创造力实践也是一种意义深远的社会性行为。纽约是自己的新实验地，我将在那里验证自己的想法，并通过设计建筑物的形式和引导相关人群的生活方式来拓展艺术的范围。

您在奥本大学和乡土工作室里有什么经历？这与在加利福尼亚艺术学院有什么不同？

〉在奥本大学，学会成为一名公民建筑师是自己的教育经历中最有价值的部分之一。在提出一种相关概念之前，设计人员必须要将自己投入到这种文化环境之中去，首先成为社区活动的一名参与者，并严格地评估

◀分支装置（Branching Systems）：建筑设计原型（Architectural Prototypes）。
罗珊娜·B·桑多瓦尔绘制于加利福尼亚艺术学院。

▼乡土工作室作品——第二年的房子，梅森斯本德社区（Mason's Bend），亚拉巴马州。
罗珊娜·B·桑多瓦尔在奥本大学设计的工作室项目。

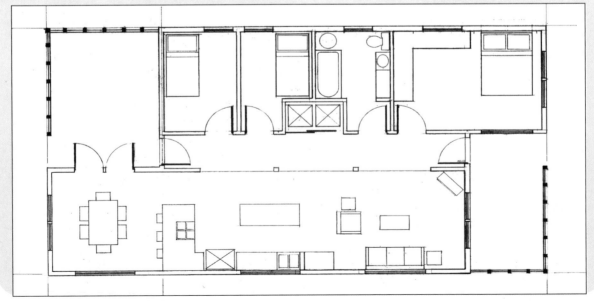

卡莱克西科西部陆地入境口岸（Calexico West Land Port of Entry），卡莱克西科（Calexico），加利福尼亚州。
建筑设计：帕金斯+威尔事务所资深设计师。
模型渲染：帕金斯+威尔事务所资深设计师。

那些可用来检验自己想法的方法和指标。我在加利福尼亚艺术学院的工作室，则将注意力主要放在文脉环境和设计过程的讨论之中。我喜欢那些更加理论性的研究方法，并且从中寻找到了我自己的表达方式，用清晰的目的来编织出一些宏大的想法。

在学习期间，您有机会出国到瑞士、墨西哥（Mexico）和秘鲁去旅行；请描述一下这些经历，以及它对您的建筑研究有什么帮助。

❯ 旅行也许是一个人所能够拥有的最好的教育经历。我很早就意识到了这一点，并在本科生的学习期间就报名参加了所有可以得到的旅行机会。这些设计工作坊总是与当地的大学联结在一起，并将设计项目与现有的城市生态系统结合在一起。在我看来，他们将"公民建筑师"这个概念带到了一个全新的高度。作为一名身处在完全陌生环境的建筑师，当人们期待你提出一些自己的想法，这将是一种令人感到非常难为情的状态。这需要大量的观察和感情投入才能达到要求。而观察与情感，恰恰又是创造建筑的关键所在。通过在秘鲁的留学经历，我遇到了自己的丈夫。

在 23 岁的时候，您就成为了美国建筑师协会中最年轻的拥有执业执照的建筑师。您是如何在如此年轻的时候就考取了执业许可的，这对您意味着什么？

❯ 对我来说，执业许可意味着自己能够被赋予建筑设计的基本职责。这是获得执业水准的一个里程碑。我的目标是超过和跨越这个标准。所以刚从学校毕业，为了不断靠近自己的目标，我就将自己的注意力放在专业工作室之中，像一块海绵那样吸收所能获得的所有信息和知识。我就是这样做的。这一过程历时三年。虽然通常在工作和生活之间很难保持一种平衡，但这些都非常值得的。我认为，我取得的成绩与自己的自我投资的理念息息相关，决不能让基本从业标准阻碍自己更加宏大的目标和理想。对我来说，获得执业许可是为了证明自己能做到这一点，并且自己对社会的价值将在这里刚刚扬帆起步。同时拿到执照也是为自己建立起来的一个从业基础。

作为一名建筑师，您迄今的职业生涯中所面临的最大挑战是什么？

❯ 由于还处于自己职业生涯的早期，所以在这个历史悠久的传统专业中，我遭遇到的挑战正如自己的同龄人一样。作为一名女性建筑师，我认为自己这一代人从行业内的前辈的身上受益匪浅。她们为即将成为这个

琼斯大街邻里关系（Jones Neighborhood Nexus），旧金山，加利福尼亚州。
建筑设计：帕金斯＋威尔事务所资深设计师。
街道效果图：帕金斯＋威尔事务所资深设计师。

行业的思想领袖的卓越而有才华的女性建筑师们，打开了许多扇大门。我需要努力保持真实的自我，勇于去承担风险，并不断地提出新疑问。

您是如何在三维可视化和快速造型设计中应用自己的先进技术的？这些技能是如何改变建筑设计的实践方式的？

〉建筑设计过程可以看作是一种不断变化着的"技术景观"，它时常由所有可以利用的工具塑造而成。那些能够在这些技术媒介之间完成流水作业的人们，在将来会体现出更大的价值。在这个行业中适应起来会需要一段时间，因为既有如此长的建造历史，而且这些技术工具都是相对比较新的产物。但是，随着那些在触摸屏和云计算环境中长大的建筑师们，成为我们这个专业的领导者，我相信在这一领域将会再次发生天翻地覆般的变化，而沟通和交流的也将更加全球化。但我们要重点指出的是，从铅笔到 iPad 到脚本编排程序，所有的这一切都是一些工具，它们只是意味着建筑师能够畅通无阻地交流各种思想和想法。但建筑师必须自己能够编审修改设计结果，而不是任由工具来控制设计。

作为一名建筑师，您感到最满意的部分是什么？

〉在自己的所有研究中，共同的主线都是强调那些居住在我们所创造的空间中的人们。一个具有互动性的建筑设计，比那些正式形式表达出来的实验建筑更加与社会密切相关。当这座建筑伴随着集体反馈的信息一起成长，而友好地对个体诉求做出反应时，它那外在形式上的美就会显得更加细腻和精致。我可以概括地说，建筑的美体现在清晰的思想投射在对建造环境的空间安排上。设计和人性交相辉映，形成了一条紧密相连的纽带。这种联系使建筑超越了对建造形式纯粹的艺术追求，而将建筑纳入到了社会影响的领域。

在建筑专业方面，您的 5 年和 10 年职业目标是什么？

〉我希望自己的专业能够将自己带到一些未知的领域之中。我设想，在这样一个的确快速发展的领域中，在其中工作将是非常辛苦的。技术永远是一种在不断变化着的因素。我想将设计技术当成一种在城市环境中引发社会变革的催化剂。在下一年的研究生学习中，我希望自己能够全身心地沉浸在建筑设计研究之中，并聚精会神地为自己职业生涯中的下一阶段做好充分准备。我所设定的一个强大目标，就是能够使自己永不止歇地努力工作下去。

建筑师（A.R.C.H.I.T.E.C.T）

作为一名建筑学生，你能够通过运用自己所学到的技能来获得实习经历。你其实能够设计你自己的职业生涯，而不是仅仅任其发展。你可以用创造性的方式设法寻找未来的雇主。虽然不能确保一定成功，但是下面的一些想法，也就是根据"建筑师（A.R.C.H.I.T.E.C.T）"一词的拼写而引出的内容，也许会有助于你获得实习经历。

评估（Assessment）

获得实习经历的第一步是能够正确地评估自己。要评估一下建筑行业的哪些方面能够激发自己的灵感，是策划、设计、室内建筑，还是施工管理等。你想在一家建筑公司做什么？你能给未来的雇主提供些什么？反过来自问一下，"这家公司为什么要雇佣我？"要不断地去评估自己的兴趣、能力和价值，以及它们与你当前或未来的雇主的匹配程度。

研究（Research）

研究是至关重要的。在一个建筑公司里，什么样的职位能够最好地发挥自己的技能和知识？哪些雇主拥有这样的职位？不要对自己在建筑行业的搜索进行任何限制。最好的就业机会，可能是某一家室内设计公司、一家建筑公司、一个政府机构、一家责任有限公司或一家工程公司等。同样，你要独具创造性地搜索相关信息。

联络（Connections）

人际关系对成功是至关重要的。无论是何种学科，60% 以上的所有职位都是通过人际社交而获得的。你可以考虑每月给自己的社交圈增加至少 10 个姓名。一定要去参加当地的美国建筑师协会的会议，在那里你将会遇到本地区许多公司的建筑师。要去倾听，学习和交谈。记住，每一次交谈都可能是很好的指导。有时越是着眼于自己所想得到的职位之外的努力，你的选择就越有可能成为现实。

获得学习机会的一种最有效的方法也是人际交往，但是大多数人，尤其是学生们不知道这究竟是什么意思。简单地说，社交就是让自己周围的人知道你想要获得实践经历，并询问他们是否可以给你一些指引。在学校环境中，你可以与同学、老师和工作人员建立社交联系。你也可以设法与为你评阅的客座讲师或建筑师认识，向他们咨询是否在暑期雇佣学生打工或有什么兼职岗位。他们可能不会马上作出回应。所以可以礼貌地索要到一张名片，这样你就可以继续与他们进行联系了。

可以在互联网上建立社交联系的新渠道，包括通过一些社交媒体网站，如脸书（Facebook www.facebook.com）和领英（Linked In www.linkedin.com）。首先要去订阅这些社交媒体网站。但是在使用这些网站的时候，要严格按照专业、商务的方式进行。一旦添加了自己的个人资料，你就可以搜索到那些与自己正在寻找的岗位有联系的人。

使用领英网时，你也可以通过行业、参与的学校或公司进行搜索，与未来的将会熟识的联系人进行联络。

帮助（Help）

你可以从各种各样的资源的搜索中获得帮助。最好的起点是从大学的职业中心开始；一位职业顾问可以帮助你更加准确地定位自己的求职目标。连同全美性的美国建筑师协会（AIA http://careercenter.aia.org）一起，许多当地的美国建筑师协会分会也会在互联网上发布一些职位信息或允许你张贴出自己的简历。公共图书馆是另一个有价值的资源。你也应该去寻求一些他人的支持，尤其是家人和朋友；与他们的交谈可以极大地鼓舞起自己的求职勇气。

大多数建筑院校都会在网络系统上发布一些岗位信息，通告一些区域性的就业机会。在寻求一些能够完成基础工作的学生时，许多公司会向学校发送一份职位公告，详细列出工作职责和责任、应聘资格和联系方式等信息。不要把自己局限在你自己唯一认定的机构里，尤其是在你想要移居到另一个地方去的时候。

如果你决定在学校的时候就需要或者想去做一些兼职工作，那么就把这些工作岗位作为自己职业起步时的一些学习机会，但是千万不要仅仅止步于此。要与当地的美国建筑师协会的分会保持联系，了解他们是否拥有该地区公司的名单。一些当地的美国建筑师协会的分会从求职的人们那里收集了很多个人简历，并允许公司对其进行审查和挑选。

临时岗位（Interim Positions）

如果你不能确保在夏季或毕业后就能获得自己理想的职位，那么就先考虑在一个临时岗位中培养技能和积累经验。临时岗位会给自己提供相关的经历，但这仅仅只是权宜之计；你并不打算永久性停留在这里。理想的情况是，临时岗位允许你继续找其他的工作，并为你提供与各种各样的人们建立社会关系的机会，同时也能提高自己的工作技能。

工具（Tools）

你的个人简历、求职信的书写、作品集和面试表现，对寻找工作都是至关重要的。这些都是你自己与未来雇主进行沟通的一些重要工具。你的这些工具都达到最高水准了吗？

如果没有，那么就开始练习你的面试技巧，重新制作你的个人简历，或者请别人来评价一下你的作品集吧。

■简历：对于任何一个专业而言，个人简历在寻求专业岗位之时，都是必不可少的。简历要简洁明了。从你的背景和经历中，要提供出能够展示自己能力的信息。如果你没有在一家建筑事务所正式工作过，你就大胆地把自己从工作室或其他课程、学习项目中所学到的各种技能，放在标题为"课程与项目"的那部分中去；要强调推销你在绘画、建模或其他建筑方面的能力，以及在设计工作室中所学到的各种设计技能。你可以在自己的个人简历中添加一些图片。利用扫描图画技术和图形排版软件，在你的个人简历上放置一张图片是非常容易的。然而要谨慎行事，因为图片可能会让你的个人简历阅读起来比较困难。你不如设计一个单页的作品集。作品集有时候能够被作为简历附加的"图像列表"而让人参考。

■求职信：与个人简历相比，求职信是非常重要的；现实中，它常常被当作是一种事后才补写的部分。实际上，求职信是你对将来雇主的一种自我介绍。大部分的求职信是由三个部分所组成：首先是你要进行自我介绍，并解释此信的目的；再者是要"推销宣传"自己具备的各种技能，并说明你就是雇主要寻找的人；而最后则是提供一些需要补充的内容。一定要把这封信寄给负责招聘的具体个人，而不是泛泛称呼什么"亲爱的先生或女士"。如果你不知道这些人的姓名，那就应该多花点时间去同公司联络和咨询。如果公司不愿意提供这些信息，那你就应该持之以恒地坚持保持联系。

最后切记，投寄个人简历和求职信的目的是为了获得面试的机会。

■作品集：也许，你的作品集是最重要的。由于建筑学是一门视觉性的学科，作品集是建立在雇主与你的技能之间的一种最直接的联系。因此，你应该提供那些能够展示自己所有建筑技能的图像，从构思草图、模型构建、绘图和设计等。你还要提供一些能够反映项目设计过程的图纸，从初始一直到最后结束。换句话来说，就是不要仅仅只提供既已完成了的项目结束时的图纸。过程性图纸，能够让雇主看到你对设计相关问题的思考过程。

■面试：良好的面试技巧能直接导致你是否能获得这份工作。要通过对公司的了解和调查来为面试做充分的准备。要思考一下，自己可能会被问到什么问题，你可能会去向面试官讨教什么问题。在理想情况下，面试前要同室友、同事或朋友一起进行反复练习。

经验和经历（Experience）

在自己职业生涯中的此时此刻，你可能会觉得自己几乎没有什么专业经验可谈。然而要记住，在许多情况下雇主会看中你的潜力。如果你没有足够的经验，可以考虑尝试着使用以下的一种方法来获得必要的实践经历：兼职工作、志愿者工作、非正式的体验或临时性工作。这里要提醒大家，千万不要为了获得经验而在公司始终从事一份没有报酬的工作。

全力以赴（Commitment）

寻找一个能够给自己提供专业经验的职位，是一项需要全力以赴去进行的工作。虽然要忙于对学校的学习任务，但你还是应该尽可能把每一分钟都投入到自己的寻找工作中去。这样做自有

史诗般的迈阿密酒店（EPIC Miami Hotel），迈阿密（Miami），佛罗里达州。

建筑设计：路易斯·布鲁埃尔塔（Luis Revuelta）。

建筑摄影：李·W·沃尔德雷普博士。

回报。然而就像任何一个项目一样，你应该将自己的寻找工作分解成一些小的、便于操作的部分。完成自己的个人简历，去考察和了解五家公司，和三名同事保持联系，而不是沉溺于职位搜寻过程中的整体维度上。如果还没有这样做，那么现在就开始进行自己的搜寻工作吧！不要明日复明日，等到下个星期、下个月，乃至自己在校的最后一个学期再做。

过渡（Transition）

要意识到你正在经历一段重要的人生过渡时期，那就是刚刚进入建筑行业之中的这段时间。你要认识到，自己生活的方方面面都会因之而受到影响。暑假已经是一种逝去的奢侈念想。当你开始接受薪水并有了新的开支之时，自我财务方面的调整是非常有必要的。

就业市场将会具有一定的挑战性。因此要坚定而有自信，从寻找工作的过程中有所学习，不要惧怕被拒绝。寻找一个职位是自己一生中都会用到的一种技能。

简单地说，答案就是：先通过一番了解和研究，随后再通过进一步的联系来寻找职位。

理查德·N·博尔斯（RICHARD N. BOLLES）

取得执业资格许可

转换：名词，从一种形式、状态、活动或地点转变为另外一种的过程或事例。其也是一种形式、状态、活动或地点到达另外一种的必经之路。[5]

初入到现实世界应该会使人充满激动、热情，渴望去探索它。此时，学校生活已经结束，你终于可以应用一下自己在设计工作室时光里学到的所有知识和见解了。一定的年薪确保了你自己的经济独立。各种各样的大门都向自己敞开，为你展现出了一个充满各种机遇的世界。

从学校环境往自己的第一份职业岗位上的转变是戏剧性的，也许是很具挑战性的。大多数大学毕业生还没有完全准备好，应对那些在几乎所有领域都必须作出的巨大转变和调整。他们也没有意识到，不以一种成熟和迅速的方式做出这些调整会有什么样的严重后果。

这是多么令人震惊的事情啊。当你刚毕业的时候，作为一个大学生就跌落到了职场阶梯的底层。就像是一名新入校的大学生要摸索那些适应新环境的诀窍一样，刚刚开始走上自己工作岗位的毕业生也要面对一个全新的世界。这些挑战包括有维持个人开支、处理自己的个人生活以及对自己第一份工作岗位的适应。困难在于现实世界对错误的容忍度不高，为你的自我调整提供了更少的时间和灵活性，并要求你为他们提供的薪酬回报相应产值。

实习生发展项目

在 20 世纪 70 年代末，由美国建筑师协会和国家建筑注册委员会联合创立了实习生发展项目。它旨在便于人们从学术环境向专业过渡。在成为一名建筑师的过程中，实习生发展项目是一个重要的步骤。所有涉及的州等辖区内都要求参与持续一段时间的有组织的实习，以满足一定的培训要求；并且大多数州都将实习生发展项目作为申考职业资格许可的必要培训条件。在你的专业学习生涯中，要尽早地意识到实习生发展项目的重要性。

实习生发展项目是一种对综合性实践经验的认定，这对建筑师获得执业资格是至关重要的；它也是为初次注册时就准备独立地开业的建筑师专门制定出来的。

实习生发展项目指南（IDP GUIDELINES），2013 年 12 月 [6]

在 2010 年，国家建筑注册委员会已更新至实习生发展项目 2.0 版，以确保实习生能够获得对于执业资格来说至关重要的全面培训，并且也使报告工作变得更加容易操作。为了能够充分地完成实习生发展项目，实习生必须要跨越四类经验和 17 个专业经验领域，完成总计 5600 个小时的工作。如果是全职工作，你可以在不到三年的时间内完成实习生发展项目的要求。然而，根据国家建筑注册委员会的年度出版物，即于 2013 年所发布的数据，完成实习生发展项目的平均时间是 5.33 年。[7] 想了解关于实习生发展项目的最新信息，请访问国家建筑注册委员会网站（www.ncarb.org/idp）。

该项目设立的基础，就是建筑师在不同领域所需具备的技能：

1. 类别 1：初步设计。

2. 类别 2：方案设计。

3. 类别 3：项目管理。

4. 类别 4：运营管理。

每些经验类别又可被划分为不同的经验领域，详见边栏（sidebar）"实习生发展项目经验类别和领域（Intern Development Program IDP Experience Categories and Areas）"的相关内容。

你能够在有资质的专业人员的直接监督下获得专业经验。实习生发展项目指南提供了对每种经验类别和区域的详细界定，要求的任务，同时其中也阐明了在实习生结束阶段应该能够完成的知识和技能。

同样重要的是，你应当在哪一种经历模式中获得实践经历。经历模式 A：建筑实践。这是一种在执业建筑师的直接监督下，没有工作时间长短的经历模式。经历模式 O：其他工作背景中的时间。这一类的范围非常广泛，包括在非建筑设计综合实践中工作，在美国或加拿大以外的公司工作，在注册工程师或注册景观建筑师的指导下获得的建筑相关实践经历。关于更多的细节，请回顾实习生发展项目指南的相关内容。实习生发展项目中新发展出的一个类目是学术实习。这是指任何从属于学术课程中的实习经历，无论是必修的还是选修的。如果这个课程也包括在经历模式 A 或经历模式 O 中，那么你在获得校内学分的同时也可以获得实习生发展项目的学分。

经历模式 S：补充时间经历。它使你有机会在传统工作背景之外去获得实践经历。此外无论你是否在岗工作，人们都可以有机会去完成一些补充经历。常见的补充经历包括有（1）领导和服务经历，（2）以社区为基础的设计中心实践（Community-Based Design Center），（3）承包人标准项目认证（CSI Certification Programs）[①]，（4）设计竞赛，（5）职业新手指南（Emerging Professional's Companion EPC）；本章后面部分将对之进行更多讨论，（6）网络学习。

实习生发展项目的一个组成部分是导师系统。在实习生发展项目中，你可以拥有两位导师，他们会帮助你积累工作经验，并指导你的职业规划。管理者通常就是自己从业地点的直接主管。而导师则是自己所在公司之外的一名建筑师，你可以与他定期会面来讨论自己的职业发展道路问题。

作为实习生发展项目的一部分，实习生只负责维持使用电子体验验证报告系统（electronic Experience Verification Reporting system e-EVR）进行实践经历记录的提交，以提高报告提交的时效性。报告明确限定了你需要的经验领域。对于管理者来说，这是一个进行评估和人员管理的工具；对于国家注册委员会来说，这是符合实习生发展项目培训要求的确切证据。此外，国家建筑注册委员会已经制定了一个为期 6 个月的规定，要求实习生们在不超过 6 个月的多个时间段中，每个时间段完成后的两个月内提交他们经历报告。更新于 2013 年的职业新手指南（http://epcompanion.org）[8]是一种在线的专业发展指导工具。它是实习生们获取自己执业资格的网上途径。作为一种实习生们去赚取实习生发展项目学分的手段，职业新手指南被分成平行于实习生发展项目实践经历领域的许多章节。其他可以帮助你通过实习生发展项目的资源，是州里的教育者和实习生发展项目协调员。他们都可以回答一些有关这一项目的问题，并有可能给你联系一些职业发展导师。

在最近一次与一位实习建筑师的讨论中，刚出校门几年的她坦然承认，虽然建筑院校教会了她思考和设计，但并没有保证她明天有机会能够充分地在一家建筑事务所里工作。她进一步承认，实习生发展项目及它所划分的实践经历领域，简明扼要地列出了自己需要去做的事情。当被问及对目前在读的建筑学生有什么建议时，她回答说，"趁现在还在上学的时候，抓住机会，敢于冒险，现在就去加入实习生发展项目之中。"

不管自己的学术水平如何，了解实习生发展项目是你首先需要迈出的第一步。你可以通过与国家建筑注册委员会联系，要求得到一个信息资讯包，并开始在网上申请一份国家建筑注册委员会评议记录（NCARB Council Record）。现在你就可以开始进行过渡了，不要等到毕业之后。

建筑师注册考试

成为建筑师的最后一步，是参加并通过由国家建筑注册委员会创立和管理的建筑师注册考试。这是成为一名建筑师的一个必要步骤。因为在美国的任何一个管辖区域，都要求实习生们通过建筑师注册考试，满足基本的考试要求。注册考试的目的是"确定申请人是否具备最起码的知识、技能和能力，在维护公共卫生、安全和福利的同时，能够独立地进行建筑设计从业实践。"它不能衡量你是否是一位优秀的建筑师，而只有衡量你是否有能力去进行建筑实践。

---

① CSI 为 contractor standard item 的缩写，意思为承包人标准项目。——译者注

实习生发展项目的经验类别和领域

类别 1: 初步设计（260）[a]

项目策划（80）: 发现业主或客户对于项目的要求和意愿，并以文字、数字和图表形式加以记录的过程。

场地和建筑分析（80）: 就是对项目背景情况的研究和评估，也可以包括对场地和建筑的评估、土地规划或设计，以及城市空间规划等。

项目成本和可行性（40）: 分析和（或）编撰与项目条件和业主预算相关的项目成本报告。

规划和地区性规章的应用（60）: 评估、衔接和协调适用的法规要求和专业设计规范。

类别 2: 方案设计（2600）

方案设计（320）: 提出得到业主和客户认可的图形和文本形式概念设计方案。

工程体系（360）: 包括选择和指定结构、机械、电气和其他系统，并将其综合应用至建筑设计之中去。这些系统通常是由各行业专家根据客户的需要而进行设计的。

工程造价（120）: 估算一个项目可能的建设成本。

标准规范与条例（120）: 在相关的地方、州和联邦法规的背景中，对特定项目进行评估，以保护公共卫生、安全和福利。

深化设计（320）: 在深化设计过程中对一个项目的方案设计进行细化，包括设计的细节和材料的选择。此步骤将在业主或客户批准该方案设计之后进行。

建筑施工图（1200）: 包括用于项目施工的文字和图纸说明。这些文档必须是准确的、一致的、完整的和易于理解的。

材料选择和项目说明书（160）: 对建筑材料以及结构、设备体系进行分析和选择。在施工过程中，特定项目的说明书中列举的材料，传达出来业主和建筑师对这个项目的要求和预期施工质量。说明书会成为在投标和施工期间所使用的项目手册的一部分。

类别 3: 项目管理（720）

投标及合同谈判（120）: 涉及建立和管理投标过程、编撰附录说明、拟用替代品的评估、投标人资质审查、投标分析以及承包商的选择等。

施工管理（240）: 在建筑师事务所中执行以下任务，包括促进项目的沟通、撰写项目记录、审查和确认承包商的数量以及准备执行设计的变更。

施工阶段的观察（120）: 在施工现场完成以下任务，包括有驻场观察施工以确保符合图纸和规范的要求，并审查和确认承包商的数量。

一般项目管理（240）: 包括有计划、组织和人员编制，预算和调度，领导和管理项目团队，记录关键的项目信息和进行质量保证监控。

类别 4：运营管理（160）

业务运营（80）：涉及事务所资源的分配和管理，以支撑公司的业务目标。

领导和服务（80）：这些工作还能够增加你对塑造社会的人和各种力量的理解，同时也能增加自己的专业知识和领导技能。实习生们将发现，自愿参加专业和社区活动会促进他们的专业发展。社区服务不必仅仅局限于与建筑学有关的活动，其他活动也能使志愿者们能够更多地获得这些收获。

（a 括号内的数字指的是参与相关实践经历的最少时间；整个实习生发展项目培训要求从业 5600 小时以上。资料来源：国家建筑注册委员会，实习生发展项目指南，第 12 页、22 页至 32 页，2013 年 12 月。）

自 1997 年以来，所有地区的考生都是完全依靠计算机来参加建筑师注册考试（ARE）的。这种比较新颖的形式使考试更加全面、有效。相比起传统考法，注册委员会能够在短时间内更加准确地衡量一位考生的能力。此外，自动化考试使人们具有更为频繁和灵活的参加考试机会，更为轻松的测试环境，更为快捷的分数报告和更为可靠的测试安全性。

最近的一种发展趋势是，有不到一半的州允许人们提前获得建筑师注册考试的资格。虽然在各州的情况有所不同，但参加了实习生发展项目的考生可以在其计划完成之前就参加部分建筑师注册考试。在许多情况下，考生必须获得美国国家建筑学认证委员会认证的学位。请一定要核实国家建筑注册委员会和自己所在州注册委员会的一些确切要求。但是提前获得资格，将大大缩减同时完成实习生发展项目和建筑师注册考试所需的时间。然而请注意，在两者都完成之前，你将不会得到建筑师的执业许可。

在滚动计时的规定中，考生必须在五年内通过建筑师注册考试的所有科目。五年时间的限制，是从首次通过的科目得到承认的日期开始的。由于这一规定，考生在对待考试日程时要更加勤奋努力。

建筑师注册考试 4.0（ARE4.0）由以下七个部分组成：

项目策划与实践（Programming Planning and Practice）

场地规划和设计（Site Planning and Design）

建筑设计与施工系统（Building Design and Construction Systems）

方案设计（Schematic Design）

结构体系（Structural Systems）

建造系统（Building Systems）

施工图绘制与服务（Construction Documents & Services）

首先，要仔细阅读国家建筑注册委员会（http://ncarb.org/are）提供的建筑师注册考试指南；除了指南之外，该网站还有详细的建筑师注册考试学习辅导资料，包括多项选择题示例、每一个作图题中的正确和错误方

波士顿南北战争前美国南方的教堂（Old South Church in Boston），建筑设计：查尔斯·阿莫斯·卡明斯和威拉德·T·西尔斯（Charles Amos Cummings and Willard T. Sears）。
建筑摄影：李·W·沃尔德雷普博士。

案的示例解析，以及一系列进一步学习的参考书目。另外，也要下载建筑师注册考试所使用的练习软件。国家建筑注册委员会还通过有关部门和美国国家建筑学认证委员会的建筑专业认证网站来发布其通过率。

在 2016 年晚些时候，国家建筑注册委员会还将计划推出建筑师注册考试 5.0（ARE5.0），也就是一些新问题的类型，如 CAD 软件的淘汰，提高敏捷性和效率等。新的部分将会有如下几种：

实践管理（Practice Management）

项目管理（Project Management）

策划和分析（Programming and Analysis）

项目规划与设计（Project Planning and Design）

项目开发和文件编制（Project Development and Documentation）

施工与评估（Construction and Evaluation）

国家建筑注册委员会证书

一旦获得了建筑师的执业许可，你就可能会有希望在其他州也获得许可。为此，你可以考虑去获取一种国家建筑注册委员会的证书，以便于自己在其他州也取得执业许可。这一过程被人们称为"互惠"。第一步是建立一个国家建筑注册委员会评议记录，这是你在初次注册时就能够做到的。一旦完成了对国家建筑注册委员会证书的要求，获得了一个美国国家建筑学认证委员会或加拿大建筑学认证委员会认证的学位，满足了实习生发展项目的要求，并通过了建筑师注册考试的 7 个部分，你就可以根据需要在其他州申请执业注册，从事建筑实践。根据最近对国家建筑注册委员会中的注册建筑师的调查，平均而言，许多建筑师们都在两个州或地区内进行了注册。在美国总数为 227382 位的注册者之中，有 121535 位州外互惠注册者。

结论

正如以上所述，实践经历是成为建筑师极为重要的一步。通过在中学里追随一位建筑师，完成一次实习，或者在大学期间去从事一个暑期岗位，你要开始尽快地获得这个行业中的实践经验。此外，自己在完成专业学位之后的实践经历，将在你未来的职业生涯中扮演更重要的角色。再作出明智的选择吧。

火的洗礼

罗伯特·D·鲁比克，美国建筑师协会会员，LEED 认证专家，
安图诺维奇建筑与规划事务所，项目建筑师，芝加哥，伊利诺伊州。

您为什么要成为一名建筑师？您又是如何成为一名建筑师的？

》在成长的过程中，自己对艺术一直都有一种强烈的亲和力；我非常注重细节。我喜欢画画，而且是一个狂热的模型制作者。我和自己的朋友们曾经一起制作过火箭模型。我非常关心每一个模型的工艺，并且会花费好几个小时去仔细地改进他们的构造。我也同样关注在自己的房间里自己的收藏品是如何陈列摆设，每一个模型火箭都悬挂在天花板上某个特定位置上。这个位置通常是根据这一种类所有藏品中的比例来安排的。

当上大学的时候，我最初准备去工程学院，但是一年以后就转入到了建筑学院。这倒并不是因为我想成为一名建筑师，而是因为知道自己不想成为一名工程师。那时，我仍然还不能确定自己到底想从事什么样的职业。而当自己上了第一节建筑设计工作室课程时，老师教给我们的第一条原则就是要清楚建筑表现、比例和注重细节的重要性。我感受到醍醐灌顶，似乎这个专业就是为自己量身定做的。很快我就明白了，建筑学是自己想要追逐的职业方向。

您为什么要选择在这所学校完成自己的建筑学学位

天主教神学联盟大楼（Catholic Theological Union），芝加哥，伊利诺伊州。

建筑设计：安图诺维奇建筑与规划事务所。

建筑摄影：塞巴斯蒂安·鲁特（SEBASTIAN RUT）。

课程学习？你获得了什么学位？

>我家乡有一所州立大学，即科罗拉多大学博尔德分校（University of Colorado at Boulder, CU）。这是一所非常受人尊敬的公立大学，它也拥有全美最美丽之一的校园。出于这些原因，加之还能够得到州内的学费，

所以我一直就计划着去科罗拉多大学博尔德分校学习。正是在这里，我获得了一个偏重建筑方向的环境设计学士学位。当在科罗拉多大学博尔德分校完成了自己的职前学位后，我决定去一所具有显著不同优势的学校里去攻读自己的专业学位。我也想在某个都市中心区学习。因为我知道，大多数建筑学的毕业生最后都是在离自己学校很近的地方从业。城市会给建筑师们提供更多的机会。

虽然我一生只去过芝加哥几次，但我知道那里有着悠久的建筑历史和伟大的建筑传统。此外，我父亲最初来自芝加哥。搬到这里居住使我有机会，重新联系一些我不是太了解的家人。我申请成功并很幸运地获得了奖学金，如愿以偿地可以到伊利诺伊理工大学学习。虽然我去之前并不太了解学校的很多情况，但是我知道密斯·凡·德·罗的遗产。在科罗拉多大学博尔德分校的建筑历史课上，我们已经研究过了克朗大厅。在伊利诺伊理工大学，我获得了自己的建筑学硕士学位。

在学科领域中，你已经具有 10 多年的经验和经历。你的职业生涯将如何继续进步？你认为自己未来前进道路上的挑战是什么？

>我将继续致力于一些越来越复杂的项目，同时在帮助自己的事务所过渡到使用 BIM 系统来进行建筑设计。我在职业发展中将着眼于加大自己的领导作用，不仅仅针对个别项目本身，而且在我们整个事务所中。我面临的一个巨大挑战是继续在自己的职业和个人生活之间找到一种平衡，其中包括与自己的妻子一起抚养两个小孩。

作为一名建筑师，您所面临的最大挑战是什么？

>在 2001 年至 2002 年间的大约 18 个月里，作为一名建筑师，我经历了自己见到的第一次经济大衰退。就在那六个月前，我工作的事务所里忙得热火朝天，工作多得无法应付，但突然就没有足够的收入来维持现有的工作人员的薪水了。在那段时间里，我目睹了五轮的裁员，

天主教神学联盟大楼，芝加哥，伊利诺伊州。
建筑设计：安图诺维奇建筑与规划事务所。
承蒙安图诺维奇建筑与规划事务所提供。

同事被减少了 40%。看着有能力有才干的同事们失去工作是非常令人沮丧的。这造成了工作环境里的紧张不安，因为不清楚何时又会发生另一轮的裁员，谁又将成为下一个目标。此后，我经历了另一个经济周期，我已为伴随着经济衰退而来的裁员作好了充分的准备。

你为什么要成为一名 LEED 认证专家？

❯作为一名建筑师，我觉得自己有责任通过设计节能建筑来力所能及地帮助改善环境。此外，随着能源法规的推进，可持续性设计将从道德性的决策演变为一种法律义务和责任。

作为一名项目建筑师，您的首要责任和职责是什么？

❯目前，我是德保罗大学林肯公园校区（De Paul University Lincoln Park）内一所新的音乐学校的项目建筑师。从概念设计开始，我一直都在参与这个项目，并通过许可、投标和施工阶段来继续深化这个设计。我负责监督那几位被分配到项目组的建筑师同事，并且是与业主和承包商联络的核心人物。我还领导着我们庞大的顾问团队，负责成员之间的协调工作。

作为一名建筑师，在您的职业生涯中您感到最满意或最不满意的部分是什么？

❯作为一名建筑师，最令人满意的部分是看到我们的作品得以建成。设计一座建筑的过程可能会是一件费力、辛苦、充满压力的事情，但当我们看到了自己劳动的具体成果，会感觉所有付出都很值得。

作为一名建筑师，最令人感到不满意的部分就是收入和报酬的问题。尽管这正在有所提高，但建筑师的报酬却并不总是与人们付出的时间、承担的责任和承受的压力相匹配。而这些又几乎成为了一位建筑师的日常工作生活中不可或缺的组成部分。

在您的职业生涯中，谁或哪段经历对您产生了重大影响？

❯迄今为止，我的职业生涯中最具有影响力的经历是自己的第一个项目。在其中，我扮演着项目建筑师的角色。我一直在一个四人团队里担任普通工程师工作，主要是为一个名叫天主教神学联盟的机构项目进行方案设计。普通建筑师通常负责设计和记录一座建筑物各种信息的

德保罗大学音乐学院系楼，芝加哥，伊利诺伊州。
建筑设计：安图诺维奇建筑与规划事务所。
建筑摄影：塞巴斯蒂安·鲁特。

具体工作，但是最终是项目建筑师领导着团队，并且负责所有的绘图问题和施工管理。

在通过项目许可过程的中途，这个项目的负责建筑师离开了公司去寻找其他的就业机会，于是自己的老板要求我来充当领导。突然间，我被推到了一个陌生的角色之中。对我来说，自己所承担的责任是全新的。这真的是一种"火的洗礼"。在不知不觉之间，我通过了这种历练和考验，并且完成了这个项目。结果证明，在客户满意度、预算和日程施工方面，这个项目是非常成功的。从我作为项目建筑师接手到完成施工的时间周期，大约是两年。这是我职业生涯中感觉到最为紧张的一段时期。然而我没有遗憾。因为天主教神学联盟项目的这段经历，使我获得了有助于自己成长为一名建筑师所必需的经验和信心。

了解现实世界的运作方式

阿曼达·斯特拉维奇
集合设计事务所，一级建筑师。
巴尔的摩，马里兰州。

您为什么要成为一名建筑师？

❯ 在中学时，我参加了一个建筑学制图班。班里有一位善于自由思考的老师，我对他佩服有加。我们没有听他讲过一个小时的课，而都是在用草图勾画一些想法和制作建筑模型中度过的。作为一个一直在学校进行理论学习的学生，其思想总是容易囿于成见，受到一些无形的限制。他驱使着我们去以一种全新的方式看待世界，并且去解决一些自己在其他课堂上从未遇到过的问题。我将建筑学专业视为一个自己能够进行创造性的、充分参与的和批判性思考的机会。我知道，所有的这一切都是自己在未来职业中想要得到的东西。在那个小小的班级里，就有三个同学进入到了建筑领域，并且有几个人成

为工程师。这标志着，他是一位能够激发潜力的老师。

您为什么会决定选择在马里兰大学学习？您获得了什么学位？

❯ 我获得了马里兰大学的建筑学理学学士学位。马里兰大学似乎是个不错的选择，因为它在两方面都提供给了我世界一流大学的学习条件。其一它是一所拥有无穷无尽机遇的大型州立大学，同时它有着较小规模的建筑学院，提供着亲密的小班授课条件。马里兰大学也因为学费低廉而出名。我知道，在学费上省钱可以让自己去追求更多其他东西，比如出国留学。

求学期间，您到了意大利留学。这段经历对你的教育产生了多大价值？

❯ 在大学里，我最喜欢的就是建筑历史课程。在建筑的范围和背景下，历史就似乎更有意义了。当听说要在斯塔比亚（Stabia）[1]进行考古挖掘时，我立刻就报了名。

麦克·多诺（MC Donogh）学校的艾伦、柏克和莱尔大楼（Allan, Burck, and Lyle Buildings），奥因斯米尔斯（Owings Mills），马里兰州。
建筑设计：集合设计事务所有限公司。
水彩画绘制：斯图尔特·怀特（STEWART WHITE），集合设计事务所有限公司。

① 斯塔比亚位于意大利中南部坎帕尼亚区的斯塔比亚海堡，距离大区首府那不勒斯 26 公里。小城的人口只有不到 7 万人。——译者注

坦白地说，这次旅行并没有对我的工作室设计课程有什么帮助，但我在其他方面的收获却是如此的丰富。我们发现了数百件古罗马文物，可以在庞贝古城（Pompeii）[①]的旧街道上漫步，并且在这个过程中邂逅了一群了不起的人。这对我来说是一种很好的文化体验，给自己的生活带来了更多的观察视角。

您为什么在本科毕业后要选择进入工作岗位，而不是直接攻读研究生学位？您打算什么时候继续进行自己的学业？

》对自己来说，这是一个非常艰难的抉择，因为我的许多同龄人都在继续攻读研究生。我经常对自己的决定提出质疑。我很担心自己找不到工作，因为建筑学的理学学士学位不是很具有竞争力。

在大学四年级的时候，我和许多马里兰大学的研究生交谈过。一些直接去读研究生的人说，他们已经精疲力竭，厌倦了学校的生活。经过深思熟虑后我决定，如果自己能够有一段喘息和休养的时间，并积极作好随时重返校园的准备，我将会在攻读研究生学位期间收获更多。进行几年工作经验的积累，也是希望将来自己的一些课程进行得更加顺利。我还考虑到这样一种实际情况，那就是先工作一段时间可以让自己减少贷款，也不会在负债累累的压力下开始自己的成年生活。我计划在未来的两年内去申请研究生课程，但或许计划赶不上变化。在生活中拥有一定的灵活性的感觉真的很好。

在集合设计事务所中，您的主要责任和职责是什么？

》根据工作项目规模的不同，我的责任也会有很大不同。在一些较小的项目中，我就有机会负责建筑平面图和整座建筑的外观设计，同时还完成一些室内和外部设计效果图的渲染工作。而在一些较大的项目中，我负责绘制剖面图和细化平面图、制定设计需要的时间表，以及与

马里兰中部骨科协会（Orthopaedic Associates of Central Maryland），
卡顿斯维尔（Catonsville），马里兰州。
建筑设计：集合设计事务所有限公司。
图片提供：阿曼达·斯特拉维奇，集合设计事务所有限公司。

顾问们协调洽谈，来支持自己的设计团队。

作为一个刚毕业的学生，您在迄今为止的实习期间所遇到的最大挑战是什么？

》即使是一个自我感觉非常精明强干和信心满满的人，进入到一所拥有 70 多名聪明睿智、才华横溢的设计师的公司时也会遭遇到严重的挑战，何况我的经验最少。作为事务所里最年轻的人，当你知道自己每天都在做些自己全无经验的事情时，有时候就很难再有什么自信了。我目前在集合设计事务所有限公司里已经工作七个多月了，对犯错的恐惧正在慢慢地消退。因为自己意识到，这是学习过程的一部分。我知道相比起一些更有经验的

[①] 庞贝古城为意大利古都，位于维苏威火山东南麓。公元 79 年为维苏威火山大喷发所湮没。——译者注

同伴们，我能为公司提供了一些不同的技能。这就是使用新技术来加速设计和图纸绘制过程的技巧。

作为一名建筑师，在您的职业生涯中您感到最满意或最不满意的部分是什么？

▶作为在住房危机期间进入到这一个领域的一代人中的一分子，建筑生涯中令人最不满意的方面是显而易见的：工作时间长，岗位稀缺，预算低，设计受到限制，工作酬劳极其有限等。在建筑专业中，最令人满意的部分是能够与他人一起工作，来创造那些能够满足一定需求的东西，并目睹它被建造起来。通过学校、旅行和自己的第一份工作，我已经接触、研究过许多伟大的建筑物，并从中得到学习。我也发现自己每天学到的大量东西是非常有价值的。短短的几个月里，对于如何将一座大楼的空间组合在一起，以及这个过程中的各个步骤和人等方面，我已经有了许多更好的认识。

在建筑专业方面，您的 5 年和 10 年职业目标是什么？

▶在接下来的 5 年里，我想获得自己的建筑学硕士学位或者是相关领域的硕士学位，并且开始进行建筑师注册考试。在 10 年内，我希望能成为一家公司内不可或缺的组成成员，能够影响项目的整体设计及其中使用的技术。我还希望去周游世界，研究其他一些国家的建筑和生活方式。

目前，我在选择学位方向上还有许多可能性。建筑领域的变化如此之大。生态环境的适应性再利用和绿色建筑已经形成，并且将成为该行业的最重要的组成部分。作为一个完全以目标为导向的人，我现在仅有这样一些不明确的目标是非常奇怪的。但自己只是觉得，我有很多的机会和世界上所有的时间来选择自己的道路。

在您的职业生涯中，谁或哪段经历对您产生了重大影响？

▶在自己的一生中，我有幸地拥有了一段对自己最有影响力的经历。当自己上中学的时候，我妈妈和一位同事成为朋友，她的父亲是一家建筑公司的总裁。她知道我对这个行业很感兴趣，但又知之甚少，于是就帮我安排了一次参观。一天放学后，我和她一起去拜访了这家公司，

鲁迪咖啡厅（Rudy's Café），罗伯特·H·史密斯商学院（Robert H. Smith School of Business），马里兰大学。科利奇帕克，马里兰州。

建筑设计：集合设计事务所有限公司。

水彩画绘制：斯图尔特·怀特，集合设计事务所有限公司。

并带着一种由衷的敬畏。模型、图纸和事务所的办公空间，都激励着自己在大学期间去追随建筑专业。

在整个大学期间，我的目标就是为这家最初激励我成为一名建筑师的公司去工作。我很高兴地说，这家公司就是集合设计事务所。我现在成为了这个团队的一员，感觉真的很好。

艺术和科学兼备的建筑学

艾米·皮伦奇奥（AMY PERENCHIO），美国建筑师协会会员，LEED 建筑设计与结构认证专家，
ZGF 建筑师事务所有限公司（ZGF Architects，LLP）[①]**，合伙人**
波特兰，俄勒冈州。

凯旋门（Arc de Triomphe）[②]，巴黎，法国。
建筑设计：珍·夏勒格林（Jean Chalgrin）。
建筑摄影：艾米·皮伦奇奥。

您为什么要成为一名建筑师？
》我是在自己大学生涯的第二年进入建筑学专业的，我曾经的第一专业是物理学，但它不能提供给我自己需要的施展创造性能力的机会。我在建筑学专业中有一些朋友，而且认为他们的作业看起来很有趣。我发现，建筑是把艺术和科学结合在一起的绝好机会，而且是用创造性和逻辑性的思考来解决问题的。

您为什么要决定选择华盛顿州立大学和俄勒冈大学（University of Oregon）来攻读自己的建筑学学位？您获得了什么学位？您为什么要去不同的机构参加自己的学位学习？
》我之所以选择华盛顿州立大学，是因为这里能够提供高质量的和全面的教育。我的父母和祖父母也是校友。所以可以说，这是一个非常简单的抉择。

我之所以选择去另外一所大学进行研究生的学习，是因为我想拓宽一下自己的教育范围。我参加俄勒冈大学的波特兰项目（Portland Program），是因为这与自己在华盛顿州立大学的经历能够相互补充。当时，建筑学

---

① ZGF Architects 前身为 Zimmer Gunsul Frasca Partnership，即为齐姆·冈苏尔·弗拉斯卡建筑师事务所有限公司。——译者注
② 凯旋门是为了纪念拿破仑的军事胜利而建立的。其让军队凯旋归来时在此接受欢迎。当时委任建筑师珍·夏勒格林（Jean Chalgrin）设计，灵感来自罗马的康斯坦丁凯旋门（Arco di Costantino）。——译者注

萨伏伊别墅（Villa Savoye），普瓦西
（Poissy），法国。
建筑设计：勒·柯布西耶。
建筑摄影：艾米·皮伦奇奥。

硕士的研究重点是城市建筑学（设计和规划）和可持续性发展。这两者，都是我自己想更加深入进行研究的课题。

您为什么会选择去参加 4+2 的建筑学硕士学位课程？

》我是在一所只提供 4 + 2 学制课程的大学里转专业至建筑学。我没有转到其他地方五年制的建筑学学士学位的学习中去，而是决定留在这里先攻读职前的学位，然后继续攻读自己的建筑学硕士学位。

目前，您担任国家建筑学认证委员会的主任；从您的角度来看，什么是认证，为什么学生了解它是非常重要的？

》认证是一个保证教育质量的过程。它确保学生毕业时已具有能够成为一名建筑师的最低要求的知识。学生们对认证的认识也很重要，因为其将直接影响到他们。在大多数州等地区，获得美国国家建筑学认证委员会认证的学位，是获得执业许可的先决条件。

作为一名建筑师，您迄今面临的最大挑战是什么？

》作为一名建筑师，我迄今为止面临的最大挑战是如何掌握工作与生活之间的平衡。我绝对热爱自己在生活中所做的一切。是否能找到一些途径和方法，用建筑以外的有趣的事情来调节自己的职业生活，是我们面临的一个巨大挑战。但作为一名实习生来说，这也是我生活中最具价值的体验。让自己有更多事务所工作之外的时间，这能够使我们更加充分地去体验生活，降低工作带来的压力，自己会在工作时表现得更加出色。

作为一名建筑师，自己职业生涯中最令人满意的部分是什么？

》作为一名建筑师，职业生涯中最满意的地方是自己的一些想法和努力能够在现实生活中得以建成。艾梅里（Emery），是一座位于波特兰南部海滨（South Waterfront of Portland）地区的混合住宅建筑。这是我第一次参与从开始到完成的整个设计过程，目前它正在施工建设中。每次看到它，我都会惊讶于我们所构想的那些墙壁和空间如何成了这样一些触手可及的有形物体。大部分的空间都和自己想象中一样，而还有一些空间成了未来设计的经验和教训。我能够现身和游走在自己设计和绘制的空间里，感觉自己所做的一切都是值得的。这是一种很好的学习经历。

在建筑方面，您的 5 年和 10 年职业目标是什么？

》在迄今自己的职业生涯中，我在关键时刻所做出的正

◀艾梅里（Emery），波特兰市，俄勒冈州。
建筑设计：ZGF 建筑师事务所有限公司。
图片提供：ZGF 建筑师事务所有限公司。

▼艾梅里（Emery），波特兰市，俄勒冈州。
建筑设计：ZGF 建筑师事务所有限公司。
建筑摄影：艾米·皮伦奇奥。

确决定，才使自己达到了自己今天所在的位置。在自己的职业生涯中到底想干点什么，我对此有个大致的想法。但是我不会将它限制在一个时间的框架之内。例如我想成为一个公司范围内的管理角色，成为一个有丰富思想内涵的导师并能够帮助别人在建筑事业中脱颖而出的人。但是，这些是在自己未来的 2 年还是 10 年内实现，仍然还不知道。

在您的职业生涯中，谁或哪段经历对您产生了重大影响？

》在全美性的美国建筑学生协会和美国国家建筑学认证委员会董事会的工作经历，对自己个人和职业方面的影响涉及方方面面，我甚至很难在这里一一列出。通过对这两家组织机构的参与，我扩大了自己的视野，并对这个行业有了进一步的新认识。

吉恩·桑多瓦尔（Gene Sandoval），我的导师也是 ZGF 公司的合作伙伴，他对我的职业生涯产生了很大的影响。他对高级设计思维的激发和期待，极大地影响了我的专业成长。从他那里我了解到，建筑，就像是故事一样，需要进行极其精心的制作和雕琢。

实现愿景

杰西卡·L·伦纳德，
美国建筑师协会初级会员，LEED 建筑设计与结构认证专家，校园规划师和实习建筑师，埃尔斯·圣·格罗斯建筑与规划事务所建筑师巴尔的摩，马里兰州。

您为什么要成为一名建筑师？您又是如何成为一名建筑师的？

》我父亲是一名景观设计师，所以我的生活就一直被设计包围着。上高中的时候，我坐一辆公共汽车去观看足球比赛。从窗外望去，我看到了一座有着漂亮庭院的历史建筑。那天我决定，我想创造一些像这样的建筑。我现在将"成为一名建筑师"，视为为人们创造一些美丽而具有社会责任感的场所的一种方式。建筑师能够帮助人们，使他们的愿景成为一种现实。我相信自己可以代表一种声音，并为那些向来不被重视的弱势群体带来一些愿景。

您为什么要选择在那所学校完成自己的建筑学学位课程学习？你获得了什么学位？

》我获得了马里兰大学的建筑学理学学士学位和建筑学硕士学位。在选择自己的本科建筑院校时，我想去就读一个为期四年的课程（4+2），因为这样的课程项目可以在人文学科和建筑教育之间达到一定的平衡。对我来说，除了需要有一个实力强大的建筑专业课程之外，一所能够提供各种课外活动和课程的大学也是非常重要的。马里兰大学的优点是，大型院校里开设了一个小型的建筑学专业。我们能与教师建立亲密无间的学术交往和一对一的指导关系。这为我们提供了理想的学习环境。与教师的关系，专注于城市设计，以及学校与巴尔的摩和华盛顿特区比较近，这一切条件无论是在地理位置上还是在专业优势上，都促使我留在马里兰大学攻读自己的研究生学位课程。

是什么促使您去考取城市设计的证书？您将如何同

玻璃博物馆（Glass Museum），
剖面模型由杰西卡·伦纳德设计于马里兰大学。

重建社区（Reestablishing Community）：埃德蒙森村的一个新村庄中心，
巴尔的摩，马里兰州。
杰西卡·伦纳德在马里兰大学的论文。

埃尔斯·圣·格罗斯建筑与规划事务所合作进行城市设计工作？

》 在自己本科教育结束的时候，我就很清楚地知道自己的兴趣和技能是进行较大规模的设计，即与土地相关的设计，从 6096 米（2 万英尺）高的视野来理解场地、交通、通道、方案设计等问题。考取城市设计证书，使我能够专注于建筑设计以外的一些课程，以扩展自己对社区设计的认识，理解人们和建筑学之间的关系。最重要的是，考取城市设计证书的过程和撰写论文的过程，就是我获得更多城市设计和规划的技术技能和知识的过程。

在埃尔斯·圣·格罗斯建筑与规划事务所的规划工作室工作，需要我从 6096 米的高空所见的城市尺度去了解一个巨大的场地，也就是项目中的校园。虽然我所从事的项目并不全都在城市环境中进行，但同样的分析和设计原则都是普遍适用的。在任何环境或任何规模的设计中，你都有必要去了解一些交通流线模式（包括车辆和行人）、开放空间的系统性、土地的使用、一些限制因素和优势机会等。我在埃尔斯·圣·格罗斯建筑与规划事务所参加了那些为获得城市设计证书而进行的辅导课程，这使我更加详尽地关注了城市设计层次的一些概况，也使我在埃尔斯·圣·格罗斯事务所完成了建筑向规划方向的自然过渡。

您的首要责任和职责是什么？

》 在过去的几年间里，我的职业重心一直是在弥合规划与建筑学之间的差异和鸿沟。我仍然在规划的各个领域工作，包括区域规划、土地利用研究、校园土地区划管理、城市空间影响分析、交通规划、公共或私人场所设计、人口和经济研究，但是更加关注于空间规划、空间策划和移民迁徙等研究。这些项目，可以从 6096 米的尺度下降到分析和记录一个房间和它的设备。帮助一个机构更好地了解他们目前是如何使用自己的空间，以及如何在未来能够更加有效地使用这些空间，这是我现在工作中很有趣的一部分。这些研究常常成为一个建筑项目的前期规划工作，它可以帮助建筑师快速地进入到建筑策划和方案设计阶段。

作为一名实习生，您迄今所面临的最大挑战是什么？

》平衡。在自己的职业生涯中能够不断前进是一件令人兴奋的事情，但接踵而至的就是一些新的挑战。因为我喜欢自己所做的工作，所以就很容易地被一些项目及其最后期限吸引注意力。我必须牢牢地记得，我还要为自己热爱的其他事情腾出时间来，无论是个人的事还是职业方面的事。

同样，获得执业许可的道路也不是一帆风顺的，其需要专注、自律，同时需要自己去争取。埃尔斯·圣·格罗斯事务所是一家很好的企业，它鼓励员工们去获得执业许可，并提供各种资源来帮助人们去完成这个目标。在埃尔斯·圣·格罗斯事务所的头几年里，我通过定期与项目经理和公司领导的会面来完成自己的实习生发展项目，以确保得到足够需要的经验。我现在正在考取建筑师注册考试的进程当中，希望在接下来的两年里完成

洛约拉大学马里兰分校总体规划图（Loyola University Maryland Master Plan），巴尔的摩，马里兰州。
建筑设计：埃尔斯·圣·格罗斯建筑与规划事务所。
由埃尔斯·圣·格罗斯建筑与规划事务所设计的平面图。

唐纳利大厅（Donnelly Hall），洛约拉大学马里兰分校。
巴尔的摩，马里兰州。
建筑设计：埃尔斯·圣·格罗斯建筑与规划事务所。
建筑摄影：汤姆·霍尔兹沃思摄影工作室（TOM HOLDSWORTH PHOTOGRAPHY）。
图片版权归汤姆·霍尔兹沃思所有。

此项工作。到目前为止，挤出学习时间一直是这个过程中最具有挑战性的事。但我相信，得到执业许可之后，一切努力都是值得的！

在建筑专业方面，您的 5 年和 10 年职业目标是什么？

❯ 在不到五年的时间里，我有幸被提拔为埃尔斯·圣·格罗斯建筑与规划事务所的助理。在接下来的两年里，我希望完成自己剩下的建筑师注册考试，成为一名有执业执照的建筑师。我希望能够继续去获得项目管理的经验，更多地去了解"建筑项目的业务层面"。从专业角度来说，在巴尔的摩社区和更大的建筑学社区保持活跃，对我来说非常重要。我想在本土的设计、交通规划和规划创新方面担任一些领导角色，同时在中学和大学学生中指导那些未来的设计师。这是自己职业生涯种较为重要的目标。

作为一名建筑师，自己职业生涯中最令人满意的和

最令人不满意的部分是什么？

❯ 作为一名建筑师，最令人满意的地方是能够帮助人们去实现他们自己的愿景。作为建筑师和规划师，我们可以为自己的客户提供一些支持，并帮助他们把他们自己的一些想法变为现实。寻找一些将复杂信息传递给不同受众的方法，既富有挑战性，又很有价值。我总是督促自己去提升图像表达能力和汇报发言能力。拥有一份自己完全喜欢并不断挑战自我的事业，是非常令人心满意足的。

在规划工作室里工作，可以让自己到全美各地的学院、大学和机构去参观。处在一个周围都是知识分子的环境中，能够看到这么多形形色色的地方，这绝对是我职业的一大亮点。此外，我还能和许多优秀的同事和客户们一起工作，这真是一件天大的好事！

在您的职业生涯中，谁或哪段经历对您产生了重大影响？

有很多人和许多经历都影响了自己的职业生涯，帮助我实现了自己的目标。但影响最大的是两个，一个是自己在马里兰大学的老师和自己的研究生助理经历，还有一个是我现在的老板和导师。

在自己的整个教育过程中，我很幸运地遇到了这样的老师。他们鼓励我去探索自己的兴趣，并指出了我的能力和长处，即使当我自己都没有意识到它们的时候。我有一段承担学术顾问和招聘主席的研究生助理的经历。在这段经历中，我与人保持着一种持续不断的联系和互动，公开在大大小小的团队中做演讲，协助制作推销学校的宣传材料。直到自己开始工作时，我才意识到这段经历对自己是多么的重要。我在人们面前谈话时，展现出了一种不错的沟通技巧和一种让人舒适的仪态。这成了自己职业生涯中的一个巨大优势。

现在作为一名专业人士，我意识到让自己的周围环绕着那些互相支持、鼓舞且有创造力的人们是多么的重要。我很幸运有一位伟大的导师和老板，他每天都在激励着我。与他们一起工作加速了自己的职业成长，并帮助我专注于自己未来的职业目标。

一种融入研究的实践

约瑟夫·梅奥，
马赫勒姆建筑事务所，实习建筑师。
西雅图，华盛顿。

您为什么要成为一名建筑师？

对我来说，成为一名建筑师似乎是在自己的城市和自己的世界里，缔造一种积极向上的变化的最好方式。建筑师可以对我们的环境产生一种很有形的影响。这些深深地吸引着自己。简单来说，我想创造一些可以让我周围世界变得更美好的场所。从童年时代起，我就一直热衷于画画，喜欢绘画艺术和平面设计，所以从事建筑行业似乎就显得非常符合逻辑。我的家人也认为建筑师是一个很好的职业选择，所以我最终决定听取他们的意见。

您为什么要选择去那所学校完成自己的建筑学学位课程进行学习？您获得了什么学位？

我获得了一个三年制的建筑学硕士学位。我之所以选择去俄勒冈大学学习，是因为我觉得自己和太平洋西北地区有一种联系，想去一个可以把设计与自己特别喜欢的物理景观[①]相联系的地方去学习。我曾在华盛顿大学攻读自己的传播学本科学位，并希望留在太平洋西北地区继续研究生阶段的学习。因为自己家里的一部分人来自于俄勒冈州的尤金市（Eugene），所以在那里上学，我感觉就像是回到了家一样。这样不仅能够让我留在太平洋西北地区，在一所不同的学校就读，而且还可以就读一个专业的学位课程。此外，俄勒冈大学以建筑设计与可持续研究及被动设计相结合的学科方向而闻名于世，这进一步鼓舞着自己到这里上学。

您先前有过传播学学位，是什么促使您去继续攻读建筑学学位？

作为一名本科生，我一直在选择写作和视觉艺术的学位之间徘徊，这两者都是自己所热爱的。具体来说，我考虑

---

① 太平洋西北地区是观看激光的理想地点。——译者注

雪松公寓立面图（Cedar Apartments Elevation），西雅图，华盛顿州。
建筑设计：马赫勒姆建筑事务所。
建筑摄影：马赫勒姆建筑事务所。

过新闻或平面设计。然而，我知道自己并不是真的想成为一名报社记者。而且我认为平面设计的学位找工作时并不会很有市场。现在回想起来，这两种直觉都是错误的。但是尽管如此，自己还是选择了传播学。因为这似乎提供了将书面文字和视觉交流进行结合的可能性。

这两件自己喜欢的事情的组合，对我很有吸引力。毕业后，我觉得这个学位并没有给自己提供一些实际的技能，所以我就开始了自己的个人学习旅程，去尽可能多地获得一些"真实世界"的技能。正是这个过程，让我更加深入地了解了自我和那些我自己的兴趣。这一切都将自己推向了建筑领域。在两期美国志愿队①服务活动中的实践经历，也影响了我在自己对建筑学专业的决策。成为建筑师似乎是自己在志愿服务活动之后，对于所学到的有关环境责任和社会责任的延续。选择建筑专业的过程是一个漫长的自我发现历程的一部分。它是从现实世界的工作经验出发，在个人的深思熟虑之后才产生的一种结果，而不只是顿悟的产物。

---

① 美国志愿队（Americorps），是全美性的志愿者服务项目。美国志愿队的大多数志愿者都在当地或国际组织，如人道主义家园和美国红十字会之类的全美性服务组织担任全职工作。其余少数则由美国志愿队直接管理，如美国公民社区志愿团（NCCC）、美国服务志愿者（VISTA）。美国志愿队创立于 1993 年。——译者注

作为马赫勒姆建筑事务所的一位实习建筑师，您的主要职责是什么？

》我在马赫勒姆建筑事务所的主要职责是综合和较为混杂的，主要是基于项目的需求。因此，我的职责经常发生变化，并且被要求去承担各种各样的任务。在项目开始的时候，我经常要从事一些想法的图像支持、概念性数字建模和图表绘制，以及制作实体模型等工作。无论如何，我一般都会从项目开始到结束一直紧跟项目，这使我得到了设计和施工过程中所有阶段的经验。随着项目的进展，我会经常参与一些日照和遮阳的研究，CAD制图和一些顾问协调的工作。在整个项目中，图示化地呈现在人们面前始终是自己的主要职责之一。对建筑设计工作流程的某一些特定方面所表现出来的好奇心和激情，往往是人们未来调换相关工作的一种好方法和途径。我发现，好奇心和激情是该工作领域得以不断成长的关键，同时也能展示出你一定的领导才能。

自从毕业后您就有机会去到国外留学，这要感谢美国建筑师协会西雅图职业新手出国奖学金（AIA Seattle Emerging Professionals Travel Scholarship）。您能提供这些经历的详细情况吗？

白杨大厅立面图（Poplar Hall
Elevation），西雅图，华盛顿州。
建筑设计：马赫勒姆建筑事务所。
建筑摄影：马赫勒姆建筑事务所。

这对您的职业生涯有什么帮助？

》美国建筑师协会西雅图职业新手出国奖学金在许多方面都给予我的事业提供了大力帮助。就是因为这项奖学金，我能够穿越整个加拿大和欧洲进行旅行，去研究木材建筑设计、木材制造业和工程学的新趋势。美国建筑师协会为这项研究提供了正当理由和社会支持。通过这一点，我有幸会见了这个新生领域中几位最重要的国际领导人。

许多类似的想法和建造方式，在美国还并不存在。通过这次旅行，我可以把这些新鲜的想法带回西雅图，并将它们呈现在西雅图的设计圈里，以进一步促进城市设计和可持续性发展之间的对话。我的旅行还致使我的研究成果提交到了西雅图市议会的一部分成员手中，议会随后创建了一个新的城市专题工作小组，来调查新的木材建筑技术中需要坚持的建筑规范。这种将建筑学进展与城市政策和法规管辖区域联系在一起的模式，表明了建筑师可以在超出传统业务范围之外的问题上承担领导职责，并在更大的范围内来影响到我们的建筑环境，而不仅仅局限在一栋建筑物，一个客户上而已。

作为一名职业新手，您担任了美国建筑师协会太平洋和西北地区的区域副主任。您是如何参与到美国建筑师协会的活动之中的？为什么说它对您的职业生涯非常重要？

》参与到美国建筑师协会中去，与其说是为了事业的发展，不如说是一种个人的责任和对本行业的服务。美国建筑师协会提供了一个对职业进行批评讨论的场所，对该行业未来的面貌进行评论和对话。关于建筑行业和建筑师在社会中所扮演的更加重要的角色，还存在着许多非常重要而又极难说得清的问题。这些问题并不能通过某个单独的事务所就可以解答，而是必须由作为一个集体性团体的建筑师们一起进行讨论来解决。美国建筑师协会就是一个聚集专业人员的场所。在这里，我们可以作为同事集合到一起，而不是竞争对手，作为一个整体来推动这个行业的进步。我最开始是通过出国奖学金参与到美国建筑师协会的工作里的。这让我接触到了美国建筑师协会，并开阔了自己的眼界。我发现本地的美国建筑师协会西雅图分会也在开展出色的工作，我们公司的一位负责人也积极鼓励我参与其中。我很感激这种温和而友善的鼓励。参与协会工作使我增加了很多社会关系，让我在自己的工作中获得了更大的满足感。

作为一名实习生，您迄今面临的最大挑战是什么？

▷ 我最近读了一篇文章，其中描述了建筑师职业发展的"瓶颈期"，我发现这一点听起来似乎是真的。我认为自己面临的最大挑战是在工作中去承担更多的责任，并接触到职业的更多方面，比如访谈过程、维系客户关系、管理账目账单等。"瓶颈期"背后有很多很好的理由，比如令人难以置信的复杂工作，各种时间限制和自己在行业中承担的巨大责任。获得一名建筑师所需要的全部技能是一种终生的追求。因此，职业发展步伐的缓慢也是有一定道理的。然而，建筑事务所应该通过导师制和学徒制的方式，在建筑技能和职业发展方面起一些积极的作用。通过对未来行业预测和积极培训年轻的专业人员，事务所应该建立起一个重要的体验基地，这对未来几年

该行业整体上的提升是至关重要的。

从一个职业新手的角度，您能够描述一下实习生发展项目和建筑师注册考试吗？您正在获取执业许可？

▷ 实习生发展项目的建立，是为了维护建筑从业人员的专业能力和从业合法性。这个项目的完成，表示你具备了最基本的能力，能够胜任设计工作，能够从事生命安全和商业运作等方面的建筑实践。该项目是高度形式化和非常严格的，并且专注于为建筑师们去设置一些特定的工作模式，而不太关心那些从非传统的职业路径获得的经验。这些经历和积累完全没有直接归入实习生发展项目被界定的范畴之内。

我已经完成了实习生发展项目，但还没有开始参加建筑师注册考试。相反，我在一项独立研究中发现了更多有价值的东西，并在当地的一些大会和大学里分享了这项研究。不幸的是，这种建筑研究并不能视为自己完成这个实践项目的证明，这是实习生发展项目的问题，它规定了只有一种方法才可以成为"建筑师"。但是在实践中，有大量各种不同类型的建筑师和证明其能力的不

中学教室（Secondary School），克劳斯（Klaus），奥地利（Austria）。
建筑设计：迪特里希·特特里法勒（Dietrich Untertrifaller）。
建筑摄影：约瑟夫·梅奥。

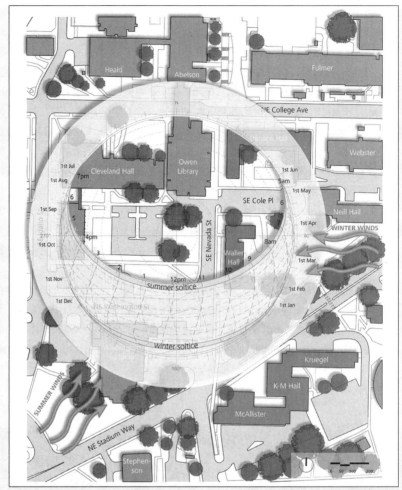

沃勒厅日照分析图（Waller Hall Solar Diagram），西雅图，华盛顿州。
建筑设计：马赫勒姆建筑事务所。
建筑摄影：马赫勒姆建筑事务所。

同路径。重新思考建筑师获得执业许可的途径，是一个十分热门的话题。希望在不久的将来，我们能够看到一些积极的变化。

作为一名建筑师，自己职业生涯中最令人满意的和最令人不满意的部分是什么？

》建筑中最令人满意的部分是它触及了我们生活的方方面面。建筑还具有这样的潜力，其不仅能使个人的生活变得更好，更能使整个地球和环境也变得更好。很少有其他行业能触及这么多的人，也有如此巨大的变革能力。当然，这也是一份巨大的责任。建筑师们经常要花去大量的时间去工作，这些时间远远超出了我们有薪水的工作时间，来承担有时是压倒性的重大工作责任。因为大多数客户和公众对建筑师的实际工作知之甚少，我们还不能很好地体现出自己的价值，因此所得到的报酬就比应该获得的要低得多。这意味着作为一种职业，我们赚不了多少钱，但工作却是极其地辛苦，并且工作时间也难以置信地长。最重要的是工作的复杂性日益增加，从而导致了所谓"瓶颈期"的职业发展。然而尽管如此，建筑设计的协作性的工作本质、解决问题的能力、研究机会和设计成果，都使它成为最能体现个人成就的职业之一，尽管这其中也存在着种种弊端。

在建筑专业方面,您的 5 年和 10 年职业目标是什么?

❯ 当然在接下来的 5 年里，我希望能够获得执业执照，这是自己目前最大的目标之一。我还在写一本关于建筑学的书籍，希望能在 5 年内出版发行。在更大的时间范围内，我有很多目标。但是我不能确定自己最终会去追求哪一个。我想更多了解一些关于建筑项目资金方面有关收费、资产形式、发展潜力、施工成本和财务管理等

问题。我也想学习一些有关建筑外墙和环境设计方面的技能。最终，我想更好地把建筑设计与制造实践结合在一起，主要涉及使用数控精雕机（CNC）[①]、3D 打印等。

在您的职业生涯中，谁或哪段经历对您产生了重大影响?

❯ 在读书期间的一次欧洲之旅，毫无疑问地影响了自己对建筑的理解。在任何人的建筑教育中，我都会强调旅行带来的价值。我所在的事务所里的几个人，也对我产生了重要的影响。我一直对他们在建筑设计方面的技巧和能力，感到惊讶不已。他们实际上在一直推动着自己保持前进，努力地去做到和他们一样优秀。

乐观主义者（Optimist）

劳伦·帕西翁（LAUREN PASION），
E 工作室建筑师事务所（Studio E Architects），
建筑设计师，
圣迭戈，加利福尼亚。

您为什么要成为一名建筑师?

❯ 我想成为一名建筑师。因为这是对自己的社区、文化和未来作出贡献的最好方式。人们通过建筑对社会产生的影响常常是呈指数级增长的，我是一个乐观主义者。

您为什么要决定选择在自己所在的学校，也就是

---

① 数控精雕机，即 CNC，其全称为 Computer Numerical Control。这是一种设计高度依赖 CAD 及 CAM 等软件的精细化加工机床。CAM 软件解析设计模型并计算加工过程中的移动指令，透过后处理器将移动指令及其他加工过程中需使用到的辅助指令转换成数值控制系统可以读取的格式，之后将后处理器产生的档案载入 CNC 机床中进行工件加工。——译者注

美国纽斯谷尔建筑与设计学院（NewSchool of Architecture + Design，NSAD）进行学习? 你获得了什么学位?

❯ 我之所以选择美国纽斯谷尔建筑与设计学院，是因为它是一个经过认证的建筑专业，而这是获得执业许可的第一步。我获得了一个建筑学学士学位，即五年制经过认证的专业学位。

在学校和进入到自己的职业生涯中，您担任过很多领导职务。对您来说，什么是领导能力? 为什么它对建筑师来说是非常重要的?

❯ 是的，我在当地和州一级机构中都担任过很多职务。领导是一种行使自己民主权利和争取话语权的方式，这些职位让我了解并积极参与到了一些重大决策之中。正是这些决策在影响着我和我的雇主，并最终决定了自己的职业发展方向。

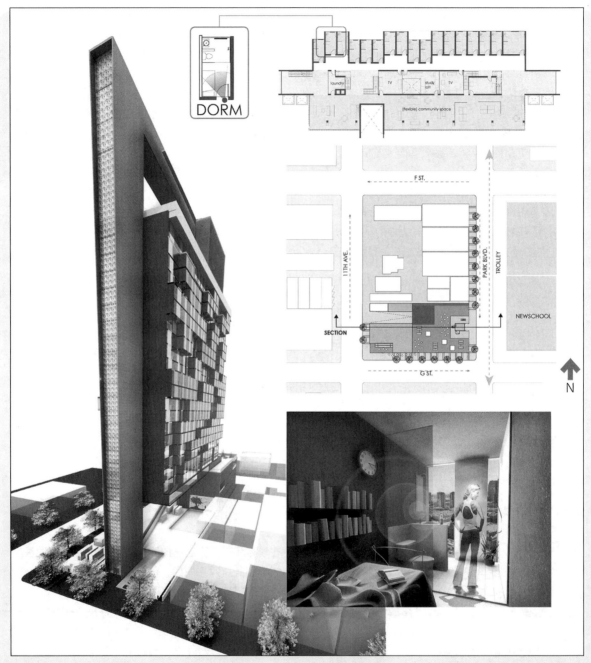

过渡性的界面：一个都市住宅大厅。
工作室项目，劳伦·帕西翁设计于纽斯谷尔建筑与设计学院。

作为美国建筑师协会加利福尼亚理事会（AIA California Council）的区域副主任，您如何从这种参与中获得益处？此外，职业新手们所面临的问题是什么？

❭作为区域副主任，我对自己职业的结构和职业复杂性有了非常珍贵的见解。我曾有机会参与到一些重要的交流和决策过程中，才有了以下这些想法。我也遇到过一些非常优秀的人，并与之成为终生的朋友。

职业新手们当今所面临的问题包括有：

■学生债务减免的诉求；
■维系与学术界和学校的联系；
■无薪实习的困境；
■实习生发展项目的压力；
■建筑师注册考试。

在您 E 工作室建筑师事务所的岗位上，您的主要责任和职责是什么？

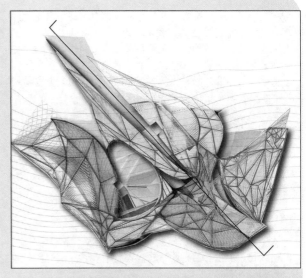

▲ "C" 形裂隙形态的当代战争博物馆（Interstitial "C." Museum of Contemporary Conflict），劳伦·帕西翁设计于纽斯谷尔建筑与设计学院。

▼ 创新、设计、教育和艺术综合地区（Innovation + Design + Education + Arts I.D.E.A. District），工作室项目，劳伦·帕西翁设计于纽斯谷尔建筑与设计学院。

EAST VILLAGE GREEN

e.v.g.   bus rapid transit   e.v.g.

❭ 我的职责包括有协助项目经理向客户、顾问和评审部门提供可交付的成果。我主要用 Revit 软件工作，主要从事协调各专业的设计决策和绘制施工图档。我们还提供了图示化的展示，例如渲染效果图，并确保满足已建立的客户标准，同时也从事相关的场地规划、土地区划管理和编制规范等工作。

作为一个刚毕业的学生，您在迄今为止的实习期间所遇到的最大挑战是什么？

❭ 自毕业以来，我所面临的最具有挑战性的任务，就是复习准备建筑师注册考试。在过渡到全职岗位期间时，人们是很难挤出时间来支持学习的，此时的学习是代价很高的。

从一个职业新手的角度，您能够描述一下实习生发展项目和建筑师注册考试吗？您在成为一名建筑师的那个阶段？

❭ 对于一名职业新手来说，实习生发展项目是一个很好的工具，尽管它通常被人们认为是一个障碍物。实习生发展项目确保了一名职业新手能够去体验建筑师的种种不同职责，并提供了对整个过程的全面了解。没有了实习生发展项目，职业新手就可能很容易地被分配去做简单重复的制图工作。

作为一名建筑师，自己职业生涯中最令人满意的和最令人不满意的部分是什么？

❭ 在我的职业生涯中，最令人感到满意的地方是有能力去体验一个自己参与创造的空间。自己职业生涯中令人感到最不满意的部分是常常要为自己的设计不断参与到争辩之中。

在建筑方面，您的 5 年和 10 年职业目标是什么？

❭ 在 5 年内，我希望能够获得执业许可。在 10 年之内，我希望能与客户们建立直接的关系，并有自己的业务和建筑事务所。

在您的职业生涯中，谁或哪段经历对您产生了重大影响？

❭ 我承担的领导角色，在很大程度上形成了自己对建筑专业的看法。我也曾用我的领导角色为工作室的伙伴和同事们争取了一些利益。我从他们那里也学到了很多东西。

百炼成钢

安得烈·卡鲁索，美国建筑师协会会员，国家建筑注册委员会成员，
施工图技术专家，LEED 建筑设计与结构认证专家，
根斯勒建筑设计、规划与咨询公司，实习生发展和学术推广首席负责人，
华盛顿特区。

您获得了什么学位？

❭ 我完成了五年制的建筑学专业学士学位。许多学生向我咨询，他们是应该仅仅攻读建筑学专业学士学位，还是在四年本科毕业后再去攻读两至三年的建筑学硕士学位？这里没有什么对错，但五年制的建筑学专业学士学位允许我尽可能快地去追求执业许可，而同时又保留了自己在研究生学习期间学习其他领域知识的社会能力。因为我知道，自己想成为一名建筑师，但最终还想要在传统从业之外去开设另一个相关领域的事业。对我而言，这是一种最好的选择。

作为公司负责实习生的发展和学术推广的首席负责人，在公司里您的主要责任和职责是什么？

根斯勒建筑设计、规划与咨询公司实习生项目：实习项目的工具和方法指南。
2013 年 1 月，根斯勒建筑设计、规划与咨询公司。

❯根斯勒建筑设计、规划与咨询公司相信，行业最优秀的人才都集中在创造性工作的漩涡核心处，他们通过设计的力量来重新定义创造的可能性。作为公司人才开发团队的一分子，在根斯勒建筑设计、规划与咨询公司那横贯全球的足迹中，我在早期人才创新工作中从事战略计划和监管方面的工作。其中包括发展并领导一个项目团队，重点关注早期职业人才的获取、职业发展和执业执照管理、学术推广、学生实习、奖学金和全球人才交流项目等。

古建筑和传统街道，西递村，
安徽，中国。
建筑摄影：安得烈·卡鲁索。

你最近刚搬到中国上海，被分配去国外工作。您在那里的职责是什么？

❯这个行业正在迅速地全球化。根斯勒公司经常与世界各地的客户和社区进行合作，每年工作在六个大洲的 90 多个国家。为了给全球客户群体更好的服务，我们正在多个地区建立若干事务所和团队，已使对发展中的市场需求作出更迅速的回应。

在 2012 年，我被要求调到了亚洲市场，为我们在日本、中国、新加坡、韩国、泰国和印度的事务所里的人才战略的发展做一些工作。通过我们在这些地方的员工那些身临其境的体验，我们能够建立一些基础设施，来支持人才的招聘、保留、评估、职业发展和执业许可、领导能力提升、人才交流和跨文化培训等工作。这些内容，都将成为我们公司未来在亚洲地区市场份额增长的关键所在。

鉴于您在根斯勒建筑设计、规划与咨询公司的职位，有关于职业新手（实习生）如何更好地利用其职业生涯的早期优势，请谈谈您的看法。

适应性住房，南外滩历史街区，
上海，中国。
建筑摄影：安得烈·卡鲁索。

》首先，要认识到每天都有学习的机会。在职业生涯的早期阶段，你要小心翼翼地保持住一种平衡。你既要最大限度地去涉猎新的实践经历，同时也要清楚地表达出自己的兴趣和爱好。所有的公司都不是一样的。你一定要找到最适合自己独特设计观点的公司。这会使你更容易将自己的职业发展目标与公司的目标结合在一起。这是创造职业转机的关键所在。

第二是要参与到自己所在的社区中去。作为一名初出茅庐的建筑师，可以为那个社区和场所做很多事，同时也可以把那里当作你事业的起步之地。对社区工作的参与，能使你获得丰富的技能和多样的视角。你此后也可在公司里应用和发展它们，同时这些工作也将使你建立起许多人脉关系，总有一天会为你的设计实践带来新的客户和设计机会。

第三要获得执业许可。通往获得执业注册的道路漫长而充满了挑战。何时开始都不会太早。重要的是要抓住每一个可能的机会和培训的时间，把它们当作实现自己的执业许可需求的一个步骤。制定一个计划，使自己一步步地通过实习与考试的过程，你就会成功地取得执业许可。你能通过这一过程提升在工作场所中的专业水平。

此外，您是《国家建筑博物馆与大都市》（National Building Museum and Metropolis）杂志，"设计师的内心世界"（Inside the Design Mind）专栏的一位有代表性的撰稿人。你是如何获得这个机会的？为什么说它在您的职业生涯中占有非常重要的位置？

》我喜欢写作，并且积极地在这个行业内寻找能够维系这种喜好的方法。在自己职业生涯的早期，我发表了大量有关于行业问题的公众演讲和出版物。这些机会使自己能够对我们的职业，以及更广泛一点，对创意产业的人才形成一种观点。这一观点，最终激发出了"设计师的内心世界"这一专栏的灵感。

在开辟专栏框架的同时，我认识到自己正在策划的内容是一个提升自己同事们的工作使命感，同时扩大他们的业务范围的好机会。这种目标与《国家建筑博物馆和大都会》杂志的定位天然契合，于是他们决定在这个项目上建立合作关系。事实上，这也是他们第一次进入一种媒体合作伙伴的模式。现在每发表一次，这个专栏就会有成千上万的读者。专栏已经被《建筑日报》（Arch Daily）、《世界建筑新闻》（World Architecture News），甚至是《赫芬顿邮报》（Huffington Post）[1]转载到世界各地。

我从这次经历中所得到的收获是，在我们的行业中发展和维持一个独特的视角是非常重要的。要积极地寻找机会，找到将我们的想法通过其他人的辛勤工作转化为现实的方式。这是在行业合作开始变革的时候。

作为一名建筑师，您所面临的最大挑战是什么？

》作为一名建筑师，我所面临最大挑战是帮助这个行业赶上当代社会的发展和变化的步伐。许多传统的设计实践依然是根据20世纪早期美国文化背景下产生的原型为基础，在做不断地提升、改进。但客户、项目和城市都已发生了根本性的变化，而这个行业正在努力地试图去适应这种变化。那些伟大的客户们在帮助我们，将我们推向新的设计方向和新的实践模式。但建筑师也必须把握住21世纪对设计思维的价值取向的重新加以塑造，来面对当今世界中那些庞杂繁复的问题。在这个特殊的时刻，一个发生了巨大变化和不确定的时代，进入到这个行业。这既是一个巨大的挑战，也是一个千载难逢的机遇。

在未来的5到10年里，您的职业目标是什么？

》显然，建造环境中的挑战正在不断地增长。作为一名建筑师，无论是世界人口空前的城市化、全球环境的危机，还是使城市更具适应性和包容性的呼吁，都有一些重要的机遇来促使我们作出积极的改变。我的热情和兴

---

① 《赫芬顿邮报》是美国著名的新闻博客网站，始创于2005年。其提供原创报道和新闻聚合服务，着重于美国国内外时政新闻，每天的独立访问量达到2500万，是美国当前影响力最大的政治类博客。——译者注

趣一直投注在比特定建筑物更宏观的范围之内。我喜欢探索那些能够推动建筑环境发展的经济、社会和政治制度。整合和创新某些关键因素，如生态、交通、公共卫生、旅游观光和其他主要城市影响因素，这很可能就是自己未来最关注的问题。

作为一名建筑师，最令您满意的部分是什么？

❯你永远都不会忘记，当踏入到自己第一次设计的建筑空间中时的那番体验。从纸上的线条到钢梁和墙壁，你看到和感觉到一幢建筑的生命正在发生着改变。其让自己意识到，作为一名建筑师要担负着多少责任。但是，为人们创造空间又是多么的具有价值。而且在施工过程中，同样也会带来一些美妙的惊喜。将建筑空间组合在一起，并应对那些无法预见到的挑战的协作的过程，就是强调了成功的建筑一定需要那种以团队为导向的设计方法和工作途径。正是在这些时刻，当创造思维与现实碰撞的时候，我总认为是最有趣的。

在您的职业生涯中，谁或哪段经历对您产生了重大影响？

❯建筑设计教育真正地改变了自己看待世界的方式。它提供了一套新的框架结构，来探索、质疑和假设那些围绕在我们周围的环境。这种鼓励提问、挑战传统视角，以及在不确定性中去寻求舒适和平衡状态的方式，已经发展成为了一种生活技能，而不仅仅是适用于一些建筑设计工作。

在亚洲生活和工作期间，这些技能成为了自己所关注的焦点。虽然以前有过与世界各地的文化打交道的经历，但在一个新兴市场中长时间生活和工作的机会，让我对全球化的真正挑战有了新的认识。无论是了解在发展中国家进行实践的实际情况，还是努力提供一些文化培训，以弥合各地文化和教育上的差异，每一次经历都为我对这个职业的未来的看法增加了深度和广度。将来，建立跨文化合作伙伴关系的机会和行业的需求是极大的，其影响力也会是极其深远的。

注释

1. 欧内斯特·L·博耶尔（Ernest L. Boyer）和李·D·米特冈（Lee D. Mitgang），《社区建设：建筑学教育和实践的一个新的未来》（Building Community: A New Future for Architecture Education and Practice）。（普林斯顿，新泽西：卡耐基促进教学基金会（Carnegie Foundation for the Advancement of Teaching），1996），117。
2. 《美国文化遗产词典》（The American Heritage Dictionary）。（波士顿：霍顿·米夫林出版公司，2000）。
3. 波士顿建筑设计中心（Boston Architectural Center），www.the-bac.edu。检索于 2013 年 8 月 31 日。
4. 国家建筑注册委员会，《实习生发展项目指南》（Intern Development Program Guidelines）。（华盛顿哥伦比亚特区：国家建筑学注册登记委员会（NCARB），2013），14。
5. 《美国文化遗产词典》，2000。
6. 《实习生发展项目指南》，第 2 页。
7. 国家建筑注册委员会，《国家建筑注册委员会数据》。（华盛顿哥伦比亚特区：国家建筑注册委员会，2013）。
8. 职业新手指南，www.epcompanion.org。检索于 2013 年 8 月 31 日。

第 **4** 章 建筑师的职业生涯

建筑师能够胜任各种各样的生产实践活动，可以广泛地就职于建筑行业或建设企业之中。

戴维·哈维兰德（DAVD HAVILAND, HON），美国建筑师协会会员。

职业生涯的开创就像建造一幢房屋一样，都是一个很棘手的问题。人们几乎不能坐下来用铅笔和纸，带着专家的信息和建议，就能科学地规划一段工作经历，处理一些生活问题。因此就像是人们要建造房屋时所遇到问题一样，去从一位建筑师的建议中获取帮助吧。

弗兰克·帕森斯（FRANK PARSONS）[1]

正如弗兰克·帕森斯在前面引言中所说的那样，职业生涯的建立，也就是事业发展的过程，是一项艰巨但又非常重要的任务。他同时也指出，很少有人会以深思熟虑、反复斟酌和细致周到的方式为自己的事业作准备。相反，许多人常是无意中进入某条职业生涯之路；而另一些人则随意地做出一些职业的选择，对自己的职业工作表现出一种不负责任的态度，他们也常常因为一些事物而产生不满和失望。

职业规划

无论是你在成为一名建筑师之路的什么阶段，是正在去完成自己的建筑教育，正在一个建筑公司获得实践经验，或者正在参加建筑师注册考试的过程之中，你都应该去对职业生涯进行深思熟虑的设计，以在自己事业中取得最大的成功。

◀ 宝马销售展厅（VOB BMW），罗克维尔（Rockville），马里兰州。
设计师：唐纳德·N·库帕尔建筑师事务所（DNC Architects）①。
建筑摄影：埃里克·泰勒，美国建筑师协会初级会员。
图片版权归 ERICTAYLORPHOTO.COM. 所有。

① 唐纳德·N·库帕尔建筑师事务所，即 DNC Architects，其前身为 Donald N. Coupard & Associates。——译者注

你可能会说，事业不是自己所能创造或计划出来的东西，它只是在自然而然地发生着。然而正如一些建筑项目一样，职业生涯应该是经过精心规划出来的。在许多方面，职业生涯的设计与一幢建筑物的设计非常相似。职业发展中的评估、探索、决策和规划等过程，正相当于建筑设计中的初步策划、方案设计、深化设计、图纸绘制和施工等阶段。

自我评估

人贵有自知之明。

特尔斐①甲骨文上的铭文希腊

当建筑师设计一个项目时，其流程中的第一步通常是什么？最有可能的就是建筑策划。正如威廉·佩纳（William Pena）在《寻找问题》（Problem Seeking）[2]中所指出的那样，建筑策划背后的主要思想是搜索到足够的信息，以阐明、理解和表述问题。当以类似的方式设计自己的职业生涯时，这个过程就是应该从评估自身开始的。

评估就是了解你自己。考虑一下你想成为什么样的人；分析什么对你是最重要的，你的能力如何，你想去从事的工作，以及你的长处和弱点。正如用策划分析来帮助建筑师去理解那些特定的设计问题一样，评估也有助于确定你希望从自己的职业中得到什么。在自己之后的职业生涯中，你还需要反复进行自我评估。评估的内容包括价值观、兴趣和技能。但究竟什么是价值观、兴趣和技能，你又如何确定它们呢？

价值观

价值观是自己内心深处的一些情感、态度和信念。它反映了什么对自己来说是最重要的；告诉自己该去做什么或不该去做什么。工作价值观决定了我们的工作能够持续进行的维度或深度。你是否认为这是实现自我满足感的重要来源。传统上受到建筑师们高度尊崇的价值观，包括有创造力、得到社会认可、文化多样性、独立性和责任感。

在这个简明扼要的目录中，请指出你在工作中最看重以下哪些方面：

■ 社会贡献。

■ 创造力。

■ 自身的兴趣和热情。

■ 单独工作或与他人一起工作。

■ 酬金。

■ 竞争程度。

---

① 特尔斐为希腊古都，因 Apollo（太阳神）的神殿而著称。——译者注

- 改变和变化程度。
- 独立自主性。
- 脑力上的挑战。
- 体力上的挑战。
- 快节奏。
- 安全性。
- 承担责任的多寡。
- 制定决策的自由度。
- 权力和权威。
- 精神上或超越个人的收获。
- 获取知识。
- 得到社会认可。

你的回答将在职业道路上为自己将来的事业选择提供自知力。例如，如果自己认为对社会的贡献是最重要的，那么你可能就会在与公共利益相关的设计机构中寻找工作机会。

兴趣

兴趣是那些能够激发出你热情的想法、事件和活动，它反映在你如何去支配时间所做的选择之上。简单来说，兴趣就是你喜欢去做的活动。通常来说，建筑师们都具有非常广泛的兴趣爱好。因为建筑领域是由艺术、科学和技术等诸多方面所构成。建筑师们非常喜欢参与所有形式的创造性工作，从最初的概念设计到那些可以触及的有形成品设计。[3]

为了确定自己的兴趣，你可以用一个月的时间来记录一下，自己每天最乐于去做的和最不喜欢做的事情。在月末，再将你所记录的这些偏好进行汇总和分类。这里还有另外一种方法。那就是在 10 分钟里的连续写作中，切勿让自己手中的笔脱离纸面或将手指从键盘上挪开。这时候请回答这个问题：当自己不工作的时候，喜欢去做什么事情？

职业发展理论表明，每个人的职业道路都应该遵循着自己的兴趣：如果这样做了，你就能够看见成功的曙光。

技能

与价值观和兴趣有所不同的是，一些技能或能力是可以经过学习而获得的。这里说的是三种技能，那就是实用型技能、自我管理的技能和一些专业知识技能。具有实用型技能，就意味着能够去执行一些特定类型的活动、行动，或进行大量的熟练操作。依据劳工统计局的数据，一个建筑师需要以下几种技能：分析能力、沟通能力、创造力、批判性思维、组织能力、技术工艺、视觉化传达能力。与上述不同的是，自我管理技能是你所拥有的一些特定的行为反应或个性特征，如渴望、进取心或可靠程度等。最后一项，就是你已经学到的和你所知道的一些专业知识技能。

要想知道自己所拥有一些技能是多么的重要，我们可以从理查德·博尔斯（Richard Bolles）的《快速求职地图》（The Quick Job-Hunting Map）[4] 中得到一些了解。"你必须要知道，无论是对于现在还是未来而言，不仅是自己已经拥有了什么技能，更重要的是，你拥有并且能够享受获得什么技能。"就各种技能来说，你可以回顾一下过去的五年。你自己感到最满意的五项工作成就是什么？其次，你可以排列出一些能够使自己获得成功的技能或能力。同理，你也可以回顾一下自己的一些失败经历，以确定自己想去克服的一些特点或缺陷。

你可以使用多种手段来进行评估。这里列出的几个例子，仅仅也就是供你开始起步时使用。其他的包括书写下个人经历，以及在职业顾问的帮助下进行经验总结或心理评估。不管选择哪种方法，只有你自己才最清楚地知道，哪些是自己能够获得并乐于去使用的技能；哪些是自己所感兴趣的内容、想法、问题、组织机构；以及哪些是自己最在乎的有关于生活和事业的价值取向。

探索

学生们花了四年或更多的时间来学习如何从图书馆和其他来源挖掘资料数据。但遗憾的是，他们很少能也把这些新开发出来的相同研究技能应用到与自己的利益相关的事务上，如去查找一些自己可能感兴趣的公司信息、职业类型、地方区域等。

艾伯特·夏皮罗（ALBERT SHAPERO）

在设计过程中，紧接着项目策划的就是方案设计。方案设计可以形成各种可供比较和选择的方案。它的目标是提出一些项目设计中涉及的一般性特征，包括规模、形式、最终预算以及建筑物的总体形象、空间的大小和组织构造等。此外，方案设计能够指出项目中一些重大的问题，并对此作出选择和决策，以为后续阶段的设计打下基础。

即使你已经选择建筑设计为自己的职业，但仍然需要这个颇有价值而且非常必要的探索过程。与其说是在事业中进行摸索，你倒不如可以去探索一下建筑行业内的一些公司、可能的职业发展道路，以及影响你的建筑师发展之路的一些其他领域。理解探索行业的这一过程，将有助于你在经济或其他正当理由需要的情况下采取一些灵活应变的措施。

你应该如何去进行探索？在《现代职业规划》（Career Planning Today）[5] 一书中，作者描述了一个包括有收集、评估、整合和决策的系统过程。只要遵循了这四个步骤，就能保证你拥有了最高水准的求职意识。

首先是收集各种来源的职业信息，包括人员和出版物。进行信息访问，就是与某人进行面谈以获取信息。去拜访的人士可能包括有当地一家公司的高级合伙人、一名教员、一名同学或同事，或者是一位导师。其他的探索方法，可以是通过参加由当地美国建筑师协会的分会或一所大学举办的一些讲座，通过在当地的美国建筑师协会委员会或其他感兴趣的组织中的志愿工作，参与一个导师项目，并且观察或跟随某个专业人士一天。

HSB 旋转中心（HSB Twisting Torso），马尔默（Malmo），瑞典。
建筑设计：圣地亚哥·卡拉特拉瓦（Santiago Calatrava）。
建筑摄影：格瑞斯·H·金，美国建筑师协会会员。

就像艾伯特·夏皮罗指出的那样，你应该应用自己的一些研究技巧，来获取自己职业生涯中任何或所有需要的信息。你要去拜访自己所在大学的职业发展中心或当地的公共图书馆，并且查询下列有关出版物：《职业名称字典》（The Dictionary of Occupational Titles DOT）、《职业展望手册》（Occupational Outlook Handbook OOH）、《职业探索指南》（Guide to Occupational Exploration GOE）和《你的降落伞是什么颜色？》（What Color Is Your Parachute？）。向负责的资料管理员询问和确定一下，是否还有其他对你有价值的资料。此外，你还可以在当地美国建筑师协会的分会，以及地区建筑专业的图书馆或资源中心去调取一些资料。其他可以访问的其他资源还包括网络和一些专业协会等（详见附录 A）。

决策

> 大多数人们想要从生活中争取的，不是任何其他的东西，而是作选择的机会。
>
> 戴维·P·坎贝尔（DAVID P. CAMPBELL）

设计过程的核心是深化设计阶段。同样，决策是职业设计过程的关键所在。深化设计描述了整个项目的具体特征和意图；进一步细化了方案设计，并且限定出一个备选方案。决策意味着对方案的选择，并根据预先确定的标准对它们进行评估。

你如何作出决策？你会让别人替自己作出决策吗？你是否依赖于一些直觉来作决定？或者你是否遵循着一种既定的策略，来反复权衡各种备选方案？无论自己进行决定的方法是什么，你都应该意识到决策的重要性。虽然有些决定可以在瞬间就能做出，但包括职业设计在内的一些其他决策，则需要进行更多的思考。

为了能够更好地说明这些，请回顾一下建筑设计程序中的下列决策过程。

决策（表格）

决策模型	在建筑学中的应用
1）确定要作出的决定	对新的空间或新建筑的需求。
2）收集信息	设立一个建筑设计项目（预算、风格、大小、空间、规格、布局）。
3）确定备选方案	提出选择性设计方案，具体化的工程项目。
4）权衡证据	评估那些满足了既定需求和偏好的设计方案。
5）在备选方案中进行选择	选择最理想的设计方案。
6）采取行动	绘制施工图；制定工期时间表；破土动工，进行施工；进行建筑"竣工核查"。
7）审查决策和结果	长期评估主体建筑物多次利用时是否需要修缮。

作决策可能是很困难，也很耗时的，但是你要知道，决策的质量受到了占有信息多少的影响。你很快就会意识到，作出明确的决策是我们要去学习的一种重要技能。

在成功的职业规划中，探索和决策都是一些关键性的步骤。不要静静地等待着这个重要的过程开始，相反，要积极地去获取这些信息，并通过职业设计来构建起自己的未来。

规划

你可能想知道，为什么会在这里引用一本通俗儿童读物中的一段对话。如果仔细进行揣摩，你就会发现这样一个道理，那就是到达目的地的一半努力在于弄清楚自己想要去的方向。规划是实现自己职业目标的关键所在。

如果你对自己的生活都没有一些规划，那么别人实在是爱莫能助。

安东尼·罗宾斯（ANTHONY ROBBINS）[1]

所谓规划，就是把未来带入到现实世界之中。这样，我们现在就可以力所能及地为未来做点什么了。

艾伦·莱肯（ALAN LAKEIN）[2]

"柴郡猫（Cheshire-Puss）"，爱丽丝说，"你能告诉我，我该从这儿走哪条路？"

"这在很大程度上取决于你想去的地方"，猫说。

"我不太在意去哪里……"，爱丽丝说。"那你走哪条路都无所谓"，猫说。

路易斯·卡罗尔（LEWIS CARROLL），爱丽丝梦游仙境（ALICE IN WONDERLAND）。

在物主或客户以及建筑师决定去设计一个可能的建筑物之后，那么下一步的工作就是制定出实施计划。这些计划，也如施工图、设计说明书和时间进度表，在完成设计的过程中都发挥了非常重要的作用。同样，作为职业设计过程的一部分，规划也可以确保一个成功的职业生涯得以实现。

从最简单的形式来看，规划就是联系梦想和实际的桥梁；只不过它是一种在特定时间内采取行动的意愿而已。对其最全面的理解是，规划就是提出一个使命宣言，制定若干职业目标，并为行动计划作出准备的一系列过程。

但是，什么又是使命宣言、职业目标或行动计划呢？

史蒂芬·柯维（Stephen Covey）先生在他所著的《高效人士的 7 个习惯》（Seven Habits of Highly Effective People）[6] 一书中指出，使命宣言所强调的重点是，你想成为什么样的人（角色）和想去做什么的事情（贡献和成就），在基于一定的价值观或信念之上。为了能够开启规划程序，你先要通过自我提问来形成自己的使命宣言："我想成为什么样的人？我想做什么事情？自己的职业抱负是什么？"

在完成了自己的使命宣言之后，你下一步的工作就是制定出能够实现使命的一些具体目标，而目标就是在指定的时间范围内，对于自己的意图和方向的面向未来的阐述和表达，并能得以实现。目标是完成远大理想的基石，而且应该是具体明确和可以进行测量的。请写下你自己的一些目标吧。有人说过，愿望和目标之间的区别在于，目标是被写了下来的。

一旦确立了目标，你就可以马上制定出一些行动计划，来帮助自己完成这些目标。这些行动计划，是朝着自己目标前进的重要步骤；它们是实现一些相关的短期目标的基石。看看那些已经设立的目标。自己必须采取哪些步骤来完成它们？和职业目标一样，请写下你自己的行动计划，包括具体的完成日期。

我渴望在做事时，以一种能够展现出自己最好状态的方式来做。这对自己来说是非常重要的，尤其当我在做着最合理的事情的时候。

规划的最后一步，是要定期地回顾自己的行动计划和目标。可以划掉那些自己已经完成了的目标，修改、添加或删除一些其他目标，要忠实于自己的感受。你是否仍然致力于实现自己

[1]　安东尼·罗宾斯（ANTHONY ROBBINS），1960 年 2 月 29 日出生于美国加利福尼亚，世界潜能激励大师。其为世界第一成功导师、世界第一潜能开发大师，主要著作有《激发个人潜能 II》《激发无限的潜力》《唤起心中的巨人》《巨人的脚步》和《一分钟巨人》等。——译者注
[2]　艾伦·莱肯（ALAN LAKEIN），著名的时间管理顾问，著有《如何掌控你的时间和你的生活》。——译者注

佩塔亚维西老教堂（Petajavesi Old Church），佩塔亚维西（Petajavesi），
芬兰。
建筑摄影：泰德·谢尔顿，美国建筑师协会会员。

的目标？你可以去改变它们，但是要记住，通往成功的神奇之路是要进行持之以恒的不懈努力。只有当这些目标失去了意义的时候，你才能放弃它们。而不是因为实现这些目标之路很艰辛，或者自己遭受到了一些挫折就轻易放弃。

现在，你已经了解到了职业设计的流程：评估、探索、决策和规划，你可以着手实施了。当你在职业生涯中取得一些进步时，你就会意识到这个过程是永无止境的，而且是环环相扣的。一旦在一家公司找到了理想的职位，你才会想到要去评估一下那种新生活的状态，并据此来调整自己的职业生涯设计。另外，还要考虑下列这个问题：

在自己未来的职业生涯中，你是愿意去铺砖、砌墙，还是去建造一座教堂？不论你的回答是什么，设计自己的职业生涯是你一生中最重要的任务之一。然而，如果职业设计是如此的重要，为什么大多数人只花那么少的时间在上面呢？好好地思考一下吧！

大家都知道三个砖瓦匠的故事。当第一个人被问及到他正在建造什么时，他甚至没有从自己的工作中抬抬他的眼皮，就粗暴地回答道："我在砌砖"。第二个人的回答是："我正在建造一堵墙"。但第三个人，其热情洋溢而豪情满怀地说："我正在建造一座大教堂呢。"

玛格丽特·史蒂文斯（MARGARET STEVENS）

在建造环境中取得成功

H·艾伦·布兰塞利格曼，美国建筑师协会会员，
房产后勤服务部基础设施副主任，特拉华大学，纽瓦克（Newark），特拉华州（Delaware）。

您为什么要成为一名建筑师？您又是如何成为一名建筑师的？

❯我之所以要成为一名建筑师，是因为自己一直对建筑物非常着迷。

您为什么要选择在那所学校完成自己的建筑学学位课程学习？您获得了什么学位？

❯我最初是去了新罕布什尔大学（University of New Hampshire）学习土木工程学。在大学二年级开始的时候，我遇到了一位教艺术学的教授，他曾经是康奈尔大学的老师。他建议我转到康奈尔大学去继续学习。我获得了建筑学学士学位。

作为一名实习建筑师，您所面临的最大挑战是什么？

❯作为一名建筑师，我所面临的最大挑战是要不断地说服其他领域的专业人员，建筑师能够做的不仅只是建筑设计范畴之内的工作。

作为一名大学里的建筑师，你的工作与建筑师的传统角色有何不同？

❯我的工作职责更类似房地产开发公司一位负责人。我不仅负责对设计和规划顾问的招聘和监督，为大学里的所有设施立项，提供规划和设计监督，同时也负责所有与不动产相关的一些事务。

您曾在乔治城大学（Georgetown University）、特拉华大学和霍华德大学担任大学建筑师。您的岗位职责是如何发生变化的？

❯在设计和规划领域的监督上，我在各个大学所承担的工作职责基本上都是相同的。我的意思是，每一个校园都为自己提供了一个机会，来监督和管理有关基础建设的设计和规划。这不仅仅是指一些新的项目，而且还包括那些需要在校园里进行的任何改造工程，无论工程的规模是大还是小。从校园到校园的一个变化就是房地产的监管。在特拉华大学，我有一个负责不动产管理的同事。在职责方面的另外一个重大变化是，在霍华德大学，我还负责校园设施管理、后勤服务（包括了餐饮服务、邮件服务和书店等）、交通运输、停车服务、可持续发展办公室和环境卫生与安全等事务。在后勤服务中，随着工作的最新变化，自己能影响到的范围不断扩大。我现在又回到了特拉华大学，负责自己在霍华德大学曾经监管过的所有事务。

您是如何以及为什么要追求可能被人们认为是非传统的职业路径，而不是更传统一些的职业道路？

❯起初我这样做，完全是因为自己对很多东西都感兴趣，而不是仅仅设计一些建筑物。我在奥利弗·T·卡尔公司（Oliver T. Carr Company）工作了九年，那是一家位于华盛顿特区的房地产开发公司。这份工作开阔了自己的眼界，让我看到了建造环境领域的广阔前景，并在营造场所方面为自己提供了一个更加全球化的视角。

在您的职业生涯中，您曾经在联邦政府的一个独立机构，也就是国家艺术基金会（National Endowment for the Arts）的设计艺术项目中工作过。您能描述一下自己在这个机构中的职业角色吗？

麦克多诺商学院（Mc Donough School of Business），乔治城大学，华盛顿特区。建筑设计：古蒂·克兰西规划设计公司（Goody, Clancy）。

▶我是该设计艺术项目的副主任，该项目主要负责自主和支持一些创意活动，并对优秀设计给人们带来的好处加以推广宣传。我最喜欢的活动有：

■城市设计市长研究会（Mayors Institute on City Design）。这是一系列国家和地区级别的论坛，它通过一个由市长和城市设计专家所组成的论坛，来提高人们对美国城市设计的认识和理解。

■规划我们城镇的未来（Your Town—Designing its Future）。这是一些区域性研讨会，其宗旨是告诉那些能够影响并决定未来乡村社区面貌和工作方式的人们：设计是非常重要的。

■住宅创新设计（Design for Housing Initiative）。这是一个全美性的工作坊，它致力于将那些来自住房供应与分配系统的设计师聚集在一起，以促进人们去更好地理解"优秀的设计"，以及设计对经济适用房的应用。

■建筑设计总统奖（Presidential Design Awards）。这是一项与白宫合作进行的荣誉奖授予项目，每四年由总统颁发给那些联邦政府参与完成了的工程设计项目。

前三项活动都是与一些拥有设计学院的大学合作进行的，如弗吉尼亚大学、麻省理工学院、明尼苏达大学、杜兰大学（Tulane）、加州大学伯克利分校（UC Berkeley）、佐治亚理工学院（Georgia Tech）和马里兰大学。这些活动通常都是以一种为期三天的研讨会的形式召集的。不仅有市长等政府决策者的参与，如在市长研究会这种论坛中，而且还有全美知名的设计专家、规划师、景观建筑师、房地产开发商、经济学家、社会学家和教育家的出席。

您为什么要在哈佛大学设计学院和沃顿商学院（Wharton School of Business）取得房地产开发证书这样一个附加文凭？

▶当刚开始从事地产开发工作时，人们就建议我去考虑获得一个工商管理硕士学位。当时，自己不想把时间耗费在这种必须要回到研究生院才能完成的事情上。此外，我们公司的总裁也没有一个人有商学学位，但是也似乎做得很好。我决定去走一条通过实践来学习的道路。此

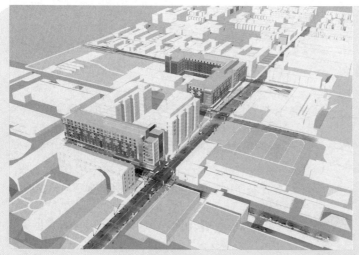

◀宿舍楼（Residence Halls），霍华德大学，华盛顿特区。建筑设计：麦克基萨克克兄弟建筑设计公司。（McKissack & McKissack）。

▼西南四方庭院（SW Quadrangle），乔治城大学，华盛顿特区。建筑设计：罗伯特·A·M·斯特恩/EYP（Robert A. M. Stern/EYP）。建筑摄影：H·艾伦·布兰塞利格曼，美国建筑师协会会员。

外，我曾经接受过建筑师的教育。作为建筑师，我们被要求要有解决问题的能力。我完全能够管理好自己工作职责中的任何事情或问题。在有了几年的经验积累之后，我把职业入门的学习作为一种检验自己学校所学知识的途径。这样做的确有效。

在工作中，您感到最满意的或最不满意的是什么？

❯在目前的工作中，自己最不满意的方面是学校环境中一些事情完成的速度，所有项目都进展得非常缓慢。企业家作风确实与学术圈大不相同。

在您的职业生涯中，谁或哪段经历对您产生了重大影响？

❯鲍勃·史密斯（Bob Smith），美国建筑师协会会员，RTKL 国际建筑设计有限公司的项目运营经理。在 1979 年，他就鼓励我将地产开发视为一种自己可以去追求的职业。这对我产生了极大的影响。

我早年在奥利弗·T·卡尔公司工作期间，卡尔公司

的小奥利弗·T·卡尔（Oliver T. Carr, Jr）是我曾经的一位导师。他给自己提供了一个机会，在华盛顿特区的繁华地段，主持了总共 500 多万平方英尺（约 4645152 平方米）土地的商业开发。

建筑行业的宣扬者

默里·伯纳德，美国建筑师初级会员，LEED 认证专家，《Contract 杂志》主编，纽约，纽约州。

你为什么要去读建筑学专业?

➤ 在 12 岁的时候，我患上了传染性单核细胞增多症，并且在沙发上蜷曲了几个星期。厌倦了白天的电视节目后，我就开始观察隔壁房子的建筑施工，我很快地就被其迷住了。康复以后，我每天放学后就去工地进行勘察并画草图。结果是，这些设计图与实际情况相差了十万八千里。但是，可以这么说，这奠定了我未来的职业生涯道路。

您为什么要选择在阿肯色大学参加学习? 您获得了什么学位?

➤ 我获得了建筑学学士学位。阿肯色大学给我提供了一份最高奖学金，它使我能够承担在教育中的所有费用。

纳沃纳广场写生（Sketch of Piazza Navona），罗马，意大利。

但碰巧的是，我所在的费依·琼斯建筑学院（Fay Jones School of Architecture），这样一个优秀的学院聘请了一些非常了不起的教授。虽然自己学校的名声没有一些大学那样大，但我还是为自己的州立大学教育感到自豪。老实说，我也被能去罗马学习的机会强烈地吸引。

在罗马所度过的时间，怎样的影响到了自己的职业生涯?

➤ 在罗马所度过的那个学期，是我第一次经历在大城市生活，这最终催生出我想搬到纽约市去生活的愿望。大

塔尔奎尼亚写生（Sketch of Tarquinia），塔尔奎尼亚（Tarquinia），意大利。

阿肯色研究院（Arkansas Studies Institute），
小石城（Little Rock），阿肯色州（Arkansas）。
设计师：波尔克·斯坦利·威尔科克斯建筑师事
务所（Polk Stanley Wilcox Architects）。
透视图由波尔克·斯坦利·威尔科克斯建筑师
事务所提供。

学毕业后，我花了几年时间来攒钱和积累勇气，自己在这里实际已经生活了将近七年之久。另外，在罗马我几乎每天都要进行写生活动，这教会了我一种观察建筑物、空间和城市的新方法。虽然已经不再经常画速写了，但我还是习惯于用同样挑剔的眼光去处理每一篇稿件或每一件编辑工作。

大学毕业后不久，您就在一家公司进行实习。您的职责是什么？这段经历与自己的学习生活有什么不同？

》我完成了一些典型的、普通的实习工作：整理门窗表、卫生间立面图。当看到一些疏漏时，做出红色标记。但公司确实为自己提供了全方位的丰富的实践经验，包括绘草图、做设计、参加客户会议和巡访施工工地等。在经历了建筑学院的紧张学习之后，我也很高兴自己终于有了一些自由的时间。我能够致力于一些自己的爱好，那就是写作。

您为什么要从建筑行业的工作转变到写作中去？

》虽然自己一直都喜欢建筑学，但是我很快就意识到自己并不想在公司里出人头地，也不想在行业中开创自己的公司。最终，我更适合做这个行业的倡导者。在选择正式成为一名自由撰稿人之前的几年里，我就通过兼职工作开始了自己的写作和编辑生涯。我接到的第一份任务，是美国建筑师协会全美联合委员会（National Associates Committee, NAC）邀请我给他们的《联合新闻》（Associate News）编辑时事通讯。搬到纽约后，我开始与编辑建立联系，自己里程碑式的第一篇文章也成功付梓。

作为一名作家，您曾在印刷出版物和网站上撰写过关于建筑和设计主题的文章。这些出版物包括有《建筑师》（Architect）、《建筑实纪》（Architectural Record）、《Contract 杂志》《设计院》（Design Bureau）、《生态结构》（Eco-Structure）和《今日美国》（USA Today）等。写作与建筑设计有什么相似之处和不同？

》在设计一栋建筑物时，你必须首先分析场地，然后在开始画草图之前制定出一个方案。写作也是如此。我把自己的大部分时间都花在了研究和收集信息上。正如设计一个建筑物，在达到最终状态之前必须要经过多次的反复一样。往往自己的第一份草稿，经过了我的编辑、再次编辑和后来的更多次编辑之后，会变得面目全非。无论是一栋竣工的建筑，或对我来说是发表的作品，没有什么能比看到自己的成品而更令人心满意足的了。

除了写作之外，您仍然还在努力考取自己的建筑师从业执照，完成了部分建筑师注册考试。为什么在自己将激情投入到写作的时候，还要去追求执业执照？

﹥虽然自己没有什么计划去进行传统意义上的设计从业实践，但我一直都保持着成为一名执业建筑师的目标。在没有压力或明显回报的情况下，还要去参加七次考试，这些行为听起来可能有点自讨苦吃的意味。然而，我在建筑学院里度过了五年时间。作为一名实习生，我忠实记录下来自己在实习生发展项目中的所有工作时间。所以，我为什么不去完成这个程序呢？获得执业许可，不仅会使自己的署名更具有可信度和分量，而且也有助于自己能够更好地与建筑师们进行工作交流。

您最近成为（《Contract》）杂志的总编辑。您为什么要选择加入到出版人员的行列之中？

﹥作为一名自由职业者，我享受着由之而来的那种无拘无束的生活。但长期以来，我的目标是作为一名编辑工作在出版队伍里。在过去的一年半里，我作为一名自由撰稿人为《Contract》杂志写过稿件。所以，我对这份出版物非常熟悉。于是，角色的转变对我而言就是一种很自然的过渡了。我很荣幸加入到这个团队。我期待自己能够有助于这份杂志的发展，并且给设计一线的专业人员们传递一些灵感和知识。在传统意义上，自己可能不会成为一名建筑师了，但是我正在应用着自己的建筑教育和专业背景，以一种独特的方式来作出自己的贡献。

"恍然隔世"

梅甘·S·朱席德，美国建筑师协会会员，所罗门·R·古根海姆博物馆和基金会，基础设施及办公室服务部副主任
纽约，纽约州。

您为什么要成为一名建筑师？

﹥我的爱好一直是摄影。在自己成长的过程中，我可以花费几个小时躲在一个暗室里，去学习如何仔细地制作底片和冲洗照片，了解对比度、化学药品和曝光所需的计时和精度，这是一门自己非常喜欢的技术科学。当母亲催促自己去挑选一种更加正式的职业时，我的职业选择就发生了变化。建筑设计是一种具有创造性和技术的职业选择，而摄影则将永远是一种爱好了。

您为什么要决定选择在雪城大学参加学习？您获得了什么学位？

﹥我的中学指导老师，曾给了我一份有关建筑学院的袖珍宣传小册子。经过浏览之后，我只申请了经美国国家建筑学认证委员会认证的一些院校。根据下列标准：离我在纽约市的家比较近、学校在美国的排名以及获得奖学金的机会，我缩小了自己的接受范围。我获得了雪城大学建筑学院的五年制建筑学学士学位。

全球野生动物保护协会若泽·E·塞拉诺中心（Jose E. Serrano Center for Global Conservation Wildlife Conservation Society），布朗克斯动物园（Bronx Zoo），布朗克斯（Bronx），纽约州。
建筑设计：FX 福尔建筑师事务所（FXFowle）。
承包商：李希特·拉特纳承包公司（Richter+Ratner Contracting Corp）。
照片由李希特·拉特纳承包公司提供。

作为基础设施和办公室服务经理，您在这个岗位上的主要责任和职责是什么？请描述您典型的一天生活。

〉在古根海姆博物馆，我的主要职责是担任纽约地区所有拥有和租赁产业的财产管理人员。此外，我还负责管理为产业内部和产业之间提供办公室服务的后勤部门。

　　典型的工作日常大多会充斥着各种会议，从讨论基本建设项目到即将举办的艺术展览的物流。除了充斥在每天日常的正常保养和维修问题外，我还得花大量时间同博物馆内的各个部门开会，以便能够更好地了解不断变化的人员安排和他们的空间需求。没有任何两天的工作是完全一样的。每天我都能在博物馆里发现一些有关的新问题。

所罗门·R·古根海姆博物馆，是一座由弗兰克·劳埃德·赖特设计的标志性建筑物。请分享在这座建筑物内伴随它一起工作时的感觉。

〉在这座世界上最著名的标志性建筑物内工作的日子里，当我每次抬腿迈进大门的那一瞬间，都会使自己产生一种"恍然隔世"的感觉。在我的工作中，我最喜欢的一部分就是当自己着手开始研究这座建筑物的原始材料和施工细节时的那些短暂时光。我翻阅过一些

◀所罗门·R·古根海姆博物馆的外部
纽约，纽约州。
建筑设计：弗兰克·劳埃德·赖特。
建筑摄影：大卫·希尔德（DAVID HEALD）
图片版权归所罗门·古根海姆基金会（纽约）所有。

▼所罗门·R·古根海姆博物馆（Solomon R. Guggenheim Museum）的施工，
1956 年至 1959 年，纽约，纽约州。
建筑设计：弗兰克·劳埃德·赖特。
建筑摄影：威廉·H·肖特（WILLIAM H. SHORT）。
图片版权归所罗门·古根海姆基金会（纽约）所有。

公司的图纸和提交文件。我审阅的那些 1956 年至 1959 年期间的文件，被仔细地保存在一个受管控的空间里或档案馆之中。这些文件都是由弗兰克·劳埃德·赖特亲自签署的。

以前，您曾担任过一家传统的建筑公司的项目经理和一家建筑管理公司的运营总监。这两个职位是一样的吗？有何不同？

》这两个职位运用和锻炼了自己的不同技能。在一家传统公司工作时，我学会了如何为一栋建筑物整理出一套适当的施工图纸，以及有效地掌握一个项目从构思和基地可行性讨论到最终整个施工过程的技能。而在李希特·拉特纳承包公司所承担的角色，使自己进入一家顶尖的工程管理公司工作。在那里，我学会了建造领域施工层面的知识以及经营一家建筑公司的技能。

作为一名建筑师，您面临的最大挑战是什么？

❯在建筑设计、土木工程、建筑施工和房地产行业之外的主流社会，在某些情况下也包括艺术界，不一定能完全理解建筑师们所做工作的全部意义以及他们对社会的贡献。

作为一名建筑师，您感到最满意的和最不满意的是什么？

❯在成为一名建筑师的过程中，参加建筑师注册考试是最令人不愉快的地方，但收到最终通过信的那一天，又成了令你感到最心满意足的时刻。

在您的职业生涯中，谁或哪段经历对您产生了重大影响？

❯我的第一个老板是我的母亲。我从她那里学会了如何进行项目管理、如何与客户进行合作，并发现了所有的可能性和实用价值。

作为一名建筑师，自己有幸能够在世界上最著名的一座建筑物里工作，并且对它进行维修管理，还有什么经历能比这些对自己更具影响力呢？

适应，成长，繁荣。

**约瑟夫·尼科尔，美国注册规划师协会成员，
LEED 建筑设计与结构认证专家，
城市规划专家，
城市设计事务所成员，
匹兹堡（Pittsburgh），宾夕法尼亚州。**

您最初为什么要选择建筑学？

❯奇怪的是，我选择建筑学是为了来建造体育场和机场。在儿时的我的心灵深处，这些似乎总是最酷的（因此也是最重要）的建筑类型。

您为什么要选择在圣母大学就读？您获得了什么学位？

❯圣母大学是为数不多的院校之一，它用古典建筑来作为进行建筑设计训练的工具，以便让学生打下坚实基础。作为一名年轻人，这一点与我产生了共鸣。我清楚地记得，自己认为到那里可以得到一种基于现实环境的实践性建筑教育。现在回想起来，人们惊讶于这所学校多么前卫。人们认为，传统建筑是教会我们如何去建立新世界的关键所在。

作为城市设计事务所的项目经理，您的主要责任和职责是什么？请描述您典型的一天生活。

❯虽然自己从小就被培养成一个注重细节的人，但我现在是一个通晓各方面知识的多面手。我领导着一个多元化的创造性团队，其中包括有建筑师、规划师、景观设计师、艺术家、工程师、经济学家、研发人员和平面设计师等。除了进行人员管理之外，我的主要职责是引领团队用一种最符合伦理道德、最有责任感、最实际和经济的方式来实现我们的目标；同时也永远不会忽视我们自己和我们的客户（业主或消费者）的希冀、期望和目标。

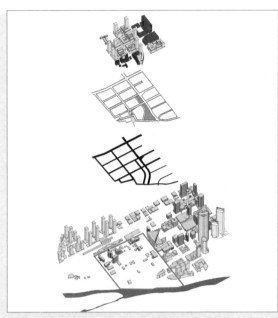

在 2010 年，您参与创建了 www.street - sense.org 网站。网站重点关注的是什么？您为什么要开始进行这样一项工作？

》大约在一年前，我的一个同事离开了匹兹堡。我们一直保持着亲密的友谊和通信联系，经常通过电子邮件和电话来交流一些自己周围的所见所闻。这些对话慢慢演变成了一个在线平台，我们可以同更广泛的公众来一起分享我们的谈话。www.street - sense.org 网站现在主要致力于以一种多学科的角度，来审视我们的都市、城镇和

◀东卡尔加里村（Calgary East Village），卡尔加里（Calgary），阿尔伯塔（Alberta），加拿大。
建筑设计：城市设计事务所。

▼东卡尔加里村，卡尔加里，阿尔伯塔，加拿大。
建筑设计：城市设计事务所。

乡村所面临的挑战和机遇。

这是一项根本性的原则，那就是我们不能简单地将建成环境设计任务都留给建筑师和工程师们。恰恰相反，围绕在我们周围的事物是多种学科相互协作的产物，它创造出了一种最贴合实际的反应来满足社会的各种需求。我们组建了一个开放性的座谈小组，其中包括建筑师、城市规划专家、经济学家、研发人员、金融学家、律师和工程师等。我们的目标，是在那些通常没有关联的地方和领域建立一些社交联系。通过建立起这种不寻常的联结，我们找到了人类城市能在这个不断发展变化的世界里不断适应、成长和繁荣的常识性解决方案。这种方法依赖于节俭的原则，"这将导致了一系列的全新的建设方案"，温德尔·拜瑞（Wendell Berry）[①]认为。

自从平台被推出以来，我们开始实施的迄今为止最重要的举措，就是介绍了 2013 年美国规划协会会议（American Planning Association Conference）在芝加哥达成的"投资就绪场所（Investment-Ready Places）"。其中所指的这些都是一些星罗棋布在美国国内的重点城镇和城市。这些地点要么是大到能够显示出它的足够的重要性；要么是小到要能较容易地引发一场有意义的变革。这些回归复兴和生机的城镇和城市，将是发生在我们这一代人中的最大机遇。

您为什么要追随一条被人们认为是建筑行业之外的职业道路？

〉其中的原因很可能是自己的兴趣以及客观的需求。我认为建筑是各种事物的集合体。在建筑中，那一些看似无关的因素之间，到底有什么关系？我们在景观和城市中建立起来的组织秩序，是如何影响我们去适应一个未知的世界的能力？它如何影响我们的传统文化和生活方式？对于那些不太看得懂平面图、立面图或剖面图的人

来说，建筑物是如何以一种人们容易理解的方式加以呈现的？因此，我开始喜欢上了都市社会物质需求的研究，其由一系列千差万别的相互影响融合而成。

但是，这其中也存在着一些能够激发企业基本创业精神的市场需求。即使在学校里，我也能看到在这个领域中的许多人，是如何目光短浅地看待他们的责任的。这种短视造成的那种难以预料的后果，在单个建筑项目中是无法得到充分解决的。这并不是说建筑界中的建筑师、绘图员和土木工程师都没有用处。他们的作用非常重要，是不可或缺的。必要的策略是寻找出一些具有创造性和支持性的方法，将这些人员的作用结合在一起，共同去创造那些充满持久活力和神奇的地方。

在您的职业生涯中，您所面临的最大挑战是什么？

〉是去对付那些习惯于统治建筑工地的人，如工头、工匠、技工和经验主义者的信任缺失。例如，金门大桥（Golden Gate Bridge）[②]是根据一组将近 100 张的图纸而建成的。因为从首席工程师到焊工的每个人，在一定程度上都有一项需要执行和完成的技能。而在另一方面，我父母的房子是一幢建于 2007 年，用传统民间建筑风格建造起来的住宅，它几乎没有什么复杂的地方。但这幢房屋却使用了与远比它复杂得多的建造大桥一样多的图纸，这是一种不可持续的建筑设计的方式。哪些是应该在草图桌上或计算机中被设定的，哪些是应该和能够由这些领域中的人来进行决定的，我们需要从中寻找一种平衡。这是我们当下所面临的挑战，但也是一个绝佳的合作机会。

在您的岗位和职业生涯中，您感到最满意的或最不满意的是什么？

〉最令人满意的是能够与站在我们一方的委托者和客户

---

① 温德尔·拜瑞（Wendell Berry）是美国诗人、随笔作家和小说家，1934 年出生在肯塔基的新堡。他曾任肯塔基大学的英语教授，并担任哥根海姆基金会和洛克菲勒基金会的理事。"基督徒科学箴言报"称其为：我们现今先知的美国人声音。——译者注

② 金门大桥（Golden Gate Bridge）连接着北加利福尼亚和旧金山半岛，是世界著名大桥之一。其被誉为近代桥梁工程的一项奇迹，也被认为是旧金山的象征。金门大桥雄峙于美国加利福尼亚州宽 1900 多米的金门海峡之上，设计者是工程师史特劳斯。——译者注

BUILDING TYPES

URBAN RESIDENTIAL A

Building Type Criteria

Lot Size (L)

		Min.	Max.
(L1)	Lot width (feet)	80	300
(L2)	Lot depth (feet)	40	200
(L3)	Lot area (square feet)	3,200	60,000
(L3)	Lot area (acres)	.07	1.4

Setbacks and Build-to Zone (S) Min. Max.

		Min.	Max.
(S1)	Front setback (feet)	0	15
(S2)	Side yard (feet)	5	25
(S3)	Side street setback on corner lots (feet)	0	15
(S4)	Build-to zone depth (feet)	5	10
(S5)	Main body facade % in build-to zone	50	100
(S6)	Front Parking setback (feet)	30	Varies

Main Body Specifications (B) Min. Max.

		Min.	Max.
(B1)	Main body width (feet)	60	230
(B2)	Main body depth (feet)	30	65
(B3)	Main body area (square feet)	2,600	60,000
(B4)	Height (number of stories)	2	4.5
(B5)	Ground storey height (feet floor-to-floor)	14	20
(B6)	Upper storey height (feet floor-to-floor)	11	12

Massing & Composition (M)

(M1)	Roof pitch range	3:12 to 14:12
(M2)	Flat roofs permitted	Yes
(M3)	Green roofs permitted	Yes
(M4)	Bay width range (% of width)	10 to 50
(M5)	Minimum ground storey transparency (% of street-facing facade)	50
(M6)	Minimum upper storey transparency (% of street-facing facade)	30
(M7)	Maximum distance between street-facing building entrances (feet)	80

Use and Density (U)

(U1)	Ground storey permitted uses	Residential, Commercial
(U2)	Upper storey permitted uses	Residential

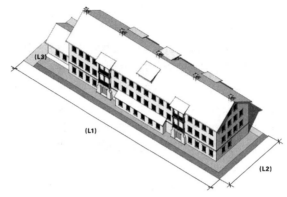

General lot dimensions (L)

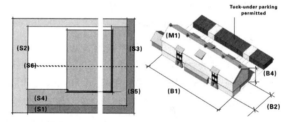

Setbacks and build-to zone on in-line and corner lots (S)

Main body specifications (B) & massing (M)

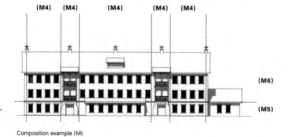

Composition example (M)

Permitted Transect Zones

T1	T2	T3	T4
Not Permitted	Conditional	Permitted	Permitted

大塘村（Great Pond Village），温莎（Windsor），康涅狄格州。
建筑设计：城市设计事务所。

DRAFT | 6 MAY 2011

URBAN RESIDENTIAL B

Building Type Criteria

Lot Size (L)		Min.	Max.
(L1)	Lot width (feet)	80	100
(L2)	Lot depth (feet)	110	200
(L3)	Lot area (square feet)	9000	15000
(L3)	Lot area (acres)	0.20	0.35

Setbacks and Build-to Zone (S)		Min.	Max.
(S1)	Front setback (feet)	5	25
(S2)	Side yard (feet)	5	20
(S3)	Side street setback on corner lots (feet)	5	25
(S4)	Build-to zone depth (feet)	5	10
(S5)	Main body facade % in build-to zone	50	100
(S6)	Front Parking setback (feet from front facade)	20	n/a

Main Body Specifications (B)		Min.	Max.
(B1)	Main body width (feet)	50	70
(B2)	Main body depth (feet)	30	50
(B3)	Main body area (square feet)	3,750	14,000
(B4)	Height (number of stories)	2.5	4
(B5)	Ground storey height (feet floor-to-floor)	10	n/a
(B6)	Upper storey height (feet floor-to-floor)	9	n/a

Massing & Composition (M)		
(M1)	Roof pitch range	4:12 to 14:12
(M2)	Flat roofs permitted	Yes
(M3)	Green roofs permitted	Yes
(M4)	Bay width range (% of width)	20 to 50
(M5)	Minimum ground storey transparency (% of street-facing facade)	40
(M6)	Minimum upper storey transparency (% of street-facing facade)	30
(M7)	Maximum distance between street-facing building entrances (feet)	150

Use and Density (U)		
(U1)	Ground storey permitted uses	Residential
(U2)	Upper storey permitted uses	Residential

Permitted Transect Zones

T1	T2	T3	T4
Not Permitted	Permitted	Permitted	Permitted

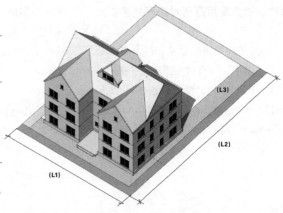

General lot dimensions (L)

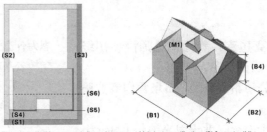

Setbacks and build-to zone on in-line and corner lots (S)

Main body specifications (B) & massing (M)

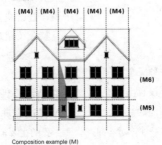

Composition example (M)

大塘村，温莎，康涅狄格州。
建筑设计：城市设计事务所。

们以及施工建设方，一起以一种实用而漂亮的方式来解决各种城市问题。最让人不满意的是这种讨论，常常由于设计过程而被轻而易举地简化。

在您的职业生涯中，谁或哪段经历对您产生了重大影响？

》卡特里娜飓风，2008 年的经济大萧条，以及在邻近匹兹堡的社区里的生活体验，所有这些都教会了我们一些如此重要所以难以忘却的东西。简·雅各布斯（Jane Jacobs）、威廉·怀特（William Whyte）、温德尔·贝瑞、纳西母·塔勒布（Nassim Teleb）、雷·金德罗兹（Ray Gindroz）、安德雷斯·杜安伊（Andres Duany）和理查德·佛罗里达（Richard Florida）都是关键性的人物。他们有助于我们理解那些能够驱动建筑设计的观察力是怎样产生的。非常幸运的是，我在城市设计事务所内有一个才华横溢的团队；有一伙有创造力的朋友，他们对从飞蝇钓鱼到宏观经济学等所有事情都饶有兴趣；我还有一个了不起的妻子与和睦的家庭；他们对我今天的成绩影响甚大。

您还认为自己是一名建筑师吗？

》现在比以往任何时候都更加这样认为。

感知建筑师

艾希礼·W·克拉克，美国建筑师协会初级会员，LEED 认证专家，
美国兰德设计公司销售经理，市场营销专业服务协会会员
夏洛特（Charlotte），北卡罗来纳州（North Carolina）。

您为什么要成为一名建筑师？

》我常常将自己走入建筑院校，描述成一种完全的偶然机遇。在我上高中的时候，建筑学还几乎没有出现在我的视野之中，但由于自己对设计和通讯方面的兴趣，我的微积分老师就鼓励我去研究建筑学。在一个多学科的公司待了一天之后，我决定去申请一些院校。非常幸运的是，我在春季之末的时候被北卡罗来纳大学夏洛特分校（University of North Carolina at Charlotte，UNCC）的建筑学专业录取。

您为什么要选择在北卡罗来纳大学夏洛特分校这所学校去参加学习？您获得了什么学位？

》这是唯一一录取我的建筑院校。我喜欢北卡罗来纳大学夏洛特分校，因为它是一个正在发展的学校。学校提供了较大的综合性大学水平的教学设施，但却只有一个一般规模的建筑学院。对于一位来自一个小镇中学的我来说，这已使我非常满意了。我获得了北卡罗来纳大学夏洛特分校建筑学方向的文学学士和建筑学学士学位。这是一种五加一的本科学位项目。

在销售经理职位上，您的主要责任和职责是什么？请描述您典型的一天生活。

》我的主要职责包括去追踪一些我们追求的机遇；管理一些提案流程；与一些潜在的客户和专家顾问联络；确保我们的书面和图像化的营销宣传册都是最新的；为我们的公司寻找和建立各种公共关系的机会。我也与创意和技术人员合作，管理我们的网站和其他社会性媒体。我的

米德尔顿的广场植物（Middleton Place Plantation）。
艾希礼·克拉克（Ashley Clark）在北卡罗来纳大学夏洛特分校的论文中手绘的前期设计草图。

时间安排通常是完全不同的，这也是使一些事情变得有趣一点的地方。我总是要在许多事情之中保持一种平衡，如应对一些最后期限，满足那些来自各方的许多要求，以及找时间来确保自己头脑的清醒，并能够展望下一步的工作进展等。

您为什么要追求一种被人们认为是建筑行业之外的职业道路？您仍然希望成为一名执业建筑师？
》我目前正着手建筑师注册考试并准备获得执照。我相信，如果自己继续在一个由建筑师、工程师和承包商组成的公司中从事市场营销工作，那么拥有一个自己的执照，会在更长的时间内给我带来更好的信誉和更多的选择机会。

我觉得市场营销与自己的技能和兴趣更加一致。我认为自己最成功、最满意的地方，就是长期坚持了一个专注于传达设计价值的职业。在学校期间，我常常会停止自己的项目设计工作，以便能更专注于自己最终的汇报和制图工作。我只是觉得，如果有了一个经过精心准备的演讲，并且对所谈论的内容充满信心，我就会得到一个更好的评价。我认为，正是这种方法，在很大程度上使我在毕业典礼上荣获了建筑学院图书代表奖，同时也决定了我早期职业生涯的走向。

在过去的几年里，您一直担任美国建筑师协会全美联合委员会的领导职位。在专业方面，职业新手们面临的挑战是什么？
》有几个显而易见的挑战。我们大家都认为存在一些问题：经济形势正在复苏；在公司内部，因为没有同事退休，所以领导层的流动停滞，人们缺乏晋升机会；不断改变着的技术；以及建筑师们如何最大程度地利用自己的技能形成一种积极而正面的影响……我可以继续举出更多的例子。但是我认为，需要我们更多去关注的一个问题是如何定义建筑设计实践的意义。虽然我认为，超越了传统建筑实践之外的职业发展道路的产生要归因于目前的建筑教育，但大多数人仍然在继续关注那越来越少的毕业生们所追求的传统实践。尽管这方面的绝大多数讨论都集中在执业执照是否太难获取，或者是否应该让通过的门槛更低上面，但我经常关注的是我们的对话是否都集中在了正确的问题上。我支持让毕业生们能够更容易地通过建筑师注册考试。但是我也认为，我们更需要关注专业人员如何在建筑师、工程师和承包商所组成的行业中以及更大范围内的社会上进行更多的协作。我认为，这样才能为建筑师们提供一个最大的机会来分享设

WEST | EAST ELEVATION . 2   SCALE: 1/4" = 1'-0"

WEST | EAST ELEVATION . 1   SCALE: 1/4" = 1'-0"

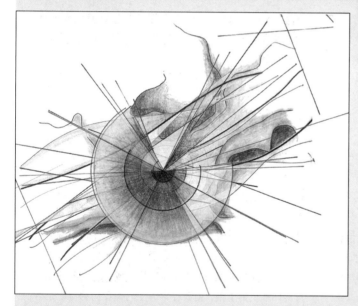

▲恭敬地栖居（Residing Respectfully）：基瓦岛的生态公寓。
艾希礼·克拉克在北卡罗来纳大学夏洛特分校的论文中的建筑
立面图。

◀恭敬地栖居：基瓦岛的生态公寓。
艾希礼·克拉克在北卡罗来纳大学夏洛特分校的论文中的现象
学简图（Thesis Phenomenological Diagram）。

计的价值，同时增加他们的自我价值。

另外，什么是领导力？它对您的职业生涯道路有什么好处？

❯我认为，领导力就是坚持自己的信念。即使这意味着特立独行，与众不同。我并不想把自己看作一个领导者。因为当想到自己所承担的领导职务时，我相信自己最终就会站在领导者们的立场上去，因为我需要坚持一些对自己来说是非常重要的原则，而不能试图混迹于普通员工之中。做领导者的机会也使我能够建立与很多导师和朋友们的社交网络，他们已经成为我个人和职业领域中的一个用之不竭的极好资源。领导工作也帮助我建立起了一些非常有价值的技巧和观察视角，这对自己的职业生涯起到了一定的作用，而这些是在传统的实习中学不到的。

以前，您曾在一家建筑公司里担任过实习建筑师，这与您目前的职位有什么相同或不同的地方？

》作为一个倾向于进行宏观思考的人，我发现在市场营销方面最令人感到兴奋的是，自己能够有机会参与关于公司战略和机遇这样更高层次的对话之中，而不是仅仅专注于某一个项目。大部分工作都需要一些相似的技能、创造性的思维、相互之间的协作以及对预期的规划和管理，但只是要将这些应用到不同的问题上而已。

从薪酬的角度来看，营销岗位通常能够提供比实习建筑师工作更高的薪水。考虑到在专业领域内的有关设计思维价值的对话的数量，我们就会非常沮丧地知道，实习生建筑师所贡献的价值对公司而言，是多么地微不足道。曾有一位建筑师居然告诉我，他正在考虑聘请两名建筑专业的实习建筑师来协助进行营销工作，因为他向这两位实习生支付的薪水水平也就相当于以前营销总监报酬的一半。我很高兴地获悉，他后来并没有这样做，但这是一个很好的例证，说明了为什么我相信，很多毕业生会考虑在其他岗位应用他们自己的能力。

您从自己的建筑教育或建筑行业工作中，得到了哪些有助于自己在目前职位上获得成功的技能？

》不论我的职业最终是什么，我接受的建筑教育和训练仍然是价值无限的。自己所建立起来的观察视角，所学习到的设计过程，以及那些批判性的思维和解决问题的能力，在许多方面都很适用。许多公司的股东和负责人告诉我，他们是多么欣赏自己的能力优秀的团队。但是，他们还是希望团队成员们能够更好地去理解这个行业，了解客户们到底在寻找些什么。基于我拥有专业教育、训练的背景和对设计价值进行分享的热情，建筑师、工程师和承包商行业中的市场营销工作，对我来说确实是一个非常合适的职位。

作为一名建筑师，您所面临的最大挑战是什么？

》作为一名年轻的女性，自己在建筑和设计领域都经历过一些不可思议的好机会。毫无疑问，这都是由建筑师行业中众多女性前辈付出牺牲和经历苦难带来的。即便如此，我在追随自己兴趣的过程中却一直受到歧视和阻拦。虽然学校的入学登记指标中的女生数量在逐年增加，但我们仍然没有感受到，建筑行业对于女性来说是一项理想选择。这是一个涉及个人与职业目标、企业文化、社会压力和工作需求等多方面的问题。我认为，这些问题在很大程度上是受各种情况的影响，并且很难通过广泛的努力来寻求处理和解决的。但是，即使它不是我和领导角色上最想呼吁的问题，但我也希望自己在国家层次的活动中，能够为现代建筑师的含义提供一种全新的观点和视角。

建筑师，连接者和变迁推动者

金佰利·多德尔，
莱维恩公司，项目经理和销售部主任，
纽约，纽约州。

您为什么要成为一名建筑师？您又是如何成为一名建筑师的？

❯ 我决定进入这个行业，是因为自己想在家乡底特律的城市重建中发挥一些关键性的作用。我在 11 岁时就作出了这个决定，从那时起就一直朝着这个目标努力。当我从一所强调艺术教育的中学毕业之后，我就去了全美排名最高的建筑院校之一——康奈尔大学进行学习。在获得了建筑学学位之后，我曾为联邦政府工作过一段时间，然后到民营公司获得了一些经历，以完成实习生发展项目中的实习要求。

您为什么要选择在那所学校完成自己的建筑学学位课程的学习？您获得了什么学位？

❯ 2006 年，我在康奈尔大学获得了建筑学学士学位。我之所以选择康奈尔大学，是因为它出色的声誉，并且也希望有机会接触到一个远离家乡的世界（但又不是太远），以获得一个新的视角。我决定选择康奈尔大学的另一个关键因素是它的专业课程涉及的广度，几乎每个学科都有。建筑、艺术与规划学院是这所大学中的七个不同专业类型的学院之一。我非常荣幸有机会在所有的学院都上过课，在一个世界级学府中获得一种全面而完美的教育经历。

作为一名建筑师，您所面临的最大挑战是什么？

❯ 我所面临的最大挑战是找到自己很久以前就想做的工作，去振兴底特律，这是促使自己对建筑学产生浓厚的兴趣的初衷。底特律目前所面临的问题是巨大的，远远超出了设计的范围。虽然设计可以在城市复兴上发挥关

中部教堂立面（Middle Collegiate Church Façade）及其可行性改进项目，纽约，纽约州。
建筑设计：罗森·约翰逊建筑师事务所（Rosen Johnson Architects）。
项目经理：莱维恩公司。
建筑摄影：金佰利·多德尔。

键作用，但从政治、社会和经济的角度来看，还有很多的事情要去做。这些因素要共同为城市复兴搭建一个可供空间品质提升的平台。

我在市场营销和商业发展方面所接受的第二次职业培训，让我能够更好地去理解建立人际关系和形成强大

社交网络的力量。变革推动者所拥有的最重要的资产，是具有一种将人们、各种想法和资源连接在一起的能力，以引发出一些积极的效果。作为一位没有业主来投资的建筑师，要想去改善复杂的城市问题，这具有极大的挑战性。尽管如此，我还是希望自己的一些不同技能和资源，能够让自己在底特律以及遭遇类似困境的城市中，发挥一些重要影响。

对您来说，在一个以白人男性为主的职业中，作为一位少数族群的女性建筑师是一种什么样的感觉？

〉我发现，（在男性的受欢迎程度这个问题上，）没有比这个职业更严重的了。我也意识到，在建筑领域的有色群体妇女并不总是处于如此的境遇。所以我必须坦诚相告，自己有过一段非常特殊的经历。那些走在自己前面的人，如传奇般的人物诺玛·梅里克·斯克拉雷克（Norma Merrick Sklarek）①，已经开辟出了一条非凡的道路。在那个时代，这并不是轻而易举就能做到的。我深深地感激诺玛·梅里克·斯克拉雷克和许多其他前辈们，是她们克服了重重障碍，让我在这个行业里有了更好的发展机会。

我之所以有了一些积极、健康而有益的职业经历，是由于自己参与了美国少数群体建筑师组织。当自己还是一名三年级的学生时，我就与美国少数群体建筑师组织开始接触。从那时起，我就有机会见到年轻建筑师们梦寐以求的最好的导师和支持者。我的大部分就业机会，都是自己参与到美国少数群体建筑师组织的社交圈中而直接得到的。我在这个行业中之所以拥有积极而有益的经历，还有另外一个重要的方面，那就是康奈尔大学的校友的社交圈和声誉，这些都使自己受益无穷。

除了康奈尔大学和美国少数群体建筑师组织之外，我还非常幸运地在工作场所中获得了许多很好的导师和支持者，他们代表了不同性别和各种背景。总的来说，我认为自己有了一些积极、健康而有益的职业经历。

---

① 诺玛·梅里克·斯克拉雷克（1926~2012年）是首位获得建筑师资格的非裔美国女建筑师。尽管在建筑行业中饱受性别和种族歧视的打压，她还是坚强地恢复过来，并且通过努力成为一位声誉斐然的建筑师。——译者注

减少消极情绪的关键是建立起一个强大的社会支持系统。在这样一个充满挑战的职业中，他们可以帮助你避免经受一些不幸的事件。这对于任何种族背景或社会地位中的任何一个人都会有好处。从长远来看，作为如此之多伟大导师的受益者，我觉得自己有责任去指导那些正在进入这个行业的年轻建筑师们，帮助他们建立起自己的人脉和社会关系，并且同样拥有积极而有益的经历。

在 2005 年，你们共同创建了"SEED"网站（SEED Network；www.seed-network.org）。"SEED"网站是做什么的？为什么说它对建造是非常重要的？

〉SEED 是社会、经济和环境设计（Social, Economic, Environmental, Design）的英文缩写。"SEED"是一个人脉网络、一种工具和一个认证系统，它旨在解决开发过程中的"三重底线"（Triple Bottom Line）问题。"SEED"的使命是"促进每个人在社会、经济和环境健康社区生活的权利"。"SEED"之所以对建造行业很重要，是因为它为设计师、开发者和社区领导者们提供了一个基础构架，让他们能够批判性地思考一个地方的整体福祉，并提供一些让我们能够衡量、认可、表彰和激励那些优秀作品的资源。

这里有一个关于"SEED"的背景故事。2005年夏天，也就是自己在建筑学院毕业之前的最后一年，我在美国联邦服务总局的首席建筑师办公室里实习。我的上司是史蒂夫·刘易斯（Steve Lewis），美国建筑师协会会员，他也是我的好朋友和导师。史蒂夫递给了我一本《大都市》杂志，并建议自己看一看。刹那间，我就被朗斯·赫西（Lance Hosey）所写的一篇题为《砖的道德》（The Ethics of Brick）的文章所吸引。他阐述了"三重底线"，特别关注于社会公平。读到了朗斯·赫西的文章，结合起自己曾在底特律长大的经历，我顿时就醒悟到，自己寻找到了一个解决问题的方案。美国绿色建筑委员会已经建立起了一个新的等级评价系统，叫作 LEED 认证。

▶军事公园复兴项目（Military Park Revitalization Project），纽瓦克，新泽西州。

设计团队：伯兹奥尔服务集团（Birdsall Services Group），H3哈迪协作建筑事务所（H3 Hardy Collaboration Architecture），哈克特景观设计（Hackett Landscape Design），多明戈·冈萨雷斯建筑师事务所（Domingo Gonzalez Associates）。

整修开发商：比德曼复建投资公司（Biederman Redevelopment Ventures）。

项目经理：莱维恩公司。

建筑摄影：金佰利·多德尔。

▼军事公园复兴项目，纽瓦克，新泽西州。

设计团队：伯兹奥尔服务集团，H3哈迪协作建筑事务所，哈克特景观设计，多明戈·冈萨雷斯建筑师事务所。

整修开发商：比德曼复建投资公司。

项目经理：莱维恩建筑公司。

建筑摄影：金佰利·多德尔。

阅读过这篇文章之后，我突然想到，我们需要一个以社会关注为重点的扩展式的 LEED 认证的概念。我只是建议史蒂夫，我们也应该有一个关注于社会问题的类似于 LEED 认证这样的标准体系，我们可以将它称之为"SEED"。在那一刻，"SEED"就诞生了。从 2005 年起，"SEED"得到了无数个人和组织的支持。在过去几年"SEED"的发展过程中，由布莱恩·贝尔（Bryan Bell）领导的设计团队一直是主要的负责人。多亏许多人的专注和努力，"SEED"现在已经自然而然地成了指导、评估和衡量一些设计项目所带来的社会、经济和环境影响程度的共同标准。

是什么导致您进入到房地产开发界的？这与建筑师到底有什么不同？

▷ 我由美国建筑师协会资深会员，公司总裁和创始人肯尼斯·莱维恩（Kenneth Levien）亲自招募到了莱维恩建筑公司。他和我在一个社交活动上进行了简短的介绍性讨论。他对我的从业情况赞赏有加，虽然我是一名受到过严格训练的建筑师，但是我在纽约的美国霍克公司从事过市场营销、信息传播和业务开发等工作。莱维恩先生对我提出邀请，希望我考虑离开霍克公司，到他的房地产项目管理公司的市场营销部门担任领导职务。作为一名建筑师，他理解我对工作拥有双重要求，那就是既想从事市场营销工作，也要致力于项目管理工作，于是莱维恩先生给了我这样一个双重的职位。我非常感激自己能在积累到了项目管理和业主代表方面的实践经验的同时，也能洽谈新的项目业务。

项目管理和建筑设计之间的最大差别就是视角的不同。这里没有含沙射影的意思。通过曾经在两个领域的从业经历，我了解到建筑师们是从空间设计、功能和美学角度出发，设法引起客户们的最大兴趣。而项目经理则是从总体的项目预算、进度和工作质量的观点出发，设法实现客户们的最大利益。作为项目经理，有时也是建筑师，我们尊重建筑师们在我们项目中所贡献的力量

和专业知识。我们的职责是确保建筑项目中的建筑师、承包商和所有的专家顾问们，能够作为一个团队来成功地交流协作，以满足客户们的目标和需求。

您的主要责任和职责是什么？

▷ 在莱维恩建筑公司，我主要负责市场营销、业务开发和公共关系，以及确保我们的这 20 位员工，能充分参与到纽约市及周边地区的一些大型项目中去。我们的工作是为许多大型的独立院校、宗教机构、博物馆、工作场所、服务机构、住宅建筑、剧院和城市景观场所管理建筑项目。我负责收集一些有关新机会的情报信息，并设法获得一些让有才华的员工们感到喜闻乐见的建筑项目。

我的另一个工作是担任两个项目的项目经理。在这里，我与莱维恩建筑公司的一位高级项目经理进行着密切的合作。我们正在一起为曼哈顿（Manhattan）一座历史悠久的教堂做一个小型修复工程，以及在纽克市商业区中心进行一个六英亩公园的复兴项目，我正试图从业主的角度审视项目的开发过程。这些都是非常具有启发性的。我们代表我们的客户在组织、管理和记录着所有的工作任务，以确保项目从预算、进度和质量的角度与最终目标保持一致。

作为一名建筑师，您感到最满意的或最不满意的是什么？

▷ 考取执业许可之路，一直都是这个职业中最令人失望和最具挑战性的方面。我希望这一过程，在未来一代的建筑师们中会有所改善。因为按照现在的情况来看，我和我的许多同事都认为，实习生发展项目和建筑师注册考试似乎都被设计成了职业发展的阻碍。

到目前为止，我作为一名建筑师所能做的最令人满意的工作，实际上是我代表美国少数群体建筑师组织所做的志愿者工作。2008 年，在美国少数群体建筑师组织会议前的一天，我在华盛顿特区发起了第一届美国少

数群体建筑师组织服务学习项目（First Annual NOMA Service Learning Project）。

自那时起，美国少数群体建筑师组织已经在会议举办的城市内实施了四个额外的服务项目，这些城市包括有圣路易斯（St. Louis）、波士顿、亚特兰大和底特律。我每年都非常喜欢去领导这个项目，并与当地的美国少数群体建筑师组织分部密切合作，为那些需要设计或适当的建设服务的社区组织提供一天的服务。与当地的学生们一起合作，每年为他们提供接触一些项目的机会，也是一件很不错的事情。

同样令人满意的，是自己在不断成长的公共利益设计竞赛中所扮演的角色。自从 2005 年参与创建"SEED"网以来，我就一直投身于其中，而且这种经历是非常值得的。当我还受雇于霍克公司的时候，自己就有一个独特的机会，与另外一位雇员莎拉（韦斯曼）·迪尔斯（Sarah（Weissman）Dirsa）共同创建了霍克影响团体（HOK Impact）。这一组织旨在促进公司所做的公益性工作，在形式上可以将所有参与公共利益设计工作的员工更好地连接在一起，无论他们是代表霍克公司还是私人。

在您的职业生涯中，谁或哪段经历对您产生了重大影响？

》自己在建筑领域中的所有积极、健康而有益的经历，可以归因于我所上的康奈尔大学；我所一直参与的组织，如美国少数群体建筑师组织，美国建筑师协会，建筑、结构和工程指导项目（ACE）、房地产妇女协会（Association Of Real Estate Women AREW）等；我所共同创立的组织，如"SEED"网和霍克影响团体等；我那不可思议的导师们，如凯西·迪克逊、史蒂夫·刘易斯、阿里克·迪亚（Alick Dearie）、赫尔曼·霍华德（Herman Howard）、芭芭拉·劳里、约翰·卡里（John Cary）、克里斯·劳尔（Chris Laul）、肯·莱维恩（Ken Levien）和帕梅拉·霍尔茨阿普费尔（Pamela Holzapfel）等很多人。

从事这个职业，就像生活中的许多其他方面一样，你投入越多，你就能得到越多收益。自 2001 年秋季开始就读建筑学专业以来，我就把自己的全部精力都投入到了这了这项工作中。迄今为止，我已经看到了巨大的回报。我希望自己在建筑领域中工作的最好经历，可以在未来的某个机会实现。

职业途径

在追随建筑专业的过程之中，也为你自己提供了大量其他的职业发展机会，其中许多都是在传统的建筑设计实践范畴之内，但也有许多可以应用在相关的职业领域。

在传统的建筑公司中，你可以先从获得一个实习生的位置开始，并逐渐向初级设计师、项目建筑师和最终的负责人方向发展，这种情况不会在一夜之间突然发生，这可能需要你倾注一生的时间。你可以在一家传统的公司里追求自己的事业，而不要过于在意公司的规模大小。你可以选择在不同的背景下工作，比如一家私人的责任有限公司：地方、州或联邦政府的某一所机构；或者是一所大学；或者在获得了建筑学执业许可后，开始创建自己的公司。你必须审慎考虑，哪条道路最适合自己。

建筑设计实践

建筑师的职业生涯是如何开始的？一个人是如何从毕业生成长为一名建筑师的？按照美国建筑师协会对"建筑师岗位的定义"：从实习生成长为一名建筑师这条道路似乎是直线型的；一旦获得执业许可，如果还在同一家公司的话，晋升至一级建筑师（Architect I）需要 3 到 5 年时间；再至三级建筑师和设计师（Architect/Designers III），则需要 8 到 10 年。从那里开始，可以发展成为项目经理、部门主管或高级经理、初级负责人或合伙人的职业道路，最终将结束在高级负责人或合伙人这些位置上。

当然，建筑师的职业道路其实并不是线性发展的；然而，了解这些头衔与达纳·卡夫（Dana Cuff）的《建筑学：实践的历程》[1]中所概述的与之相关的知识和责任，对我们还是会很有帮助的。一旦进入到这个专业后，实习生就要在一位建筑师的指导下，通过实践经验来夯实自己的专业基础。实习生需一直要按照实习生发展项目来积累他们的经历，这是成为一名建筑师的必要步骤。在获得执业许可后，建筑师就可以充分地展示自己的能力，逐渐获得责任的委任，并拥有了一定的自主权和管理任务。待羽翼丰满之时，建筑师就可以在不断扩大的影响范围内逐渐获得一定的财政职权。

进入到大学的毕业阶段，学生们的确就要面临着一些严峻的挑战。因为在教育和实践之间存在着一些差距，所以在学校工作室里所做的设计项目就与公司中的有极大的不同。因此在上理论课期间，人们就极力鼓励建筑专业的学生们在读期间就到一些建筑公司去寻求实践经验。

那些考取执业许可的人会发现，在建筑公司里的一名建筑师的直接监督下获得必要的实践经验，并且满足实习生发展项目的要求，是确保他们得到就业的关键因素。然而，人们要认识到那些超越了传统设计实践的工作机会，

建筑师岗位

高级负责人或合伙人	二级建筑师或设计师
中级负责人或合伙人	一级建筑师或设计师
初级负责人或合伙人	实习建筑师第三年
部门主管或高级经理	实习建筑师第二年
项目经理	实习建筑师第一年
高级建筑师或设计师	建筑专业学生
三级建筑师和设计师	

来源：美国建筑师协会，《建筑师岗位的定义》。华盛顿哥伦比亚特区：美国建筑师协会（AIA），2006。

---

[1]　达纳·卡夫是建筑学界的一位教授、作家和执业建筑师。她的研究主要关注经济适用住房、现代主义、郊区研究、地方政治和空间意义等。——译者注

密尔沃基艺术博物馆（Milwaukee Art Museum）、密尔沃基（Milwaukee），威斯康星州。

建筑设计：圣地亚哥·卡拉特拉瓦。

建筑摄影：李·W·沃尔德雷普博士。

如在持有景观建筑学等相关专业执业许可的专业人士的手下工作，或者在一个实习公司之外的建筑师手下工作时，实习生们也能在其他工作环境中获得一定的经验。

在寻找工作的阶段，你应该把公司规模作为考虑的一个因素。在大公司里，实习生会接触到广泛而宏大的项目和进行全面服务的机会，但只能参与到某些方面的实践之中，在一些实践方面可能会受到限制。在一个小公司里，实习生可能会了解项目的完成流程，但一些项目的范围和规模可能会受到限制。在你真正的职业生涯开始的地方工作，会对自己未来职业生涯的轨迹产生影响。

一般在被称为传统建筑实践的领域内，有一些公司会细分出很多专业院所。尽管他们仍然是建筑公司，但这些专业项目为你提供了展示某方面才华或浓厚兴趣的机会。此类专业的例子包括有建筑策划、设计、规范或建筑合同管理以及可持续性建筑等。

一些公司专注于一些特定的建筑类型，如医疗建筑、宗教建筑、司法设施、住宅建筑、室内装修、体育设施、教育和公共机构等。例如，科罗拉多州博尔德市的一家动物艺术公司，专门从事与动物有关的一些设施，包括兽医医院、动物收容所和宠物娱乐园等。作为一名医疗建筑专家，建筑师可以成为被美国医疗建筑师协会（American College of Healthcare Architects，ACHA）认证的医疗建筑师。在美国建筑师协会，有一些致力于不同建筑学类型或专业方向的研究团体，其中包括有医疗建筑学会（Academy of Architecture for Health）；司法建筑学会（Academy of Architecture for Justice）；教育建筑学委员会（Committee on Architecture for Education）；以及宗教、艺术和建筑领域的跨信仰论坛（Interfaith Forum on Religion，Art and Architecture），等等。

另一种方法是通过补充性的建筑专业服务来扩展职业生涯。由于最近的经济衰退，美国建筑师协会创建了补充性建筑服务（Supplemental Architectural Services）项目，提供了一系列详细的论文和幻灯片展示，以帮助建筑师们来扩展他们的专业咨询服务。

传统建筑设计实践之外

除了传统设计实践之外，建筑师们还可工作在其他一些环境中。虽然没有确切的统计数字，但据估计，大约有五分之一的建筑师在执业建筑设计之外的背景中工作。

公司和机构：你想在麦当劳工作吗？正如许多企业和公司一样，麦当劳也会雇佣建筑师，这大概还是会让人惊诧不已。公司里的建筑师，可以作为一种进行内部服务的建筑师。但在大多数情况下，其代表的是公司对外雇建筑师的兴趣。根据行业的不同，这些建筑师可能会参与公司建设项目的所有阶段。

政府和公共机构：联邦、州和地方政府每年都要委托四分之一以上的建设项目。因此对建筑师来说，在公共机构中是存在许多机会的，包括军队在内的许多不同层次的政府部门都需要聘请建筑师。除了传统的工作任务之外，这些建筑师要管理一些设施和项目，并且对施工过程进行监督。职业新手们可能会觉得，在公共机构中开始自己的职业生涯是很困难的，但这样的职业是非常值得的。美国建筑师协会研究团体（AIA Knowledge Community）的公共建筑师委员会咨询小组（Advisory Group of the Public Architects Committee），是公共建筑师的雇主们的代表机构。其代表的公共机构包括俄亥俄州立大学（State of Ohio）、得克萨斯州农工大学（Texas A&M University）、美国陆军工程兵团（U.S. Army Corps of Engineers）、托马斯·杰斐逊国家实验室（Thomas Jefferson National Lab）、达拉斯城以及加利福尼亚州司法委员会（Judicial Council of California）。

教育和研究：对于一些建筑师来说，一条重要的职业道路就是教学和研究。根据美国国家建筑学认证委员会的数据，在经过了认证的建筑院校中，共有 5998 名教师，其中许多是兼职教员。此外，还有 300 多个在社区大学层次上的建筑技术课程项目。在这个层面上，建筑师们有更多机会。除了教学之外，作为教师的建筑师们也会发展一些研究方面的兴趣，来检验一些与教育和实践相关的理念。除了给未来的建筑师上课外，许多教师也会坚持进行实践活动。

建筑专业之外

作为一种专业，建筑学为这个有益的事业提供了无数的可能性。

艾琳·杜马斯 - 泰森（IRENE DUMAS-TYSON）

我确信，那些掌握了设计师强大的阐述问题和解决问题技能的建筑专业毕业生，将完全有能力通过创造一些全新的富有意义的工作，来规划他们自己想象中的职业生涯。对建筑师而言，这些工作就是根植于人类活动的社会景观和生活事件之中的。

莱斯利·凯恩·韦斯曼（LESLIE KANES WEISMAN）

建筑教育是为许多建筑专业之外的职业道路所做的绝佳准备。事实上，接受过建筑教育之后的一些职业前景是广阔无垠的。据传闻，只有一半的建筑学毕业生去考取执业许可。通过应用一些前文"职业设计"条目中的思路，你就可以在建筑专业之外的领域中成功地开创自己的事业。

那些传统建筑设计实践之外的职业道路，就是利用了从建筑教育中所获得的创造性思维和解决问题的能力。目前，人们对这些其他专业之路的兴趣正在不断增长。最近，美国建筑师协会和国家建筑注册委员会对实习生和职业新手进行了实习与职业调查。其结果显示，有将近五分之一的受访者不打算从事传统的建筑设计行业，但他们仍然准备去考取他们的开业执照。

建筑师联盟（Archinect）是一个建筑专业的在线论坛。在过去的四年里，通过他们制作出的"开箱测试"（Working out of the Box）系列，该论坛已经展现出了多达 25 位的典型代表建筑师。这些建筑师将自己的建筑背景应用到了其他职业领域中。虽然大多数人仍然以某种形式与设计工作保持一定的联系，但是他们择业领域的范围是相当广泛的：电影制作人、培育有机作物栽培的农民、艺术家、度假村连锁酒店的设计总监、用户体验设计师、信息设计师和设计技术顾问。此外，人们选择建筑专业之外职业的原因是多种多样的，通常与最近的经济衰退无关。

美国建筑师协会资深会员罗伯特·道格拉斯（Robert Douglas）先生在博士论文中，研究了从事非传统职业的那些特立独行的建筑师。他发现这些人认为，"设计思维"对他们建筑专业以外的事业是具有极大帮助的。在他的研究中，那些建筑专业的毕业生和建筑师们也在法律、投资金融和房地产开发、计算机软件、照明设计、电影制作和布景设计、文化政策、建筑批评和新闻、设施规划、土地规划与管理、工业和产品设计、艺术策划、结构工程、高速公路设计、公共艺术装置、建筑摄影、绘画和雕塑，以及服装设计领域中发展着自己的事业。

美国建筑师协会最近在匹兹堡发行的一期《专栏》（Columns）杂志上，刊登了一篇题为"精彩生活"（It's a Wonderful Life）的文章，其中高度评价了那些最初已经做了执业建筑师，之后又转向其他新行业的建筑师们。首先，这篇文章概述了从普林斯顿大学（Princeton University）毕业的演员吉米·斯图尔特（Jimmy Stewart）的人生道路。他学习了建筑学，但却去追求表演艺术。作者也就借此故事命名了文章的标题。接下来，该文章又突出强调了四个人物。作为建筑师，他们在事业已取得一定成就之后，又转向了一些新的职业发展道路，那就是程序开发、刺绣艺术、社区设计和施工监理等。在每个案例中，作者都讨论了他们自身的建筑学背景是如何为自己新的职业选择铺平了道路。

景观建筑学、室内设计和城市设计等相关设计专业：考虑到设计学科都会进行类似的教育模式，我们就会清楚地知道，为什么有些建筑师会去从事景观建筑学、室内设计和城市设计等相关领域的职业。许多建筑师致力于室内装饰设计或室内空间设计的工作。而另外一些则从事景观建筑学专业，去设计一些户外空间。还有一些人专注于城市设计，将他们的设计天赋与之结合在一起。

工程和技术：由于建筑学既是一门艺术，也是一种科学，所以许多建筑师也能在工程或更多的技术领域中从事工作。许多拥有建筑学和土木工程学联合学位的人，将会从事土木工程或结构工程专业的设计。如果一个人对专业技术方面有兴趣的话，还有其他的机会存在。

建造施工：由于设计与建造之间存在关系，许多建筑师会在建筑施工机构中从事工程经理、总承包商和一些相关协作工作。一些建筑公司也正在扩展他们的服务项目，包括设计建造和工程管理。他们把这两个学科联系在了一起。

房地产：最近，有越来越多的建筑师们参与了房地产开发、社区的建立、土地或建筑物的更新再利用。对于那些希望更多影响建造过程的建筑师们来说，房地产可能是一个很好的选择，因为它连接了工程技术、建筑设计、土地规划、金融预算、市场营销、法律和环境影响等多个学科。

艺术与设计：因为他们所做的大部分工作都被认为是一门艺术，所以许多建筑师在艺术和设计上去寻求职业发展也就不足为奇了。从绘画艺术到平面设计、家具设计等应用艺术。有些人采用了一种方法，将他们的建筑学背景与艺术更直接地结合在一起。而另外一些人则完全离开了建筑学，而去追求他们的艺术创作。

建筑相关产品和服务：也许，建筑产品和服务的这个职业不太引人注目。因为这些制造厂家将在市场上进行交易，并向建筑师们推销他们的产品和服务。对于这个岗位而言，没有谁比直接接受过建筑师训练的那些人更知道他们喜欢什么了。凭借一定的销售的兴趣和才能，这类从业者就有机会获得一个颇有收益和丰富充实的职业生涯。

其他：行业引用艾琳·杜马斯 - 泰森的话来说，那就是有多少可能性？有哪些职业途径，对建筑学毕业生、职业新手或建筑师们敞开了大门？真实的答案是这样的：经过美国劳工统计局的确认有 25000 多种职业，这在一定程度上突出了技能和事业心的重要性。实际上，唯一能够限制我们职业道路可能性的是我们的想象力。

凯瑟琳·S·普洛克特（Katherine S. Proctor）是国际食品服务咨询协会成员（FCSI），施工图技术专家，美国建筑师协会会员，田纳西大学学生服务部前主任。现在分享一下她的观点：

对于一位对建筑事业感兴趣的人来说，他求职的可能性是无穷无尽的。我看到许多学生毕业后，成为注册建筑师、专业摄影师、律师、银行家、企业主、室内设计师、承包商和艺术家等。教育的范围是如此广泛，又拥有强大的人文艺术基础。这也为他们职业发展方面的广泛探索和研究，提供了坚实的基础。建筑学习不仅来自课堂中的知识学习，也来自对设计思维和方法论的应用。设计工作室是课堂教学的核心。它提供了一种将各种碎片知识应用到设计过程之中的机会和方法。从思考到动手制作的这种实践，是一种强有力的专业训练。整合数以百计的碎片信息、各种问题和影响因素，形成和发现处理方案的能力，是任何专业人士在解决问题时都需要具备的技能，而不论这些问题是存在于建筑还是生活之中的。

凯瑟琳·S·普洛克特，
国际食品服务咨询协会成员，施工图技术专家，
美国建筑师协会会员

朗香教堂（Notre Dame du Haut），朗香（Ronchamp），法国。
建筑设计：勒·柯布西耶。
建筑摄影：达纳·泰勒。

建筑师的职业途径

建筑设计实践
绘图员
实习建筑师
助理设计师
模型制作工
负责人
项目建筑师
高级建筑师
资深建筑师

传统建筑行业之外的领域
教务主任或管理人员
建筑历史学家
企业建筑师
设备建筑师
教授
公共建筑师
研究学者
大学校园建筑师

相关设计专业领域
高尔夫球场建筑师
室内设计师
景观设计师
城市规划师

工程技术领域
建筑声学工程师
历史建筑修复专家
制图员

土木工程师
计算机系统分析师
施工或建造监察员
环境规划师
照明工程师
船舶建筑师
结构工程师

建造施工领域
木匠
工程经理
工程软件设计师
承包商
设计—建造交付负责人
造价师
防火设计师
土地测量师
项目经理

房地产领域
房地产经纪人
房地产开发商

艺术和设计领域
建筑插画家
建筑摄影师
艺术或创意总监
画家
服装设计师
展陈设计师

电影制片人

家具设计师

图形艺术家或设计师

工业设计师或产品设计师

照明设计师

博物馆策展人

布景设计师

玩具设计师

网页设计师

建筑相关产品和服务领域

建筑产品制造商代表

建筑产品销售

其他领域

建筑评论家

城市管理者

律师

环境保护主义者

资产评估师

公务员

作家

创造社会影响的新兴实践模式

凯瑟琳·达尔施塔特，美国建筑师协会会员，LEED 建筑设计与结构认证专家，国家建筑注册委员会成员，

拉滕特设计事务所，创始人兼首席建筑师，

人道主义建筑组织芝加哥分部（Architecture for Humanity－Chicago）主任，

芝加哥，伊利诺伊州。

您为什么要成为一名建筑师?

》我一直都在思考这个问题，并试图寻找到一个更好的答案。

有时我认为，这种想法就发生在这样一些年月里：周末父亲在办公室里工作，而我在父亲的电器承包公司的商店和他工作的地方闲逛；或者是他要将高级自动铅笔带回家去的时候。那些笔将我那黄色、木制的 2B 铅

笔比了下去。在其他的时候，我确信自己先前进行的哲学研究还是对我产生了一定的影响。也许，我曾经对公平存在着天真而大胆的渴望，它促使我找一种职业来将之表达出来。

我选择建筑学专业，是想为每个人创造优质的空间。

我创建了拉滕特设计事务所，是因为我从建筑公司中被解雇了。

我必须要很快作出决定，自己是否还想成为一名建筑师，我选择了前者。随着时间的推移，我建立起来了对公司的要求。那就是要允许它以有时不用传统建筑设计的方式，来进行所有尺度上的空间创造实践。

您为什么要选择在伊利诺伊理工大学去参加学习?您获得了什么学位?

》我于 2005 年毕业于伊利诺伊理工大学，获得了建筑学专业的学士学位。我之所以选择伊利诺伊理工大学，是因为那里深深植根了一种以"材料为本"的现代主义教

STEM① 训练营或公共研讨会（STEM Bootcamp/Public Workshop），芝加哥，伊利诺伊州。
建筑摄影：拉滕特设计事务所。

学模式。这所学校还恰好位于一个正在经历戏剧性转型的地区。进行建筑研究，同时也能见证建筑的拆毁和创建以及随之而来的社会动荡，是我决定来这里学习的一个重要因素。

拉滕特设计事务所要进行建筑和设计相合作的一种全方位服务，为那些未被充分代表的个人和社区的社会问题提供一些创新性的解决方案。请概述一下，您为什么对公共利益设计如此有热情。

① STEM 为科学（Science）、技术（Technology）、工程（Engineering）、数学（Mathematics）的英文单词缩写。——译者注

❯ 所有的设计都要符合公共利益。无论是公益性的无偿服务，它意味着"行善积德"，还是没有金钱补偿或耗资3000万美元（约2亿元人民币）的博物馆，建筑设计这个职业一直都在极大地影响着公众社会。建筑师们也对这些公共利益有着自己独特的看法，但设计并不会被这样的方式和方法所框定。在我们的芝加哥社区，拉滕特设计事务所可能会将设计作为一种实现公正的形式。与此同时，通过对社会、环境和经济因素施加作用，当建筑师的工作具体影响到社区里的个体，我们将之称为优秀的设计。我们所创造的设计不仅要在环境意义上具有可持续性，而且要成为一个社区的长期经济驱动力。

作为创始人和负责人，您最主要的责任和职责是什么？请描述您典型的一天生活。

❯ 作为一个刚起步的建筑公司，拉滕特设计事务所的典型一天大约需要10个小时，并且涉及每一个业务范围的各个层面的工作。作为创始人和最初几年里唯一一位建筑师，我必须扮演好自己的各种角色，包括市场营销、会计、实习建筑师、项目经理和负责人。要与客户们见面，提交书面建议和计划，审阅CAD图纸，新设计概念的开发等。随着公司的成长和发展，我现在的工作时间还要包括与员工进行合作，以及研究事务所里的办公空间如何设计等。每一天被安排得严谨有序。有时候平淡无奇，但总是那样令人愉快。

除了在拉滕特设计事务所工作之外，您还担任了芝加哥人道主义建筑组织的主任。什么是人道主义建筑？你们的工作类型是什么样的？

❯ "人道主义建筑组织"，是由卡梅伦·辛克莱（Cameron Sinclair）和凯特·斯托尔（Kate Stohr）于1999年创立的一个非营利组织。它通过全球建筑专业人士建立起来的全球网络，应用设计的力量，试图创建一个更加可持续性的人类未来。这个组织在世界各地有50多个分会。我担任了芝加哥分会的主任已有四年之久。分会的工作，全部都

新迁来的流动产品市场（Fresh Moves Mobile Produce Market），芝加哥，伊利诺伊州。
建筑设计：拉滕特设计事务所的人道主义建筑芝加哥分部。
建筑摄影：米格·罗德（MIG ROD）。

是由专业人员组成的志愿者团队无偿服务完成的。工作范围从建筑设计、土地开发和一些有关公共空间的小规模项目的建造合作，到经济适用房、一些关键性服务、设施设计和灾后的弹性规划等项目。自 2009 年以来，芝加哥分会向芝加哥和一些国际非营利机构提供了价值超过 120 万美元（约 780 万元人民币）的无偿服务，而平均运营预算不到 2000 美元（约 13000 元人民币）。

作为一名建筑师，您所面临的最大挑战是什么？

》移情设计，也就是理解其他相关行业对建造环境的塑造行为，以及他们所起的作用、产生的影响和经典案例，并利用这些作为设计的灵感。

作为一名建筑师，您感到最满意的和最不满意的是什么？

》作为一名建筑师，最令人满意的地方是能够听到这个机构和人们背后的经历和故事，然后将这些展现到一个空间和场所中去。作为一名建筑师，他所面临的最大挑战，也就是有时那些最不令人满意的部分，是试图将设计掺杂到一些宣传和政策活动中去。

在您的职业生涯中，谁或哪段经历对您产生了重大影响？

》最近，在一个项目的社区设计研讨会上，有一个参会者最后来到我面前。这个项目充满了设计研讨会预先准

杰克逊公寓（Jackson Flat），芝加哥，伊利诺伊州。
建筑设计：拉滕特设计事务所。
建筑摄影：拉滕特设计事务所。

杰克逊公寓，芝加哥，伊利诺伊州。
建筑设计：拉滕特设计事务所。
建筑摄影：拉滕特设计事务所。

备好的工具——便利贴和夏普记号笔。她首先对我们的时间和研讨会表示了感谢，然后她就很简洁而有教养地告诉我："写便利贴并不是设计工作"。我正在建造的这座建筑物和我所主张的这种设计程序，是想要呼吁去创造一些就业、技能和经济方面的机会。

我对这些问题思考了一段时间。会议之后，我采取了通常在制造业中所使用的垂直整合模式，雇佣当地社区成员作为我们设计团队的顾问。这有助于我们能够更加准确地把握一个地区的文脉，使我们可以更加真实地设计这个场所。

创造性的职业转换

埃里克·泰勒,美国建筑师协会初级会员
泰勒建筑设计与摄影公司,摄影师
费尔法克斯站 (Fairfax Station),弗吉尼亚州。

面的特长与技术能力结合起来。我上了大学,在中学和大学时就在实习生岗位上进行工作,以了解建筑行业内的相关工作。在自己的建筑生涯中,我曾在各种各样的公司工作过,从一个由三人组成的设计公司到拥有 150 名员工的建筑和工程公司。

您为什么要成为一名建筑师? 您又是如何成为一名建筑师的?

❯我决定在建筑从业生涯中,将自己在视觉和创造性方

您为什么要选择在那所学校完成自己的建筑学学位? 您获得了什么学位?

企业内景,费尔法克斯,弗吉尼亚州。
建筑摄影:埃里克·泰勒,美国建筑师协会初级会员。
图片版权归 ERICTAYLORPHOTO.COM. 所有。

波托马克塔 (Potomac Tower),费尔法克斯,弗吉尼亚州
建筑设计:贝聿铭 (I. M. Pei)。
建筑摄影:埃里克·泰勒,美国建筑师协会初级会员。
图片版权归 ERICTAYLORPHOTO.COM. 所有。

》我要找一所能够将强大的设计方向与实际工作结合起来的学校。我想毕业时，同时拥有设计感和实用技能。我选择了雪城大学，毕业时获得了建筑学学士学位。我也将摄影作为一种副业来进行学习。

您为什么要从一名建筑师转变成一位建筑摄影师？

》我在建筑领域有过17年的从业历程，担任过许多职务，如资深项目建筑师和设计师等。我的作品包括办公大楼，一些商业、市政和教育建筑物以及室内设计等。但当我来到了自己职业生涯的十字路口，我可以加入另外一家公司，开创自己的公司，或者去尝试一些新的东西。我最终选择了一些新的东西。

　　我一直都非常喜欢摄影，并在自己工作过的公司里协调过摄影项目。我意识到，自己可以给建筑摄影带来一些独特的东西：从专业角度来真正认识和理解建筑学，所以我新的发展方向就这样确定了。因为缺乏一些专业技术知识，所以我就上了摄影专业的学校，去学习一些有关的照明和摄像等专业的系统知识。通过拍摄一些项目说明书中的图片和一些建筑师朋友的项目，我创作了一本自己的摄影作品集。然后我就开始进行认真的营销，并且开创了自己的新事业。

这两个学科有多少相同或不同的地方？

》在建筑摄影方面成功所需的技巧，与建筑创作上所需的是相似的，即需要视觉和口头上进行交流沟通的能力，进行三维想象的能力，提炼出一系列设计需求的本质的能力，以及能够提出回应这些需求的设计方案。

　　这两个学科都需要对细节的关注，以及对不存在的事物进行视觉化处理的能力。建筑设计的目的，是要形成一套满足复杂标准的三维呈现方案。而建筑摄影的目标，则是分析这些三维设计方案，并且找到一种令人信服的二维空间表达方法，来理解那些存在于三维空间中的现实。建筑设计涉及的是形式、体积、色彩、纹理和透视等；而摄影的本质是光线，以及那些设计元素在渲染过程中产生的影响。我相信，对设计概念、设计元素和建造方法的理解，能够提升建筑摄影的水平。

受到委托后，您如何去完成工作任务？

》首先我要同客户见面，讨论一下工作的范围，是外景、内景或者是航拍，需要的图像数量等。接下来，我们将讨论一下摄影作品的预期用途，是用于展示印刷品、获奖投稿和内部通讯，还是网站等；如何将建筑设计师想要表达的设计理念体现在照片中；以及如何进入到那个场所、工作安排和预算等辅助性问题。从那以后，我要找机会巡视一下地点，以评估需要怎样的设备。最后，我将安排好助手并开始进行摄制。

作为一名摄影师，您所面临的最大挑战是什么？

》对天气的预测。由于对天气的依赖，我们很难安排未来很长时间内的外景拍摄。除此之外，还面临着如同开始任何新事业遇到的一样的挑战，那就是如何建立稳定的客户基础。关于技术方面，在自然光、荧光灯和白炽灯泡的混合照明下拍摄内景，是我们所面临的一个新的挑战。此外，在摄影创造性方面，我觉得自己的一生都在为作这些而进行着准备。

作为一名摄影师，您在工作中感到最满意和最不满意的是什么？

》最令人满意的是能够制作出一些动态图像，并让客户因此感到高兴和兴奋；能够接触到各种各样类型的建筑作品、设计和施工建造；此外，我不再需要等上一两年才能看到自己努力的结果。

　　我确实忽略了解决建筑设计问题过程中的复杂性，但我从摄影中所获得的满足感超过了这些。

你还认为自己是一名建筑师吗？

》是的，但现在这更多的是影响了我的摄影，以及我对自己所拍摄的建筑物和建造技术的理解。

在您的职业生涯中，谁或哪段经历对您产生了重大影响？

❯ 在大学时，我就意识到了视觉展示的价值，优秀的建筑设计教授需要它。我知道，对于一种设计解决方案来说，动态图形和摄影是解释作品，以便它最终获得他人支持的必要工具。作为一名建筑摄影师，我把自己的工作看作是对他人的一种帮助，通过提供他们的设计作品的动态图像，来帮助他们推广自己的设计方案。

弗雷德里克斯堡学院（Fredericksburg Academy），弗雷德里克斯堡（Fredericksburg），弗吉尼亚州。
建筑设计：库珀·卡里联合公司（Cooper Carry & Associates）。
建筑摄影：埃里克·泰勒，美国建筑师协会初级会员。
图片版权归 ERICTAYLORPHOTO.COM. 所有。

为何静物摄影与视频或互动图像始终在相互较量？

❯ 虽然视频允许人们对建筑物或空间进行更广泛的了解，但我还是将建筑静物摄影视为视觉编辑的方式。通过这种方式，静态的构图在不断被修改后的版本中，呈现出最好的建造环境效果。因此，其他人也将会看到我所理解的那些有关建筑设计的内在概念、形式、构图、纹理、色彩、平衡和美丽。

罗纳德·里根华盛顿国家机场（Ronald Reagan Washington National Airport），华盛顿特区。
建筑设计：西萨·佩里联合公司（Cesar Pelli & Associates）。
建筑摄影：埃里克·泰勒，美国建筑师协会初级会员。
图片版权归 ERICTAYLORPHOTO.COM. 所有。

建筑中的理论

卡伦·索斯·彭斯博士，
美国建筑师协会资深全权会员，LEED 认证专家
杜利大学，副教授
斯普林菲尔德（Springfield），密苏里州（Missouri）。

您为什么要成为一名建筑师？

》我对建筑学很感兴趣，是因为自己酷爱艺术。但我想从事一种艺术以外的职业。我擅长数学，于是建筑学似乎就特别适合自己。我刚到建筑院时，这里让我大开眼界。我见识了建筑环境是如何塑造我们的社会和生活的。我发现，建筑设计可以真正地影响到一个社区的成败或一个人的生存质量。我也很乐意接受那些来自工作室设计项目的挑战。对历史、理论和一些其他课程，我都非常感兴趣。

▶卡伦·索斯·彭斯教授与学生在一起，杜利大学。
建筑摄影：布鲁斯·摩尔（BRUCE MOORE），美国建筑师协会会员，LEED 认证专家。

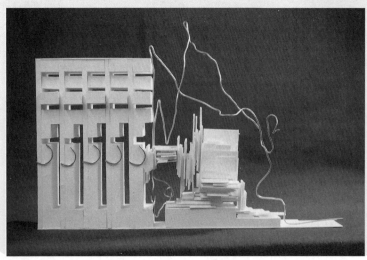

◀学生模型（Student Model），第一年的设计项目（First Year Project），杜利大学。
建筑摄影：卡伦·索斯·彭斯博士。

您为什么决定选择在那所学校就读？你获得了什么学位？您为什么要继续进行自己的教育生涯，去攻读理学硕士和建筑学博士学位？

》我就读于阿肯色大学的费依·琼斯建筑学院。在这里，我完成了自己的本科学业。因为这是我所在州的州立学校，有着非常好的声誉。获得建筑学学士学位之后，我就去了华盛顿特区。在那里的一家大型、老牌公司工作之前，我担任了一年的美国建筑学生协会的国家副主席。获得了执业许可之后，我作为客座教授进行了一年的教学活动。然后我就去攻读研究生学位，以进一步继续进行设计专业的学习。辛辛那提大学的理学硕士学位，为自己提供了一些非常好的专业写作和理论专业项目，这是一些特别有趣的科目。我在得克萨斯州农工大学攻读建筑学理论和批评博士学位的同时，也更加深入地探讨了这些话题。虽然我对建筑学专业中许多分支都非常喜欢，但能够支持和推进建筑设计实践活动的想法，对自己来说显得尤为有趣。

作为一名协调一年级工作室设计教学的老师，您是如何对那些刚刚进入建筑学领域的学生们，讲授基本设计理念和技能的？

》我认为，第一年的设计是工作室设计教学中最具有挑战性的。因为有太多的东西是学生们在开始时就必须去要消化和吸收的，而不仅仅是对工作室里工作方式的适应。我的所有方法，都是努力提高他们对各种能够被实现的设计方法的认知，并介绍那些在设计工作中许多已确定的基本策略和原则。我希望这能够使学生们看到一个更加完整的学科构架。从这里，他们能够识别或建立出符合自己价值观的设计方法，并使他们能在自己觉得关键和重要的问题上展开设计工作。

我对给学生们的灌输一些东西这种方式并不是特别感兴趣。我拒绝只教授一种设计方法，我愿意努力地进行一种开放式的讨论，使建筑设计的活动成为一种清晰的和具有包容性的对话。在这种方法中，我把重点放在了教会学生们发现空间的能力上，而不是关注一些形式。我认为，空间体验是由空间的质量塑造的。这是建筑设计最需要考虑的一方面，但往往学生们会优先考虑建筑形式。通过引入观察和理解空间这些方法，建筑设计就能够创造出一种更强烈的空间体验。

作为一名教师，您最主要的责任和职责是什么？

》作为一名教师，我的主要责任和职责是教书和指导学生；通过参与一些委员会和项目的活动来为学校和社区服务；以及继续进行自己的理论研究，以帮助阐释建筑领域的设计思维。这些工作大多都是联系在一起的。

学生素描（Student Sketch），对空间和光线的研究。杜利大学。
建筑摄影：凯伦·索斯·彭斯博士。

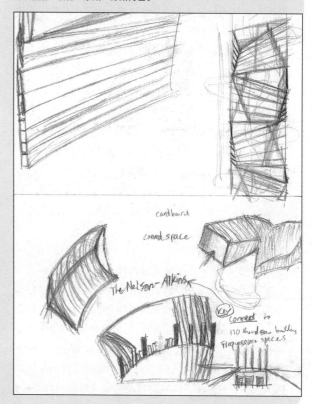

如对设计和理论的重点研究，有助于自己的教学工作。而对社区的服务，使自己能够有机会应用和检验这些知识。日复一日，我把自己的大部分时间都花在了能够清晰而有效地进行建筑教学上，也就是用各种方式来传达知识和信息，以帮助学生尽可能多地来表达他们自己的想法和观点上。岁月流淌，江河如斯。年复一年，我反思了自己的教学、服务和研究工作，看如何能确保自己的努力能够结出一种积极而有效的果实来。我对自己的工作也有严苛的评价。我会不断地进行评估和改进，使自己的学术活动水平更上一层楼。

作为一名大学教师，您如何用自己的工作来指导建筑设计实践？反之，您如何用自己的建筑设计实践来指导教学工作？

》因为自己的研究涉及的是建筑理论和写作，而不是建筑设计本身，所以我在学术界时就没有从事过积极的建筑设计实践。我宁愿做好几件事，也不愿同时做许多平庸的事情。自己之所以选择那些有关于教学和写作的研究，是因为我相信，我在自己所教授的理论和工作室设计课程中亏欠了学生。有些学术岗位，完全是为了那些进行建筑教学和实践的人而设置的。然而我所从事的工作范围，并不是必定需要我做出一些建筑形式作品。这并不是说我没有或不去进行建筑设计实践；如同我的许多同事一样，自己具有多年的实践经历。我非常喜欢自己从事这个专业。在时间允许的情况下，我仍然乐意去参与一些小型项目。

进行建筑教学与进行建筑设计实践有何不同？

》对我来说，教学和实践的相似性大于差异。教学和实践都是一样的。两者都涉及去设计一些能与他人进行交流的东西。在教学中，需要设计如何向学生们传达大量知识。在设计实践中，有必要考虑如何向公众们去表述一些有关于项目的想法或问题。两者都需要付出相当大的努力，以反映出一些特定行动所要达到的预期结果，以及改进它们所要进行的关键性工作。教学和实践之所以还会有所不同，是因为我相信，教学可以产生一种更广泛的影响。它会影响到许多未来的设计师，而不仅仅是那些去体验某一座特定建筑物的人们。虽然教学的效果可以被认为比设计实践更抽象，但我认为它也可以被看作更有力量。

作为一名建筑师或教师，您所面临的最大挑战是什么？

》工作中总有一些障碍出现。无论这些障碍是时间限制、预算限制还是专业要求，甚至是体验过来自专业的社会群体的阻力。然而，我认为任何优秀的建筑师都应该学会，将这些挑战视为一个机会，找出一条不仅满足而且要超越这些限制条件的工作方法。我首先正视这些显而易见的局限性，并作出如何去遵从和超越它们的决定，以便为自己的专业活动和职业之路设计出一个更好的解决方案。任何人都会遭遇挫折和拒绝，这就要看你如何从中学习，并继续提高你对自己的期望值，最终让这些挑战为你所用。通过这种方式，我不确定我是否识别出自己面临的最大挑战。相反，或许这一直是一个不断提出更有效的方法，来超越这些所谓的限制，并有所收获的过程。

作为一名建筑学生，您感到最满意的或最不满意的是什么？

》作为一名建筑学生，最令人满意的地方是能够了解到你自己的价值观，以及如何识别和表达它们来解决一些难题。在审视你所相信的事物，并将它化作一个能使世界变得更加美好的设计方案时，确实能迸发出非常强大的感染力。这不是关乎自我的表达，而是在某种程度上能够帮助到别人。作为一名建筑学生，最令人不满意的是与非建筑专业学生、其他年级同学的分离，以及工作室的相互隔绝。然而我认为，相比过去，现在的建筑学生们能更多地参与到校园生活中去，这些正在发生的事

建筑学生在素描写生。水晶桥美国艺术博物馆（Crystal Bridge Museum of American Art），本顿维尔（Bentonville），阿肯色州。
建筑设计：摩西·萨夫迪。

情，是我们所见到的一种很好发展趋势。

在您的职业生涯中，谁或哪段经历对您产生了重大影响？

❯非常幸运的是，自己的事业受到了两方面的混合影响。其中既有一些不可思议的人物，也有一些令人惊奇的经历。我所参加过的每一个机构，都充斥着一大批非常优秀的教授和同事。他们渴望大家去分享他们的智慧。每一家公司中，都聚集着许多非常优秀的导师和合作者。

他们都在传递他们对这个职业的知识。我和他们中的许多人保持着联系。这些活动机会已经转化为一些很有趣的经历，积累起来形成了一个让自己感到幸运并引以为豪的社会背景。在对自己的所有影响中，欧扎克山脉（Ozarks）①的人和地方，在塑造自己的观点和催生我的作品方面具有特别大的影响力。我在这个地区长大，并且现在还生活在这个地方。它提供了丰富而有意义的文脉背景，并将继续激励自己的工作。

---

① 欧扎克山脉位于密苏里州西南、阿肯色州西北和俄克拉荷马（Oklahoma）州东北部的高地。密苏里州欧扎克族印第安人以弓术闻名于世。——译者注

旅程就是目的地

凯文·斯尼德，美国建筑师协会会员，国际室内设计协会会员，美国少数群体建筑师组织成员，LEED 建筑设计与结构认证专家，OTJ 建筑师事务所有限责任公司，合伙人兼建筑部门资深主管，华盛顿特区

您为什么要成为一名建筑师？

〉我在很小的时候就对设计和绘画特别有兴趣。在很早的时候，我的职业顾问，也就是自己的祖母，就对我介绍了建筑学以及这个学科对社区和周围环境的贡献。她还向我解释了，建筑师们是如何利用他们在学校和工作中所培养出来的才智，去尽到自己参与社区工作的职责。建筑专业提供了如此广泛的回馈社会的机会。就是这种想法，成为我立志要成为一名建筑师的主要初衷。

您为什么要选择在得克萨斯大学阿灵顿分校就读？您获得了什么学位？

〉我接受过天际线中学职业发展中心（Skyline High School Career Development Center）的培训。这是一项为期四年的、非常吸引人的建筑学中学培训课程①。在某种程度上，我之所以选择去得克萨斯大学阿灵顿分校建筑学院（University of Texas at Arlington，UTA）学习，也是追随了自己在天际线中学职业发展中心的一些朋友。我选择得克萨斯大学阿灵顿分校也是基于它的位置，确切地说，学校距离我的家非常近。以及它相对于西南地区其他建筑学校名气更大。我在毕业时获得了建筑学的理学学士学位，辅修艺术史专业。

---

① 此为美国公立高中提供的专门针对职业训练的课程。——译者注

美国风能协会（American Wind Energy Association），华盛顿特区。建筑设计：OTJ 建筑师事务所有限责任公司。

作为 OTJ 建筑师事务所的合伙人兼建筑学资深总监，您的主要责任和职责是什么？请描述您典型的一天生活。

〉作为建筑专业资深总监，我负责自己事务所的质量保证和质量控制工作。这需要制定一些政策和规程，以指导项目通过设计的所有阶段，制定合同文件以及进行工程管理。我组织并实施了"经验教训"的专题报告，以帮助和教育我们的员工去了解在工程管理实践、现行建筑规范和工程许可等方面的问题。

此外，我还在几个项目中担任团队领导，在项目的交付过程中协助进行全面管理。在自己的工作室里，我参加与客户和经纪人的访谈和方案介绍，用专业技术知识来帮助公司赢得一些复杂的项目。为了加强现存的公司关系，作为 OTJ 建筑师事务所的一位高级代表，我在一些与自己特定专业领域相关的问题上，也担当了经纪人、土地开发人员和其他房地产专业人员的咨询顾问。

我在自己的事务所里所度过的典型一天，是在上班前从回答各种关于建筑规范和场地条例的问题中开始的。一旦进入事务所，我就会被那些来自项目许可证联络员和地方许可计划审查员，关于许可审查程序中的项目的诸多问题所轰炸。我参加工地上的工程进度会议，也参与其他客户准备有关项目策划和设计深化阶段的会议。有时向商业地产经纪人和设备经理们解释单一商户核心模式与多商户核心模式之间的区别，也是一个常见的话题。在较好的情况下，我能在儿子入睡前赶回家。第二天，我又开始相同的征程。

作为《重要的室内设计》(Significant Interiors) 一书的合作者，您能为"室内设计学"(interior architecture) 下一个定义吗？建筑师们应该对它有多少了解？

〉室内设计知识协会也是美国建筑师协会的一部分。它想要出一本书，刊登在五年内获得美国建筑师协会国家设计奖（AIA National Design Awards）中室内设计类别奖项的优秀作品。于是，就有了《重要的室内设计》这本书应运而生。我们编辑这本书的目的，是将它作为学校里室内设计和建筑学两个专业的教科书。参与创作这本书的过程，使自己认识到了建筑学与室内设计领域之间的相互重叠程度，并了解了这两门学科之间的差异。

在过去几年里建筑学行业中，"室内设计师"这个词汇的使用范围一直都备受争议。它已被用作专业技术头衔的一部分，并被吸收成为学校的专业名称和专业事务所的名字。我相信，这种决策正朝着一个学科分离的方向发展，无论是在教育还是专业实践方面，以便能为我们的客户们提供一种更高标准的管理和服务。

简而言之，我对一位室内设计师的定义就是，他是一位创造了商业室内空间的建筑师。一位室内设计师要具有室内环境的机械技术和设备系统等方面的丰富经验，同时也要具备关于在室内环境中营造健康、安全和舒适的空间方面的知识。对室内设计项目与现有建筑物外壳的结构，以及与机械、电气和管道系统之间的复杂关系的理解，是成功地完成一个项目的关键因素。作为建筑行业的一个分支学科，室内设计师也要对一个项目进行深入而全面的悉心洞察，给予细致入微的体验和一定的关注，因为它直接面对的就是居住或活动在一个空间中的人。

在您的职业生涯中，您已经过多地参与了美国建筑师协会和美国少数群体建筑师组织的活动。您为什么要参与其中？这对您的事业发展有什么好处？

〉由于过去几年的经济衰退，我离开了得克萨斯州，去了华盛顿哥伦比亚特区，也就是那个闻名遐迩的大都市市区。我做出这种改变后在想，或许这将是自己了解更多政治导向的建筑行业的一个不可多得的机会。当到达了华盛顿特区之后，我想加入一个组织。在那里，我可以拥有大量志同道合、兴趣相投的同仁，同时它也能提供一些机会，支持自己在那个团体内发挥一定的重要影响。

全球工业制品公司总部室内设计
（Global），华盛顿特区。
建筑设计：OTJ 建筑师事务所有限责
任公司。

我参加了美国建筑师协会北弗吉尼亚分会（AIA Northern Virginia Chapter）。最初，我是初级会员委员会和青年建筑师委员会的成员。我所参加的这个委员会的工作包括社区参与、鼓励参加建筑师注册考试、对工程现场的巡视，并且通过协助创立青年建筑师奖来认可年轻建筑师们在设计方面的重要作用。我最喜欢的社区项目之一，是我们分会的"建筑师在小学"（Architects in Elementary Schools，ARCHES）项目。它可以帮助小学里的孩子们了解建筑学。在我参与美国建筑师协会初级委员会和青年建筑师委员会的那段时间里，这个项目被认为是协会内部其他青年建筑师委员会的典范。我还想加入一些能够促进少数群体参与建筑师协会事务的活动中去。我通过首先成为美国建筑师协会美国少数群体资源委员会（AIA National Minority Resource Committee）的主席，来完成这个心愿。同时，这也致使自己加入了美国少数群体建筑师组织。

在美国建筑师协会初级会员委员会和青年建筑师委员会内的活动，是我在分会内得以收获其他机会的一块基石，从设计奖项活动开始到作为董事会成员的参与，

以至最终当选为这一分部的主席，这对我的意义都是重大的。我在美国建筑师协会的地方、州和国家分会工作，这使我成为自己所在分部中第一届获得国家青年建筑师奖（AIA National Young Architects Award）的两位建筑师之一。行业对自己在工作场所之外的领导才能的认可，也给我的职业生涯带来了一些机会。我从项目经理的职位上被提升到公司合伙人的位置。

作为一名华盛顿特区美国少数群体建筑师创办的兰克福德－贾尔斯－沃恩少数族群建筑师奖（DC NOMA Lankford-Giles-Vaughn Minority Architect Award）的获得者，为什么说这一行业中的多样性是非常重要的？在这个职业中，人们能够做些什么来促使更多的少数族群人士来从事这个专业？

❯ 通过自己对美国建筑师协会和美国少数群体建筑师组织在地方、州和国家层面上的参与，我成为第一位华盛顿哥伦比亚特区美国少数群体建筑师创办的兰克福德-贾尔斯-沃恩少数群体建筑师奖的获得者。这个奖项的

设立是为了表彰当前的一些从业者，同时也是为了纪念华盛顿特区的建筑巨擘，那位进行了开拓性工作的非洲裔美国建筑师。

在回顾这些先锋人物时，我发现，我们仍然需要将注意力集中在提高我们行业的多族群问题上，这项工作还远未完成。虽然我个人致力于通过提高少数族裔群体的职业意识来增加这种多样性，但我觉得这个群体的职业分布和就业情况仍然非常落后。在建筑行业中，只有11%的女性和2%的非洲裔美国人从事并获得了执业许可。这远远落后于我们合理期待中的职业群体多样性。我认为，在任何一种行业或产业中，其中的人员构成如果不能反映相应社会人口统计中的比例数据，就必然存在一些严重的问题。建筑行业内多样性的缺乏，不仅制约了这一领域的发展，也同样阻碍了整个社会的进步。只要人们在这个行业中的参与比重严重滞后，这个行业和我们社会就会损失由少数群体建筑师们带来的，能够促使建成环境品质提升的独特观点和讨论。

我认为，改善或增加建筑师群体多样性的最好方法之一，就是从小学和中学阶段开始起步。走向一名建筑师的开端，就在中学毕业后瞬间形成。重要的是要确保少数族裔建筑师，能够成为孩子们和社会中的年轻人们心中那些成功跻身这个行业的榜样，并提供与他们进行相互交流的机会。通过让年轻人与专业人士进行直接联系，咨询有关从业的一些问题，以激发出他们对创造建筑环境的兴趣。由此，我们可以传达出他们也能成为一名建筑师，这看起来是一个可以实现的目标。

作为一名建筑师，您所面临的最大挑战是什么？

》我所面临的最大挑战，是如何在自己的专业工作以及家庭个人生活之间保持一种平衡，并且合理分配二者所需的时间和精力，使自己的工作和家庭生活都欣欣向荣、苗壮发展。

作为一名建筑师，您感到最满意的和最不满意的是

美国独立学校协会（National Association of Independent Schools），华盛顿特区。
建筑设计：OTJ建筑师事务所有限责任公司。

什么？

▷作为设计过程的一部分，我感到最满意的地方是看到了一个项目的完成。客户们的兴奋之情洋溢在了整个空间中。同时，从我个人来说，能够看到那些平面图和草图成为一种现实，我也会兴奋不已。

此外，由于自己有如此之多的工作都涉及事务所内的指导和引导过程，所以每当看到一位年轻的同事学会了我过去教授他们的建筑细节画法或五金构件表，达到了"领悟了"的瞬间，我就会感到心满意足。当我能把自己的专业知识传递到那些需要它的人那里时，我感到万分的荣幸和自豪。

最无足称道的是看到那些就是不愿意对建筑设计过程敞开自己心扉的客户们。那些人拒绝去看项目的各种可能性，拒绝向项目贡献他们自己的专业技能，有时候甚至不允许别人贡献更多力量来引领该项目走向成功。

在您的职业生涯中，谁或哪段经历对您产生了重大影响？

▷参与美国建筑师协会和国际室内设计协会的工作，对自己的职业生涯产生了重大的影响。除了给予自己一些关键性的指导，它们还有助于提升自己，最终在专业上成为一名领导者。

城市公共建筑师

阿曼达·哈雷尔–塞伊本，
美国建筑师协会初级会员，
密歇根州立大学，城市规划、设计与结构工程学院讲师，
东兰辛（East Lansing），密歇根州。

您为什么要成为一名建筑师？

▷我喜欢高楼大厦，无论是大还是小。我对建筑的结构和设计都很感兴趣，从一个花园小屋到家庭住宅，以至于州议会大厦。我想把它们都设计出来。另外，建筑学还是艺术和科学的终级结合。

您为什么要选择在这所学校攻读自己的建筑学学位？您获得了什么学位？

▷安德鲁斯大学（Andrews University）建筑学院的理念是创作真正意义上有持久价值的建筑作品，同时还能兼顾到社会和环境的责任。这是主要吸引我的地方。学校在整体课程和训练方面都十分注重对建筑工艺技能的掌握，引导我们去设计那些高雅、耐用、有意义，以及能够愉悦人们感官的建筑物。我的建筑学教育是一种理论与实践的完美结合。它直接影响到我在建筑行业中取得的成绩。

我获得了安德鲁斯大学的建筑学硕士学位和卡拉马祖学院（Kalamazoo College）的艺术史学士学位。

您有过艺术史学位，是什么原因促使您去选择建筑专业？

▷学习建筑学是紧随自己的艺术史研究之后的自然进程。艺术史不仅是对绘画的鉴赏，而是在历史、地理、文化、心理和建筑文脉等层面，通过视觉艺术的媒介来对社会状况进行考察的研究。建筑在艺术史上的地位是突出的。事实上，在伦敦大学（University of London）学习艺术

森希堡住宅（Centsible House），兰辛（Lansing），密歇根州。
设计和水彩画：阿曼达·哈雷尔－塞伊本。

史和展览策划时，我对建筑学的兴趣就与日俱增。因此我写了一篇论文，来研究艺术和其中展示出来的建筑性质。最终，我发现自己对建筑物的美学和建筑结构更感兴趣，而不只是挂在墙上的艺术品。我的艺术史教育教会了自己要进行批判性的思考、细致的观察，并理解技术的细微差别和光线的影响。这些是我们在自己的建筑从业生涯中每天都会使用的一些技能。

作为密歇根州立大学的一名全职教师，您最主要的责任和职责是什么？

❯我是城市规划、设计与结构工程学院的一名讲师和研究员。我的研究，主要是集中在五大湖地区（Great Lakes Region）[①]的高性能建筑物上。我是密歇根州立大学创新改造技术开发和实施研究团队中的一名成员。该技术主要是针对一些寒冷和潮湿混合气候的地区，与美国能源部的"建设美国"项目（U.S. Department of Energy's Building America Program）进行密切合作。我还有一些其他工作，包括有与密歇根自然资源部（Michigan Department of Natural Resources）合作进行的绿色建筑发展研究。它是可持续性公园规划项目（Sustainable Park Planning Project）中的一部分。我还与密歇根州住房开发局（Michigan State Housing Development Authority）合作，对 21 世纪的密歇根州的住宅进行重新构想。作为一名讲师，我讲授许多课程，包括有综合可持续建成环境（Integrated Sustainable Built Environment）、一些跨学科的工作室设计课程，以及计算机三维建模和结构设计等课程。

除此之外，我的作品也集中反映了自己那丰富多彩的实践经历，从单户型住宅设计到获奖的城市总体规划图。我的大多实践经历都是在获得目前在密歇根州立大学这个教职之前得到的。我曾就职于在几家小型建筑公司，从事方案设计和计算机建模的工作。我也曾在一些城市规划公司工作过，负责专家会议以及手绘水彩总体规划渲染图的工作，也担任一名城市设计师。

除了作为一名教师之外，您还作为建筑评论家服务于兰辛市脉搏报（Lansing City Pulse newspaper）。您是如何获得这个机会的，这对您的建筑学事业又有什么帮助？

❯这家报纸上的一位文学评论家认为，我的评述将会对报纸起到良好的补充作用，所以他推荐自己去担任编辑。开始的时候，我只做很少的工作，但现在已经发展成一个有关建筑和都市生活的周末专栏。我的作品提及了许多成功的建筑踏勘调查。在对密歇根州中部地区的建筑进行批判性考察期间，我极大地扩展了自己在区域建筑美学、建筑材料和建造实践方面的认识。这项工作反过来，又促使我成为一名更好的建筑师和学者。

成为一名城市公共建筑师意味着什么？您为什么对它充满着热情？

公共建筑师，就是运用其才能和所接受的训练对社

---

① 五大湖地区又称五大湖群，是世界上最大的淡水湖群，素有"北美地中海"之称。其位于加拿大和美国交界处，按大小分别为苏必利尔湖、休伦湖、密歇根湖、伊利湖和安大略湖。——译者注

密歇根州医学会大楼（Michigan State Medical Society Building），东兰辛，密歇根州。
渲染图绘制：阿曼达·哈雷尔－塞伊本。

多功能建筑物－远景规划项目（Mixed-Use Building-Visioning Project），
东兰辛，密歇根州。
建筑设计和渲染图绘制：阿曼达·哈雷尔－塞伊本。

区空间的改善作出有意义的贡献。我相信建筑设计是关于做某件事，而不是成为一个什么样的人。通过自己的周末专栏向公众们传递的知识，在东兰辛历史街区委员会（East Lansing Historic District Commission）的任职，以及在政府设立的密歇根州立大学的执教，我将这种理念转化成为行动。

作为一名实习建筑师，您迄今为止所面临的最大挑战是什么？

》我目前的大部分建筑技术研究和教学时间，都不符合实习生发展项目的要求。

从一个职业新手的角度出发，您能描述一下实习生发展项目和建筑师注册考试吗？您是在哪里进入到获得执业许可的程序之中的？

》实习生发展项目是迈向成为一名建筑师所走道路的第二步。在保护公众健康、安全和福祉方面，建筑师们肩负着巨大的伦理和职业责任。建立实习生发展项目流程，是为了确保那些未来的建筑师们是在有执业许可的建筑师的指导下接受培训。从学校就读至获得执业许可的这一阶段，导师的指导是至关重要的。这是一种遵循了传统建筑行业的学徒制模式。在这里，高年资的建筑师要对年轻的建筑师们进行培训。实习生发展项目最短可以在三年内结束，也可能根据每个人的情况和其职业选择经历数年才能完成。

作为一名建筑师，您在自己的职业生涯中感到最满意的和最不满意的是什么？

》作为一名建筑师和专栏作家，提升人们对建筑价值的认识是我所能做的最令人满意的地方。我也非常乐意地看到一个建筑设计从概念演变为一种实际存在的物质形态。

在您的建筑职业生涯中，最令人感到惊讶不已的地方是什么？

》我的写作量是人们意想不到的。我在建筑学院上学时就知道，对一位建筑师来说，写作与绘画同样重要。我当时对这种想法不以为然，但现在却发现，我每天都在写一些有关建筑学的文章。

在建筑专业方面，您的 5 年和 10 年职业目标是什么？

》我计划在 5 年内获得自己的建筑师执业许可。在 10 年里，我想要成为密歇根州建筑学界的一位领军者，努力提升建筑专业的形象，并在五大湖区域提高建筑设计价值。

在您的职业生涯中，谁或哪段经历对您产生了重大影响？

》建筑师不仅仅是一些实践者，而且还可以成为老师，这就是自己所获得的最大启示。没有比从事教育工作更能够回馈你所从事的行业了。导师向一位年轻的建筑师提供建议和忠告；建筑师聘请一位实习生，并为他们提供获得实习生发展项目的机会；教授向所有要从事这个职业的学生们传授基本知识。我认为，他们所做的都是在保障建筑行业的未来。我也正在塑造自己的职业生涯，包括在设计实践和学术两方面。

塑造我们的建筑

利·斯金格，LEED 认证专家，
美国霍克公司资深副总裁，
华盛顿特区

您为什么要成为一名建筑师？

》我的父亲是一位数学家，更早的时候是一位计算机科学家。我的母亲是一位艺术家。对我来说，成为一名建筑师就是自然而然的事情了。我一直在建筑公司里工作。我喜欢从事与设计有关的工作，感觉每天都面临新的挑战，我尤其喜欢社会层面中的建筑学。事实上，建筑与人那么相关，才使它显得更加迷人有趣。

您为什么要选择在华盛顿大学去参加学习？您获得了什么学位？

》我获得了一个主修建筑学的文学学士学位，建筑学硕士学位和工商管理硕士学位。这两个学位都来自华盛顿大学圣路易斯校区。我最初之所以选择华盛顿大学，是因为它是一所优秀的文科院校。我工作了几年，然后就返回了学校。因为我意识到，自己可以在三年内同时攻读建筑学和商学学位。我真的很喜欢，并继续热爱这所学校。我的本科和研究生经历是截然不同的，不同的朋友，不同的老师，以及不同的教育程度。

您为什么要去攻读工商管理硕士学位？这对您的建筑师生涯有什么帮助？

》在自己走出校门的第一年，作为一名实习建筑师时，我在一家有许多非常有才华的建筑师的小公司里工作。他们已经无法通过经营一家企业来维系他们自己的生活了。我还接触到了"策划"或初步设计服务等。我意识到，自己希望能够更多地参与到建筑设计过程的前期工作中。我被华盛顿大学的建筑学硕士录取了，当时并不

葛兰素史克公司（Glaxo Smith Kline），三角研究园（Research Triangle Park），北卡罗来纳州。
建筑设计：美国霍克公司。
建筑摄影：阿德里安·威尔逊（ADRIAN WILSON）。

知道我会进入商学院去学习。但我真的很高兴我成功得到商学学位。我一直是建筑学院里唯一一个时常穿西装的人，也是商学院里唯一一个穿黑色衣服的建筑师。

什么是建筑策划和初步设计服务？为什么说它在建筑设计中是非常重要的？

》在确定要建造一幢大楼之前，我们必须要同客户们一起作出大量决策。现有的设施能够适应客户们的需求吗？使用一幢新写字楼能够成为改变商业运作方式的一个契机吗？通过改变组织运作方式有可能提高效率吗？如果有更多的人在家办公或者需要共享办公空间该怎么办？

然而，一旦认定这幢建筑物是必须要建立的，那么我们就要作出另外一套决定了。基础设施应该位于什么位置？设施要进行集中布置还是分散布置？这些设施应该是被出租，还是由客户来建造、经营或拥有更好？建筑物是否能够进行变通，以适应一定的变化或专门的定制？应该用什么样的方法来确定建筑的空间数量和技术要求？

这些作出早期决定的过程，缩小选择范围和帮助客户在设计或施工之前就仔细地考虑他们的选择，就是所谓的"建筑策划"，或者有时候称其为"初步设计服务"。在一个项目的初步设计阶段，改变设计方向、考虑设计的多种选择和进行小成本预算是相当容易的。自此以后，当施工工地被清理干净，钢筋正在被焊接，并且地面覆盖层也在逐渐去除时，改变设计方向的成本就会大幅度地提高，而且实施起来也会非常困难。在项目开始的时候，建筑师都想快些落笔开始绘制建筑图，加快设计进度！但多年以来的经验和教训告诉我们，在进行重大投资和让人们有所期待前，最好是要"放慢速度，以取得后期的快速推进"，花些时间把正确的设计框架和相关参数放置在项目的最前面，我也将这个阶段称之为"信

英联邦医学院（The Commonwealth Medical College），斯克兰顿（Scranton），宾夕法尼亚州。
建筑设计：美国霍克公司。
建筑摄影：保罗·瓦绍尔（PAUL WARCHOL）。

誉阶段"。当客户们看到他们的建筑师正在花时间去了解自己、验证假设并提出一些好的问题时，这些建筑师们就建立起了他们作为专业人士和有价值的合作伙伴的职业信誉。

作为一名建筑师，您所面临的最大挑战是什么？

》与地球正面临的挑战相同。我们应该学会如何去用更少的方法来做更多的事情，以及如何将自己所做的事情与别人所做的区别开，这才是一些有价值的东西。如今许多建筑师们总是在抱怨，我们的费用是怎样被减少；我们是在去做两个人的工作，每天都还是没有足够的时间。我确信，这种趋势还将持续下去的。

我个人所一直都面临的挑战是如何保持灵感……为我自己、我的团队和我们的职业去设定一个愿景。

作为一名建筑师，您感到最满意的和最不满意的是什么？

》我一生的工作，就是帮助人们去理解空间对人类行为的影响，然后利用空间，将它作为一种改变我们行为的工具。客户们告诉我，我们设计的空间使他们效率倍增、充满活力，并增加了人们协作和创新的意愿。建筑物与人类行为之间的联系是非凡而真实的。

你可能听说过温斯顿·丘吉尔的论断。"我们塑造了我们的建筑物，而后我们的建筑物又塑造了我们。"以下便是丘吉尔的这段著名言论的全部内容：

1941年5月10日晚，伴随着最后一次重大空袭中的最后一颗炸弹，我们的下议院被敌人的暴力所摧毁。我们现在要考虑是否应该重建它，如何建设，以及什么时候建设。

我们塑造了我们的建筑物，而后我们的建筑物又塑造了我们。我已经在这些老宅子里住了四十多年，并且从那里得到了极大的乐趣和好处。我自然希望看到它能在所有方面，恢复到旧有的样式、使用方式和昔日的尊严。

当时，1943年10月，丘吉尔正在上议院的建筑空间里，向下议院发表讲话。旧的下议院正在依照它古老的形式重建，保留下来的形制不足以放下所有的成员的座椅。丘吉尔反对"给每个人一张桌子坐着，然后砰地撞上大门"。他解释说，因为在大多数时间里，议院的大部分房子都是空荡荡地闲置着；然而，只有在关键性的投票表决时刻，这座房子将会超出空间的承载能力，此时房屋里面的议员们也可以涌向走廊和前厅。在他看来，这是一种适当的"拥堵和紧迫感"。

我与客户们进行密切合作，以对他们组织机构的状态和行为产生一定的影响，使之变得更加灵活、敏捷、相互连接和全球化。丘吉尔就非常明智地知道，设计是很重要的，它能够以一种有意义的方式来影响到组织机构。看到设计起到了其应该具有"作用"，就是自己感到最有力、最满意的时刻之一。

在您的职业生涯中，谁或哪段经历对您产生了重大影响？

》2008年，我创建了一个名为"绿色工作场所"（The Green Workplace.com.）的博客。这个博客成为一本书。这本书又演变成了一场在多个城市进行的全球图书之旅。写作以及大量演讲的过程，有助于我通过真正的思考而得出自己的想法，并形成了这些想法的结构和目的。通过写作，我了解到环境对我们来说是多么的重要，我们如何来对环境产生影响，以及我们如何才能致力于改善我们自己的星球。我意识到，自己可以采取不同的方式上来呈现出自己与大多数建筑师的不同之处。不仅通过画图和设计，而是通过写作和演说，来讲述比当下更为美好的未来的趋势、想法和愿景。对我来说，这是一门信心满满、充满力量而又自由、放松的功课。我们以前总是在想，自己必须要把设计作品发表在一个漂亮的建筑杂志上，使之具有巨大影响。但幡然思忖，其实这并不是唯一的道路。那些关于设计方面的写作和演讲同样具有强大的力量，甚至可以产生更加深远的影响。

芝加哥米劳德·布朗办事处（Millward Brown Chicago Office），芝加哥，伊利诺伊州。
建筑设计：美国霍克公司。
建筑摄影：史蒂夫·霍尔和赫德瑞奇·布莱辛。

注释

1. 弗兰克·帕森斯，《选择职业》（Choosinga Vocation）。波士顿：霍顿·米夫林出版公司，1909。
2. 威廉·佩纳（William Pena），《寻找问题：建筑设计的初步策划》（Problem Seeking: An Architectural Programming Primer）。华盛顿哥伦比亚特区：美国建筑师协会出版社（AIA Press）。
3. 理查德·比里（Richard Beery），《建筑师掠影：一位心理学家的观点》（Profile of the Architect: A Psychologist's View）。《建筑评论》（Review），1984 年夏，第 5 页。
4. 理查德·博尔斯，《快速求职地图》（The Quick Job-Hunting Map）。伯克利（Berkeley），加利福尼亚州（CA）：十速出版社（Ten Speed Press），1991 年。
5. C·兰德尔·鲍威尔（C. Randall Powell），《现代职业规划》（Career Planning Today）。迪比克（Dubuque），艾奥瓦州（IA）：肯德尔 / 亨特出版社（Kendall/Hunt），1990，42。
6. 史蒂芬·柯维，《高效人士的 7 个习惯》。纽约：法尔赛德出版社（Fireside）1989。

第 **5** 章 建筑学专业的未来

未来不是在现实中对不同路径进行选择就能得到的结果，而是存在于一个需要被开创的地带。它最早是在头脑和意愿中，然后是在行动中被打造出来的。未来并不存在于我们正打算要去之处，而是我们正在开创的地方。通向未来的道路也不是能够寻找得到的，而是被创造出来的。那些形成路径的活动，终将改变开拓者本人以及他们的目的地。

约翰·沙尔（John Schaar），未来主义者。

预测未来的最好方法就是设计未来。
巴克明斯特·富勒（BuckminSter Fuller，1895~1983 年）

你曾经尝试着去预测过未来吗？如果没有，你可能会断定这样做是没有价值的。你也许认为这并不可能，但约翰·沙尔和巴克敏斯特·富勒还是提出，未来是被创造或设计出来的。在本书的第四章中，我们讨论了那种设计出来的职业生涯是如何帮助你发展自己的事业的。但建筑专业的未来又是怎样的呢？你可以在多大程度上为之进行准备呢？你是如何为它进行准备的？你将如何开创自己的建筑未来之路？

虽然这些对将来的预测，并不是本书出版的目的，但是在这里，我们将提供一些当下行业中的新鲜话题。

◀　拜尔勒基金会博物馆（Beyeler Foundation Museum），里恩（巴塞尔）（Riehen，Basel），瑞士。
建筑设计：伦佐·皮亚诺（Renzo Piano）[1]。
建筑摄影：格瑞斯·H·金，美国建筑师协会会员。

①　伦佐·皮亚诺（1937 年 9 月 14 日至今）为意大利当代著名建筑师。1998 年第二十届普利兹克奖得主。因对热那亚古城保护的贡献，他也获选联合国教科文组织亲善大使。——译者注

在讨论那些新出现的主题之前，请大家先仔细思考一下被未来研究所（Institute for the Future IFTF, www.iftf. org）称之为"再造工作"（ReWorking of Work）的话题。未来研究所不太关注未来的职业或工作，而是更加专注于那些未来的工作技能。

在《未来的工作技能 2020》（Future Work Skills 2020）[1] 的报告中，未来研究所总结了 6 个改变的动力和 10 个未来所需的工作技能。

6 个改变的推动力：

1. 极端的长寿
2. 智能机器和智能系统的兴起
3. 可以进行数字化的世界
4. 新的传媒生态学
5. 上层建筑组织
6. 全球性的相互联系的世界

未来工作场所的 10 种技能

1. 意会：能够领会对方表达事物的更深层意义或重要性。
2. 社交才智：能够以一种直接而深入的方式与他人进行联系，能够感知和激发出自己的回应并做出对方期待的互动行为。
3. 新颖而具适应性的思维：善于思考和提出解决问题的方案，做出超越了机械性生搬硬套或以规则为基础的回应。
4. 跨文化能力：能够在不同的文化环境中工作。
5. 计算性思维：能够将大量的数据转化为抽象的概念和基于数据推理的结论。
6. 新媒体的阅读和写作能力：能够批判性评估和开发所使用的新传播媒介形式的内容，并利用这些媒体进行有说服力的交流。
7. 跨学科性：能够理解跨越多种学科的概念，并进行阅读和写作的能力。
8. 设计性思维：能够表达和提出一些任务和工作流程，以达到预期的结果。
9. 认知负荷管理：能够区分和筛选信息的重要程度，并了解如何使用各种工具和技术来使自己的认知功能达到最大化。
10. 虚拟化协作：能够进行卓有成效的工作，促进工作会谈，并作为一个虚拟化团队①的成员来展示自己的存在。

通过建筑教育，你已获得了上述所说的哪些技能？当然，真正的答案还有待进一步商榷。但一个建筑学学位，肯定会在你未来的工作场所中派上用场。

可持续设计

30 多年前，那种利用自然系统来为建筑物采暖、降温的"节能设计"，是建筑领域中的一个热门趋势。现在它

---

① 虚拟化团队（virtual team）是指没有共享物理工作空间，而是成员们利用通信技术来共同完成一些特定或长期项目的团队。——译者注

被称为可持续设计。绿色建筑的概念已经超越了只是对自然系统的应用；它正在改变着人们设计一座建筑物的过程，例如减少煤和石油等化石燃料的使用，关注我们使用的建筑材料的类型，以及了解建筑对环境的影响等。在成长为一名建筑师的道路上，你将需要去更多了解可持续设计。

为此，你可能会希望自己成为一名 LEED 认证专家。正如绿色建筑认证协会（Green Building Certification Institute）阐述的那样，那些获得了 LEED 认证专家的建筑行业专业人士，皆显示出了他们对绿色建筑和由美国绿色建筑委员会开发和维护的 LEED 绿色建筑评估系统（LEED® Green Building Rating System ™）的远见卓识。[2] 有更多毕业前的学生和最近马上就要获得学位的毕业生，都正在努力获取着 LEED 认证专家这样一个证书，以助于他们开启自己的职业生涯之路。

此外，为了应对气候变化，以及建筑行业是温室气体的主要排放者这一事实，"建筑 2030"（Architecture 2030 www.architecture 2030.org）就是人们旨在通过改变建筑的规划、设计和建造方式来减少该行业的影响。作为一名未来的建筑师，从现在到 2030 年之间的这段时间里，你会做些什么？

新技术和社会媒体

SketchUp 软件，智能手机，云计算，3D 打印，平板电脑，你可能对这些术语了如指掌，但一些经验丰富的建筑师还可能对其不太熟悉。在过去的 20 年里，技术在建筑学行业中扮演着越来越重要的角色。由于科技的不断进步，技术将继续影响着建筑师们和他们所做的工作。美国建筑师协会建筑学实践技术（Technology in Architectural Practice）委员会①甚至在密切关注着这些行业内技术的发展。

为了保持时刻处于技术领先的地位，请你一定要寻找各种机会去学习如何最大限度地利用自己的技术。当然，在大多数建筑院校中，都有一些资源和功课来帮助你，但你要积极主动地去进行学习。所有的建筑院校中都有一些装置着必要的软件和输出设施的计算机实验室，并不断增加数字虚拟建造设备。现在学生可以任意绘制出他们想象中的三维模型。然而一定要谨慎，因为技术不会设计建筑物，技术仅仅只是一种工具而已。

如果再提及 Flickr，Twitter，LinkedIN，Instagram，Pinterest 等，你肯定知道这些都是干什么的。但是就在几年之前，它们还根本不存在。社交媒体以不同的方式影响着我们所有的人。要主动去了解这些新工具，知道如何在建筑师的职业生涯中去充分利用这些工具。另外，不要忘了还有博客和云端。

BIM

30 多年前，人们认为 CAD 的出现将淘汰或减少对建筑师的需求。当然，结果恰恰相反，CAD 和计算机技术实际上为建筑师们创造了大量的就业机会。建筑设计实践得到了彻底的革命。因为所有的施工图纸都是在计算机上完成的。只有到设计过程的中后阶段，人们才开始越来越多地使用计算机绘图。现在，BIM 就是一种新

---

① 美国建筑师协会的建筑实践技术（Technology in Architectural Practice，TAP）委员会在建筑实践中为美国建筑师协会会员、专业人士和公众的计算机技术配置和应用提供资源。建筑实践技术委员会对计算机技术的发展，及其对建筑实践和整个建筑物生命周期的影响实施监控，包括设计、施工、设施管理、退役或重用。——译者注

的 CAD。

　　BIM 通过使用三维、实时和建模软件来管理建筑物的整个生存周期的各个组成部分。这样做可以提高建筑设计和施工期间的生产效率。借助 CAD 软件，建筑师将在计算机上绘制出建筑物的平面图纸；借助 BIM，建筑师就可以创建出建筑物的"虚拟模型"及其伴随着的所有建筑组件。

　　除此之外，许多企业也越来越多地采用 BIM 操作作为自己建筑设计实践的一部分，同时客户和承包商们也极力要求这么做。为了能够为自己的将来作好充分准备，你要试图挑战自己的建筑学院所授的 BIM 课程；可以提前进行自学。此外，也要花时间去学习下列软件：美国 Autodesk 公司的 Revit 和 Bentley Architecture 软件；Graphisoft 公司的 ArchiCAD 软件和钢结构详图绘制软件，以及内梅切克·N·A·高级建筑设计软件（Nemetschek N.A. VectorWorks）公司的 Architect 软件。

建筑师的未来

大卫·扎克，未来主义者。
美国建筑师协会全美理事会（AIA National Board），2011 年至 2013 年任公共部主任。

　　建筑师的未来比建筑本身更远大。甚至更加伟大的，不仅仅是那些在建筑院校里所学到的，让你能做建筑设计及相关工作的一些技能，而是学习那些让你能够超越建筑师职业角色的新技能。如果具备了特别丰富的想象力和冒险精神，你就不仅能够去设计建筑物，而且还可以去做其他的创造性工作。学会像一位建筑师那样去思考，就能够知道如何按照自身的条件来设计自己的未来了。

　　建筑教育认识到这样一种现状，那就是经常在设计训练中忽视一些职业边界之外的世界。建筑设计影响着一切。建筑设计人才的就业市场也在不断地增长。学校的专业训练不仅要让人们知道如何去设计建筑物，而且要让人们明白，建筑设计就是发生在艺术与科学、技术规范与创造力性，可测定而又不可估量的矛盾体之间。一定要将对于矛盾悖论的理解，作为自己教育的核心内容。

　　查看一下"微博客"（Tumblr）上罗列出来的"从事其他职业的建筑师"（Architects of Other Things http://architectsofotherthings.tumblr.com），你就会发现有大量建筑学专业出身的人最终没有成为建筑师。在这个令人眼花缭乱的名单上，我们可以发现，他们成了演员、音乐家、政治家等。甚至有克莱斯勒公司（Chrysler）[1]的老

---

① 克莱斯勒是美国著名汽车公司，美国三大汽车公司之一。该公司创始人为沃尔特·克莱斯勒（Walter Chrysler）。1875 年，克莱斯勒出生于美国堪萨斯州，其父母都是当地小有名气的作家。——译者注
② 玛莎·斯图尔特是一个在抑郁的大家庭中长大的女孩，她凭着百折不挠的精神最终跻身全美第二富婆的地位。她也曾身陷囹圄，遭遇过人生巨大挫折，但她是一位从未被困境吓倒过的坚强女性。——译者注
③ 艾尔·扬科维奇是美国最为著名的歌曲恶搞专家之一，是 MTV 时代的音乐幽默大师。自从在校园学习的时候，他就不断学习音乐并录制唱片，签约公司后就一直模仿和恶搞他人的音乐。"Weird Al"是他的绰号。——译者注
④ 哈维·甘特是美国克莱姆森大学（Clemson University）于 1963 年正式接受的第一位非裔美国学生。他后来成了美国北卡罗来纳州夏洛特市的市长。——译者注

总萨阿德·切哈布（Saad Chehab）。他获得了底特律大学（University of Detroit–Mercy，UDM）的建筑学学位。玛莎·斯图尔特（Martha Stewart）②当年就读在建筑史专业。艾尔·扬科维奇（Weird Al Yankovic）③也拥有建筑学学位。哈维·甘特（Harvey Gantt）④是一位卓有成就的建筑师，他后来也成为了美国北卡罗来纳州夏洛特市一位成功的市长。这些人并不局限在某些专业领域之外的相关工作，而是深入到一些其他学科中去进行探索。他们利用他们在建筑学方面的教育，来创造一些富有想象力的思维联系，以使世界变得更为美好。

传统的职业界限正在消失，建筑师们必须要作好经历各种冒险的准备。在这个过程中，你必须要对自己职业目标的规模和范围进行一些审慎的质疑和询问。要成为一位学科之外且富有远见的人，不要仅仅关注建筑领域的焦点和中心，要注意和了解学科边缘和相关领域正在发生什么。

如果自己的学校所关注的都是明星建筑师的作品，那你就应该要问一下有关于这位建筑师作品的其他情况。要让自己所接受到的教育能够更好地适应即将到来的世界，而不只是符合曾经的社会，要向每个人学习，去研究那些企业家、实业家、诗人、圣教徒、创造者和母亲、工程师和艺术家。

要谨防学科类别的固定和僵化。官僚主义和实践中的一成不变，正严重地威胁着建筑专业的活力。弗兰克·盖里说，"我们的设计图纸已经使我们的思维变得越来越幼稚。"这不是一种赞扬和恭维。建筑的安全性不能妥协，但太多的让人感到"安全"的工作将会危及你和你的梦想。

要抵制那些在建筑行业中盛行的粗制滥造。有太多的新型建筑物看起来就像是一堆技术性图纸。如果这是你能够做的一切，其实有一个应用软件就能做到这些。这些应用软件只能保证我们的设计图纸没有低于最糟的底线；但我们更应该利用它们将建筑设计和你自己带到一种更高、更远、更酷的水准。过去人们从没有这么多技术可用，只有实际的想象力，但也创造过辉煌的建筑物。因此，去发展自己的想象吧！

新的实践

在最近和在不久的未来，新的建筑设计实践模式正在不断新生。包括建筑师在内的所有设计领域的从业人员，都在各种领域中从事着不同的工作。《未来的实践：来自建筑设计边缘的对话》（Future Practice:Conversations from the Edge of Architecture）是一本由罗里·海德（Rory Hyde）在 2012 年出版的著作。[3] 其着重介绍了建筑学、保险、实践、设计、教育、研究、历史以及社区参与等更多领域的专业人士。每一个都代表一种设计师或建筑师可从事的新兴角色。

那么，你想利用自己的建筑教育背景来做些什么呢？正如在本书第 4 章和本章中大卫·扎克所概述的那样，唯一制约自己的是你的想象力和创造力。作为一名建筑师，你可以去追寻一切符合你自己对"未来"的定义的专业实践活动。

整合项目交付

正如美国建筑师协会和美国建筑师协会加州分会指南中所概述的那样，整合项目交付（Integrated Project Delivery IPD）是一种项目交付的方法。它将人员、系统以及业务结构和设计实践集成到一个过程中，以协调利用所有参与者的才能和见解来优化项目结果；增加业主的价值收益；减少浪费；并通过设计、制造和施工的各个阶段来最大限度地提高效率。[4]

传统的方法让建筑师与客户一起来完成建筑施工图。这时，建筑施工项目由各方承包商投标、竞标而得。建筑师和业主将选择一个承包商来建造这个项目。在某些情况下，因为项目预算过高或在建筑施工图中发现错误，该投标项目将会从一些承包商们那里收回，修改后再次竞标。利用整合项目交付这种方法，建筑师和承包商就能够进行相互之间的协作。为了避免出现任何问题，他们在设计过程中就可以在更早的阶段开展更早的团队合作。

合作

在自己的建筑教育过程中，你可以去参与一项团队设计项目，但这种机会是非常罕见的。相反，你所参与的任何团队项目都可能只是非设计课程的其他小活动，或者仅仅只是为一个工作室设计项目去制作基地背景模型；你还是将独自完成这些项目的大部分工作。而事实上，几乎所有实际运作中的项目都是一个团队的工作。每个人都须为整个项目贡献力量。

在实际工作中，团队合作就显得尤为重要。与 BIM 和整合项目交付相比较，合作甚至更为重要。因此作为一名建筑师，要充分地为自己的未来作好准备，去寻找那种能够把自己与其他人连接在一起，去共同完成一项任务的机会。甚至对一位教授提出要求，让他分配自己去参加一项团队设计项目，或者与几位同学组团一起去参加设计竞赛，以发展自己的团队工作和合作技巧。

多样性

为什么说，群体多样性对建筑专业的未来是至关重要的？这的确很重要，因为建筑专业目前缺乏多样性。特别是在性别和种族方面（详见第 1 章）。最近，人们已经开始通过各种方式来增加该专业中妇女和少数族群的数量。但仍有大量的工作需要我们去做。在鼓励其他女性和少数族群成为建筑师方面，你还能够做些什么？

除了群体人口方面之外，不同的经历、想法和生活方式对建筑设计而言，也是非常重要的。要想成为一名真正的建筑师，你就应该能够从设计的角度去欣赏多样性并理解它的含义。作为建筑师，你该如何去为一位与自己观点迥异的业主设计一个项目或一幢建筑物呢？

全球化

正是由于全球化的缘故，整个世界正在缩小。因此，建筑设计实践的业务也出现了更加全球性质的整体化。越来越多的美国公司正在设计世界各地的项目；有些公司在北京、伦敦、巴黎、迪拜（Dubai）和世界各地都设有分公司。据 2012 年 10 月的《设计情报》（Design Intelligence）报道，美国的建筑公司在设计服务方面的出口，创造了 20.2 亿美元的纪录；在过去的四年中增长了 50% 以上。[5] 越来越多的国际学生在美国的院校中学习建筑学。也有更多的来自美国的学生在其他国家进行一个学期的留学，并将之作为自己课程的一部分。此外，美国的建筑专业学生们也正在从一些国际性的院校和机构中获取学位。这样的机会是持续存在的。但是，当自己的教育履历是从另外一个国家获得的时候，你要竭尽全力地学习以满足执业建筑师的要求。

全球化的趋势将继续下去。如果有兴趣，你就去参加海外留学项目，到世界各地去学习建筑学，并在其他国家寻找到可能的就业岗位。在国外工作或许是相当有价值的，但可能会更加困难。

公共利益设计

公共利益设计强调对产品、环境和系统的创造或重新设计。它应用一种明确的以人为本的方法，不过常用来和同为公共利益的法律和公共健康的领域进行比较。正如同名网站上分享的一样，公共利益设计是"可持续设计运动"下一个即将开辟的领域。

许多建筑系的学生们从事着一种服务于社区的建筑设计职业生涯。他们想去帮助别人，不是为了地位或金钱而去追求这些。他们明确表示，自己的职业目标是通过设计来改善一些周围地区、社区和城市。为什么？这些真的有用吗？重要的是这些野心勃勃的建筑师们想要改变现状。他们想要回报社会。

能够进一步证明这种潮流的是诸如"国际人类家园"、"人道主义建筑组织"、"设计之队"和"自由设计"等组织的流行和普及。后者为美国建筑学学生协会的一个社区服务项目。你想成为社会变革的一位代言人吗？如果是这样，那你就会涉及一些能够影响我们社会的问题，这个问题就是改变世界。

还有一些证据是由公共利益设计和设计团队发起和主办的工作坊、培训班和会议。例如，人道主义建筑组织的创始人卡梅隆·辛克莱，担任了美国建筑师协会 2013 年大会（AIA 2013 Convention）的主题演讲人之一。

远程教育和学习

除了前面所说的之外，还有一个就是远程教育和学习。目前这种形式的教授方法正变得越来越普遍和盛行。波士顿建筑学院推出了第一个在线的、"距离最近"的建筑学硕士学位，允许该学位项目的学生们在进行在线课程学习的同时，可以在他们上班和生活的地方坚持全职工作。学生不需要搬迁，只需在每个学期开始的时候，到波士顿去集中强化学习一些日子。

作为一名建筑师，你可能需要进行继续教育来维持自己的执业资格或美国建筑师协会的成员资格。你可以通过在线网络研讨会或收听可获得的网络录音来参与学习，而无需亲自去参加会议。有些建筑院校也提供一些在线继续教育课程。请记住，十个未来的工作技能之一就是虚拟合作。

另一个最近开发出来的学习平台是"慕课"——大规模开放网络课程（Massive Open Online Courses, MOOCs）。顾名思义，大规模开放网络课程是通过网络为大量观众设计的一些在线课程。虽然他们在这里获得的学分有什么用，目前尚有待于讨论，但网络学习在此成形；关键在于，这种在线课程对你的建筑师之路，将会产生什么样的影响。

未来

毫无疑问，我们在这里似乎遗漏了一些与未来有关的议题或将内容省略掉了。如果是这样，那我们不是有意而为之，而是因为没有人能够真正地预测未来。最后，如果要为建筑专业的未来做好充分准备，那就请你仔细地阅读一下詹姆斯·P·克拉默（James P. Cramer）和斯科特·辛普森（Scott Simpson）所著的《下一位建筑师：未来设计的新转折点》（The Next Architect: A New Twist on the Future of Design）这本书。[6]

除了下面所列出的建筑学科的趋势之外，克拉默和辛普森还表示，所谓"下一位建筑师"必须要训练出一些优秀的掌控"业主合作关系"的技能，也就是能够有效地与多个决策者同时进行洽谈，而其中许多人的目标还是相互冲突的。但是，你如何去获得这些新的工作技能呢？那就去听听大家是怎样说的吧。

《下一位建筑师：未来设计的新转折点》

詹姆斯·P·克拉默和斯科特·辛普森
正在转变的趋势（TRANSFORMING TRENDS）

整合、合作的设计方式（Integrated, Collaborative Design）
设计建造控制模式（Design-Build Dominates）
全球化走入家庭（Globalization Comes Home）
人才短缺（Talent Shortage）
BIM技术新标准的设立（BIM Technology Sets a New Standard）

人口趋于稳定（Demographics Are Destiny）
生产力和性能（Productivity and Performance）
品牌的力量（The Power of Branding）
快速建筑设计（Fast Architecture）
设计"建筑设计实践经历"（Designing the "Design Experience"）
走向绿色设计（Going Green）
生命周期设计（Life Cycle Design）
高清的价值体系（High-Definition Value）
战略上保持乐观（Strategic Optimism）

你怎样看待建筑学专业的未来?

❭ 这是一个有保障的未来；因为从一开始，我们就在不断地建造和重建。这不会改变。对于年轻的建筑师们来说，未来 5 年行业是非常强大的。因为现在的经济衰退抑制了人们对新建筑的需求。

约翰·W·迈弗斯基，美国建筑师协会会员，迈弗斯基建筑师事务股份有限公司负责人。

❭ 这个行业的未来是会红火的。那些从建筑专业毕业的学生拥有广泛的学术和学科知识，并拥有批判性审视和解决问题的技能。经过建筑专业训练的专业人员能够更容易地推进工作进程，例如识别和界定核心问题、设计解决问题的方案、检验方案，并将必需参与的各方聚集在一起来参与实施。在当今这个经济、医学、社会和政治领域都存在着相互联系时代，还有什么技能是比这些更加完美的组合？

詹尼弗·彭纳，新墨西哥大学，建筑学硕士，美国建筑师协会西部山区，区域副主任。

❭ 今天，我们看到了更多的全球化和专业合作。我们也看到了许多公司的规模在不断地扩大。因此，这些公司可以精通熟练地为我们提供各种可能的建筑解决方案。设计建造（Design-build）模式也正在成为人们进行项目交付的一种更为理想的方法。公私伙伴合作关系或联邦采购正在被人们看作是，在有限的时间和预算限制内交付他们所需建筑物的一种方式。在传统设计、招标和建设交付的那些项目中，我们看到承包商更早地参与到了这些过程之中，这有助于向团队通报各种建造成本。我们也看到了在设计阶段就引入分包商的好处，以便能够更切合实际地开发出一些复杂的建筑细部。

肖恩·斯塔德勒，美国建筑师协会会员，LEED 认证专家，WDG 建筑设计有限责任公司设计负责人。

❭ 几个世纪以来，一些建筑营造商和建筑师们一直不得不重新塑造他们自己。当美国霍克公司在圣路易斯刚开始进行起步的时候，公司的创始人们就作出了决定，他们想要通过专门研究多种建筑类型来达到"多元化"的设计目标。然后他们就开始进行了多元化实践，先在底特律，然后在旧金山建立了事务所。这个工作干得非常理想。现在，我们遍布全球 26 个国家，主持设计了几乎人们可以想象到的所有建筑类型。我们不仅设计建筑物，我们还做城市规划、编写软件，还与一些咨询公司进行合作，如美国 IBM 公司和德勤会计师事务所（Deloitte）等。我认为，对于美国霍克公司和其他一些公司来说，坚持多元化可能是一件非常好的事情。这样才能继续去改变他们所做的事情，以及所做事情的方式。行业内需要不断改进才能生存。我们将永远需要那些实实在在的房屋来保护我们免受一些因素的伤害。也就是说，从现实世界和虚拟世界到工程学和生物学，再到人体特征和模仿人类的机器人设计，许多事情现在正在发生着不可遏制的趋同或融合。建筑师的前程与所有行业的未来息息相关。而这些行业也还正处于一种不断变化的过程之中，尚没有明确的定数。我们可以看到自己专业与其他行业在相互融合，建筑行业也会轻而易举地就被分裂成几个子行业。

利·斯金格，LEED 认证专家，美国霍克公司资深副总裁。

❭ 这个职业正在随着社会的进步而不断得到发展，为了满足瞬息万变的世界的需要则须不断学习。因此有必要在更深的层次上涉猎一些其他学科，包括但不仅仅限于心理学、社会学、自然科学和工业技术等等。

莎拉·斯坦，李·斯托尼克建筑师设计师联合事务所，建筑设计师。

❭ 对于建筑师来说，这是一个光明的未来。作为创造者和建设者，我们可以帮助这一代人来面对一些最棘手的问题。我们需要重新思考建筑物利用资源的方式，为我们那正在退却的"婴儿潮"的一代提供住房，并为城市的发展提出一个全新的思路。

基础设施正在落后，而城市却在不断地扩张，并受到了不断决堤的水域的威胁。靠近城市的食物来源的需求也是巨大的。解决这些问题将成为我们这个领域未来的事业。

阿曼达·斯特拉维奇，集合设计事务所，一级建筑师。

❭我相信，建筑设计专业是一个必须在相关专业拥有广阔知识基础的专业。无论是对客户需求的理解，拥有各种系统和建造类型方面的技能和实践知识，还是在向市政议会解释设计如何与社区文脉相关时的政治敏锐性，能够具备这种多样的天赋，才是建筑专业的全部内涵所在。

凯文·斯尼德，美国建筑师协会会员，国际室内设计协会会员，美国少数群体建筑师组织成员，LEED 建筑设计与结构认证专家，OTJ 建筑师事务所有限责任公司，合伙人兼建筑部门资深主管。

❭建筑师将成为自己社区中的活跃领导者、环境问题和可持续问题的积极倡导者，以及循证设计的实际指挥者。这个行业将欢迎所有去追逐它的人，越来越趋于多样化和具有丰富的文化内涵。建筑师们不仅去设计建筑物，他们还要建立社区。这个行业将欢迎那些从事过另外一种职业的人，那些能够站在业主立场的人，或者是那些能通过对公共事业的追求来试图代表建筑师和社区群体的人。随着建筑师们在建筑过程中承担更多的责任，以及 BIM 等工艺技术的出现，建筑行业将会有长足的进步和发展。

香农·克劳斯，美国建筑师协会资深会员，工商管理硕士，HKS 建筑设计有限公司主要负责人兼资深副总裁。

❭因为建筑学与其他学科有如此紧密的结合，所以我担心总有一天它会被其他行业占领。这很大一部分会被来自相关领域中的一些其他人占据。他们没有讲授过设计原则，也没有被其他建筑师指导去进行思考和反应的方法，就像我们现在所做的这样。如果未来的一代不保留设计技能，我担心建筑学最终将会成为一种失落的艺术形式，虽然其并未被遗忘。

坦尼娅·爱丽，邦斯特拉 | 黑尔塞恩建筑师事务所，建筑设计人员。

❭最近的经济形势给我们的行业带来了一系列新的挑战和机遇，以使人们能够真正地理解什么是"好设计"。精心设计的建筑物不一定非常复杂，也不需要额外的附加费用。"可持续设计"并不一定只依靠昂贵的系统或最新一代的工艺技术，"好设计"的核心是作出合理而负责任的决策。这不是在变魔术；只是去更好地了解人们。我相信，我们目前的行业状况将会给后人留下一笔永久性的财富。它能够用来界定那些信奉整体性设计，高品质、高价值建筑设计的整个一代建筑师。

作为建筑师，我们必须承认自己与他人的联系；我们必须知道，我们自己所看到的往往不是全部事实。我们必须大胆地迈出自己的安乐窝，进入他人的现实生活中去。

凯瑟琳·T·普利格莫，美国建筑师协会资深会员，亨宁松 & 杜伦 & 理查森建筑工程咨询股份有限公司，高级项目经理。

❭在这些世界性挑战之中，人们有机会跨越国界、学科、文化和经济，以越来越有意义的方式来改变这个世界。这是一种对未来建筑师服务的召唤。

安得烈·卡鲁索，美国建筑师协会资深会员，施工图技术专家，LEED 建筑设计与结构认证专家，根斯勒建筑设计、规划与咨询公司，实习生发展和学术推广首席负责人。

❭我们现在正在以惊人的速度产生知识和信息，这超出了我们个人可能理解的范围。而且这些信息甚至还正在不断地增加。对扩展我们做设计的能力来说，具体某一方向的专家们将会变得越来越至关重要。如果我们决定去吸纳接受他们，建筑师将会拥有更多的工作机会。

如果他们能保持一定管理项目的能力，建筑师们就需要越来越多地表现出他卓越的领导能力、成功地驾驭团队的力量和不同的想法。同时他们需要接受新的想法，并知道如何在适当的时候去接纳它们。

罗伯特·D·福克斯，美国建筑师协会会员，国际室内设计协会会员，LEED 认证专家，福克斯建筑师事务所主要负责人。

❯ 这个职业将继续朝着跨学科的方向发展。建筑师们将需要把自己置身于重大政治、环境和社会问题的前沿，并成为通过设计和政策来解决各种问题的一份力量。

杰西卡·L·伦纳德，美国建筑师协会初级会员，LEED建筑设计与结构认证专家，埃尔斯·圣·格罗斯建筑与规划事务所合伙人。

❯ 软件和制造领域的新技术进步的出现，正在给许多建筑师带来身份和认同感的危机。最近，建筑师们已经与自己的设计渐行渐远。而且我预见，当建筑师们重新获得创作他们作品的设计方法，他们会在通过设计建造模式中，进行更大程度的参与。

约旦·巴克纳，伊利诺伊大学香槟分校，建筑学硕士和工

哈尔姆韦伯学术中心（Harm Weber Academic Center），贾德森大学，埃尔金（Elgin），伊利诺伊州。
建筑设计：肖特建筑师事务所（Short and Associates）。
建筑摄影：李·W·沃尔德雷普博士。

商管理硕士研究生。

》建筑学正变得越来越需要合作性并且有相当的跨学科性。建筑师们需要更多的语言来进行设计表达，不只是熟悉和精通设计，还要关心政治学、生态学、经济学、社会学和自然科学等。我们要负责建立一种可持续的建筑环境。为了创造这样的未来，我们必须改变建筑的构思、设计和建造方式，跨越代沟以及学术与产业之间的界限。

埃里森·威尔逊，埃尔斯·圣·格罗斯建筑与规划事务所，实习建筑师。

》在未来，我们这个行业将会看到更严格的建筑和能源法规，以及不断增加的客户需求。为了迎接这些挑战，设计专业人员们将需要探索和开发出一些具有创新性的建筑材料和建造体系，以及更快、更有效的图纸设计方法。

罗伯特·D·鲁比克，美国建筑师协会会员，LEED 认证专家，安图诺维奇建筑与规划事务所，项目建筑师。

》建筑学专业所做的将是更多地去改造现有的房屋，而不是为了适应社会和环境问题而去建造一些新的建筑物。限制人类对地球的影响和改变人们数十年以来的那种不可持续的做法变得越来越重要了。正由于如此，建筑专业将有助于改造现有建筑物，使之融入未来的世界。

传统的建筑设计实践正在潜移默化地发生着变化。前几天我听到了一个统计数字，即目前每当 7 位执业建筑师退休，仅仅只有一位新的建筑师获得了从业执照。一个简单的事实是，建筑学院的毕业生们不再像过去那样，有那样多的人去追求传统的设计工作。他们正在从事着专业以外的一些职业，但往往也与建筑专业有关。因此，建筑学的定义正在扩大。其中包含了比以前所界定的更多的技能组合。

阿曼达·哈雷尔-塞伊本，美国建筑师协会初级会员，密歇根州立大学城市规划、设计与结构工程学院讲师。

》自从钢铁在建造行业中被广泛使用以来，计算机是建筑领域中最为重要的发展了。能够快速地修改平面图，并且在精确的三维软件中对它进行建模，以及生成高度集成和整合的一套施工图，这对于建筑设计和建造领域来说是一个极大的福音。

将绿色建筑设计推向前沿的全球性压力将会继续增加。这对那些以绿色建筑原则为实践基础的建筑师们提出了更高的要求。我觉得绿色建筑设计不是一种短暂流行、瞬间即过的风格，而是所有设计中都必不可少的基本要素。我们对此毫无其他选择。

内森·基普尼斯，美国建筑师协会会员，内森·基普尼斯股份有限公司主要负责人。

》在我们工作的方式上，明天的建筑行业将几乎是毫无止境的。在与各级政府、工程师、艺术家和社区的合作中，建筑师们已经发挥了无可替代的领导作用，以解决从困境中走出的历史建筑的保护等诸多问题。他们的设计涉及任何事物，从新材料到革命性的交通体系等。他们的工作环境，从公司和政府的办公室到非政府组织和人道主义救援机构。建筑师们不再坐在办公室里，静静地等待着客户们走进大门。他们正在积极地追寻那些可以改善世界的设计方式和方法。这是一个多么令人振奋的未来。

卡伦·索斯·彭斯博士，美国建筑师协会资深会员，LEED 认证专家，杜利大学副教授。

》我看见了更多身兼多种才能的建筑师。这些拥有更多技能的建筑师遍及各个领域，为设计未来适合人类居住的场所贡献着自己的力量。我看到了一种相互协作的环境。在这里，建筑师、总承包商和其他有影响力的人们通力进行合作，为客户们创造着最佳的设计。设计已经变得越来越综合。这种类型的环境，对于产生那些能够改善我们生活方式的建筑来说是非常必要的。我也看到了在那些经验丰富、缺乏经验的建筑专业人员之间，以及非建筑专业人士之间，合作正变得越来越丰富而广泛。所有的这些，都提供给人们有价值的信息和更好的设计方案。我没有看到建筑行业正在消失的趋势，我看到的是它正在不断发展。
安娜·A·基塞尔，波士顿建筑学院，建筑学硕士候选人，
雷布克国际设计股份有限公司，环境设计副经理。

》建筑学将会沿着下列两条道路中的一条走下去：一是可以加大建筑专业在社会各层面中的关联性，从而增加建筑师的社会价值；或是减少与社会的关联性并使之变成商品化的产物，从而降低成为一名建筑师的吸引力。
目前，我们正处在社会相关或淘汰道路的十字路口。社会不能真正地理解那些建筑师们所提供的价值。作为一种职业，我们更多的是被视为一种生活奢侈品而不是必需品。如果这种看法没有改变，那么设计行业在社会上的价值将仍然被低估。但是，如果建筑设计的价值在社会上得到了更好的阐释和体现，那么这个行业就会得到蓬勃的发展。只有时间能够告诉我们，哪条道路会占据上风。如果运气好，它和社会的相关性就能够增加一些。
金伯利·多德尔，莱维恩建筑公司项目经理和销售部主任。

》我曾经听说，建筑学是我们文明列车上的最后一节车厢。因为它必须要对我们在环境、经济和价值观方面所走过的曲折道路做出回应。随着全球从第二次世界大战后的"非理性繁荣"，转变为依赖于城市中较小、较强大且更持久的投资的建设活动，建筑师们将不得不作出回应，即他们未来将如何组织自己的设计服务，如何实现业主方以及使用者的共同愿景。
我们实践的方式也在发展变化。我们看到那些与其他学科和专业进行的合作越来越多，各个学科都在平等地共享着荣誉和困难。在一些重大问题上，有越来越多的建筑师及其相关专业人员被称为是国家和世界级的引领者。但与此同时，我们大家都希望在自己周围地区和城市的当地采取一些行动，为我们自己的家乡带来实实在在的价值和益处。
约瑟夫·尼科尔，美国注册规划师协会成员，LEED 建筑设计与结构认证专家，城市规划专家，城市设计事务所成员。

》城市的建筑物正在发生彻底的改变。我们耗尽了自己经常使用的各种自然资源来创造动力。因此，我们应该彻底地改变一些能源生产的程序。我们将发现一些新的途径来创造能源而不只是破坏环境。建筑专业将会发生变革，以适应这些需求。
伊丽莎白·温特劳布，纽约理工大学，建筑学本科在读。

》在这个行业的未来，人们将增加相互之间的协作和公民的参与度，并在可持续建筑设计方面倾注更多努力。为此，这就需要建筑师们来加强和提高他们自己的领导能力。这不仅是针对一些项目团队，而是整个社会。
艾米·皮伦奇奥，美国建筑协会初级会员，LEED 建筑设计与结构认证专家，ZGF 建筑师事务所有限公司，建筑设计师。

》建筑专业的未来是很有前途的。只要建筑师们能够倾听客户们的需求，以及那些受过建筑学训练，但不需要在建筑行业中进行实践的人们的呼声。
H·艾伦·布兰塞利格曼，美国建筑师协会会员，特拉华大学房产后勤服务部，基础设施副主任。

》建筑专业的未来正在发生迅速的变化，并且随着新技术的开发而得到了不断的发展。关于建筑师的职责，尤其是他们在社会领域的职责到底是什么，人们一直争论不休。我认为建筑学是一种有潜力进入其他学科，然后通过建造环境来推动社会进步的专业。
丹妮尔·米切尔，宾夕法尼亚州立大学，建筑学本科在读。

》大多数建筑师都认为，由于我们环境资源的日益缺乏，以及许多政府机构和业主们逐渐提高了认识，可持续性设计正在稳步地成为建筑专业的未来。为了使某些设计项目更具有市场性，人们就希望自己成为 LEED 认证专家，并坚持那种"为环境而设计"的标准。当前的经济形势不允

许我们的建筑物消耗不必要的资源，且不顾及可能会对环境带来的影响。

詹尼弗·泰勒，美国建筑学生协会副主席。

》尽管有人可能会在报刊上看到一些有偏见的报道，但建筑专业依然是一个令人着迷且很具价值的职业选择。建筑设计不是仅狭隘地去关注建筑物，而是涉及范围和内容十分广泛的设计活动，包括城市总体规划、室内设计、可持续设计、场地设计、整合项目交付、产品设计、建筑维护服务等。这也将确保该行业在未来充满活力。然而为了生存，这个行业必须要扩大对女性和一些弱势群体的吸引力。此外，该行业还需要扩大它的客户群，以吸引更多的业主，而不是那些集中代表了二十世纪生产实践主流的富有精英阶层和企业的上流社会。

布赖恩·凯利，美国建筑师协会会员，马里兰大学建筑学专业副教授兼系主任。

》我希望，由于技术和环境责任等理由，建筑专业工作者和公众将能够对历史形成一种更好的认识。

玛丽·凯瑟琳·兰德罗塔，美国建筑师协会资深会员，哈特曼-考克斯建筑师事务所合伙人。

》1. 建筑物和城市使我们生活得更加健康，并产生了比它消耗了的更多的能源。有朝一日，我们的城市将成为自给自足的太阳能和地热发电厂。我们需要更加全面地看待事情。
2. 建筑学教育中的设计建造运动形成了一个转折点。学生和建筑专业的教师们将看到连接设计、建造和回馈社会的机遇。
3. 数字化建造和3D打印建筑物将彻底改变我们的建造方式和设计方式。

威廉·J·卡彭特博士，美国建筑师协会资深会员，LEED认证专家，南方州立理工大学教授，Lightroom设计工作室总裁。

》这个行业需要改变，以继续与社会形态产生关联。我们必须要认同这些事实，那就是设计建造工作将继续出现上升势头，学会与承包商保持一种良好的合作关系至关重要。为了保持住我们与社会的联系，建筑师们就不能把太多的时间花在我们事务所和行业所关注的那些活动中，应该在我们的社区和与客户业务相关的活动和团体中，投入更多的时间。

年轻建筑师们的技术技能和专业兴趣似乎正在迅速下降。如今许多新的建筑师们似乎并不专注于建造技术细节。另外，正如计算机在建筑设计和图纸绘制上起到了惊人的革新作用，这看起来也促成了建筑专业中设计"技能"水准的下滑，尤其是在草图设计以及解决设计和技术问题方面。

卡洛琳·G·琼斯，美国建筑师协会会员，LEED认证专家，慕维尼G2建筑设计咨询有限公司，主要负责人。

》建筑师们有积极变化的愿望和想法。他们必须在建造环境的这个位置上担任更多的领导角色，成为建造环境的声音和脸面。这个意思是说，好的设计是改善生活乃至整个星球的方式。行业的未来必须包含与公众和政策制定者之间建立起更好的联系。而后者恰是能够做出影响我们环境的重大决策的人。扩大建筑设计的定义和有效地表述它的重要性将是非常关键的。当然，科学技术将继续在建筑行业中扮演越来越重要的角色。但从根本上来说，这个行业将仍然受到各种人际关系、想法和思考的推动。

约瑟夫·梅奥，马赫勒姆建筑事务所，实习建筑师。

》年轻的建筑师们正在走出学校。他们对工艺和建筑构造更新了认识，并且对设计建造和那些正在创建的社区产生了日益浓厚的兴趣。我希望建筑专业能够认识到成为通才的重要性，重新找回曾经缔造优秀建筑作品过程中，不可或缺的角色和地位。

格瑞斯·H·金，美国建筑师协会会员，图式工作坊负责人。

❯建筑师们正在变得越来越专业化。这对整个行业来说不一定是有利的。

林西·简·基梅尔·索雷尔，美国建筑师协会会员，LEED 认证专家。周边建筑师事务所负责人。

❯建筑设计中的复杂方式以及建筑师的头脑如何产生各种设计想法，这都将成为很多行业的宝贵资产，甚至是设计领域以外的专业。引导建筑设计过程所适用的批判性思维和战略性规划方式将成为主流，这使建筑师同时成为其他行业的一笔财富。能够影响城市发展的政府部门和大型企业的运营部门，正在以一种非传统的方式欢迎建筑师参与其中，以帮助设立其业务和战略的核心议题。就像设计决策将如何影响空间或物体的利用方式一样，建筑师的思维可以设计出一种业务构建的方式，以使人们能用更高效和更流畅的方式进行操作。

梅甘·S·朱席德，美国建筑师协会会员，所罗门·R·古根海姆博物馆和基金会，基础设施及办公室服务部经理。

❯我希望，我们能够看到许多建筑公司在继续提供那种超越建筑物设计本体的服务。如果没有提供这些作品，我们的客户和公众就不可能意识到建筑师的技能在建筑设计以外的价值。如果我们不这样做，其他相关专业的人员将继续利用这些机会来扩大服务，从而使建筑设计的内涵变得更为狭隘，并继续削减我们的价值。

艾希礼·W·克拉克，美国建筑师协会初级会员，LEED 认证专家，美国兰德设计公司销售经理，市场营销专业服务协会会员。

❯经过了那段能够创造纪念性伟大建筑的时代之后，这个步履蹒跚的职业开始变得低迷而无关紧要。从这时起，这个职业就开始提倡设计的价值，以及如何通过设计市政系统、空间和场地来改善我们的公民、社区和城市生活。随着建筑师们所具有的协同和综合思考的技能被应用于新的领域，建筑设计行业将继续扩大对设计领域的影响力。

州立街村－伊利诺伊理工学院校园（State Street Village － Campus of Illinois Institute of Technology），芝加哥，伊利诺伊州。
建筑设计：墨菲·扬建筑师伙伴事务所。
建筑摄影：李·W·沃尔德雷普博士。

凯瑟琳·达尔施塔特，美国建筑师协会会员，LEED 建筑设计与结构认证专家，拉滕特设计事务所创始人兼首席建筑师。

❭ 建筑设计作为一种职业正在发生着改变。我们不仅只关注处于孤立和狭隘的感觉之中的建筑物而已。文脉、环境、社会影响和资金来源，都是这个行业中的重要方面。建房子的理由与建造房屋的方式一样重要。

麦肯齐·洛卡特，哥伦比亚大学，建筑学硕士研究生在读。

❭ 这不仅关乎地球，也关乎整个人类。下一代的设计师们正面临这样一个世界，那就是绿色建筑设计日益成为人们的一种基本价值观，人口的变化和弹性等问题也处于众说纷纭的风口浪尖。建筑师们有巨大的能力来改善人们的生活。那些在建筑设计中参与程度最小的人群，实则会因建筑师的设计工作，得到最大的福祉和影响。我们的那些多元化的关注技能，使我们获得了难以置信的影响力。作为一个国家，我们需要利用建筑师的创造力，来寻找到一条通往决策和解决问题的最前沿的道路。对建筑师来说，由于我们是一些公共艺术家，因此我们有责任在可持续环境和社会环境方面将自己的工作做得更好。

罗珊娜·B·桑多瓦尔，美国建筑师协会会员，帕金斯 + 威尔事务所资深设计师。

注释

1. 《未来工作技能 2020》。凤凰城（Phoenix），亚利桑那州（AZ）：凤凰城大学研究院未来研究所（Institute for the Future for University of Phoenix Research Institute），2011 年。
2. 绿色建筑认证研究所（Green Building Certification Institute），2009 年。2013 年 8 月 31 日检索自 www.gbci.org。
3. 罗里·海德，《未来的实践》（Future Practice）。纽约：劳特利奇出版社（Routledge），2012 年。
4. 《整合项目交付模式指南》（Integrated Project Delivery: A Guide）。华盛顿哥伦比亚特区：美国建筑师协会，2007 年。
5. 詹姆斯·克拉默（James Cramer），《世界上那些大大小小的成功》（Global Success Comes in All Sizes, 2012）。2013 年 5 月 19 日检索自 www.di.net/articles/global-success-comes-in-all-sizes/
6. 詹姆斯·P·克拉默和斯科特·辛普森，《下一位建筑师：未来设计的新转折点》（The Next Architect: A New Twist on the Future of Design）。诺克罗斯（Norcross），佐治亚州（GA）：格林威通讯出版社（Greenway Communications），2007 年。

附录 A

建筑师的实用资源

　　以下是一些或许有助于你成为一名建筑师的专业协会、推荐阅读和网站。在任何情况下，你都应该与他们进行联系以获取到更多的信息。许多协会都有一些对你大有裨益的州或地方分会。

独立的组织机构

美国建筑师协会、美国建筑学生协会、建筑院校联合会、国家建筑学认证委员会和国家建筑注册委员会，这是五个通常被称为最重要的互不隶属的独立组织机构。它们代表了建筑师、学生、教育工作者、认证机构和国家注册委员会等方面的一些主要参与者。

美国建筑师协会（The American Institute of Architects，AIA）

华盛顿特区西北部纽约大道 1735 号（1735 New York Ave., N.W., Washington, DC），20006

（202）626-7300，网址为 www.aia.org。

在近 300 个地方和州分会中，美国建筑师协会拥有 8 万多名会员。美国建筑师协会是建筑领域中最大的专业协会；它的使命是通过建造环境来促进和提高人们的专业水准和生活水平。

美国建筑学生协会（American Institute of Architecture Students，AIAS）

华盛顿特区西北部纽约大道 1735 号（1735 New York Ave., N.W., Washington, DC），20006

（202）626-7472，网址为 www.aias.org。

美国建筑学生协会的使命是为了能够更好地促进建筑学的教育、培训和实践；培养人们在建筑学和相关学科方面的鉴赏能力；本着合作精神来丰富社区生活；组织建筑学生们，结合着自己的力量来推进建筑艺术与科学的发展。

建筑院校联合会（Association of Collegiate Schools of Architecture，ACSA）

华盛顿特区西北部纽约大道 1735 号（1735 New York Ave., N.W., Washington, DC），20006

（202）785-2324，网址为 www.acsa-arch.org。

建筑院校联合会是代表美国和加拿大境内 100 多所提供建筑学认证专业学位的建筑院校的会员组织。它的使命是通过会员学校、教师和学生们的支持和联合来推进建筑学教育的发展。

国家建筑学认证委员会（National Architectural Accrediting Board，NAAB）

华盛顿哥伦比亚特区康涅狄格大道西北 1101 号 410 室（1101 Connecticut Ave., N.W., Suite 410, Washington, DC）20036

（202）783-2007，网址为 www.naab.org。

国家建筑学认证委员会是授权认证美国建筑学专业学位的唯一机构。虽然从经过国家建筑学认证委员会认证的院校毕业并不能确保他们获得从业执照，但认证的过程是为了验证每个经过认证的学位，实际上都符合从整体上培养合格建筑师的标准这一愿景。

国家建筑注册委员会（National Council of Architectural Registration Boards，NCARB）

华盛顿特区 K 街 1801 号 700 K 办公室（1801 K St., Ste. 700-K, Washington, DC），20006

（202）783-6500，网址为 www.ncarb.org。

国家建筑注册委员会是由 55 个州、地方和地区组成的注册委员会。这些委员会负责对建筑师们下发从业执照，组织进行建筑师注册考试，以及在两个州之间进行设施建设的专业人员发放认证许可。

与建筑专业相关的协会

阿尔法罗池（Alpha Rho Chi，APX）

www.alpharhochi.org

阿尔法罗池（APX）是唯一一个男女兼收的全美性建筑师职业社交兄弟会。它鼓励人们在建筑学和同类艺术的研究方面建立更亲密的交际和激发更广大的兴趣。

美国建筑基金会（American Architectural Foundation，AAF）

（202）787-1001，www.archfoundation.org

针对个人和社区，美国建筑基金会开展了大量的教育培训活动。基金会告诉人们，建筑专业有能力改变人们的生活状态，以及改善我们居住、学习、工作和娱乐的设施和场所。通过一些拓展项目、基金、奖学金和教育资源等，美国建筑学基金会鼓励人们在建筑环境方面成为深思熟虑和脚踏实地的管理者。

美国印第安建筑师和工程师理事会（American Indian Council of Architects and Engineers）

www.aicae.org

美国印第安建筑师和工程师理事会提升了北美本土职业工程师、建筑师和设计专业人员在生产实践中的重要作用，并鼓励他们提高自己的专业技能，从而更好地从事和追求他们的工程师、建筑师和设计专业人员的职业生涯。

美国建筑图纸学会（American Society of Architectural Illustrators，ASAI）

（760）453-2544，www.asai.org

美国建筑学图纸学会是一个国际性的非营利性组织，它致力于对建筑图纸的艺术性、科学性和专业性进行提升和认可。通过沟通、教育和宣传，该协会努力地强化图纸在建筑设计实践和鉴赏中的作用。

美国高尔夫球场建筑师协会（American Society of Golf Course Architects）

（262）786-5960，www.asgca.org

美国高尔夫球场建筑师协会由美国和加拿大顶级的高尔夫球场的设计师组成。这些建筑师们积极地参与到一些新项目的设计和老球场的改造。

美国西班牙裔建筑师组织（Arquitectos）

西班牙裔职业建筑师协会（The Society of Hispanic Professional Architects），www.arquitectoschicago.org

美国西班牙裔建筑师组织的存在是为了促进建筑专业和经济的发展、发展会员和进行社区援助，并通过不同的文化视角和实践来进一步丰富整个建筑行业。

美国亚裔建筑师和工程师协会（Asian American Architects and Engineers Association，AAa/e）

（213）896-9270，www.aaaesc.com

美国亚裔建筑师和工程师协会致力于提供一个平台，以帮助那些在建筑背景中专注于个人和专业成长、业务发展和网络建设以及社区领导的专业人士。

计算机辅助建筑设计协会（The Association for Computer-Aided Design in Architecture，ACADIA）

www.acadia.org

计算机辅助建筑设计协会成立于20世纪80年代初，是一个由数字化设计开发研究人员和专业人士组成的国际性网络组织。他们极大地推动了有关于计算机软件在建筑设计、城市规划和建筑科学中的作用，以及相关的关键性调查，并鼓励运用计算机辅助设计在设计创意、可持续发展和建筑教育方面进行创新。

高校建设建筑师协会（Association of University Architects）

www.auaweb.net

这个特殊的建筑专业人士的团体，专注于大学校园的发展和提高。高校建设建筑师们规划着校园的未来，精心建造和更新着各种校园设施以满足当前的需求。

新都市主义大会（Congress for the New Urbanism，CNU）

（312）551-7300，www.cnu.org

新都市主义大会是一个基于邻里单元而进行综合开发，创建可持续社区，以及提升生活品质的先锋组织。

国家环境设计研究院（National Academy of Environmental Design，NAED）

www.naedonline.org
国家环境设计研究院提供完成复杂研究项目所需的领导力和专业知识，如气候变化、资源枯竭和能源安全等内容。

美国少数族群建筑师组织（National Organization of Minority Architects，NOMA）

（202）686.2780，www.noma.net
美国少数群体建筑师组织的使命是建立起一个强大的全美性组织、一些强大的分会组织以及培育出一些强有力的会员，以减少种族主义在我们这个行业中的影响。

加拿大皇家建筑学协会（Royal Architectural Institute of Canada）

（613）241-3600，www.raic.org
加拿大皇家建筑学协会成立于 1907 年，旨在提高人们对建筑行业在加拿大人身体和文化福祉方面所作出贡献的认识和欣赏。

美国注册建筑师协会（Society of American Registered Architects，SARA）

（888）385-7272，www.sara-national.org
美国注册建筑师协会成立于 1956 年，为得到执业许可的建筑师们提供了一个专业的交谊场所。它将建筑师们作为一个整体的声音团结在了一起，以共同来改善这个行业的状态；促进全人类的进步和环境的可持续性发展；培育"建筑师互助"（Architect Helping Architect）的黄金法则。

陶·西格马·德尔塔（Tau Sigma Delta）

www.tausigmadelta.org
陶·西格马·德尔塔是向所有美国高校的学生开放的一个全美性的大学生荣誉学会。人们在学会里建立了一个经过认证的建筑学、景观设计或相关艺术的课程项目。该学会从其座右铭"Technitai Sophoikai Dexioti"中每个单词的第一个字母那里得到其由希腊字母组成的名字：陶（Tau）、西格马（Sigma）和德尔塔（Delta）。格言的意思是"工匠精神、熟练而训练有素"。

国际建筑师联合会（Union of International Architects，UIA）

33（1）45 24 36 88
www.uia-architectes.org
国际建筑师联合会是一个国际性非政府组织，于 1948 年在瑞士西南部的洛桑（Lausanne）成立。该机构旨在联合全球所有国家的建筑师，无论其国籍、种族、宗教、建筑学派如何以及是否加入了自己国家的协会组织。通过 92 个联合会会员部门的国家级建筑学协会，国际建筑师联合会（UIA）代表了全球的 100 多万名建筑师。

美国绿色建筑委员会（United States Green Building Council，USGBC）

（800）795-1747，www.usgbc.org
美国绿色建筑委员会是一个非营利组织。它致力于通过高效节能的绿色建筑，为国家创造一个繁荣和可持续性的未来。

相关职业协会

建筑历史

建筑历史学家协会（Society of Architectural Historians，SAH）

（312）573-1365，www.sah.org
建筑历史学家协会成立于 1940 年。它致力于促进对全世界的建筑、设计、景观和都市特点进行研究、阐释和保护，造福于所有学者的工作。

建筑结构

美国建筑教育委员会（American Council for Construction Education，ACCE）

（210）495-6161，www.acce-hq.org
美国建筑教育委员会是全球领先的高质量建筑教育项目的倡导者，并积极推广、支持和认证高质量的建筑教育课程。

建筑学和建筑结构联盟（Architecture + Construction Alliance，A+CA）

www.aplusca.org

建筑学和建筑结构联盟的使命是促进学校之间的合作，致力于在建筑设计和建筑结构领域促进跨学科的教育和研究工作，并聘请领先的专业人士和教育工作者来支持这些工作。

建筑学校联合会（Associated Schools of Construction）

（970）988-1130，www.ascweb.org
建筑学校联合会是一家对建筑结构教育进行开发和推进的专业协会，它旨在分享思想、知识的启发和引导，促进优秀的课程、教学、科研和服务。

美国建造管理协会（Construction Management Association of America，CMAA）

（703）356-2622，www.cmaanet.org
美国建造管理协会促进了施工过程管理的专业性和精益求精的敬业精神。该协会正在引领建造管理的发展和被人们认可的程度。作为一个专业学科，其可以为从构思到正在进行操作的整个施工过程增加重要的价值。

建筑规范研究协会（Construction Specifications Institute，CSI）

（800）689-2900，www.csinet.org
建筑规范研究协会推进项目团队的建筑信息管理和教育，以提高设施的性能。

美国妇女工程协会（National Association of Women in Construction，NAWIC）

（800）552-3506，www.nawic.org
美国妇女工程协会成立于1953年。它致力于通过建筑的教育、职业生涯、未来展望和生活方式来提高建筑业女性的成功率。

平面设计、工业设计、家具设计和照明设计

美国设计委员会（American Design Council）

（212）807-1990，www.americandesigncouncil.org
美国设计委员会是一个由各个专业协会组成的联盟。它的志趣在于推出一个大家都能共享的议程，来促进实际工作中的设计。

美国平面艺术研究协会（American Institute of Graphic Arts，AIGA）

（212）807-1990，www.aiga.org
美国平面艺术研究协会是设计专业人员们第一时间交流内部思想和信息，参与批判性分析和研究，推进教育和道德实践的专业设计协会。

美国家具设计师协会（American Society of Furniture Designers，ASFD）

（910）576-1273，www.asfd.com
成立于1981年的美国家具设计师协会，是唯一一家致力于推动、改进和支持家具设计行业及其在市场上产生积极影响的国际性非营利性专业组织。

美国工业设计师协会（Industrial Designers Society of America，IDSA）

（703）707-6000，www.idsa.org
美国工业设计师协会是工业设计行业的喉舌，它提升了工业设计的质量和积极影响。

国际照明设计师协会（International Association of Lighting Designers，IALD）

（312）527-3677，www.iald.org
国际照明设计师协会成立于1969年。该机构促进成员在照明设计的实践方面，取得了卓有成效的巨大成就。

环境平面设计协会（Society for Environmental Graphic Design，SEGD）

（202）638-5555，www.segd.org
环境平面设计协会的存在就是为了教育、联合和激励全球的、多学科社团的专业人员们。他们规划、设计并建立了人与场所之间的联系。

历史建筑保护

遗产文献项目办公室（Heritage Documentation Programs，HDP）

美国国家公园管理局内政部（National Park Service, Department of the Interior）
（202）354-2135，www.nps.gov/history/hdp
作为国家公园管理局的一部分，遗产文献项目办公室负责

管理联邦政府中历史最悠久的保护项目，涉及美国历史建筑调查（Historic American Buildings Survey，HABS），以及配套项目美国历史工程记录（Historic American Engineering Record，HAER），美国历史景观调查（Historic American Landscapes Survey，HALS）和文化资源地理信息系统（Cultural Resources Geographic Information Systems，CRGIS）等。

美国遗产保护教育理事会（National Council for Preservation Education，NCPE）

www.ncpe.us
美国遗产保护教育理事会鼓励和协助在美国以及其他地区开展和改进一些历史性保护教育项目和工作。

国家历史保护信托基金会（National Trust for Historic Preservation）

（202）588-6000，www.preservationnation.org
国家历史保护信托基金会是一家私人资助的非营利性组织。这里提供领导、教育和宣传工作，以拯救美国那多元化的历史名胜古迹和振兴我们的社区。

室内设计

美国室内设计师协会（American Society of Interior Designers，ASID）

（202）546-3480，www.asid.org
美国室内设计师协会是一个致力于促进室内设计的设计人员、行业代表、教育工作者和学生联合的社团。

室内设计认证委员会（Council for Interior Design Accreditation）

（616）458-0400，www.accredit-id.org
室内设计认证委员会主要通过三项活动来确保室内设计教育的高质量水准。首先是制定高校室内设计教育的标准；再者是对高校室内设计课程进行评估和认证；最后是促进室内设计界所有利益相关者进行沟通和合作。

室内设计教育者委员会（Interior Design Educators Council，IDEC）

（317）328-4437，www.idec.org
室内设计教育者委员会推进室内设计的教育、奖学金和服务工作。

国际室内设计协会（International Interior Design Association，IIDA）

（888）799-4432，www.iida.org
国际室内设计协会致力于通过优秀的室内设计来提升生活品质，并通过知识来推进室内设计的发展。

城市规划和景观设计

美国规划协会（American Planning Association，APA）

（202）872-0611，www.planning.org
美国规划协会汇集了成千上万的执业规划工作者、公民、民选官员，致力于发展伟大的社区。

美国景观设计师协会（American Society of Landscape Architects，ASLA）

（202）898-2444，www.asla.org
成立于 1899 年的美国景观设计师协会，是代表园林建筑师的全美性专业协会。美国景观设计师协会细致入微地领导、教育和参与对文化和自然环境的管理、计划和设计。

美国规划院校联合会（Association of Collegiate Schools of Planning，ACSP）

（850）385-2054，www.acsp.org
美国规划院校联合会是一个以大学为基础的项目联盟，它能够提供城市和地区规划方面的资质。

景观设计学注册委员会（Council of Landscape Architectural Registration Boards，CLARB）

（703）319-8380，www.clarb.org
景观设计学注册委员会致力于确保所有通过景观设计实践来影响自然和建造环境的个人，都有足够的资格去做这项工作。

技术和工程

工程技术认证委员会（Accreditation Board for Engineering and Technology, Inc.，ABET）

（410）347-7700，www.abet.org

工程技术认证委员会是一家非营利性的非政府组织，它负责对应用科学、计算机、工程和工程技术学科的院校课程进行认证。

美国声学学会（Acoustical Society of America ASA）

（516）576-2360，acousticalsociety.org

美国声学学会是首屈一指的国际性声学科学协会，它致力于增加和传播声学的知识以及其实际应用。

美国工程师学会联合会（American Association of Engineering Societies，AAES）

（202）296-2237，www.aaes.org

美国工程师学会联合会为致力于推进工程学知识、理解和实践的工程学的多学科组织。该联合会的会员协会代表了美国工程界的主流，在产业、政府和学术界拥有超过一百万的工程师。

美国土木工程师学会（American Society of Civil Engineers，ASCE）

（800）548-2723，www.asce.org

美国土木工程师学会的使命是通过开发领导力、推进技术、提倡终身学习和推动土木工程专业发展，为它的成员、会员的事业、合作伙伴和公众提供核心价值观。

美国专业工程师协会（National Society of Professional Engineers，NSPE）

（703）684-2800，www.nspe.org

全美专业工程师协会是拥有开业资质的专业工程师和实习工程师的组织，与一些州立的协会进行着密切合作。通过教育、鼓励获取执照、领导力培训、多学科联网和扩大服务范围，全美专业工程师协会提高了其成员的形象以及他们在道德和工程专业实践方面的能力。

建筑科学教育工作者协会（Society of Building Science Educators）

www.sbse.org

建筑科学教育工作者协会是一个在建筑设计和相关学科方面的大学教育家的团体。它在环境科学和建筑技术的教学方面表现卓越。

建筑教育相关组织机构

建筑、结构和工程导师培训项目（Architecture，Construction，Engineering Mentor Program，ACE Mentor Program）

（703）942-8101，www.acementor.org

建筑、结构和工程导师培训项目是对中学生进行指导培训，以鼓励他们去追求设计和建筑工程事业。

建筑和设计教育（Architecture & Design Education Network，A+DEN）

www.adenweb.org

建筑和设计教育是由美国建筑基金会和芝加哥建筑基金会共同创建的。该组织是在建筑和设计领域中，一些志同道合的组织的合作团体。其致力于为教师和学前班、小学、中学的学生们，提供一种具有创新性的建筑和设计教育。

建筑组织协会（Association of Architecture Organizations，AAO）

www.aaonetwork.org

建筑组织协会是一个以会员为基础的团体网络，连接着世界各地的许多组织机构。它致力于加强有关建筑学和设计的公众对话。

芝加哥建筑基金会（Chicago Architecture Foundation，CAF）

（312）922-3432，www.architecture.org

芝加哥建筑基金会致力于推进公众对建筑学和相关设计的兴趣和教育。因为除了建筑之外，没有任何艺术能够如此生动地表达芝加哥的现状和未来发展方向。芝加哥建筑基金会告诉公众，可以期待芝加哥的建筑环境达到一种最高标准。

建筑环境学习中心（CUBE: Center for Understanding the Built Environment）

（520）822-8486，www.cubekc.org

建筑环境学习中心将教育工作者与社区合作伙伴联系起来，以实现变革。这将形成一种高质量的建筑和自然环境，一种相互独立和相互依存的环境。

格雷厄姆高级艺术研究基金会（Graham

Foundation for Advanced Studies in the Fine Arts）

（312）787-4071，www.grahamfoundation.org
格雷厄姆基金会的使命是培养和丰富有关建筑学和建造环境的知情，以及创造性方面的公众对话。

设计学习会（Learning by Design）

转交波士顿建筑师协会（c/o The Boston Society of Architects）
（617）391-4000，www.architects.org/LBD
设计学习会是波士顿建筑师协会为学前儿童和中小学生进行的设计教育和设计意识课程的核心内容，旨在让孩子们有机会来表达他们对建筑和自然环境的有关想法。

美国国家建筑博物馆（National Building Museum）

（202）272-2448，www.nbm.org
美国国家建筑博物馆是国会的一项举措，是唯一一家致力于探索美国建筑的内容、人物、方式和原因的独特机构。国家建筑博物馆旨在通过提供那种能够更好地理解和塑造建筑环境所需要的具有各种技能的人，来扩大公众对建筑遗产的理解和欣赏。

社区服务

美国志愿队（Ameri Corps）

（202）606-5000，www.americorps.gov
美国志愿队是一个由许多国家服务项目组成的网络，每年有 5 万多名美国人参加集中服务，以满足在教育、公共安全、健康和环境等方面的一些关键需求。

建筑师、设计师和规划师的社会责任（Architects, Designers, and Planners for Social Responsibility, ADPSR）

（510）845-1000，www.adpsr.org
建筑师、设计师和规划师社会责任致力于和平、环境保护、生态建设、社会公正和健康社区的开发。

人类建筑学组织（Architecture for Humanity）

（415）963-3511，www.architectureforhumanity.org
人类建筑学组织用建筑学和设计来解决全球的、社会的和人道主义的各种危机。通过竞赛、研讨会、教育论坛、与援助组织的合作以及其他活动，人类建筑学组织为来自世界各地的建筑师和设计师们创造了众多的机会，以帮助一些有需求的社区。

社区设计协会（Association for Community Design，ACD）

www.communitydesign.org
成立于 1977 年的社区设计协会，是一个由许多个人、组织和机构组成的网络。它致力于提高规划和设计专业的能力，从而能够更好地为社区进行服务。社区设计协会为那些从事以社区为基础的设计和规划从业人员、教育工作者和组织机构提供服务和支持。

设计之队（Design Corps）

（919）637-2804，www.designcorps.org
设计之队成立于 1991 年，是一家私营的非营利性组织。它旨在协调设计服务，来帮助建造那些能够引起社会广泛关注的经济适用房。该组织鼓励设计师们要尊重居民、当地社区以及相关文化。他们的座右铭是，为建筑师之外那 98% 的人进行设计服务。

人类家园国际（Habitat for Humanity）

（229）924-6935，www.habitat.org
人类家园国际是一个非营利性的基督教住房部门。它致力于在美国和全球范围内的 20 多个国家内，为那些无家可归、居无定所的人建造或修缮房屋。

疯狂之家有限责任公司（The Mad Housers, Inc.）

（404）806-6233，www.madhousers.org
疯狂之家有限责任公司是一家总部位于亚特兰大的非营利性企业。它致力于慈善、研究和教育工作。他们的工作主要是为那些无家可归的个人和家庭建立临时性的应急避难场所，而无论种族、信仰、国籍、性别、宗教、年龄、家庭状况和性取向等。

美国和平队（Peace Corps）

保罗·道格拉斯·盖德尔美国和平队总部（Paul D. Coverdell Peace Corps Headquarters）
（855）855-1961，www.peacecorps.gov

美国和平队于 1961 年由约翰·F·肯尼迪（John F. Kennedy）总统建立。它与世界分享着美国最宝贵的资源，那就是美国人民。美国和平队的志愿人员们在非洲、亚洲、加勒比海（Caribbean）、美洲中部和南部、欧洲和中东的 72 个国家里进行服务。志愿者与当地社区成员们进行密切合作，在教育、青少年推广和社区发展、环境、信息技术等领域开展工作。

公共建筑学组织（Public Architecture）

（415）861-8200，www.publicarchitecture.org

公共建筑学组织成立于 2002 年，是一家非营利性的组织。它能够发现和解决一些建筑环境中与人类生活密切相关的实际问题。通过教育、宣传以及对公共场所和设施的设计，该组织成了公共话语的一种催化剂。

公共利益设计（Public Interest Design）

www.publicinterestdesign.org

公共利益设计是一个关于在设计和服务交汇处不断进行发展的博客。

玫瑰建筑奖学金项目（Rose Architectural Fellowship Program）

www.enterprisecommunity.com/rose-architectural-fellowship

恩特普赖斯玫瑰建筑奖学金为那些全美最优秀的早期职业建筑师提供了一些经过精心选择的机会，以在可持续社区设计工作中获取第一手培训和经验。

社会经济环境设计（Social Economic Environmental Design，SEED）

www.seed-network.org

社会经济环境设计（SEED®）是一家原则性很强、有许多个人和组织参与的网络。它致力于建立和支持公民责任文化，参与在建造环境和公共领域中进行的活动。

推荐阅读

大学建筑学院联合会编辑，2009 年。《建筑院校指南》（Guide to Architecture Schools），第 8 版。华盛顿特区：建筑学院联合会出版社（Association of Collegiate Schools of Architecture）。国际标准书号

（ISBN）0-935-50269-5。

《建筑院校指南》为寻求建筑学教育的个人提供了宝贵的资源，主要内容是汇集了对 100 多所大学的描述。这些大学提供了经过认证的建筑学位项目。此外，该书还对建筑学教育的历史概况、中学的准备、学校的选择、建筑专业实践和认证进行了简单的介绍。

凯瑟琳·安东尼（Anthony, Kathryn），2001 年。《设计的多样性：建筑学行业中的性别、人种和种族》（Designing for Diversity: Gender, Race, and Ethnicity in the Architectural Profession）。香槟，伊利诺伊州：伊利诺伊大学出版社（University of Illinois Press）。国际标准书号 0-252-02641-1。

在这本具有里程碑意义的书籍里，提出了与建筑学专业相关的多元化问题。正如一位评论者所说的那样，这是本一定要阅读的书籍。

凯瑟琳·安东尼（Anthony, Kathryn），1991 年。《尝试中的设计评判：设计工作室的复兴》（Design Juries on Trial: The Renaissance of the Design Studio）。纽约市，纽约州：范·诺斯特兰德·瑞因霍德出版社（Van Nostrand Reinhold）。国际标准书号 0-442-00235-1。

《尝试中的设计评判》打开了通往设计评判制度的大门。这本书揭露了隐藏其后的议程，并有助于你克服恐惧、对抗情绪和挫折感。该书告诉人们如何去提高向评判委员会提交设计方案的成功率，无论是在学术环境、竞赛、授予项目还是专业报告之中。

人类建筑学组织（Architecture for Humanity），2012 年。《你这该死的设计：从根本上所建立起来的变化》（Design Like You Give a Damn [2]: Building Change from the Ground Up）。纽约市，纽约州：大都会图书出版社（Metropolis Books）。国际标准书号 0-810-99702-9。

《你这该死的设计》是一本来自世界各地的创新性项目的汇编，展示了设计改善生活的力量。

布莱恩·贝尔（Bell, Bryan），2003 年。《美好的行为和优秀的设计：通过建筑设计而进行的社区服务》（Good Deeds, Good Design: Community Service Through Architecture）。普林斯顿（Princeton）：普林斯顿建筑

学出版社（Princeton Architectural Press）。国际标准书号 1-568-98391-3。

《美好的行为和优秀的设计》展示了在这个正在兴起的运动中，对服务于更广泛人群的建筑设计的最新思想和实践。在本书中，建筑公司、社区设计中心、设计建造项目和主要从事于服务的一些组织机构，为其他那 98% 的人们提供了他们的建筑计划。

布莱恩·贝尔（Bell, Bryan）和凯蒂·韦克福德（Wakeford, Katie）编辑，2008 年。《拓展中的建筑学：激进主义的设计》（Expanding Architecture: Design as Activism）。纽约市，纽约州：大都市图书出版社（Metropolis Books）。国际标准书号 1-933-04578-7。

《拓展中的建筑学》展现出新生一代的建筑师们，为了能够为更广大的公众服务和获取更大的利益而进行的创造性设计。面对着设计如何来改善日常生活这样的质疑，编者布赖恩·贝尔和凯蒂·韦克福德为我们绘制出了一幅建筑学激进主义的新兴地理学图，或者被称为"公共利益建筑学"。在功能上，这类似于与公共利益有关的法律或医学，其往往是通过精英客户群来扩大建筑学的运作的。

比齐奥·乔治娅（Bizios, Georgia）和凯蒂·韦克福德（Wakeford, Katie），2011 年。《缩小差距：公益性实习》（Bridging the Gap: Public Interest Internships）。由作者自行出版的。

《缩小差距》共收录了 19 篇文章，汇集了目前关于公益性建筑专业实习的最佳实践和思考，以及所倡导的新模式。这些新模式将彻底地改变建筑行业和我们的社区。

欧内斯特·L·波伊尔（Boyer, Ernest L.）和李·D·米特冈（Mitgang, Lee D），1996。《建筑社区：建筑教育与实践的新未来》（Building Community: A New Future for Architecture Education and Practice）。普林斯顿，新泽西州：卡内基教学促进基金会（Carnegie Foundation for the Advancement of Teaching）。国际标准书号 0-931-05059-6。

受建筑专业五个互不隶属的组织机构的委托，这项独立的研究将焦点集中于建筑教育和实践上。它在结论中提出了复兴建筑学的七项基本目标或计划。

约翰·卡里（Cary, John），2010 年。《无偿性专业服务的力量：建筑师及其客户们进行公益性设计的 40 个故事》（The Power of Pro Bono: 40 Stories about Design for the Public Good by Architects and Their Clients）。纽约市，纽约州：大都市图书出版社（Metropolis Books）。国际标准书号 978-1-9352-0218-9。

本书介绍了全美各地的 40 个无偿性专业服务设计项目，其均来自建筑师和那些非营利客户们的第一人称视角，所选作品分为艺术、公民、社区、教育、健康和住房六大类。

程大锦（Ching, Francis D.K）[①]，2012。《建筑学导论》（Introduction to Architecture）。霍博肯（Hoboken），新泽西州（NJ）：约翰·威利家族出版公司（John Wiley & Sons）。国际标准书号 1-118-14206-3。

该书介绍了程大锦（Ching, Francis）为那些进入到设计和建筑学领域的新手所准备的基本内容和图画；也为未来的专业人员讲述了建筑学和相关学科的经验和实践。

程大锦（Ching, Francis D.K），2007。《建筑：形式、空间和秩序》（Architecture: Form, Space & Order）。霍博肯（Hoboken），新泽西州：约翰·威利家族出版公司（John Wiley & Sons）。国际标准书号 0-471-28616-8。

这种经典的视觉参考资料，有助于学生和开业建筑师们通过检查建筑环境中的形式和空间排列方式，熟悉那些建筑学设计方面的基本词汇。程大锦教授用他的那些经过了细致标注的图画，展示了历代和跨越文化界限的建筑学基本元素之间的相互关系。

詹姆斯·P·克莱默（Cramer, James P.）和斯科特·辛普森（Simpson, Scott），2007 年。《下一个建筑师：未来设计的新转折点》（The Next Architect: A New Twist on the Future of Design）。诺克罗斯

---

① 程大锦：美国注册建筑师，西雅图华盛顿大学建筑系荣誉教授。他曾出版过多部阐释建筑学与设计基础知识的畅销书。其中包括《世界建筑学史》（A Global History of Architecture）、《图解建筑学辞典》（A Visual Dictionary of Architecture）、《建筑学绘图》（Architecture Graphics）、《图解室内设计》（Interior Design Illustrated）、《图解建筑构造》（Building Construction/frustrated）等。他的英文著述被翻译成中国、法国、德国、俄罗斯、意大利、日本、韩国、西班牙、葡萄牙、挪威、希腊、土耳其、泰国、印度尼西亚、马来西亚等国的共计 16 种语言，在世界各地广为传播。——译者注

（Norcross），佐治亚州：格林威通讯出版社（Greenway Communications）。国际标准书号 0-975-56548-6。
《下一个建筑师》将重新审视我们那快速发展的职业。首先，该文建议每个人都是一位建筑师，他们都有能力和权力帮助大家来塑造这个未来的世界。明天的那些成功的从业者们必须要熟练掌握协作设计技术，并且能够以良好的速度工作。此书对下一代设计专业人才提出了挑战。他们应该充分利用自己的才能，去建立一个更好、更健康和更繁荣的世界。

丹娜·卡夫（Cuff, Dana），1991 年。《建筑设计：实践的故事》（Architecture: The Story of Practice）。波士顿，马萨诸塞州：麻省理工学院出版社（MIT Press）。国际标准书号 0-262-53112-7。
在这本书中，丹娜·卡夫深入研究了建筑师们的日常工作世界，揭示了错综复杂的社会性设计艺术。结果是为我们塑造了一个全新的职业形象，展示出成为一名建筑师将意味着什么；如何解释和解决设计问题；客户和建筑师们如何进行谈判，以及如何设计出杰出的顶尖作品。

桑德拉·莱博维茨·厄尔利（Earley, Sandra Leibowitz），2005 年。《生态设计与建筑学校》（Ecological Design and Building Schools）。奥克兰（Oakland），加利福尼亚州：新农村出版社（New Village Press）。国际标准书号 0-976-60541-4。
这本综合性的指南是北美唯一的同类目录，其中列出了提供生态建筑学和建造课程的学校和教育中心。这份指南还包括了可持续性设计教育的十年概述、比较性的学校课程表、教师的名单、绿色建筑组织、选定的教科书和可以参加的公开课程等。

马修·弗雷德里克（Frederick, Matthew），2007 年。《我在建筑学院学到的 101 件事》（101 Things I Learned in Architecture School）。剑桥城，马萨诸塞州：麻省理工学院出版社（MIT Press）。国际标准书号 978-0-262-06266-4。
正如书套上所说，这是一本建筑学的学生们想要留在工作室和背包中的书，也是一本人们非常需要的建筑学素养入门教材。

贝丝·金斯伯格（Ginsberg, Beth），2004 年。《有所作为的生态产业（ECO）职业指南：可持续性世界的环境工作》（The ECO Guide to Careers that Make a Difference: Environmental Work for a Sustainable World）。华盛顿特区：岛屿出版社（Island Press）。国际标准书号 1-55963-967-9。
本出版物概述了一些职业的选择和机会，并指出了将来的发展就业趋势，因为环境社区期待着二十一世纪的迫切需要。

罗里·海德（Hyde, Rory），2012 年。《未来的实践：建筑专业边缘的对话》（Future Practice: Conversations from the Edge of Architecture）。纽约市，纽约州：劳特利奇出版社（Routledge）。
在与这些从业者的对话中，引出了建筑学、政治、激进主义、设计、教育、研究、历史、社区参与以及更多的领域，它代表着设计师们将在这每一个领域中扮演新兴的角色。

格瑞丝·基姆（Kim, Grace），2006 年。《建筑学实习和职业发展的生存指南》（The Survival Guide to Architectural Internship and Career Development）。霍博肯（Hoboken），新泽西州：约翰·威利家族出版公司（John Wiley & Sons）。国际标准书号 0-471-69263-8。
这是一本简明扼要但又是非常有用的指南。它有助于你去理解将要面临的从学生到从业者道路上的选择和决定。无论你是一名建筑系学生、正在实习、参加注册登记考试，还是开始创办自己的企业，本书都会为你揭开这些程序的神秘面纱。

斯普里奥·科斯托夫（Kostof, Sprio）编，1977 年。《建筑师》（The Architect）。纽约市，纽约州：牛津大学出版社（Oxford University Press）。国际标准书号 0-195-04044-9。
这是一本由历史学家和建筑师们收集的散文集。从古埃及开始到现代化的今天，建筑师们都在探索和研究着建筑学专业。

罗杰·K·刘易斯（Lewis, R.K），2013。《建筑师？一本坦率的专业指南》（Architect? A Candid Guide to the Profession）。波士顿，马萨诸塞州：麻省理工学院出

版社。国际标准书号 9-780-26251884-0。

本书分为三个部分：首先为"是或不是建筑师"（To Be or Not To Be … an Architect,）；第二部分为"成为一名建筑师"（Becoming an Architect）；最后是"作为一名建筑师"（Being an Architect）。作者提供了一种内在的视角来看待这个职业和其教育过程，并且权衡成为一名建筑师的利弊。本书由马里兰大学建筑学名誉教授罗杰·K·刘易斯撰写。对于一位有抱负的建筑师来说，该书是一本非常优秀的读物。

哈罗德·林顿（Linton, Harold），2012 年。《作品集的设计》（Portfolio Design），第四版。纽约市，纽约州：W·W·诺顿有限责任公司（W.W.Norton & Company, Inc）。国际标准书号 978-0-393-73253-5。

这本书比任何其他书都更多地提供了关于创建、准备和制作作品集的关键性信息，而作品集是建筑学系学生申请研究生课程或找工作所必须要准备的东西。

托比约恩·曼（Mann, Thorbjoern），2004 年。《建筑师和设计师的时间管理：挑战和补救》（Time Management for Architects and Designers: Challenge and Remedies）。纽约市，纽约州：W·W·诺顿有限责任公司（W.W.Norton & Company, Inc）。国际标准书号 0-393-73133-2。

本书致力于解决设计师们面临的那特殊时间管理的问题。它为学生和专业人士们提供指导，以帮助他们认识和理解这些问题，并制定出克服这些问题的有效策略。

伊格尔·马里亚诺维奇（Marjanovic，Igor），卡捷琳娜·鲁埃迪·雷（Ruedi Ray, Katerina）和纳-诺-诺利·勒克（Lokko, Lesley Naa Norle），2003 年。《作品集：一位建筑学生的手册》（The Portfolio: An Architecture Student's Handbook）。牛津，英国：建筑出版社（Architectural Press）。国际标准书号 0-7506-5764-2。

本书为创建包含大小尺寸、存储、设计和顺序等问题的作品集提供了实用性的建议。此外，可以通过能够采取的各种形式，如电子作品集、学术作品集和专业作品集来对学生们进行指导。该书建议采用不同的方法和不同的媒体来进行制作，以创造出最优秀的作品集。

伊格尔·马里亚诺维奇（Marjanovic, Igor），卡捷琳娜·鲁埃迪·雷（Ruedi Ray, Katerina）和简·坦卡德（Tankard Jane），2005 年。《实践经验：建筑学学生的年度实习指南》（Practical Experience: An Architecture Student's Guide to Internship and the Year Out）。牛津，英国：建筑出版社。国际标准书号 0-7506-6206-9。

为了让你对专业经验有一个真正的了解，本指南包括了许多真实的案例研究。这些案例来自那些有过这些体验的学生以及他们的实践经历。这本书指导你通过那些寻找实习岗位的各个步骤，概述了不同国家的实习规范和期望，并讨论了事务所行为和职业道德的法规。

马森葛·詹妮弗（Masengarb, Jennifer）和科瑞珊·雷宾（Rehbien, Krisann），2007 年。《建筑学手册：了解建筑的学生指南》（The Architecture Handbook: A Student Guide to Understanding Buildings）。芝加哥，伊利诺伊州：芝加哥建筑学基金会（Chicago Architecture Foundation）。国际标准书号 0-962-05627-8。

该书侧重于住宅建筑学的设计和建造。通过一些实践活动，《建筑学手册》讲授了建筑学设计和技术绘图的基础知识。学生们还能够通过小组设计项目、素描、模型制作、绘图、研究、批判性思维、解决问题和课堂演讲来建立知识体系和获得各种技能。

琼·奥克曼（Ockman, Joan）和丽贝卡·威廉姆森（Williamson, Rebecca），2012 年。《建筑学校：三个世纪的北美教育建筑师》（Architecture School: Three Centuries of Educating Architects in North America. Cambridge）。坎布里奇（Cambridge），马萨诸塞州：麻省理工学院出版社（MIT Press）。

这本在大学建筑学院联合会百年纪念时出版的书籍，提供了北美建筑教育的全方位历史。

詹姆斯·F·奥戈曼（O'Gorman, James F），1998 年。《建筑初步》（ABC of Architecture）。费城，宾夕法尼亚州：宾夕法尼亚大学出版社（University of Pennsylvania Press）。国际标准书号 0-812-21631-8。

《建筑初步》是人们目前可以得到的，一本了解建筑学结构、历史和评论的非技术性入门读物。从建筑学产生的最基本的灵感，也就是人们对于遮风挡雨的需要，到对空间、系统和材料的探索，以及最后对建筑学语言和历史的考察，作者詹姆斯·F·奥戈曼对这些问题都进行了连贯而不漏痕迹的叙述和讨论。

罗茜·帕内尔（Parnell, Rosie）和瑞秋·萨拉（Sara, Rachel），2007。《出手不凡：建筑学生手册》（The Crit: An Architecture Student's Handbook）。牛津, 英国：建筑出版社。国际标准书号 0-7506-8225-6。
在这个全新版本的书籍里，包括对教师们的一些建议性指导意见，即在一个范围广泛的学习方式中如何去形成一种出手不凡的教学效果，以确保这个过程是建设性的，其对所有建筑学和设计领域的学者们都有所裨益。

道格·帕特（Patt, Doug），2012 年。《如何成为建筑师》（How to Architect）。剑桥城，马萨诸塞州：麻省理工学院出版社。国际标准书号 978-0-262-51699-0。
道格·帕特是一位建筑师和一系列广受欢迎的关于建筑学的在线视频的创作者。在《如何成为建筑师》一书中，他以英文字母 A 到 Z 的形式介绍了建筑学的基础知识。该书以 "A 就是不对称" 为开始，正如我们在沙特尔大教堂（Chartres Cathedral）[1]和弗兰克·盖里那里所看到的那样；接下来的是 "N 表示的是叙事"；最后以 "Z 代表着热情" 而结束。

R·派珀（Piper, R），2006。《建筑职业生涯中的机遇》（Opportunities in Architectural Careers）。林肯伍德（Lincolnwood），伊利诺伊州：VGM 职业视野出版社（VGM Career Horizons）。国际标准书号 0-07-145868-9。
作为 VGM 职业视野出版社广博的 "机遇" 系列的一部分，《建筑职业生涯中的机遇》旨在帮助读者去了解更多关于建筑专业在当今环境中的用途，理解一位建筑师所做的事情，并抓住建筑职业生涯中的一些就业机会。针对中学生，本书提供了一些关于建筑职业和建筑师工作任务方面的优秀照片。

---

① 沙特尔大教堂，位于法国巴黎西南约 70 公里处的沙特尔市。据传圣母玛利亚曾在此显灵，并保存了圣母的头颅骨，沙特尔因此成为西欧重要的朝圣地之一。1979 年 10 月 26 日第 3 届会议通过其被列入世界文化遗产。——译者注

安迪·普雷斯曼（Pressman, Andy），1993。《建筑 101：设计工作室指南》（Architecture 101: A Guide to the Design Studio）。纽约市，纽约州：约翰·威利家族出版公司（John Wiley & Sons）。国际标准书号 0-471-57318-3。
该书向学生们介绍了设计工作室，并且帮助他们开发一个自己能够完成设计项目的过程。其涵盖了这个核心经验的每一个实际要素，从第一天的工作开始到第一份工作所要完成的。这项重要工作的特点是具有来自建筑学界一些最杰出人物的贡献。

安迪·普雷斯曼（Pressman, Andy），2012 年。《建筑设计：过程中的要素》（Designing Architecture: The Elements of Process）。纽约市，纽约州：劳特利奇出版社（Routledge）。国际标准书号 0-978-0-415-59516-2。
《建筑设计：过程中的要素》是有助于学生和年轻建筑师们明确地叙述自己的想法，并且将其转化为建筑物，以及制定出有效设计决策的一本不可或缺的工具书。在建筑的初步设计中，本书提倡综合性和批判性的思维方式，以激发出创造力、创新性和卓越的设计。

安迪·普雷斯曼（Pressman, Andy），2006 年。《专业实践 101：建筑学的商业策略和案例研究》（Professional Practice 101: Business Strategies and Case Studies in Architecture）。纽约市，纽约州：约翰·威利家族出版公司（John Wiley & Sons）。国际标准书号 0-471-68366-7。
本书阐述了对建筑学实际运作中所涉及的许多问题的新见解，从企业如何构建到如何管理项目和确保新业务。案例研究是这个版本新增的内容。其每一章都增加了大量而丰富的材料，包括建筑设计实践方面的主题报道等。

斯特恩·艾勒·拉斯穆森（Rasmussen, Steen Eiler），1959 年。《建筑体验》（Experiencing Architecture）。剑桥城，马萨诸塞州：麻省理工学院出版社（MIT Press）。国际标准书号 0-262-68002-5。
该书具有大量图片，这些都是经过了几个世纪的建筑实验的杰出案例。这部经典作品传达出了精湛设计理念带来的激情。

理查德·N·斯韦特（Swett，Richard N），2005。《设计的领导力：创建一种值得信赖的建筑学》（Leadership by Design: Creating an Architecture of Trust）。亚特兰大，佐治亚州：格林威通讯出版社（Greenway Communications）。国际标准书号 0-9755654-0-0。《设计的领导力》调查了建筑学行业中那些独特的公民领导力量，借鉴了过去和现在那引人注目的行业历史，以及作为 20 世纪在国会中唯一一位任职的建筑师的独特经验。理查德·N·斯韦特的著作颇有见地，既鼓舞人心，又发人深省。

网站

这些网站与本书的主题直接相关，而且在发布时都是当前最新的信息。你也可以去寻找一些与建筑学相关的其他网站。

ARCHCareers.org

www.archcareers.org
ARCHCareers.org 是一个互动的建筑学职业生涯指南，旨在帮助你成为一名建筑师，有助于你能更多学习有关知识，了解成为一名建筑师的过程，包括教育、经验和考试。

ARCHCareers Blog

archcareers.blogspot.com
作为 ARCHCareers.org 的合作伙伴，建筑学博士（Dr. Architecture）在建筑教育和成为一名建筑师的过程中维护着这个博客。网站上提出的问题可以得到及时解答，这是一个很突出的优秀资源。

ARCHDaily

www.archdaily.com
ARCHDaily 创建于 2008 年 3 月，是最新建筑新闻的连续信息的在线来源，包括项目、产品、事件、访谈和比赛等。

Archinect

www.archinect.com
Archinect 的目标是让建筑连接得更好，变得更加开明和开放；汇集来自世界各地的设计师，引入各个学科的新思想。

《建筑师－美国建筑师协会的杂志（Architect—the magazine of the AIA）》

www.architectmagazine.com
美国建筑师协会的这本杂志，为建筑师们提供建筑新闻、市场情报、业务和技术解决方案、继续教育、建筑产品和其他资源。

建筑记录（Architectural Record）

archrecord.construction.com
Architecturalrecord.com 是月报的增刊。它扩展了多媒体的项目、故事；对建筑巨头、每日新闻最新版、每周书评、绿色建筑故事和档案资料等栏目进行深入访谈；以及建立人和产品之间的联系，进行继续教育学分登记的在线访问等。

Arch News Now

www.archnewsnow.com
Arch News Now.com 传达出建筑和设计领域中最全面的国家和国际新闻、项目、产品和事件。

ARCHSchools

www.archschools.org
作为建筑院校联合会编写的《建筑院校指南》（Guide to Architecture Schools）的同步网站，ARCHSchools 为那些寻求建筑教育的个人提供了一种宝贵的资源。它提供了搜索建筑学课程的机会，并对 100 多所具有建筑学认证学位课程的大学进行了评估描述。

设计职业和教育指南（Design Careers and Education Guide）

ucda.com/careers.lasso
考虑过设计方面的教育或职业吗？浏览本指南将有助于你确定自己最想去追求的专业。从教育和职业的角度，网站对每个专业都有一个大概的描述。

设计学科和整体建筑设计指南（Design Disciplines，Whole Building Design Guide）

www.wbdg.org/design/design_disciplines.php
作为整体建筑设计指南（Whole Building Design Guide）的一个分支，设计学科有助于人们去理解建筑设计学科是如何被组织和实施的。学科包括建筑学、建筑规划、消防工程、室内设计、景观设计、城市规划和结构工程等。

智能设计（Design Intelligence）

www.di.net

智能设计里有大量有时效性的文章、原创研究和重要行业新闻。该机构还发布一个被称为"美国最佳建筑学和设计学校"（America's Best Architecture and Design Schools）的年度评论。

非裔美国建筑师名录（Directory of African American Architects）

blackarch.uc.edu

非裔美国建筑师名录被作为一项公共服务来进行维护，以提高对非裔美国建筑师身份及所处位置的认同。

发现设计：学生设计体验（Discover Design: A Student Design Experience）

www.discoverdesign.org

由芝加哥建筑基金会创建的发现设计网站，是一个旨在为中学班级和独立的学生用户使用的教育工具。

职业新手指南（Emerging Professional's Companion，EPC）

www.epcompanion.org

2004 年推出的职业新手指南，是职业新手们的一个在线实习资源。其主要目的是作为一个工具，补充和加强即将成为执业建筑师的实习生们的知识，并挣得实习生发展计划的学分。职业新手指南也可以被学生们用作在校期间接触实际问题，甚至毕业前进行合作或兼职工作的指导手册。

非常建筑（Great Buildings Collection）

www.greatbuildings.com

非常建筑是在网络上起到领导作用的建筑学参考网站。这是一个通往世界各地建筑学的桥梁。其穿越历史，记录了一千多幢建筑物和数百名顶尖建筑师的摄影图像和建筑学图纸、综合绘图和时间表、三维建筑模型、评论、书目和网络链接等。其都是著名设计师的各种建筑物的杰作。

国际建筑学妇女档案（International Archive of Women in Architecture）

spec.lib.vt.edu/IAWA

国际建筑学妇女档案的主要目的是记录妇女们参与建筑学的历史。这里收集、保存、存储和为研究人员们提供女性建筑师、景观建筑师、设计师、建筑历史学家、评论家和城市规划人员的专业论文，以及来自世界各地的妇女建筑学组织的记录。

作品集设计（Portfolio Design）

www.portfoliodesign.com

作品集设计是同名流行刊物的一个配对指南。该网站包含了当今作品集在数字和多媒体方向的重要信息。作品集设计向你展示了如何去搜集和制作出一个能够展示您才能和资质的最佳作品集。

百分之一（The 1%）

www.theonepercent.org

百分之一是一个公共建筑学项目，它将非营利性组织与那些愿意无偿奉献出自己时间的建筑和设计公司联系起来。

附录 B

在美国和加拿大得到认证的建筑院校和学位
(Accredited Architecture Programs in the United States and Canada)

在此发布的是日期最新的列表数据。有关最新的清单，请与国家建筑学认证委员会 (National Architectural Accrediting Board) 联系。网址为，www.naab.org。

亚拉巴马州 (ALABAMA)

奥本大学 (Auburn University)
建筑设计工程学院 (College of Architecture, Design and Construction)
建筑规划和景观设计学院 (School of Architecture, Planning, and Landscape Architecture)
奥本 (Auburn), 亚拉巴马州 (AL)。
cadc.auburn.edu/apla/
建筑学学士学位 (B.Arch)。

塔斯基吉大学 (Tuskegee University)
罗伯特·R·泰勒建筑工程科学学院 (The Robert R. Taylor School of Architecture and Construction Science)
建筑学系 (Department of Architecture)
塔斯基吉 (Tuskegee), 亚拉巴马州 (AL)。
www.tuskegee.edu/academics/colleges/school_of_architecture_and_construction_science.aspx
建筑学学士学位。

阿拉斯加州 (ALASKA)

无

亚利桑那州 (ARIZONA)

亚利桑那州立大学 (Arizona State University)
赫伯格设计与艺术学院 (Herberger Institute for Design and the Arts)
设计学院 (The Design School)
坦佩 (Tempe), 亚利桑那州 (AZ)。
design.asu.edu
建筑学硕士学位 (M.Arch)。

亚利桑那大学 (Arizona, University of)
建筑规划和景观设计学院 (College of Architecture + Planning + Landscape Architecture)
建筑学院 (School of Architecture)
图森 (Tuscon), 亚利桑那州。
www.architecture.arizona.edu
建筑学学士学位; 建筑学硕士学位。

弗兰克·劳埃德·赖特建筑学学院 (Frank Lloyd Wright School of Architecture)
斯科茨代尔 (Scottsdale), 亚利桑那州; 斯普林格林 (Spring Green), 威斯康星州 (WI)。
www.taliesin.edu
建筑学硕士学位。

阿肯色州 (ARKANSAS)

阿肯色大学 (Arkansas, University of)
费伊·琼斯建筑学院 (Fay Jones School of Architecture)
费耶特维尔 (Fayetteville), 阿肯色州 (AR)。
architecture.uark.edu
建筑学学士学位。

加利福尼亚州（CALIFORNIA）

加州美术学院（Academy of Art University）
建筑学院（School of Architecture）
旧金山（San Francisco），加利福尼亚州（CA）。
www.academyart.edu/architecture-school
建筑学本科在读；建筑学硕士学位（M.Arch）。

加利福尼亚大学伯克利分校（California at Berkeley, University of）
环境设计学院（College of Environmental Design）
建筑学系（Department of Architecture）
伯克利（Berkeley），加利福尼亚州。
arch.ced.berkeley.edu
建筑学硕士学位。

加利福尼亚大学洛杉矶分校（California at Los Angeles, University of UCLA）
建筑与城市设计系（Department of Architecture and Urban Design）
洛杉矶（Los Angeles），加利福尼亚州。
www.aud.ucla.edu
建筑学硕士学位。

加利福尼亚艺术学院（California College of the Arts）
建筑学院（School of Architecture）
旧金山（San Francisco），加利福尼亚州。
www.cca.edu
建筑学学士学位；建筑学硕士学位。

加利福尼亚理工大学圣路易斯奥比斯波分校（California Polytechnic University - San Luis Obispo）
建筑与环境设计学院（College of Architecture and Environmental Design）
建筑学系（Architecture Department）
圣路易斯奥比斯波（San Luis Obispo），加利福尼亚州。
www.arch.calpoly.edu
建筑学学士学位。

加利福尼亚州立理工大学波莫纳分校（California State Polytechnic University - Pomona）
环境设计学院（College of Environmental Design）
建筑学系（Department of Architecture）
波莫纳（Pomona），加利福尼亚州。
www.csupomona.edu/~arc
建筑学学士学位；建筑学硕士学位。

纽斯谷尔建筑与设计学院（New School of Architecture & Design）
圣地亚哥（San Diego），加利福尼亚州。
www.newschoolarch.edu
建筑学学士学位；建筑学硕士学位。

南加利福尼亚建筑学院（Southern California Institute of Architecture SCI-ARC）
洛杉矶（Los Angeles），加利福尼亚州。
www.sciarc.edu
建筑学学士学位；建筑学硕士学位。

南加利福尼亚大学（Southern California, University of）
建筑学院（School of Architecture）
洛杉矶（Los Angeles），加利福尼亚州。
arch.usc.edu
建筑学学士学位；建筑学硕士学位。

伍德伯里大学（Woodbury University）
建筑与设计学院（School of Architecture and Design）
伯班克（Burbank），加利福尼亚州；圣地亚哥（San Diego），加利福尼亚州。
www.woodbury.edu
建筑学学士学位；建筑学硕士学位。

科罗拉多州（COLORADO）

科罗拉多丹佛大学（Colorado at Denver, University of）
建筑与规划学院（College of Architecture and Planning）
丹佛（Denver），科罗拉多州（CO）。
www.ucdenver.edu/academics/colleges/architectureplanning/
建筑学硕士学位。

康涅狄格州（CONNECTICUT）

哈特福德大学（Hartford，University of）
建筑技术工程学院（College of Engineering, Technology, and Architecture）
建筑学系（Department of Architecture）
哈特福德（Hartford），康涅狄格州（CT）。
uhaweb.hartford.edu/architect
建筑学硕士学位。

耶鲁大学（Yale University）
建筑学院（School of Architecture）
纽黑文（New Haven），康涅狄格州（CT）。
www.architecture.yale.edu
建筑学硕士学位。

特拉华州（DELAWARE）

无

哥伦比亚特区（DISTRICT OF COLUMBIA）

美国天主教大学（The Catholic University of America）
建筑与规划学院（School of Architecture and Planning）
华盛顿特区（Washington, DC）。
architecture.cua.edu
建筑学硕士学位。

哥伦比亚特区大学（District of Columbia, University of）
农业、可持续性发展城市和环境科学学院（College of Agriculture, Urban Sustainability and Environmental Sciences）
建筑与社区规划系（Department of Architecture and Community Planning）
华盛顿特区。
www.udc.edu/college_urban_agriculture_and_environmental_studies/divisions
建筑学硕士在读。

霍华德大学（Howard University）
工程、建筑和计算机科学学院（College of Engineering, Architecture, and Computer Science）
建筑与设计学院（School of Architecture and Design）
建筑学系（Department of Architecture）
华盛顿特区。
www.howard.edu/ceacs/departments/architecture
建筑学硕士学位。

佛罗里达州（FLORIDA）

佛罗里达农工大学（Florida A&M University）
建筑学院（School of Architecture）
塔拉哈西（Tallahassee），佛罗里达州（FL）。
www.famusoa.net
建筑学学士学位；建筑学硕士学位。

佛罗里达大西洋大学（Florida Atlantic University）
建筑、城市和公共事务学院（College of Architecture, Urban and Public Affairs）
建筑学院（School of Architecture）
劳德代尔堡（Ft Lauderdale），佛罗里达州（FL）。
www.fau.edu/arch
建筑学学士学位。

佛罗里达国际大学（Florida International University）
建筑与艺术学院（College of Architecture + The Arts）
建筑学院（School of Architecture）
迈阿密（Miami），佛罗里达州（FL）。
soa.fiu.edu
建筑学硕士学位。

佛罗里达大学（Florida，University of）
设计、工程和规划学院（College of Design, Construction and Planning）
建筑学院（School of Architecture）
盖恩斯维尔（Gainesville），佛罗里达州。
soa.dcp.ufl.edu
建筑学硕士学位。

迈阿密大学（Miami，University of）
建筑学院（School of Architecture）
科勒尔盖布尔斯（Coral Gables），佛罗里达州。
www.arc.miami.edu
建筑学学士学位；建筑学硕士学位。

南佛罗里达大学（South Florida, University of）

建筑与社区设计学院（School of Architecture and Community Design）
坦帕（Tampa），佛罗里达州。
www.arch.usf.edu
建筑学硕士学位。

佐治亚州（GEORGIA）

佐治亚理工学院（Georgia Institute of Technology）

建筑大学（College of Architecture）
建筑学院（School of Architecture）
亚特兰大（Atlanta），佐治亚州（GA）。
www.arch.gatech.edu
建筑学硕士学位。

萨凡纳艺术与设计学院（Savannah College of Art and Design）

建筑学系（Department of Architecture）
萨凡纳（Savannah），佐治亚州。
www.scad.edu/architecture
建筑学硕士学位。

南方州立理工大学（Southern Polytechnic State University）

建筑工程管理学院（School of Architecture and Construction Management）
建筑学系（Department of Architecture）
玛丽埃塔（Marietta），佐治亚州。
architecture.spsu.edu
建筑学学士学位。

夏威夷（HAWAII）

夏威夷大学马诺阿分校（Hawai'i at Manoa, University of）

建筑学院（School of Architecture）
檀香山（Honolulu），夏威夷（HI）。
www.arch.hawaii.edu
建筑学博士学位。

爱达荷州（IDAHO）

爱达荷大学（Idaho, University of）

建筑与艺术学院（College of Art and Architecture）
建筑与室内设计系（Department of Architecture and Interior Design）
莫斯科（Moscow），爱达荷州（ID）。
www.caa.uidaho.edu/arch
建筑学硕士学位。

伊利诺伊州（ILLINOIS）

伊利诺伊大学芝加哥分校（Illinois at Chicago, University of）

建筑与艺术学院（College of Architecture & the Arts）
建筑学院（School of Architecture）
芝加哥（Chicago），伊利诺伊州（IL）。
www.arch.uic.edu
建筑学硕士学位。

伊利诺伊理工学院（Illinois Institute of Technology）

建筑学院（College of Architecture）
芝加哥，伊利诺伊州。
www.iit.edu/arch/
建筑学学士学位；建筑学硕士。

伊利诺伊大学厄本那－香槟分校（Illinois at Urbana-Champaign, University of）

美术与应用艺术学院（College of Fine and Applied Arts）
建筑学院（School of Architecture）
香槟（Champaign），伊利诺伊州。
www.arch.illinois.edu
建筑学硕士学位。

贾德森大学（Judson University）

艺术、设计和建筑学院（School of Art, Design, and Architecture）
建筑学系（Department of Architecture）
埃尔金（Elgin），伊利诺伊州。
www.judsonu.edu
建筑学硕士学位。

芝加哥艺术学院（The School of the Art Institute of Chicago）

建筑、室内设计和设计目标系（Department of Architecture, Interior Design, and Designed Objects）
芝加哥，伊利诺伊州。
www.saic.edu/degrees_resources/departments/aiado
建筑学硕士学位。

南伊利诺伊大学卡本代尔分校（Southern Illinois University Carbondale）

应用科学与艺术学院（College of Applied Sciences and Arts）
建筑学院（School of Architecture）
卡本代尔（Carbondale），伊利诺伊州。
architecture.siu.edu
建筑学硕士学位。

印第安纳州（INDIANA）

波尔州立大学（Ball State University）
建筑与规划学院（College of Architecture and Planning）
建筑学系（Department of Architecture）
曼西（Muncie），印第安纳州（IN）。
www.bsu.edu/architecture
建筑学硕士学位。

圣母大学（Notre Dame, University of）
建筑学院（School of Architecture）
诺特丹（Notre Dame），印第安纳州。
architecture.nd.edu
建筑学学士学位；建筑学硕士学位。

艾奥瓦州（IOWA）

艾奥瓦州立大学（Iowa State University）
设计学院（College of Design）
建筑学系（Department of Architecture）
艾姆斯（Ames），艾奥瓦州（IA）。
www.arch.iastate.edu
建筑学学士学位；建筑学硕士学位。

堪萨斯州（KANSAS）

堪萨斯州立大学（Kansas State University）
建筑、规划和设计学院（College of Architecture, Planning, and Design）
建筑学系（Department of Architecture）
曼哈顿（Manhattan），堪萨斯州（KS）。
www.capd.ksu.edu/arch
建筑学硕士学位。

堪萨斯大学（Kansas, University of）
建筑与城市规划学院（School of Architecture and Urban Planning）
建筑学系（Department of Architecture）
劳伦斯（Lawrence），堪萨斯州。
www.saup.ku.edu
建筑学硕士学位。

肯塔基州（KENTUCKY）

肯塔基大学（Kentucky, University of）
设计学院（College of Design）
建筑学院（School of Architecture）
列克星敦（Lexington），肯塔基州（KY）。
www.uky.edu/design
建筑学硕士学位。

路易斯安那州（LOUISIANA）

路易斯安那州拉斐特大学（Louisiana at Lafayette, University of）
艺术学院（College of the Arts）
建筑与设计学院（School of Architecture and Design）
拉斐特（Lafayette），路易斯安那州（LA）。
soad.louisiana.edu
建筑学硕士学位。

路易斯安那州立大学（Louisiana State University）
艺术设计学院（College of Art and Design）
建筑学院（School of Architecture）
巴吞鲁日（Baton Rouge），路易斯安那州。
design.lsu.edu/architecture/index.html/
建筑学学士学位；建筑学硕士学位。

路易斯安那理工大学（Louisiana Tech University）

文科学院（College of Liberal Arts）
建筑学院（School of Architecture）
拉斯顿（Ruston），路易斯安那州。
www.arch.latech.edu
建筑学硕士学位。

南方大学和农工学院（Southern University and A&M College）

建筑学院（School of Architecture）
巴吞鲁日（Baton Rouge），路易斯安那州。
www.subr.edu/index.cfm/page/260/n/333
建筑学学士学位。

杜兰大学（Tulane University）

建筑学院（School of Architecture）
新奥尔良（New Orleans），路易斯安那州。
architecture.tulane.edu
建筑学硕士学位。

缅因州（MAINE）

缅因州奥古斯塔大学（Maine at Augusta, University of）

职业研究学院（College of Professional Studies）
奥古斯塔（Augusta），缅因州（ME）。
www.uma.edu/bachelor-of-architecture.html
建筑学本科在读。

马里兰州（MARYLAND）

马里兰大学（Maryland, University of）

建筑、规划和保护学院（School of Architecture, Planning and Preservation）
建筑学课程（Architecture Program）
科利奇帕克（College Park），马里兰州（MD）。
www.arch.umd.edu/architecture
建筑学硕士学位。

摩根州立大学（Morgan State University）

建筑与规划学院（School of Architecture and Planning）
巴尔的摩（Baltimore），马里兰州（MD）。
www.morgan.edu/sap
建筑学硕士学位。

马萨诸塞州（MASSACHUSET TS）

波士顿建筑学院（Boston Architectural College）

建筑学院（School of Architecture）
波士顿（Boston），马萨诸塞州（MA）。
www.the-bac.edu
建筑学学士学位；建筑学硕士学位。

哈佛大学（Harvard University）

设计学院（Graduate School of Design）
建筑学系（Department of Architecture）
剑桥城（Cambridge），马萨诸塞州。
www.gsd.harvard.edu
建筑学硕士学位。

马萨诸塞州阿默斯特大学（Massachusetts Amherst, University of）

艺术、建筑和艺术史系（Department of Art, Architecture and Art History）
建筑设计课程（Architecture + Design Program）
阿默斯特（Amherst），马萨诸塞州。
www.umass.edu/architecture
建筑学硕士学位。

马萨诸塞州艺术与设计学院（Massachusetts College of Art and Design）

艺术与艺术史系（Department of Art/Art History）
波士顿（Boston），马萨诸塞州。
www.massart.edu
建筑学硕士学位。

麻省理工学院（Massachusetts Institute of Technology）

建筑与规划学院（School of Architecture and Planning）
建筑学系（Department of Architecture）
坎布里奇（Cambridge），马萨诸塞州。
architecture.mit.edu
建筑学硕士学位。

东北大学（Northeastern University）
艺术、媒体和设计学院（College of Arts, Media, and Design）
建筑学院（School of Architecture）
波士顿（Boston），马萨诸塞州。
www.architecture.neu.edu
建筑学硕士学位。

温特沃斯理工学院（Wentworth Institute of Technology）
建筑，设计和工程管理学院（College of Architecture, Design, and Construction Management）
建筑学系（Department of Architecture）
波士顿（Boston），马萨诸塞州。
www.wit.edu/arch
建筑学硕士学位。

密歇根州（MICHIGAN）

安德鲁斯大学（Andrews University）
建筑、艺术与设计学院（School of Architecture, Art, and Design）
贝林斯普林斯（Berrien Springs），密歇根州（MI）。
www.andrews.edu/arch
建筑学硕士学位。

底特律默西大学（Detroit Mercy, University of）
建筑学院（School of Architecture）
底特律（Detroit），密歇根州。
www.arch.udmercy.edu
建筑学硕士学位。

劳伦斯理工大学（Lawrence Technological University）
建筑与设计学院（College of Architecture and Design）
建筑学系（Department of Architecture）
绍斯菲尔德（Southfield），密歇根州。
ltu.edu/architecture_and_design
建筑学硕士学位。

密歇根大学（Michigan, University of）
塔布曼建筑与城市规划学院（Taubman College of Architecture and Urban Planning）
安阿伯（Ann Arbor），密歇根州。

www.tcaup.umich.edu/arch
建筑学硕士学位。

明尼苏达州（MINNESOTA）

明尼苏达大学（Minnesota, University of）
设计学院（College of Design）
建筑学院（School of Architecture）
明尼阿波利斯（Minneapolis），明尼苏达州（MN）。
arch.cdes.umn.edu
建筑学硕士学位。

密西西比州（MISSISSIPPI）

密西西比州立大学（Mississippi State University）
建筑、艺术和设计学院（College of Architecture, Art, and Design）
建筑学院（School of Architecture）
密西西比州（Mississippi State），密西西比州（MS）。
www.caad.msstate.edu/sarc
建筑学学士学位。

密苏里州（MISSOURI）

杜利大学（Drury University）
哈蒙斯建筑学院（Hammons School of Architecture）
斯普林菲尔德（Springfield），密苏里州（MO）。
www.drury.edu/architecture/
建筑学硕士学位。

华盛顿大学圣路易斯分校（Washington University in St. Louis）
萨姆福克斯设计与视觉艺术学院（Sam Fox School of Design and Visual Arts）
建筑学院（College of Architecture）
圣路易斯（St. Louis），密苏里州。
www.arch.wustl.edu
建筑学硕士学位。

蒙大拿州（MONTANA）

蒙大拿州立大学（Montana State University）
艺术与建筑学院（College of Arts and Architecture）
建筑学院（School of Architecture）
波兹曼（Bozeman），MT（蒙大拿州）。
www.arch.montana.edu
建筑学硕士学位。

内布拉斯加州（NEBRASKA）

内布拉斯加州林肯大学（Nebraska-Lincoln，University of）
建筑学院（College of Architecture）
建筑学系（Department of Architecture）
林肯（Lincoln），内布拉斯加州（NE）。
architecture.unl.edu/programs/arch/
建筑学硕士学位。

内华达州（NEVADA）

内华达州拉斯韦加斯大学（Nevada-Las Vegas，University of）
美术学院（College of Fine Arts）
建筑学院（School of Architecture）
拉斯韦加斯（Las Vegas），内华达州（NV）。
architecture.unlv.edu
建筑学硕士学位。

新罕布什尔州（NEW HAMPSHIRE）

无

新泽西州（NEW JERSEY）

新泽西理工学院（New Jersey Institute of Technology）
建筑与设计学院（College of Architecture and Design）
建筑学院（School of Architecture）
纽瓦克（Newark），新泽西州（NJ）。
architecture.njit.edu

建筑学学士学位；建筑学硕士学位。

普林斯顿大学（Princeton University）
建筑学院（School of Architecture）
普林斯顿（Princeton），新泽西州（NJ）。
soa.princeton.edu
建筑学硕士学位。

新墨西哥州（NEW MEXICO）

新墨西哥大学（New Mexico，University of）
建筑与规划学院（School of Architecture and Planning）
建筑学课程（Architecture Program）
阿尔伯克基（Albuquerque），新墨西哥州（NM）。
saap.unm.edu
建筑学硕士学位。

纽约州（NEW YORK）

纽约市立大学城市学院（City College of the City University of New York）
伯纳德和安妮斯皮策建筑学院（The Bernard and Anne Spitzer School of Architecture）
纽约（New York），纽约州（NY）。
www.ccny.cuny.edu/architecture/
建筑学学士学位；建筑学硕士学位。

哥伦比亚大学（Columbia University）
建筑、规划和历史建筑保护学院（Graduate School of Architecture，Planning and Preservation）
纽约，纽约州。
www.arch.columbia.edu
建筑学硕士学位。

库珀联盟学院（Cooper Union）
欧文·S·查宁建筑学院（Irwin S. Chanin School of Architecture）
纽约，纽约州。
www.cooper.edu
建筑学学士学位。

康奈尔大学（Cornell University）
建筑、艺术和规划学院（College of Architecture，Art，

and Planning）
建筑学系（Department of Architecture）
伊萨卡（Ithaca），纽约州。
www.aap.cornell.edu/arch
建筑学学士学位；建筑学硕士学位。

纽约理工学院（New York Institute of Technology）
建筑与设计学院（School of Architecture and Design）
老韦斯特伯里（Old Westbury），纽约州。
iris.nyit.edu/architecture
建筑学学士学位。

帕森斯新设计学院（Parsons The New School for Design）
建造环境学院（School of Constructed Environments）
纽约，纽约州。
www.newschool.edu/parsons/
建筑学硕士学位。

普拉特学院（Pratt Institute）
建筑学院（School of Architecture）
布鲁克林（Brooklyn），纽约州。
www.pratt.edu/arch
建筑学学士学位；建筑学硕士学位。

伦斯勒理工学院（Rensselaer Polytechnic Institute）
建筑学院（School of Architecture）
特洛伊（Troy），纽约州。
www.arch.rpi.edu
建筑学学士学位；建筑学硕士学位。

罗彻斯特理工学院（Rochester Institute of Technology）
戈里萨诺可持续性研究所（Golisano Institute for Sustainability）
建筑学课程项目（Architecture Program）
罗切斯特（Rochester），纽约州。
www.rit.edu/gis/architecture/
建筑学硕士在读。

纽约州立大学布法罗分校（State University of New York at Buffalo）
建筑与规划学院（School of Architecture and Planning）
建筑学系（Department of Architecture）
布法罗（Buffalo），纽约州。

www.ap.buffalo.edu/architecture
建筑学硕士学位。

美国雪城大学（Syracuse University）
建筑学院（School of Architecture）
锡拉丘兹（Syracuse），纽约州。
soa.syr.edu
建筑学学士学位；建筑学硕士学位。

北卡罗来纳州（NORTH CAROLINA）

北卡罗来纳州夏洛特大学（North Carolina at Charlotte，University of）
艺术与建筑学院（College of Arts + Architecture）
建筑学院（School of Architecture）
夏洛特（Charlotte），北卡罗来纳州（NC）。
www.soa.uncc.edu
建筑学学士学位；建筑学硕士学位。

北卡罗来纳州立大学（North Carolina State University）
设计学院（College of Design）
建筑学院（School of Architecture）
罗利（Raleigh），北卡罗来纳州。
ncsudesign.org
建筑学学士学位；建筑学硕士学位。

北达科他州（NORTH DAKOTA）

北达科他州立大学（North Dakota State University）
工程与建筑学院（College of Engineering and Architecture）
建筑学与景观建筑系（Department of Architecture and Landscape Architecture）
法戈（Fargo），北达科他州（ND）。
ala.ndsu.edu
建筑学硕士学位。

俄亥俄州（OHIO）

博林格林州立大学（Bowling Green State University）
技术学院（College of Technology）

建筑与环境设计系（Department of Architecture and Environmental Design）
博林格林（Bowling Green），俄亥俄州（OHIO）。
www.bgsu.edu/colleges/technology/undergraduate/arch/
建筑学硕士在读。

辛辛那提大学（Cincinnati，University of）
设计、建筑、艺术和规划学院（College of Design, Architecture, Art, and Planning）
建筑与室内设计学院（School of Architecture and Interior Design）
辛辛那提（Cincinnati），俄亥俄州。
www.daap.uc.edu/said
建筑学硕士学位。

肯特州立大学（Kent State University）
建筑与环境设计学院（College of Architecture and Environmental Design）
建筑学课程（Architecture Program）
肯特（Kent），俄亥俄州。
www.kent.edu/caed/
建筑学硕士学位。

迈阿密大学（Miami University）
创意艺术学院（College of Creative Arts）
建筑与室内设计系（Department of Architecture + Interior Design）
牛津（Oxford），俄亥俄州。
www.muohio.edu/architecture
建筑学硕士学位。

俄亥俄州立大学（Ohio State University）
奥斯汀·E·诺尔顿建筑学院（Austin E. Knowlton School of Architecture）
哥伦布（Columbus），俄亥俄州。
knowlton.osu.edu
建筑学硕士学位。

俄克拉何马州（OKLAHOMA）

俄克拉何马州立大学（Oklahoma State University）
工程、建筑与技术学院（College of Engineering, Architecture and Technology）

建筑学院（School of Architecture）
斯蒂尔沃特（Stillwater），俄克拉何马州（OK）。
architecture.ceat.okstate.edu
建筑学学士学位。

俄克拉何马大学（Oklahoma，University of）
建筑学院（College of Architecture）
建筑系（Division of Architecture）
诺曼（Norman），俄克拉何马州。
arch.ou.edu
建筑学学士学位；建筑学硕士学位。

俄勒冈州（OREGON）

俄勒冈大学（Oregon，University of）
建筑与联合艺术学院（School of Architecture and Allied Arts）
建筑学系（Department of Architecture）
尤金（Eugene），俄勒冈（OR）。
architecture.uoregon.edu
建筑学学士学位；建筑学硕士学位。

波特兰州立大学（Portland State University）
艺术学院（College of the Arts）
建筑学院（School of Architecture）
波特兰（Portland），俄勒冈州。
www.pdx.edu/architecture
建筑学硕士学位。

宾夕法尼亚州（PENNSYLVANIA）

卡内基·梅隆大学（Carnegie Mellon University）
美术学院（School of Fine Arts）
建筑学院（School of Architecture）
匹兹堡（Pittsburgh），宾夕法尼亚州（PA）。
www.cmu.edu/architecture/
建筑学学士学位。

德雷克塞尔大学（Drexel University）
安托瓦内特-韦斯特法尔媒体艺术与设计学院（Antoinette Westphal College Media Arts and Design）
建筑与室内设计系（Department of Architecture and Interiors）
费城（Philadelphia），宾夕法尼亚州（PA）。

www.drexel.edu/westphal/undergraduate/ARCH/
建筑学学士学位。

玛丽伍德大学（Marywood University）
建筑学院（School of Architecture）
斯克兰顿（Scranton），宾夕法尼亚州（PA）。
www.marywood.edu/architecture/
建筑学本科在读。

宾夕法尼亚州州立大学（Pennsylvania State University）
艺术与建筑学院（College of Arts and Architecture）
H·坎贝尔和埃莉诺·R·斯图克曼建筑与园林学院（H. Campbell and Eleanor R. Stuckeman School of Architecture and Landscape Architecture）
建筑学系（Department of Architecture）
尤尼弗西蒂帕克（University Park），宾夕法尼亚州（PA）。
www.arch.psu.edu
建筑学学士学位；建筑学硕士在读。

宾夕法尼亚大学（Pennsylvania，University of）
设计学院（School of Design）
建筑学专业（Architecture）
费城（Philadelphia），宾夕法尼亚州。
www.design.upenn.edu/
建筑学硕士学位。

费城大学（Philadelphia University）
建筑与建筑环境学院（College of Architecture and the Built Environment）
建筑学院（School of Architecture）
费城（Philadelphia），宾夕法尼亚州。
www.philau.edu/schools/add
建筑学学士学位。

天普大学（Temple University）
泰勒艺术学院（Tyler School of Art）
建筑学系（Architecture Department）
费城（Philadelphia），宾夕法尼亚州。
www.temple.edu/architecture
建筑学学士学位，2016年6月通过；建筑学硕士学位。

波多黎各州（PUERTO RICO）

波多黎各理工大学（Polytechnic University of Puerto Rico）
新建筑学院（The New School of Architecture）
圣胡安（San Juan），波多黎各州（PR）。
www.pupr.edu/arqpoli/
建筑学学士学位。

波多黎各宗座天主教大学（Pontical Catholic University of Puerto Rico）
庞塞（Ponce），波多黎各州。
website.pucpr.edu
建筑学学士候选人。

波多黎各大学（Puerto Rico，Universidad de）
建筑学院（Escuela de Arquitectura）
圣胡安（San Juan），波多黎各州。
http://arquitectura.uprrp.edu/
建筑学硕士学位。

罗得岛州（RHODE ISLAND）

罗得岛设计学院（Rhode Island School of Design）
建筑设计部门（Division of Architecture + Design）
建筑学系（Department of Architecture）
普罗维登斯（Providence），罗得岛州（RI）。
www.risd.edu/academics/architecture/
建筑学学士学位；建筑学硕士学位。

罗杰·威廉姆斯大学（Roger Williams University）
建筑、艺术和历史学院（School of Architecture, Art, and Historic）
历史建筑保护（Preservation）
布里斯托尔（Bristol），罗得岛州。
www.rwu.edu/academics/schools-colleges/saahp
建筑学硕士学位。

南卡罗来纳州（SOUTH CAROLINA）

克莱姆森大学（Clemson University）
建筑、艺术和人文学院（College of Architecture, Arts

and Humanities）
建筑学院（School of Architecture）
克莱姆森（Clemson），南卡罗来纳州（SC）。
www.clemson.edu/caah/architecture/
建筑学硕士学位。

南达科他州（SOUTH DAKOTA）

南达科他州立大学（South Dakota State University）
艺术与科学学院（College of Arts & Sciences）
建筑学专业（Architecture）
布鲁金斯（Brookings），南达科他州（SD）。
www.sdstate.edu/arch/
建筑学硕士在读。

田纳西州（TENNESSEE）

孟菲斯大学（Memphis，University of）
建筑学系（Department of Architecture）
孟菲斯（Memphis），田纳西州（TN）。
architecture.memphis.edu
建筑学硕士学位。

田纳西诺克斯维尔大学（Tennessee‑Knoxville，University of）
建筑与设计学院（College of Architecture and Design）
建筑学院（School of Architecture）
诺克斯维尔（Knoxville），田纳西州。
archdesign.utk.edu
建筑学学士学位；建筑学硕士学位。

得克萨斯州（TEXAS）

休斯敦大学（Houston，University of）
杰拉尔德·D·海因斯建筑学院（Gerald D. Hines College of Architecture）
休斯敦（Houston），得克萨斯州（TX）。
www.arch.uh.edu
建筑学学士学位；建筑学硕士学位。

普雷里维尤 A & M 大学（Prairie View A&M University）
建筑学院（School of Architecture）

普雷里维尤（Prairie View），得克萨斯州。
www.pvamu.edu/architecture
建筑学硕士学位。

莱斯大学（Rice University）
建筑学院（School of Architecture）
休斯敦（Houston），得克萨斯州。
www.arch.rice.edu
建筑学学士学位；建筑学硕士学位。

得克萨斯州 A & M 大学（Texas A&M University）
建筑学院（College of Architecture）
建筑学系（Department of Architecture）
科利奇站（College Station），得克萨斯州。
www.arch.tamu.edu
建筑学硕士学位。

得克萨斯州阿灵顿大学（Texas at Arlington，University of）
建筑学院（School of Architecture）
建筑学课程（Architecture Program）
阿灵顿（Arlington），得克萨斯州。
www.uta.edu/architecture
建筑学硕士学位。

得克萨斯州奥斯汀大学（Texas at Austin，University of）
建筑学院（School of Architecture）
奥斯汀（Austin），得克萨斯州。
soa.utexas.edu
建筑学学士学位；建筑学硕士学位。

得克萨斯大学圣安东尼奥分校（Texas at San Antonio，University of）
建筑学院（College of Architecture）
建筑学系（Department of Architecture）
圣安东尼奥（San Antonio），得克萨斯州。
www.utsa.edu/architecture
建筑学硕士学位。

得克萨斯州理工大学（Texas Tech University）
建筑学院（College of Architecture）
拉伯克（Lubbock），得克萨斯州。
www.arch.ttu.edu/architecture
建筑学硕士学位。

犹他州（UTAH）

犹他州大学（Utah, University of）
建筑与规划学院（College of Architecture and Planning）
建筑学院（School of Architecture）
盐湖城（Salt Lake City），犹他州（UTAH）。
www.arch.utah.edu
建筑学硕士学位。

佛蒙特州（VERMONT）

诺里奇大学（Norwich University）
建筑与艺术学院（School of Architecture and Art）
诺思菲尔德（Northfield），佛蒙特州（VT）。
programs.norwich.edu/architectureart/
建筑学硕士学位。

弗吉尼亚州（VIRGINIA）

汉普顿大学（Hampton University）
工程技术学院（School of Engineering and Technology）
建筑学系（Department of Architecture）
汉普顿（Hampton），弗吉尼亚州（VA）。
set.hamptonu.edu/architecture/
建筑学硕士学位。

弗吉尼亚理工大学（Virginia Tech）
建筑与城市研究学院（College of Architecture and Urban Studies）
建筑与设计学院（School of Architecture + Design）
布莱克斯堡（Blacksburg），弗吉尼亚州（VA）。
www.archdesign.vt.edu
建筑学学士学位；建筑学硕士学位。

弗吉尼亚大学（Virginia, University of）
建筑学院（School of Architecture）
夏洛茨维尔（Charlottesville），弗吉尼亚州。
www.arch.virginia.edu
建筑学硕士学位。

华盛顿州（WASHINGTON）

华盛顿大学（Washington, University of）
建筑与城市规划学院（College of Architecture and Urban Planning）
建筑学系（Department of Architecture）
西雅图（Seattle），华盛顿州（WA）。
www.arch.washington.edu
建筑学硕士学位。

华盛顿州立大学（Washington State University）
建筑与工程学院（College of Architecture and Engineering）
设计与建筑学院（School of Design and Construction）
普尔曼（Pullman），华盛顿州。
www.arch.wsu.edu
建筑学硕士学位。

西弗吉尼亚州（WEST VIRGINIA）

无

威斯康星州（WISCONSIN）

威斯康星密尔沃基大学（Wisconsin-Milwaukee, University of）
建筑与城市规划学院（School of Architecture and Urban Planning）
建筑学系（Department of Architecture）
密尔沃基市（Milwaukee），威斯康星州（WI）。
www4.uwm.edu/SARUP/
建筑学硕士学位。

怀俄明州（WYOMING）

无

海外（INTERNATIONAL）

美国沙迦大学（American University of Sharjah）
建筑、艺术和设计学院（College of Architecture, Art and Design）
建筑学系（Department of Architecture）
沙迦（Sharjah），阿拉伯联合酋长国（United Arab Emirates UAE）。

www.aus.edu/caad
建筑学学士学位。

黎巴嫩美国大学（Lebanon American University）

建筑与设计学院（School of Architecture & Design）
建筑和室内设计系（Architecture and Interior Design Department）
贝鲁特（Beirut），黎巴嫩（Lebanon）。
sard.lau.edu.lb/aid/
建筑学本科在读。

加拿大（CANADA）

这是最新发布的目录。如进一步了解该目录，请与加拿大建筑学认证委员会（Canadian Architectural Certification Board CACB）进行联系。网站为www.cacb-ccca.ca。

不列颠哥伦比亚大学（British Columbia，University of）

建筑与园林学院（School of Architecture + Landscape Architecture）
温哥华（Vancouver），不列颠哥伦比亚省（British Columbia）。
www.sala.ubc.ca
建筑学硕士学位。

卡尔加里大学（Calgary，University of）

环境设计学院（Faculty of Environmental Design）
卡尔加里（Calgary），阿尔伯塔省（Alberta）。
evds.ucalgary.ca
建筑学硕士学位。

卡尔顿大学（Carleton University）

阿兹列里建筑与城市规划学院（Azrieli School of Architecture and Urbanism）
渥太华（Ottawa），安大略省（Ontario）。
www.arch.carleton.ca
建筑学硕士学位。

达尔豪斯大学（Dalhousie University）

建筑与规划学院（Faculty of Architecture and Planning）
哈利法克斯（Halifax），新斯科舍省（Nova Scotia）。
www.dal.ca/architecture
建筑学硕士学位。

拉瓦尔大学（Laval Université）

建筑学院（School of Architecture）
魁北克（Quebec），魁北克省（Quebec）。
www.arc.ulaval.ca
建筑学硕士学位。

马尼托巴大学（Manitoba，University of）

建筑学院（Faculty of Architecture）
温尼伯（Winnipeg），马尼托巴省（Manitoba）。
umanitoba.ca/faculties/architecture
建筑学硕士学位。

麦吉尔大学（Mc Gill University）

建筑学院（School of Architecture）
蒙特利尔（Montreal），魁北克省（Quebec）。
www.mcgill.ca/architecture/
建筑学硕士学位。

蒙特利尔大学（Montreal，Université de）

建筑学院（School of Architecture）
蒙特利尔（Montreal），魁北克省（Quebec）。
www.arc.umontreal.ca
建筑学硕士学位。

瑞尔森大学（Ryerson University）

建筑科学系（Department of Architectural Science）
多伦多（Toronto），安大略省（Ontario）。
www.arch.ryerson.ca
建筑学硕士学位。

多伦多大学（Toronto，University of）

约翰·H·丹尼尔斯建筑、景观和设计学院（John H. Daniels Faculty of Architecture，Landscape and Design）
多伦多（Toronto），安大略省（Ontario）。
www.daniels.utoronto.ca
建筑学硕士学位。

滑铁卢大学（Waterloo，University of）

建筑学院（School of Architecture）
滑铁卢（Waterloo），安大略省（Ontario）。
uwaterloo.ca/architecture/
建筑学硕士学位。

附录 C

职业访谈中受访者信息

坦尼娅·爱丽（Tanya Ally）
邦斯特拉|黑尔塞恩建筑师事务所（Bonstra | Haresign Architects）
建筑设计人员
华盛顿特区

默里·伯纳德（Murrye Bernard）
《Contract》杂志
主编
纽约，纽约州。

科迪·博恩舍尔（Cody Bornsheuer），美国建筑师协会初级会员（AIA associate），LEED 建筑设计与结构认证专家（LEED AP BD+C）
杜伯里建筑设计股份有限公司（Dewberry Architects, Inc）
建筑设计师
皮奥里亚（Peoria），伊利诺伊州（Illinois）

H·艾伦·布兰塞利格曼（H. Alan Brangman），美国建筑师协会会员（AIA）
特拉华大学（University of Delaware）
房产后勤服务部基础设施副主任（Real Estate Auxiliary Services, Vice President of Facilities）
纽瓦克，特拉华州

约旦·巴克纳（Jordan Buckner）
伊利诺伊大学厄巴纳 - 香槟分校（University of Illinois at Urbana-Champaign）
建筑学硕士和工商管理硕士研究生（M.Arch./Master of Business Administration Graduate）
香槟，伊利诺伊州

威廉·J·卡彭特博士（William J. Carpenter），美国建筑师协会资深全权会员（FAIA）
南方州立理工大学（Southern Polytechnic State University）
建筑、结构与工程学院副教授

玛丽埃塔（Marietta），佐治亚州（Georgia）
Lightroom 设计工作室总裁
迪凯特（Decatur），佐治亚州

安得烈·卡鲁索（Andrew Caruso），美国建筑师协会资深会员（FAIA），施工图技术专家（CDT），LEED 建筑设计与结构认证专家（LEED AP BD+C）
根斯勒（Gensler）建筑设计、规划与咨询公司，
实习生发展和学术推广首席负责人
华盛顿特区

梅甘·S·朱席德（Megan S. Chusid），美国建筑师协会会员（AIA）
所罗门·R·古根海姆博物馆和基金会（Solomon R. Guggenheim Museum and Foundation）
基础设施及办公室服务部经理
纽约，纽约州。

艾希礼·W·克拉克（Ashley W. Clark），美国建筑师协会初级会员（AIA Associate），LEED 认证专家（LEED AP），市场营销专业服务协会会员（SMPS）
销售经理
美国兰德设计（Land Design）公司
夏洛特，北卡罗来纳州

凯瑟琳·达尔施塔特（Katherine Darnstadt），美国建筑师协会会员（AIA），LEED 建筑设计与结构认证专家（LEED AP BD+C）
拉滕特设计事务所（Latent Design）
创始人兼负责人
芝加哥，伊利诺伊州
芝加哥人道主义建筑组织主任

凯茜·丹妮丝·狄克逊（Kathy Denise Dixon），

美国建筑师协会会员（AIA），美国少数群体建筑师组织成员（NOMA）
K·狄克逊建筑专业有限责任公司（K. Dixon Architecture, PLLC）
负责人
上马尔伯勒（Upper Marlboro），马里兰州
哥伦比亚特区大学（University of the District of Columbia）
副教授
华盛顿特区

金佰利·戴尔（Kimberly Dowdell）
莱维恩公司（Levien & Company）
项目经理和销售部主任
纽约，纽约州

托马斯·福勒四世（Thomas Fowler IV），美国建筑师协会会员（AIA）
加利福尼亚州州立理工大学圣路易斯奥比斯波分校（California Polytechnic State University—San Luis Obispo）
建筑与环境设计学院
社区跨学科设计工作室
教授和主任
圣路易斯奥比斯波（San Luis Obispo），加利福尼亚州

罗伯特·D·福克斯（Robert D. Fox），美国建筑师协会会员（AIA），国际室内设计协会会员（IIDA）。
福克斯建筑师事务所（FOX Architects）
负责人
麦克莱恩（Mc Lean），弗吉尼亚州；华盛顿特区。

尼科尔·甘吉迪诺（Nicole Gangidino）
美国纽约理工大学（New York Institute of Technology）
建筑学学士候选人
纽约，纽约州

阿曼达·哈雷尔－塞伊本（Amanda Harrell-Seyburn），美国建筑师协会初级会员（AIA Associate）
密歇根州立大学（Michigan State University）
城市规划、设计与结构工程学院，讲师
兰辛（Lansing），密歇根州

卡洛琳·G·琼斯（Carolyn G. Jones），美国建筑师协会会员（AIA）
慕维尼 G2 建筑设计咨询有限公司（MulvannyG2）
负责人
贝尔维尤（Bellevue），华盛顿州

伊丽莎白·卡林（Elizabeth Kalin）
根斯勒建筑设计、规划与咨询公司（Gensler）
项目协调人
明尼阿波利斯（Minneapolis），明尼苏达州

布赖恩·凯利（Brian Kelly），美国建筑师协会会员（AIA）
马里兰大学（University of Maryland）
建筑学专业，副教授和主任
科利奇帕克（College Park），马里兰州

格瑞斯·H·金（Grace H. Kim），美国建筑师协会会员（AIA）
图式工作坊（Schemata Workshop, Inc）
负责人和创始人
西雅图，华盛顿州

内森·基普尼斯（Nathan Kipnis），美国建筑师协会会员（AIA）
内森·基普尼斯股份有限公司（Nathan Kipnis Architects Inc.）
负责人
埃文斯顿（Evanston），伊利诺伊州

安娜·A·基塞尔（Anna A. Kissell）
波士顿建筑学院（Boston Architectural College）
建筑学硕士候选人
波士顿，马萨诸塞州

香农·克劳斯（Shannon Kraus），美国建筑师协会资深会员（FAIA），工商管理硕士（MBA）
HKS 建筑设计有限公司（HKS Architects）
负责人兼资深副总裁
华盛顿特区

玛丽·凯·兰德罗塔（Mary Kay Lanzillotta），美国建筑师协会资深会员（FAIA）
哈特曼－考克斯建筑师事务所（Hartman-Cox Architects）
合伙人
华盛顿特区

杰西卡·L·伦纳德（Jessica L. Leonard），美国建筑师协会初级会员（AIA Associate），LEED 建筑设计与结构认证专家（LEED AP BD+C）
埃尔斯圣格罗斯建筑师和设计师公司（Ayers Saint Gross Architects and Planners）
校园规划师和实习建筑师
巴尔的摩，马里兰州

麦肯齐·洛卡特（Makenzie Leukart）
哥伦比亚大学（Columbia University）
建筑学硕士和历史建筑保护硕士候选人
纽约，纽约州

克拉克·E·卢埃林（Clark E. Llewellyn），美国建筑师协会会员（AIA），国家建筑注册委员会（NCARB）
夏威夷大学马诺亚分校（University of Hawaii at Manoa）
建筑学院
国际课程部主任和教授
檀香山，夏威夷州

约瑟夫·梅奥（Joseph Mayo）
马赫勒姆建筑事务所（Mahlum）
实习建筑师
西雅图，华盛顿州

丹妮尔·米切尔（Danielle Mitchell）
宾夕法尼亚州立大学（Pennsylvania State University）
建筑学学士候选人
帕克校区，宾夕法尼亚州

约翰·W·迈弗斯基（John W. Myefski），美国建筑师协会会员（AIA）
负责人（Principal）
迈弗斯基建筑师事务股份有限公司（Myefski Architects, Inc.）
格伦科（Glencoe），伊利诺伊州

约瑟夫·尼科尔（Joseph Nickol），美国注册规划师协会成员（AICP），LEED 建筑设计与结构认证专家，城市规划专家（LEED AP BD+C）
城市设计事务所（Urban Design Associates）
项目经理
匹兹堡，宾夕法尼亚州

Street Sense 报（Street Sense）创始人
匹兹堡，宾夕法尼亚州。

劳伦·帕西翁（Lauren Pasion）
E 工作室建筑师事务所（Studio E Architects）
建筑设计师
圣迭戈，加利福尼亚州

詹尼弗·哈拉米略·彭纳（Jennifer Jaramillo Penner）
新墨西哥大学（University of New Mexico）
建筑学硕士
美国建筑师协会西部山区
区域副主任
阿尔伯克基（Albuquerque），新墨西哥州

艾米·皮伦奇奥（Amy Perenchio），美国建筑师协会准会员（Associate AIA），LEED 建筑设计与结构认证专家，城市规划专家（LEED AP BD+C），
齐姆·冈苏尔·弗拉斯卡建筑师事务所有限公司（Zimmer Gunsul Frasca，ZGF Architects，LLP）
建筑设计师
波特兰，俄勒冈州

凯瑟琳·T·普利格莫（Kathryn T. Prigmore），美国建筑师协会资深会员（FAIA）
亨宁松＆杜伦＆理查森建筑工程咨询股份有限公司（Henningson，Durham and Richardson，HDR Architecture，Inc）
高级项目经理
亚历山大，弗吉尼亚州

埃尔莎·莱福斯特克（Elsa Reifsteck）
伊利诺伊大学厄巴纳-香槟分校（University of Illinois at Urbana-Champaign）
理学学士、建筑学研究生
香槟，伊利诺伊州

罗伯特·D·鲁比克（Robert D. Roubik），美国建筑师协会会员（AIA），LEED 认证专家（LEED AP）
安图诺维奇建筑与规划事务所（Antunovich Associates Architects and Planners）
项目建筑师

芝加哥，伊利诺伊州

罗珊娜·B·桑多瓦尔（Rosannah B. Sandoval），美国建筑师协会会员（AIA）
帕金斯＋威尔事务所（Perkins + Will）
资深设计师
旧金山，加利福尼亚州

凯文·斯尼德（Kevin Sneed），美国建筑师协会会员（AIA），国际室内设计协会会员（IIDA），美国少数群体建筑师组织成员（NOMA），LEED 建筑设计与结构认证专家（LEED AP BD+C）
OTJ 建筑师事务所有限责任公司（OTJ Architects, LLC）
合伙人兼建筑部门资深主管
华盛顿特区

林西·简·索雷尔（Lynsey Jane Sorrell），美国建筑师协会会员（AIA）
周边建筑师事务所（Perimeter Architects）
负责人
芝加哥，伊利诺伊州

卡伦·索斯·彭斯（Karen Cordes Spence）博士，美国建筑师协会会员（AIA），LEED 认证专家（LEED AP）
杜利大学（Drury University）
副教授
斯普林菲尔德（Springfield），密苏里州（Missouri）

肖恩·斯塔德勒（Sean M. Stadler），美国建筑师协会会员（AIA），LEED 认证专家（LEED AP）
WDG 建筑设计有限责任公司（WDG Architecture, PLLC）
设计负责人
华盛顿特区

莎拉·斯坦（Sarah Stein），LEED 建筑设计与结构认证专家（LEED AP BD+C）
李·斯托尼克建筑师设计师联合事务所（Lee Scolnick

Architects & Design Partnership）
建筑设计师
纽约，纽约州

阿曼达·斯特拉维奇（Amanda Strawitch）
集合设计事务所（Design Collective）
一级建筑师
巴尔的摩，马里兰州

利·斯金格（Leigh Stringer），LEED 认证专家（LEED AP）
美国霍克公司（HOK）
资深副总裁
纽约，纽约州

埃里克·泰勒（Eric Taylor），美国建筑师协会初级会员（Associate AIA）
泰勒设计与摄影股份有限公司（Taylor Design & Photography, Inc）
摄影师
费尔法克斯站（Fairfax Station），弗吉尼亚州

詹尼弗·泰勒（Jennifer Taylor）
美国建筑学生协会（American Institute of Architecture Students, AIAS）
全美副主席
华盛顿特区

伊丽莎白·温特劳布（Elizabeth Weintraub）
纽约理工大学（New York Institute of Technology）
建筑学学士候选人
皇后区，纽约州

埃里森·威尔逊（Allison Wilson）
埃尔斯·圣格罗斯建筑师和设计师公司（Ayers, Saint Gross）
实习建筑师
巴尔的摩，马里兰州

译后记

前几日，偶然收到的来自李·W·沃尔德雷普先生的邮件，将我又带回了一年多前的翻译时光。当时，沃尔德雷普先生似乎还并不知晓此书的中文版即将问世。他还曾关切地询问我对这本书的感受。因为这本书对于我这样一位身处万里之遥的建筑学子产生了很大的触动，他对此表示惊讶不已。

沃尔德雷普先生是美国资深的建筑学职业发展和建筑高等教育方面的专业咨询顾问。他曾在美国建筑学教育管理的最高机构，美国国家建筑学认证委员会（NAAB）任职，并亲自在若干所高校中参与建筑教育实践。他深谙美国建筑教育体系的发展与现状，却对中国现行的建筑教育不甚了解。我作为一位在中国接受专业教育的建筑学生，却也对他书中所讲述的建筑工作室设计课（design studio）中那无休无止的评图，以及交图之前那些个不眠不休的夜晚都颇为熟悉。

时至 21 世纪，纵观如今全球各地院校中的建筑教育实践，其主体课程和设计教学方法似乎都大致相同。如今这颇具"国际式"的建筑教育体系，始于注重传统的巴黎美院的"布扎艺术体系"（Beaux-Arts style），又融合了强调跨学科与创造力的包豪斯精神；与此同时，也不可小觑美国建筑教育所带来的深刻影响。如今，倘若一名中国建筑学子想要选择某地留学深造，除了考虑英国、德国等地的建筑院校之外，会有相当比例的人们选择美国。当问及大家为何选择美国时，不少学生会认为美国不但具有国际顶尖的建筑院校，同样也具有一大批深受巴黎美院体系的浸润，以及受到现代主义影响的优秀院校。其建筑教育整体水平较高；相比起欧洲来说，选择范围也更为宽泛。

在现代主义建筑教育方面，今日美国的建筑院校能够在国际世界中声名鹊起，其实也并没有特别久远的历史。它的崛起和爆发，尚可追溯至 20 世纪 30 年代。在建筑历史教科书中，人们往往会高度强调，现代主义建筑运动在欧洲大本营中的风起云涌和蓬勃发展，以及在第一次世界大战与第二次世界大战之间，第一代现代主义建筑大师们的作品和理念。然而当纳粹查封柏林的包豪斯校舍，当格罗皮乌斯被迫被赶下校长之位时，很多包豪斯学校的重要人物开始了颠沛流离、四处流亡的生涯。而美国，便成为了下一阶段现代主义运动的最佳舞台。1933 年，格罗皮乌斯流亡至英国。1936 年，应哈佛建筑学院的要求，中年的格罗皮乌斯辗转到了美国。此后，密斯·凡·德·罗也在伊利诺伊理工大学获得了一个不错的职位。这些重要人物的到来，带来了欧洲的现代主义设计精神，同时也满足了北美大地对于现代主义建筑的向往和诉求。

在 20 世纪 30 年代之前，美国的建筑院校中还保留着巴黎美院式的教育传统。然而因为大萧条时期的影响，建筑教育不得不放下学院式设计方法的教条和架子，而增添更多与技术和经济因素相关的课程。1936 年，当哈佛大学建筑系的建筑学教师岗位出现空缺之时，系主任赫德纳特（Hudnut）先生当即决定要聘请一位极具影响力的欧洲现代主义建筑师来担此重任，而格罗皮乌斯即是最佳的人选。在此之前，格罗皮乌斯本人办学的大半精力，都耗费在了与魏玛政府、纳粹政权以及种种当地文化势力相互斗争的时光之中。所以，20 世纪 30 年代初期的格罗皮乌斯很向往美国。他希冀大洋彼岸的那片土地，能够给予他足够的自由和空间来宣传自己的艺术理念和社会理想，能够让他有机会为更多的人建造更好的房屋。同时，他也期待着具有热情和先锋思想的美国青年，能够信服与接纳他以及他的包豪斯设计理念。

纵然也遇到了些许阻碍和压力，但格罗皮乌斯最终还是努力地在哈佛建筑系一年级的前半年课程中，加入了类似包豪斯方式的基础设计入门课程。他要求学生们在头半年的学习和实践中，尝试用一切可以获得的材料进行实验性设计，譬如木头、羊毛、玻璃、生铁等，以此来体验所有视觉艺术创作中都需要恪守的基本原则，最终再决定自己将要选择的专业方向。这大抵就是所谓美国现代主义建筑教育的伊始和开端。同时，他心里也非常清楚和明白，由于时间、地点、社会环境的转换和差异，创造另一个全新的包豪斯已经是完全不可能了。于是，他也在尝试着不断地调整着自己的教育方式，以使建筑教育与当时的美国社会环境和技术条件相适应。在20世纪40年代初，当格罗皮乌斯与包豪斯弟子马歇尔·布劳耶一起在哈佛大学的罗宾逊大厅（Robinson Hall）内举办了联合展览之后，曾有建筑评论家亨利-罗素·希区柯克（Henry-Russell Hitchcock）认为，美国的现代主义建筑教育已初具成果。此二人，也随即成为了美国现代主义建筑教育的领军人物。

20世纪30至40年代，亚欧战事吃紧。相对平静的美洲大地，便迎来了教育和经济高速发展的大好契机。众多的美国建筑院校，迅速地成为了第二代现代主义建筑师的摇篮。譬如在宾夕法尼亚大学先后毕业的梁思成、杨廷宝、路易斯·康（Louis Isadore Kahn）;哈佛大学培养出的贝聿铭（I. M. Pei）、保罗·鲁道夫（Paul Rudolph）、休·斯塔宾斯（Hugh Stubbins），以及名噪一时的菲利普·约翰逊（Philip Johnson）。这些举足轻重的建筑师们，批判性地继承了现代主义建筑运动和包豪斯学校所传承下来的艺术风格。与此同时，他们也各有建树，并以此奠定下来了近五十年来的建筑理念和思潮。最终，美国建筑界也形成了一场与欧洲截然不同的现代主义运动。

作为本书的中文译者，同时参照自身的专业求学经历，我认为，毋庸置疑，当下中国的建筑教育体系与美国建筑教育体系是颇为相似的。那些工作室设计课，以及辅助性的涉及建筑历史、建筑结构、新能源建筑等课程，对于当下的中国建筑学子而言，并不陌生，但其中也尚存在着一些差异和不同。我想在这里提纲挈领地进行一些总结和探讨。其一，在美国建筑高等院校的教育中，很注重对于课程项目（program）的划分，不同的课程项目侧重不同的专业研究方向。很多获得国家认证的专业，都是以课程项目为对象的。在一些建筑学学科内，还会细分很多课程项目，这样的划分可以给学生提供更多的选择方向。其二是学位体系。美国建筑院校中提供多种不同的建筑学学位。其既有提供给建筑行业一般性职业的，也就是不能考取建筑师执照的专业前建筑学位或职前建筑学位（pre-professional degree），也有提供给想要考取专业执照的人们的建筑学专业学位（professional degree），以及可供已获得专业训练的建筑界人士们，进行一些深入的专门研究的专业后学位（post-professional degree）。任何想要成为建筑师的人们，只需要选择在本科或硕士阶段获得一个专业学位即可，其他的时间可以自由选择自己喜欢的课程和学位。这样的学位分类，会使学生的选择自由度更大一些。一些致力于从事建筑相关的工作而不想成为建筑师的人们，也可以选择一些建筑大类的课程，无需一定要攻读建筑专业学位。其三，美国建筑学生在专业方面的起步普遍较早，很多大学课程的申请过程，都很注重对于建筑专业相关的实践。譬如，很多中学生在高中学习阶段，就已经开始前往建筑公司参与设计的辅助工作了；另有一些学生，会利用课余时间前往社区大学去提前攻读一些大学里的学分。作者多次强调，若想成为建筑师，人们应该更早进入这种实践环境中，甚至越早越好，哪怕只是去建筑公司中帮助项目组打印资料、准备文件。这些实践活动，都能使学生们更早地了解到建筑设计的全部流程，而这常常是中国本科建筑学生们较为缺乏的短板和缺陷。另外值得一提的，由于引进版图书的时间差，至本书付梓出版之日，书中所罗列出来的各类有关建筑行业的数据信息，已不是最新的数据资料，但书中提到的一些有关院校招生途径或专业执照考取途径，依然有重要和积极的借鉴价值。因此，这里想提醒大家，针对自己意下的院校和目标，您可以从本书所提供的线索出发，务必要再次通过互联网去查询更新的数据和信息。

这的确是一本会让人饶有兴趣的建筑指南书，尽管作者谦虚低调地将其定位为一本功能性为主的工具书，但毋庸置疑的是，它同样是一本反映当下建筑行业面貌的资料性书籍。沃尔德雷普先生花费了大量的时间，选择了数十位当下活跃在建筑行业各个领域的从业人员，进行了广泛而具有远见卓识的访谈，而无论其身居高位还是初出茅庐。作者向他们询问了与建筑创作和设计工作最为相关的一些问题。他们差别甚大的回答和解释，正是这个时代建筑师及建筑学生群体最为真实的声音。由于所选对象的广泛性和多样性，这样的数十篇访谈稿，几乎可以涵盖行业内各个阶段和层次的人群。无论你目前正跋涉行走在建筑之路的什么位置，这本书都能给你带来一些有益的参考价值。同时，从更高的层面来看，这样一部充满了大量一手文献和口述历史的书籍，既可以让全球同时代的人们了解到美国的建筑业，也给后世学者们留下了洞悉百年之间美国建筑行业动态和现状的珍贵资料。它虽然文字平实朴素无华，但有不可估量的文献史料价值。

而今，在互联网将我们紧密联系起来的当下，无论哪里的建筑院校都在逐渐趋于一致。书中提到的很多建筑公司和机构，也都在中国拥有了分部。人们尚且可以通过这本书，了解到美国建筑教育的大致情形，但倘若想要进行更深入的参与或体验，无论是就职于中国境内的美国设计公司，还是申请赴美求学，现在也都已经不再是什么困难的事情了。2019年，是包豪斯建校整整一个世纪的年份，对于中国人而言，也是"五四运动"发生的一百周年。但我们大概也能发现，一个世纪之前，包豪斯学校提出的与当时工业技术相结合的全新设计方式和教育体系，早已不再能够适应人们当下的设计需求。也许从包豪斯发展而出的强调创造力、跨学科，以及对材料技术综合运用的设计方式，仅仅只能作为我们设计学习的基础；继续创造出更适应当下技术和信息条件的建筑教育方式，才是我们目前亟待解决的首要问题。然而无论如何，包豪斯的精神依然与我们同行。21世纪的中国，还存在着一定规模的建筑市场。尚有将近20%的城镇化率可供我们进行开发和建设。我们期待着，在全球化这样绝好的契机之下，未来的建筑师们也能够为中国以及世界的建筑教育和行业教育，增添一些活力和贡献。

最后在这里，我要感谢所有在本书翻译过程中给予了自己帮助和鼓励的人们。感谢本书作者李·W·沃尔德雷普先生对于中文译本的关心和支持；感谢合作译者谭杪萌先生对于本书的大力协助；感谢中国建筑工业出版社的李成成编辑对于本书所做出的竭尽全力的付出，以及对文中纰漏的指正和包容；感谢父亲杨保卫为本书所做出的大量默默无闻的贡献。大家所做出的这一切，都是希望所有有意将自己一生精力投注在建筑行业中的莘莘学子，能够通过对本书的阅读而得到些许帮助和裨益。

杨安琪，2019年12月于马萨诸塞州剑桥